电化学储能实践中的关键问题

解晶莹 著

科 学 出 版 社

北 京

内 容 简 介

在全球能源转型与"双碳"目标引领的时代背景下,新型电力系统建设成为能源领域的核心任务。而其逐渐展现出的新能源占比高、电力电子化程度高以及负载自由度高的特性使得系统稳定运行面临严峻挑战。在此背景下,以电化学储能为代表的新型储能技术凭借其能量时空平移特性成为新型电力系统建设的重要支撑,在此过程中,对储能本体技术、集成技术、安全管理和市场参与等方面的探索对其应用推广尤为重要。本书主要介绍了电化学储能技术体系、系统集成与控制、安全管理、与 AI 的结合点、典型应用与政策支撑、标准体系建设等方面内容与最新研究成果,同时也对电化学储能在电力应用中的新范式进行了探索与展望。

本书可供从事电化学储能行业研究与工程开发的科技工作者使用,也可以作为相关专业学生的教学参考书。

图书在版编目(CIP)数据

电化学储能实践中的关键问题 / 解晶莹著. -- 北京:
科学出版社, 2025. 6. -- ISBN 978-7-03-082681-7

Ⅰ. TK02

中国国家版本馆 CIP 数据核字第 20259CE027 号

责任编辑:郁威克 / 责任校对:谭宏宇
责任印制:黄晓鸣 / 封面设计:殷 靓

科学出版社 出版
北京东黄城根北街 16 号
邮政编码:100717
http://www.sciencep.com

南京展望文化发展有限公司排版
苏州市越洋印刷有限公司印刷
科学出版社发行 各地新华书店经销

*

2025 年 6 月第 一 版 开本:B5(720×1000)
2025 年 6 月第一次印刷 印张:26 3/4
字数:435 000

定价:**180.00 元**
(如有印装质量问题,我社负责调换)

序 | Foreword

  在全球加速迈向碳达峰、碳中和的时代浪潮中,能源结构正经历着前所未有的深刻变革。新型电力系统作为这场变革的核心,承载着能源转型的时代使命;而新型储能技术,则成为支撑其稳定运行与高效发展的关键力量。我国国家发展与改革委员会与国家能源局指出,新型储能不仅是构建新型电力系统的核心技术与基础装备,也是实现碳达峰、碳中和目标的重要支撑,更是催生国内能源新业态、抢占国际战略新高地的重要领域。

  面对高比例集中式与分布式可再生能源接入、交通电动化与智能化、高度电力电子化以及系统灵活性与互动性显著增强等新特点,新型储能技术,尤其是以电化学储能为代表的方案,凭借快速响应、灵活调节、超高能效、部署灵活、成本低廉的优势,展现出广泛的适应能力。其不仅可在毫秒级时间尺度内实现高功率吞吐,还可实现超过小时甚至天级的长时能量储存,有效平抑新能源出力波动,为电网提供转动惯量和频率支撑,堪称电力系统装的"稳定器"和"调节器"。在电源侧,新型储能有助于实现新能源的友好并网;在电网侧,有效增强系统韧性;在用户侧,更能激发需求端响应潜力,重塑电力消费模式。

  目前,在各类新型储能技术中,锂离子电池储能的全球占比已超过96%,本书作者结合长期科研创新与产业应用实践,致力于推动电化学储能技术在新型电力系统建设中的深化应用,全书以锂离子电池为基础,内容涵盖钠离子电池甚至金属空气电池等储能技术矩阵的最新进展。围绕从"单一设备"向"智能系统"集成的技术演进路径,书中深入剖析了锂电储能系统的集成原理、安全保障机制逻辑以及 AI 赋能技术的发展方向,力求推动电化学储能真正成为新型电力系统的"关键节点",满足高安全性、可靠性、智能化和广泛的环境适应性。此外,本书还从规则体系建设的视角出发,梳理了储能技术相关标准体系,分析了典型市场化机制与政策实践案例,为电化学储能技术的工程化应用提供了规范性指引。

本书通过建立贯通"基础理论-技术创新-工程实践-市场机制"的创新端到产业端完整架构,不仅对电化学储能技术进行了系统性介绍,更指明了电化学储能在新型电力系统中的应用途径,提供了全景式的理论与实践指导。无论是从事电力行业研究的学者、学生,还是致力于储能工程实践的工程师,亦或是能源企业、政府主管部门和投资机构的相关人员,皆可从本书中获得有价值的参考。

2025 年 6 月

前言 | Preface

在全球能源转型加速推进、"双碳"目标引领高质量发展的时代背景下，构建以新能源为主体的新型电力系统已成为破解能源供需矛盾、实现可持续发展的必由之路。作为新型电力系统的核心支撑技术，电化学储能凭借其灵活的调节能力、广泛的应用场景和快速迭代的技术创新，正从"辅助"向"核心"跃迁，在能源结构重构与电力系统形态变革中发挥着愈发关键的作用。新型电力系统呈现高比例新能源和电力电子设备特性，低惯量、低阻尼和弱电压支撑问题凸显。我国新能源并网标准对主动支撑能力提出了新要求，欧美也将储能作为系统低惯量、低阻尼问题的主要解决方案。作者近年来聚焦新型储能体系的基础研究、技术研发与工程应用，结合国内外最新研究成果，与课题组成员及合作的电力、能源企业、高校、研究机构共同开展了涵盖新型储能技术发展路径、系统集成、安全保障、典型应用与创新场景的系统性研究。在本书付梓之际，首先感谢张永立所长和尤登飞书记对团队的支持和鼓励！

本书以"技术演进-系统集成-安全保障-创新应用-生态构建"为主线，聚焦新型电力系统与电化学储能的深度融合，系统梳理该领域的前沿理论、关键技术及工程实践。全书共分九章，兼具基础原理阐释与产业趋势洞察，致力于构建多维度的技术发展图谱：立足新型电力系统特征，论证电化学储能在能源转型中的结构性价值；建立电池系统内外特性关系、解析储能技术内核，揭示各类电化学体系材料机理与性能优化策略；聚焦锂电储能系统集成，建立"材料-器件-系统-涉网安全"的全链条技术闭环；探索人工智能与储能的交叉融合，研判算法驱动的全链优化前景；构建梯次利用评估框架，提出经济性与环境效益双维协同发展模式；梳理全球标准体系演进脉络，响应产业规范化发展的迫切需求;前瞻虚拟电厂生态范式,描绘技术创新驱动的未来愿景。本书是综合作者从事电化学储能相关的研究工作、经验总结及国内外最新研究成果,参考大量文献资料,对材料化学、电力系统、控制工程和环境科学的系统梳理后归纳、分类编写而成的。

本书立足化学、材料、电化学、控制工程等多学科交叉视角,旨在搭建"科研-产业"的转化桥梁:为高校师生构建从基础理论到前沿动态的知识体系,为工程师提供系统设计与工程优化的方法论,为决策者厘清技术标准与产业政策的互动逻辑,推动电化学储能在能源革命中释放更大潜能。

本书内容主要包括新型电力系统中电化学储能的角色、新型电化学储能体系研究进展、锂电储能的集成与控制、锂电储能安全技术、AI助力储能发展、电化学储能典型应用及政策支撑、梯次利用、电化学储能标准体系和电力新范式:虚拟电厂。全书的内容和布局规划由解晶莹、朱凯、杨恩东、付诗意负责。胡美娟、陈斌荣、罗英、叶季蕾、赖春艳、伍伸俊、高兴江、郭瑞参与了第1章的工作;钟晓晖、陆玮、孟海军、孙宝玉、郑卓群、付诗意、张全生、赵海雷参与了第2章的工作;吴成涛、李将渊、卓永杰、郑谋锦、孙耀杰、付诗意、东立伟、张东江参与了第3章的工作;孟海军、罗英、付诗意、解晶莹、盛良妹、晏莉琴、张懋慧、安仲勋参与了第4章的工作;付诗意、吕桃林、解晶莹、王超、李清波、东立伟、赵晖、何娜、孙宝玉参与了第5章的工作;张碧波、张亚东、解晶莹、党国举、丁佳佳、曹文炅、孙驰、王超、乔丽参与了第6章的工作;解晶莹、吕桃林、付诗意、晏莉琴、郑耀东、路杰、罗英、东立伟参与了第7章的工作;张宇、黄华、闫凡奇、左朋建、张婷、孙宝玉参与了第8章的工作;兀鹏越、付诗意、黄兴德、吴成涛、杨恩东、解晶莹、邵雷军、杨心刚、徐琴参与了第9章的工作。

全书由解晶莹统稿,付诗意、东立伟、孙宝玉、张全生、黄辉、周成召、潘延林参与了校稿并提出了宝贵意见。在作者的团队中先后有数十位研究生参与了本书相关的研究工作和文献资料的收集,作者对他们的辛勤劳动表示诚挚的感谢!也感谢西安热工院、宁波能源集团、宁波北仑第三集装箱码头、国能浙江宁海公司、上海玖行、宁波舟山港有色矿储运、永兴锂电、江海储能、君海数能、上海电力等公司提供的相关产品数据及技术咨询!感谢储能领域国家重点研发计划及上海市科委项目的支持。

　　本书编写过程中参阅了大量国内外文献,许多关于电化学储能发展、集成、控制与应用的最新成果都包含在本书中,相关资料已作为参考文献列于书末。在此,对书中被引文献的作者表示感谢,是他们的研究工作启发了作者,最终完成了本书的撰写。能源转型任重道远,电化学储能的每个技术突破都凝聚着产学研用协同创新的智慧结晶。虽经多轮校核,但囿于技术迭代速度与编者认知局限,疏漏之处在所难免。恳请读者不吝指正,让我们共同为新型电力系统建设贡献智慧力量!

作　者
2025 年 6 月

目录 | Contents

第1章 新型电力系统中电化学储能的角色

1.1 概述

能源是人类亘古不变的追求,人类社会的进步一直依赖于越来越多的和越来越集中的能源形式的转换。从自然科学的角度来看,人类的历史进程从本质上可以看作是对更大能量存储和能量流向的控制。在能源技术的进步之下,人类的城市规模逐渐扩大,人口数量也得到增长。如果没有能源开发和使用方面的创新、技术能力的增长和对周围世界更深入的了解,以及确保更好的生活质量的努力,人类都不会如此迅速地进步。

在过去的200年里,人类获取能源的方式方法已经发生了巨大的变化,如图1-1所示。在迈入新能源时代以前,人类的能源技术主要有四个历史节点。在1800年以前,人类的能源开发主要依靠焚烧自然生物以获取热能;到1859年,在美国宾夕法尼亚州首次实现了石油的商业化开采;1930年后,随着蒸汽发电和燃煤发电厂的发展,煤炭用量开始增加;1960年后,随着内燃机汽车技术的突飞猛进,石油需求量激增,到1970年已占全球能源消耗的40%。总体上,从能源技术水平来说人类目前已经历了薪柴时代、煤炭时代和石油时代,目前正以强劲的势头向新能源时代迈进。在近200年的能源技术变革和能源结构的转型中,化石能源已被人类充分开发利用,但也带来了一定副作用。由于化石燃料的大量利用、温室气体的大量排放,天气和极端气候的上升几乎已经达到了不可逆转的地步,人类逐渐意识到需要对此做出改变。随着《巴黎协定》的签订,全世界希望在2050年实现净零排放,并希望将全球平均气温升幅控制在工业化前水平以上低于2℃之内,努力将气温升幅限制在工业化前水平以上1.5℃之内。国际可再生能源的世界能源转型展望描绘了一条不断发展的道路,以实现符合《巴黎协定》

目标的气候安全的未来。其 1.5℃ 路径为加速全球能源转型提供了路线图,将电气化和效率作为变革的关键驱动力,并以可再生能源、氢气和可持续生物质为支撑。然而国际可再生能源组织同时也指出,虽然能源转型在技术上是可行的,在经济上也有益,但它是不会自行发生的。世界各国需要自主采取行动制定符合国情的策略,引导全球能源体系走向可持续发展的道路。

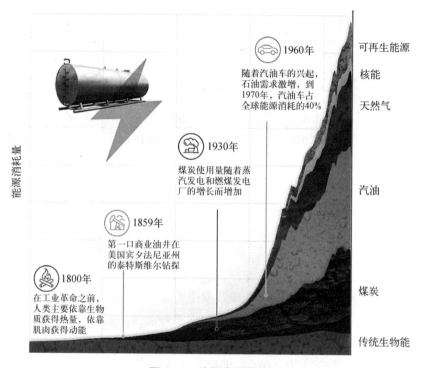

图 1-1　能源发展历程

来源:《BP 世界能源统计年鉴》

　　作为世界第二大经济体、当前世界上人口最多的国家、最大的发展中国家,同时也是全球最大的碳排放国家,可以说中国低碳能源转型的成功实现将是《巴黎协定》中抑制全球变暖目标实现的重要一环[1]。国际能源署(International Energy Agency, IEA)、国际可再生能源署(International Renewable Energy Agency, IRENA)、国家发展改革委能源研究所对我国温升 2.0℃ 和 1.5℃ 情境下能源转型的路径进行了探索[2]:在温升 2.0℃ 和 1.5℃ 的目标下,能源消费情景和能源供应结构将发生极大变化,电力消费量将被推上高峰,低碳能源的需求量将随之剧增。按照当前经济和能源的发展政策推演,2050 年我国电力需求将达到 10.7 万亿~11.6 万亿 kW·h[3]。而在 2.0℃和 1.5℃的目标下,2050 年我国电力需求将分别增长到 11.75 万亿~12.5 万亿 kW·h 和 14.5 万亿~15 万亿 kW·h[4,5]。面对急速增长的电力能源需求,2020 年我国提出了在 2030 年达到"碳达峰"和 2060 年实现"碳中和"的"双碳"目标。为此,国家可再生能源中心在《美丽中国 2050 年—中国能源经济生态系统》报告中指出,我国在向 2050 年清洁高效能源系统转型的主要驱动力分为三大块:第一是在经济由高速发展转向高质量发展下,工业领域的能源消费将大幅下降,伴随城市化的飞速发展,建筑部门和交通部门的能源消耗将大幅上涨,而在低于 2.0℃的场景中,更多的电动汽车将被引入,交通部门能源消耗将进一步增长;第二是工业和交通领域的化石能源将很大程度上被电力取代,电气化将是提高 2050 年总体能源使用效率中最关键的一环;第三是以风能和太阳能为主的可再生能源将成为未来的支柱性电力来源,在现有政策规划的情景下,2050 年可再生能源在一次能源的占比将达到 36%,若是在 2.0℃的场景中,这一数字将达到 54%。同时,国家可再生能源中心指出为实现"美丽中国"和全球 2℃的温升控制目标,2020 年以后我国新增发电装机应以风光为代表的可再生能源为主,到 2050 年非化石能源装机占比应达到 92%。因此,加快构建以可再生能源为主体的新型电力系统是实现"双碳"目标的必然选择和必由之路。

1.2　新型电力系统的发展及其特点

受资源禀赋约束,中国可再生能源技术集中于水力发电、风力发电和太阳能光伏发电。根据 IRENA 统计的数据,从 2011 年开始,中国的可再生能源装机量及发电量如图 1-2 所示。从装机量来看,自 2011 年以来中国的水力发电的开发已逐渐趋于平缓,年增长装机量基本维持在 10 GW/年左右;而风力发电和光伏发电得到大力发展,截至 2021 年,水力发电、风力发电和光伏发电装机量在可再生能源发电装机量中的占比均已达到 30%以上。但从发电量来看,目前中国的可再生能源发电仍由水力发电主导,由 IRENA 在 2019 年的统计数据可见,水力发电量占比达到 64%,而风力发电量和光伏发电量的占比仅为21%和11%。在"双碳"目标下,预计到2060年中国96%的装机量和发电量由可再生能源承担,其中风力发电和光伏发电的装机容量占比之和须超过80%,发电量占比之和须超过70%[6]。

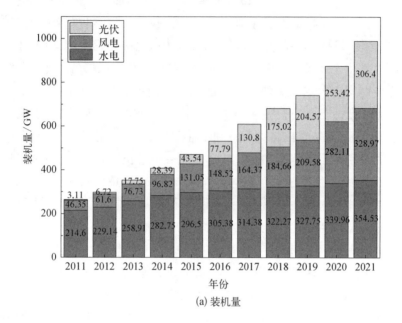

(a) 装机量

(b) 发电量

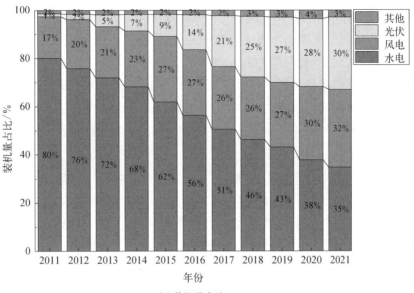

(c) 装机量占比

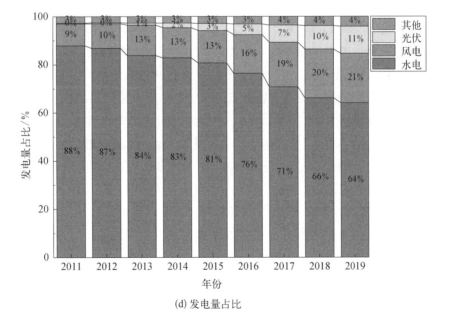

(d) 发电量占比

图 1－2　可再生能源装机量及发电量

以可再生能源的渗透率,即全年度下可再生能源机组可输出总电量与总负荷需求的比例为评估指标,未来可再生能源的发展将主要经历三个阶段:中比例渗透阶段、高比例渗透阶段以及极高比例渗透阶段。中比例渗透阶段下,可再生能源的渗透率为10%~30%,风电及光伏装机主要集中于风光资源丰富区,对负荷中心的远距离送电和集中式并网是当前阶段的主要挑战。高比例渗透阶段下,可再生能源的渗透率为30%~50%,随着可再生能源装机量的增长,并网方式将从中比例阶段下的风光资源丰富区局部并网转向多地区的集中式和分布式并网,风电、光伏的不确定性将对电网的可靠性产生显著影响。极高比例渗透阶段下,可再生能源的渗透率为50%~100%,可再生能源将以风电和光伏为主,多种能源形式之间的联动、互补及协调发展稳定、可靠至关重要。

截至2019年,中国有六个省区的可再生渗透率(风电、光伏)超过了20%,但全国范围内的渗透率仅为8.6%,远低于可再生能源技术发达的欧洲国家(丹麦为45%,德国为27%)。此外,中国目前可再生能源装机主要分布在"三北"地区(西北、华北、东北),随着政策推移,可再生能源布局将持续向中部和东部地区转移。

与传统发电机组使用煤炭、水力等资源不同,风力发电和光伏发电极度依赖于自然环境的风能和太阳能,这类资源具有间歇性和波动性的特点,导致电源间歇式波动随机率达0%~100%。可再生能源机组在发电方式、控制手段、并网需求及外部特性等方面同样与传统机组存在区别,可再生能源装机量的增加将导致电力系统特性及机理发生本质的变化。

1. 电力电量平衡

传统电力系统中,负荷的随机波动平衡问题主要由控制常规机组来解决。当可再生能源装机量在电力系统中的比例提升后,其将承担一定的负荷平衡的责任,然而可再生能源的出力具有不确定性。在无风天气下,风电出力将大幅下降,而在阴天及夜间时,光伏发电量也无法维持高水平。这导致可再生能源机组的出力与用电负荷曲线不匹配较为严重,传统机组的调节负担增加。随着可再生能源渗透率进一步升高,电力平衡难度增加,电网的安全稳定运行存在一定隐患。

2. 发电量消纳

中国的风、光资源主要分布在"三北"地区、高原地区和西部地区,而资源丰富地区受经济发展约束,电力需求相比于经济发达的中部、东部地区较为不足,同时受限于电力外送能力,很大一部分可再生能源发电量无法消纳,将造成严重的"弃风弃光"现象。

3. 并网安全性

受其间歇性和波动性特点的影响,可再生能源并网电量的随机性和波动性较大且可调节性较差,并网时存在较大的电流冲击隐患,可能造成电网频率偏差、电压波动与闪变,若机组不具备低电压穿越能力,在并网点电压脱落时易造成电网的瞬时故障,电网安全运行受到极大挑战。

4. 电网潮流变化

可再生能源在配电网中的并网形式主要为分布式,由于可再生能源的不确定性,存在瞬时出力大于负荷的情况,此时配电网潮流将发生翻转,配电网向主网倒送功率,可能产生过电压问题;而在输电网中,由于可再生能源的消纳需求,输电网将打破联络线路传输功率保持相对恒定的局面,联络线潮流随可再生资源变化而动,这将导致联络线功率的波动或是双向流动。

5. 电力电子化

高比例可再生能源的发展意味着不确定性激增,在控制手段的需求下电力电子设备在电力系统中的装备量将不断增加。在风光并网需求、柔性直流输电和直流配电等技术发展需求下,诸如静止无功发生器、有源电力滤波器、智能软开关等新型电力电子设备在地理系统中大量接入。这些电力电子设备在传统电力系统中运行时间较短,应用范围较小,在新型电力系统运用时缺乏以往已建立的评估体系,设备的运行机理、故障产生及发展机理有待进一步的研究。此外,高比例电力电子设备的接入导致电力系统惯量下降,系统频率鲁棒性维持将受到一定挑战。

6. 源荷界限模糊

未来可再生能源的发展方式由集中式为主转向集中式与分布式并举,随着电动汽车、分布式储能、需求响应的普及,传统电力系统中的电力消费者身份将发生一定改变,成为具有一定电力提供能力的"消费-生产者",源荷之间的界限愈发模糊,电力系统将变得更加扁平化。而电源、电网、负荷、储能之间将以"源源互补""源网协调""网荷互动""网储互动"和"源荷互动"等多种形式进行交互,电力系统的功率动态平衡运行将发生本质上的变化。

1.3 电化学储能在新型电力系统中的核心地位及挑战

  储能是第三次工业革命五大支柱的关键支撑技术[7]。在国家国民经济"十四五"规划中,明确指出要加强源网荷储一体化和多能互补,充分发挥储能在新能源消纳和储存的能力,加快抽水蓄能电站建设和新型储能技术的规模化应用。

  储能技术主要分为物理储能技术和电化学储能技术。物理储能技术是利用抽水、压缩空气和飞轮等物理方法实现能量存储的储能技术,具有环保、绿色、规模大、循环寿命长和运行费用低的优点,但其对建设场地及设备有很高要求,建设局限性较大,一次性投资成本较高。电化学储能技术则是基于化学反应将电能以化学能的形式进行储存和再释放的储能技术。相比于物理储能,电化学储能技术的能量和功率配置较为灵活,受环境约束小,易于实现大规模应用,同时可进行小规模储能器件集成,可作为能源为各类型电力电子设备供能[8]。截至 2022 年底,全球累计投运储能项目装机量已达 237.2 GW,年增长率达 15%,其中各类储能技术装机规模比例如图 1-3 所示。目前抽水储能以其在技术成熟度和成本方面的优势占比最大,达 79.3%,并新增 10.3 GW;新型储能持续快速增长,新增装机量达 20.4 GW,而锂离子电池(lithium ion battery, LIB)在新型储能总装机量中占比最高,达 94.4%。当下,我国储能市场进入到新的发展阶段,24 个省市已于 2022 年底明确了"十四五"新型储能总计 64.85 GW 的建设目标。

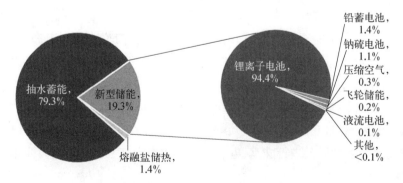

图 1-3　全球各类储能技术装机规模比例

　　近年来,在全球发展清洁能源的共识下,以及在储能发展指导政策
(表 1-1)的激励下,电化学储能装机量快速增长,其市场已由 2017 年的占
比不到 1% 快速提升至 2022 年的 20% 左右,其中我国 2011 年至 2021 年的电
化学储能累计装机量及年增长率如图 1-4 所示。自 2011 年开始电化学储
能装机量维持高增长率,2018 年更是迎来爆发式增长。随着电化学储能技
术的完善、开发成本的下降以及政策的推动,毫无疑问电化学储能将在未来
成为主流储能技术。目前,电化学储能在电力系统各侧提供了多维度应用
支撑:在发电侧,电化学储能可提供平滑风光出力、跟踪发电计划、调频、调
峰、备用容量、黑启动服务等辅助服务;在电网侧,电化学储能可提供提高系
统暂态稳定性、无功支撑、缓解设备阻塞、事故备用等辅助服务;在用户侧,
电化学储能可提供提高电能质量、需求侧响应、备用电源等辅助服务。上述
服务覆盖秒级、分钟级、小时级至日级的动作需求,充分体现了电化学储能
的多时间尺度响应能力。

表 1-1　储能发展指导政策

年份	政　策	内　容
2017	《关于促进我国储能技术与产业发展的指导意见》	明确储能产业发展总体要求、重点任务和保障措施
2018	《2018 年能源工作指导意见》	积极推进"互联网+"智慧能源、新能源/微电网及储能项目建设
2019	《关于促进电化学储能健康有序发展的指导意见》	明确国家电网公司支持储能技术发展;引导储能产业
2019	《贯彻落实〈关于促进储能技术与产业发展的指导意见〉2019—2020 年行动计划》	加强先进储能技术研发和升级;完善储能相关基础设施
2020	《储能技术专业学科发展行动计划(2020—2024 年)》	加快储能学科专业建设,完善储能技术学科专业宏观布局;加强储能技术专业条件建设
2020	《2020 年全国标准化工作要点》	加强有关新能源发电并网、电力储能、电力需求侧管理等重要标准研制
2021	《关于加快推动新型储能发展的指导意见》	到 2025 年,实现新型储能从商业化初期向规模化发展转变,新型储能装机规模达 3 000 万千瓦以上
2021	《关于推进电力源网荷储一体化和多能互补发展的指导意见》	通过优化整合本地电源侧、电网侧、负荷侧资源,以先进技术突破和体制机制创新为支撑,探索构建源网荷储高度融合的新型电力系统发展路径
2022	《"十四五"新型储能发展实施方案》	到 2025 年,新型储能由商业化初期步入规模化发展阶段,具备大规模商业化应用条件;到 2030 年,新型储能全面市场化发展

年份	政　策	内　容
2023	《关于加强新形势下电力系统稳定工作的指导意见》	积极推进新型储能建设。充分发挥电化学储能、压缩空气储能、飞轮储能、氢储能、热（冷）储能等各类新型储能的优势，结合应用场景构建储能多元融合发展模式，提升安全保障水平和综合效率
2024	关于促进新型储能并网和调度运用的通知	规范新型储能并网接入管理，优化调度运行机制，充分发挥新型储能作用，支撑构建新型电力系统

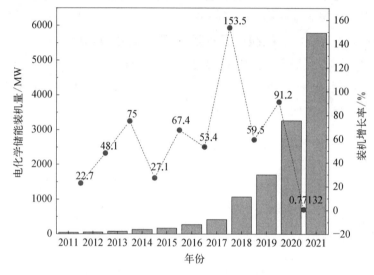

图 1-4　电化学储能累计装机量及增长率

尽管如此，随着新型电力系统的不断演变和更多电力需求形式的演化，电化学储能仍面临一定挑战：

（1）电化学储能中，尤其以锂离子电池为主的技术需要不断提高能量密度以应对更大的电力需求；

（2）需要进一步提高充放电效率和整体系统效率以减少能量损失；

（3）储能设备的长期稳定性需要得到保障，其容量衰减和性能退化必须得到精准监测和控制；

（4）储能系统规模不断扩大，在材料选择、系统设计和操作过程中需要充分考虑安全风险，发展针对过充、过放、过热、内短路等安全防控措施；

（5）电化学储能仍面临持续降低成本、技术进步、规模化生产、原材料价格波动以及供应链和物流成本需进一步降低的问题；

（6）政策的稳定性、市场准入规则、技术标准、国际贸易环境、环保法规以及可再生能源整合政策将持续影响电化学储能的发展。

针对上述挑战，目前国内颁布了各项政策方针等，旨在为新型电力系统提供更可靠的电化学技术支撑。2022 年国家能源局、国家发展改革委印发的《"十四五"新型储能发展实施方案》中提出，到 2025 年新型储能由商业化初期步入规模化发展阶段、具备大规模商业化应用条件。其中电化学储能技术性能应得到进一步提升，系统成本应降低 30% 以上。为实现这一战略目标，该方案提出了多项核心技术装备重点攻关方向：

（1）多元化技术，旨在发展多项兆瓦级、百兆瓦级储能技术，储能单元具体落实到压缩空气储能、锂离子电池、钠离子电池、铅碳电池、超级电容、液态金属电池、金属空气电池等；

（2）全过程安全技术，依托于数据进行储能电池的机理剖析，实现多环节的储能电池安全性能评价、故障诊断及预警和安全策略；

（3）智慧调控技术，攻关储能与常规电源、电网、分布式电源等之间的联合运行、协同控制等多项管理技术；

（4）创新智慧调控技术，依托大数据、云计算、人工智能、区块链等技术，开展储能多功能复用、需求侧响应、虚拟电厂、云储能、市场化交易等领域的关键技术研究。

此外，2023 年国家能源局组织发布的《新型电力系统发展蓝皮书》中指出：

（1）重点开展长寿命、低成本及高安全的电化学储能关键核心技术和装备集成优化研究，提升锂电池的安全性和降低成本；

（2）发展钠离子电池、液流电池等多元化技术路线。

可以预见，在相关政策方针指导下，电化学储能技术将迎来持续技术创新和成本下降，应用范围将进一步扩大，在市场占比和技术创新方面将成为未来储能的主流，在全球能源转型和新型电力系统的发展中发挥越来越重要的作用。

第2章 新型电化学储能
体系研究进展

2.1 概述

电化学储能以氧化还原反应为核心,通过离子在电极间的迁移与电子的定向转移实现电能-化学能双向转换:充电时外部电能驱动活性物质发生分解或复合,储能于电极材料中;放电时化学势差驱动离子通过电解质移动,释放电能输回电路。这种可控的能量转换机制,使其成为解决间歇性可再生能源消纳、电网柔性调节等能源转型挑战的关键技术。

从技术路线看,锂离子电池凭借高能量密度与成熟的产业链占据主导地位,但锂资源的稀缺性倒逼技术革新,衍生出钠离子电池、镁离子电池等分支。此外,多样化的电化学储能技术也在蓬勃发展,在长时储能领域,全钒液流电池通过钒离子在不同价态间的循环实现充放电,充放循环超 15 000次,且功率与容量可独立设计,特别适配 4~8 h 电网级储能。而面向极端环境应用,固态电池以不可燃的无机/聚合物电解质替代液态电解液,将热失控风险降低 90% 以上,同时能量密度提升至 400 W·h/kg(实验室阶段)。此外,超级电容器通过电极表面快速吸附/脱附离子实现毫秒级响应,弥补了能量型储能的功率短板,多用于高铁制动能量回收等瞬时调频场景。尽管技术在突破,产业链仍面临核心材料国产化、跨尺度仿真模型缺失等瓶颈,未来须通过电极材料创新、多技术耦合构建高性价比解决方案。

2.2 锂电池

锂电池是一种高效能、可重复充电的电池,其核心在于锂离子在正负极之间的可逆移动,以此实现能量的储存与释放。它凭借高能量密度,能在有限的体积或重量下储存大量电能;凭借长循环寿命,可经过多次充放电循环后保持较高性能;凭借低自放电率,在存储期间电量损失较小;同时,锂电池相对环保,不含有铅、镉等有毒重金属。这些优势使得锂电池在便携式电子设备、电动汽车以及大规模储能系统中得到了广泛应用,成为推动现代科技发展不可或缺的重要能源之一。随着研究的不断深入,锂电池的性能还在持续提升,未来有望在更多领域展现其独特的价值。

2.2.1　锂离子电池

在众多锂电池中,锂离子电池是目前使用最为广泛的,其具有无记忆效应、高能量密度、长循环寿命、小体积、轻重量和低周期寿命成本等优点。锂离子电池正极一般为锂金属氧化物,起到锂源的作用,目前常见的正极材料及其性能如表 2-1 所示;负极材料主要包括金属类负极材料、无机非金属类负极材料和过渡氧化物材料;隔膜主要为基于聚烯烃材料的聚合物微孔膜,分别有单、双和多层结构,作用是使电池的两极分隔开来,保证锂离子通过的同时,阻碍电子在其内部的传输;电解液则一般为有机碳酸酯类溶剂及锂盐,起到两极间离子传导载体的作用。

表 2-1　锂离子电池常见正极材料及其性能

中文名称	磷酸铁锂	钴酸锂	三元镍钴锰	锰酸锂
化学式	$LiFePO_4$	$LiCoO_2$	$Li(Ni_xCo_yMn_z)O_2$	$LiMn_2O_4$
理论容量/ ($mA \cdot h/g$)	170	274	273~285	148
实际容量/ ($mA \cdot h/g$)	130~140	135~150	155~220	100~120
平台电压范围/V	3.2~3.3	3.6~4.7	2.6~4.7	3.7~4.8
工作电压范围/V	2.5~3.8	3.0~4.3	3.0~4.35	3.5~4.3
循环次数/次	2 000~6 000	500~1 000	800~2 000	500~2 000
安全性能	好	差	尚好	良好
应用领域	电动汽车及大功率储能	传统 3 C 电子产品	电动工具、电动自行车、电动汽车及大功率储能	电动工具、电动自行车、电动汽车及大功率储能

如图 2-1 所示,锂离子电池充电时,电池内部锂离子由正极脱出,经过隔膜并最终嵌入负极,外部则是电子通过外电路向负极移动形成电流;放电

时,锂离子与电子的运动方向与充电时相反。以磷酸铁锂电池为例,其充放电过程中的电化学反应如下。

负极:

$$Li_xC_6 \xrightarrow[\text{充电}]{\text{放电}} xLi^+ + xe^- + 6C \qquad (2-1)$$

正极:

$$Li_{1-x}FePO_4 + xLi^+ + xe^- \xrightarrow[\text{充电}]{\text{放电}} LiFePO_4 \qquad (2-2)$$

总反应:

$$Li_{1-x}FePO_4 + Li_xC_6 \xrightarrow[\text{充电}]{\text{放电}} LiFePO_4 + 6C \qquad (2-3)$$

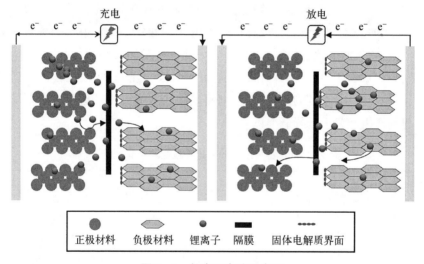

图 2-1 锂离子电池示意图

锂离子电池的性能主要由电压、电流、容量、阻抗、自放电率、放电深度(depth of discharge, DOD)、充放电循环次数、充放电效率、荷电状态(state of charge, SOC)、剩余能量状态(state of energy, SOE)、健康状态(state of health, SOH)、温度状态(state of temperature, SOT)、剩余寿命(remaining useful life, RUL)等指标描述。

1. 电压

锂离子电池的电压一般指其端电压,如表 2-1 所示,根据正极材料的不同锂离子电池的电压范围存在区别,单体电压越高,相等容量之下电池含有的能量就越高,因此在确保安全的前提下,提高单体电压上限值有助于提高系统整体能量密度。锂离子电池的开路电压(open circuit voltage, OCV)是另一个重要的电压指标,OCV 指电池在无外部负载和内部电流流动的情况下的电压,该电压表现为正极电势与负极电势之差,与电池的 SOC 之间有单调递增的关系。随着电池工作环境温度的变化或电池发生老化,OCV 会受到一定影响,其与 SOC 之间的单调关系不变,但对应关系会发生一定变化。

2. 电流

锂离子电池的电流性能一般以电流倍率(C-rate)描述,通常指电池在放电时的电流大小相对于其额定容量的比例。电池的正、负极、隔膜、电解液的材料类型和质量直接决定其电流承载能力,此外电极厚度、表面积等设计因素,温度、SOC、老化程度等也对电池的倍率能力有一定影响。

3. 容量

电池的容量一般指其在标准状态下存储的电量,常以 A · h 或 mA · h 为单位,在储能场景中电池的容量也被定义为能量容量,以 W · h 为单位。电池的容量由其所含的活性物质量决定,受温度、工作倍率和使用年限等因素影响,电池实际的容量与其标称容量(也称额定容量)存在一定差异。随着电池老化,其容量逐渐下降,通常也用最大可用容量指代其在特定老化状态下的容量。

4. 阻抗

电池的阻抗可指电池的内阻或交流阻抗。静态内阻反映电池电极材料、电解质、隔膜等对电流流动阻碍的程度,因静态时电池内部电化学反应活动减少,该值通常较低。随着电池的使用和老化,静态内阻会逐渐增大,影响电池的功率输出能力等,使其性能下降。交流阻抗通过电化学阻抗谱(electrochemical impedance spectroscopy, EIS)测量方法获取,是电池在不同频段下阻抗的集中体现,其可在不破坏电池的情况下揭示电池内部的多种电化学特性,如电荷传输阻抗、电极和电解质的界面特性、电池的扩散过程等,是识别电池老化机制、路径和诊断老化程度的有力工具。

5. 自放电率

自放电是指即使在没有连接负载的情况下,放电反应也会在一定程度上进行,因此电池会随着时间的推移自行放电。自放电率则主要取决于参与化学反应的材料(即电池系统的类型)和电池的温度,目前锂离子电池的自放电率一般在 1%~5%[9]。

6. DOD

DOD 是指电池放电时释放的电量占其总容量的百分比。

7. 充放电循环次数

电池的充放电循环次数是指电池从满电状态完全放电,再重新充至满电的完整过程次数,其反映了电池的寿命和耐久性,是评估电池长期性能的重要指标[10]。电池寿命内可充放电循环次数取决于多种因素,包括电池的材料、设计、使用条件以及温度等,通常来说,在标准工作条件下以较浅的放电深度进行充放电的电池具有更长的循环次数。由于电池在实际应用中可能不会经历满充满放,等效循环次数(equivalent full cycle, EFC)被提出以评估在对应工作条件下的寿命情况。一般来说,从某个工作状态开始电池累积放电容量达到其标称容量(或最大可用容量),则记为一个 EFC。

8. 充放电效率

电池的充放电效率主要由库仑效率表征,其定义为电池充电总容量和放电总容量之比,电池中的副反应是影响电池库仑效率的主要因素,一般来说电池的库仑效率可达95%以上。

9. SOC

SOC 指电池当前所有电量占其最大可用容量之百分比。其计算公式如下:

$$\mathrm{SOC}_k = \frac{C_k}{C_{\mathrm{MA}}} \times 100\% \tag{2-4}$$

式中,C_k 为电池在 k 时刻下所有的电量;C_{MA} 为电池当前的最大可用容量。根据定义可知电池完全充满时 SOC = 100%,完全放空时 SOC = 0%。SOC 还可用于表征电池的 DOD,例如当电池在 10%~90% SOC 的窗口中工作时,其DOD = 80%。

10. SOE

SOE 指电池当前存储的能量与其最大能量容量的百分比,其计算公式如下:

$$\mathrm{SOE}_k = \frac{E_k}{E_{\mathrm{MA}}} \times 100\% \tag{2-5}$$

式中,E_k 为电池在 k 时刻下所有的能量;E_{MA} 为电池当前的最大能量容量。由定义可知其与 SOC 相似,区别在于 SOE 反映的是电池充放电功率与其状态之间的关系。

11. SOH

当前学界和工业界对于 SOH 的定义较为模糊,由于电池老化可同时造成其容量和功率的衰减,可分别从容量和内阻的角度计算 SOH,如下:

$$\text{SOH}_c = \frac{C_{\text{MA}}}{C_{\text{rated}}} \tag{2-6}$$

式中,C_{rated} 为电池的标称容量。应当注意的是此处的 C_{MA} 与 SOC 计算公式中的 C_{MA} 为同一值,因此电池老化时其 SOC 的计算同样会受到影响。电池在长期循环过程中最大可用容量逐渐减小,进而导致 SOH 逐渐降低。

$$\text{SOH}_R = \frac{R_{\text{i, aged}}}{R_{\text{i, 0}}} \tag{2-7}$$

式中,$R_{\text{i, aged}}$ 为老化后电池的内阻;$R_{\text{i, 0}}$ 表示电池的初始内阻值。

12. SOT

高温会对电池的性能和寿命产生不良影响,甚至引发热失控,导致火灾和爆炸,因此准确的 SOT 是电池热管理的重中之重。然而到目前为止 SOT 的定义尚不明确,相关研究则主要从电池外部温度和内部温度分布的监测与估计展开。

13. RUL

RUL 指电池在规定的充放电策略下容量衰减到失效阈值所经历的循环次数[11]。根据电气与电子工程师协会(Institute of Electrical and Electronics Engineers, IEEE)标准 1188‑1996 规定,动力电池 SOH 降低至 80% 时达到退役标准。而退役后的动力电池仍保有一定的容量,在重新筛选重组后,可梯次利用至储能系统中。

锂离子电池虽然是目前最常用的可充电电池,广泛应用于便携式电子产品、电动汽车、储能等领域,且技术已经相当成熟,但是它仍然面临着一些技术问题,包括以下几个方面:

(1) 安全性问题,锂离子电池的安全性是一个长期存在的问题,电池内部的化学反应会产生热量和气体,如果不能得到有效控制,就会导致电池着火、爆炸等安全事故;

（2）能量密度问题，锂离子电池的能量密度是指单位体积或单位重量的电池所能储存的电能量，目前锂离子电池的能量密度已经相当高，但是仍然无法满足某些领域的需求，例如电动汽车；

（3）寿命问题，锂离子电池的寿命是指其充放电循环次数和使用年限，电池寿命的短暂是一个普遍存在的问题，这也是人们经常需要更换电池的原因之一；

（4）成本问题，锂离子电池的成本是电动汽车、储能等领域广泛应用的一个重要因素，目前锂离子电池的成本已经大幅降低，但仍需要进一步降低成本才能满足市场需求；

（5）环境问题，锂离子电池的生产、使用和回收都会对环境造成影响，锂资源的开采和处理也存在一些环境问题，因此，如何实现锂离子电池的可持续发展，也是一个需要解决的问题。

2.2.2 锂硫电池

最早的锂硫（lithium-sulfur，Li－S）电池可以追溯到 1962 年，由 Herbert 和 Ulam 首次提出硫正极的概念[12]。早期 Li－S 电池受到放电容量低和循环时容量衰减快的困扰，其研究在 20 世纪 90 年代索尼公司将锂离子电池商业化之后一度陷入搁置。然而随着电动汽车、电网储能等新兴应用的快速发展，传统插层式锂离子电池的能量密度逐渐难以满足其要求，对 Li－S 电池的研究又重新兴起。2009 年，Nazar 等报道了利用一种名为 CMK－3 的介孔碳作为纳米通道承载硫，实现了 20 次以上稳定循环的高放电容量，这一重大突破引发了 Li－S 电池的全面复兴[13]。

Li－S 电池由硫正极、锂负极、隔膜和电解质组成。硫具有储量丰富、材料获取方式简易、理论比容量高和成本低等优点，但穿梭效应和体积膨胀等缺点限制了其发展。为此，研究人员积极探索在正极体系使用不同导电封装材料作为硫的骨架，例如，引入碳材料，在硫负载和电极发生膨胀时提供足够的导电界面和离子/电子传输通道；利用单质硫与聚合物骨架形成共价键利于促进电荷转移，并减少穿梭效应，借助导电聚合物具有柔软和自愈的优点，提高正极的强度；引入金属化合物，借助其空心、多孔、层状等结构增加电极对多硫化物的吸附能力。然而，尽管这些方法能够改善电荷传导与多硫化物的吸附，但仅限于在初始循环中改善 Li－S 电池的充放电性能，多硫化物的溶解和扩散仍未得到根本解决。锂金属负极是 Li－S 电池的锂源，然而过低的反应电位和超高的反应活性使得负极存在锂沉积不均匀导致的枝晶生长及其衍生的隔膜刺穿、内短路和热失控等风险。为此,研究人员从负极的改性、成分和结构设计寻找解决方案。例如,在电解液中加入添加剂使循环过程中产生稳定的固体电解质界面(solid electrolyte interphase, SEI)膜;使负极合金化以防止其发生寄生反应、体积变化和枝晶生长等现象;将金属锂"封装"在多孔碳、生物质碳或优化涂层策略,以诱导锂离子均匀电沉积,从而抑制枝晶生长。Li－S 电池的隔膜主要作用为将正负极分隔开,同时其也是两极间的离子通道,其材料通常为具有丰富孔道结构的聚偏氟乙烯(polyvinylidene fluoride, PVDF)、聚四氟乙烯(polytetrafluoroethylene, PTFE)、聚丙烯腈(polyacrylonitrile, PAN)等,目前针对隔膜的改进主要在于引入碳材料、聚合物、金属及金属化合物等,通过物理或化学的方式增强吸附作用以抑制多硫化物的穿梭。Li－S 电池的电解质主要包含各类电解液和固态电解质。有机电解液大部分为低沸点醚类电解液,此类电解液会与金属锂负极发生反应生成不规则的 SEI 膜,助长枝晶生长,造成内短路风险,同时还会产生 H_2 和 CH_4 等易燃气体。一般来说,需要在其中添加如 $LiNO_3$ 等稳定添加剂以形成均匀 SEI 膜保护金属锂负极。相比于有机电解液,水系电解液具有安全、环保、成本低和离子电导率高等优点,但存在能量密度低、循环寿命较短、工作温度范围窄和腐蚀性强的缺点,亟须拓宽其电压窗口,选择合适的电极材料和硫反应体系以适应水系电解质,以及研究避免腐蚀的方法以发展其应用。固态电解质由聚合物基质和锂盐组成,其具有较高的机械强度,可以有效抑制枝晶生长,同时还具有阻碍多硫化物的扩散,从而抑制穿梭效应和电池的自放电,进而改善锂硫电池循环性能的优点。然而目前由于界面问题,固态电解质存在倍率性能较差和正极活性物质利用率低的隐患,因此不能满足锂硫电池电解质的使用要求。

Li－S 电池的工作原理依赖于锂和 S_8 之间的可逆氧化还原反应,如图 2-2 所示。放电时,负极侧的锂金属被氧化,释放出锂离子和电子,分别通过电解液和外电路到达硫正极侧。在正极侧,硫通过接受锂离子和电子而被还原生成硫化锂。充电时则发生逆向的反应。因此,Li－S

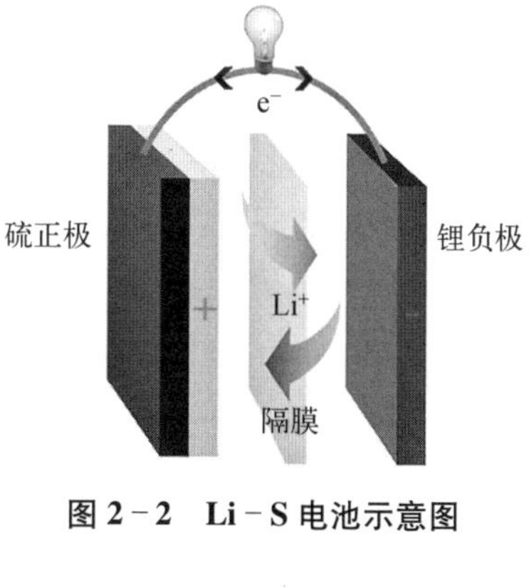

图 2-2　Li－S 电池示意图

电池在充放电过程中的电化学反应如下。

负极：

$$Li \underset{充电}{\overset{放电}{\rightleftharpoons}} Li^+ + e^- \tag{2-8}$$

正极：

$$S_8 + 16Li^+ + 16e^- \underset{充电}{\overset{放电}{\rightleftharpoons}} 8Li_2S \tag{2-9}$$

总反应：

$$S_8 + 16Li \underset{充电}{\overset{放电}{\rightleftharpoons}} 8Li_2S \tag{2-10}$$

虽然所描述的电化学反应过程看起来简单，但由于硫是正极活性材料中的氧化还原中心，实际上 Li-S 电池在充放电过程中存在较为复杂的两步骤反应。Li-S 电池的典型充放电曲线包括两个电压平台，在放电过程中主要为：① 2.3 V 左右的高电压平台，此阶段 S_8 被锂化形成可溶性 Li_2S_8，然后形成 Li_2S_6 和 Li_2S_4，贡献了硫理论容量的 25%（418 mA·h/g）；② 2.1 V 左右的低压平台，此阶段将发生进一步的锂化，可溶性 Li_2S_4 将转化为固体短链硫化物 Li_2S_2 和 Li_2S 并在电极上沉淀，占理论硫容量的 75%（1 254 mA·h/g）。在随后的充电过程中，Li_2S 将锂离子释放到电解液中并重新转化为中间体多硫化锂（LiPSs），然后形成原始产物 S_8，从而完成可逆循环。

Li-S 电池的衰减机制可总结为：

（1）硫及最终放电产物因导电性差阻碍电子的传输；

（2）放电产物 Li_2S_2 和 Li_2S 不溶于电解质沉积在硫正极表面形成"死硫"阻碍电子和离子迁移；

（3）负极侧还原产物短链多硫化物和正极侧氧化产物长链多硫化物的生成造成活性物质的不可逆损失。

锂硫电池由于其高理论能量密度、低成本等优势，未来在电动交通工具，尤其是电动飞机方面（电池能量密度要求 500 W·h/kg 以上）具有广泛的应用前景。通过材料科学和表征技术的发展，研究人员对锂硫电池的反应机制有了更深的认识，结合人工智能和大数据分析，可以进一步指导高性能硫正极材料、电解质体系、界面结构设计的开发。作为一种新型储能技

术,当前处于开发阶段,仍然面临以下挑战:

（1）锂硫电池正极材料组成、结构与性能的构效关系及充放电过程中界面的动态演变过程中电荷、组成、结构特性及耦合机制;

（2）高硫负载、低液硫比锂硫电池体系中活性物质的溶解-沉积反应动力学过程及与电化学性能构效关系;

（3）电芯一体化集成、安全自抑制技术及实用场景下的失效机制评估技术。

2.2.3　固态锂电池

自成功商业化以来,锂离子电池已经得到了充分的发展,在能量密度方面,LFP/C 电池[即以磷酸铁锂（LiFePO$_4$, LFP）为正极材料,结合碳材料（C）作为负极的锂离子电池]可以实现 120～180 W·h/kg,NCM 333[NCM 即镍钴锰（nickel-cobalt-manganese）的缩写,是一种三元正极材料,数字表示他们在正极材料中的比例]或 NCM 523 可以实现 160～230 W·h/kg,NCM 622、NCM 811 或 NCA[NCA 即镍钴铝（nickel cobalt aluminum）三元正极材料]可实现 200～260 W·h/kg。面对越来越广泛的应用场景以及更加极致的性能需求,《中国制造 2025》提出在 2025 年锂离子电池的能量密度应达到 400 W·h/kg。然而对于当前商业化锂离子电池的材料体系而言,300 W·h/kg 已接近其理论能量密度极限,只有在材料上取得突破性进展才可实现这一目标。如图 2-3 所示为锂离子电池不同时期的能量密度发展目标,可见若要实现目标能量密度,金属锂负极是必然的选择。然而在现有的商业化液态电解质体系中,金属锂负极的安全性无法得到有效保

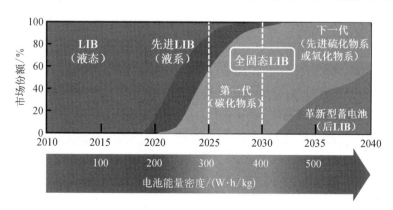

图 2-3　锂离子电池不同时期能量密度发展目标

障。相比于传统液态电解质体系,固态电解质不存在液态电解液泄漏和腐蚀的隐患,具有更高的稳定性;电化学窗口更宽且更稳定,可匹配高压正极材料;一般为单离子导体,副反应少,具有更高的理论循环寿命;可通过多层堆垛技术实现内部串联,得到更高的端电压,具有高杨氏模量的优点,可以有效阻挡锂枝晶的刺穿。这些优点为金属锂负极的发展带来曙光。若可实现固态电解质的突破性进展,电池可以金属锂为负极充当锂源,正极则可选择容量更高的不含锂材料,从而使电池达到更高的理论能量密度。

固态锂电池的核心是固态电解质,传统锂离子电池的电解液离子电导率可达 1×10^{-1} S/cm,而对于固态电解质,其商业化的最低标准为 1×10^{-3} S/cm,同时其还应该具有极低的电子导电性以避免电池内短路,按照其种类可分为三类:氧化物、硫化物和聚合物。

氧化物固体电解质中,目前只有少数快离子导体在室温下可达到 1×10^{-3} S/cm 水平的离子电导率,其代表有石榴石型固态电解质、钙钛矿型固态电解质以及钠离子超级导体固态电解质。石榴石型固态电解质 $Li_7La_3Zr_2O_{12}$(LLZO)被认为是目前最有前途的固态电解质之一,其优点为锂离子导电率高、电化学窗口宽和较高的对锂金属电化学稳定性。LLZO 有低温相四方晶型和高温相立方晶型两种晶型物相,前者空间群为 $I4_1/acd$,离子电导率水平为 10^{-7} S/cm 数量级;后者空间群为 $Ia-3d$,离子电导率水平为 $10^{-4} \sim 10^{-3}$ S/cm 数量级。近年来研究人员着力于提升 LLZO 的离子电导率,例如使用 Ta、Al、Nb、Sb、Ga 等元素掺杂替代 Zr 元素位置,目前已可实现 10^{-3} S/cm 量级的离子电导率[14]。钙钛矿型固态电解质为面心立方结构,其空间群为 Pm3m 且具有 ABO_3 的通用分子式。目前对于钙钛矿型固态电解质离子电导率提高的优化方案通常为在 A 点位引入不同价态的掺杂锂离子。通常其 B 点位为 Ti^{4+},形成 $Li_xLa_{(2-x)/3}TiO_3$(LLTO)固态电解质的结构,目前因为结晶区域离子传输阻碍的问题,LLTO 存在结晶阻抗较高和锂枝晶生长的问题[15]。而由于 Ti^{4+} 的可被还原性,LLTO 与锂金属接触时存在结构坍塌的风险[16],因此其目前仍处于研究阶段。钠离子超级导体(Na super-ionic conductor,NASICON)的通用分子式为 $Li_{1+6x}M^{3+}_xM'^{4+}_{2-x}(PO_4)_3$,其中 M 可为 Cr、Al、Ga、Sc、Y、In 和 La,M' 可为 Cr、Al、Ga、Sc、Y、In 和 La。目前,NASICON 中最受关注的两种基础构型是 $LiTi_2(PO_4)_3$ 和 $LiGe_2(PO_4)_3$,在二者基础上,目前在室温已可分别

实现 1×10^{-3} S/cm 和 6.65×10^{-3} S/cm 水平的离子电导率[17]。NASICON 虽具有空气稳定性好和成本低等优点,但锂金属容易使 Ti 和 Ge 等变价元素还原,电极和固态电解质间存在严重的界面副反应风险,因此距离其商业化应用还有很长的路要走。

硫化物固体电解质主要有玻璃态、玻璃-陶瓷态和陶瓷态三类,锂离子电导率普遍较高,可达 $10^{-6} \sim 10^{-2}$ S/cm 量级,且离子传导所需的活化能较低。玻璃态硫化物因没有晶粒,不存在晶界阻抗而相比同组分的晶态硫化物固态电解质的离子电导率高 $1 \sim 2$ 个数量级,而其中 $Li_2S - P_2S_5$ 二元体系因具有各向同性和较好的导电性而备受关注,室温下离子电导率可达 10^{-4} S/cm 量级。玻璃-陶瓷态硫化物通过玻璃态硫化物高温析晶获取,其析出的微晶超离子导锂晶相可以通过非晶态玻璃基体连接而形成连续的传导网络,因此而具有较强的离子传导能力。与玻璃态相似,$Li_2S - P_2S_5$ 二元体系的性能较好,目前离子电导率可达 2.2×10^{-3} S/cm[18]。陶瓷态硫化物主要有银锗矿类以及锂离子超级导体(Li super-ionic conductor, LISICON)结构。银锗矿类电解质相比于其他硫化物电解质具有较高的化学和电化学稳定性,目前锂离子电导率可达 10^{-3} S/cm 量级[19]。LISICON 的通用化学式为 $Li_xM_{1-y}M'_yS_4$,其中 M 可为 Si、Ge、Sn 和 Zr,M′可为 P、Al、Zn、Ga 和 Sb。S^{2-} 的大离子半径和高极化程度特性为锂离子提供了较大的传输通道,目前 LISICON 的锂离子电导率已经达到 2.5×10^{-2} S/cm² 量级[20],但由于 Si 和 Ge 等变价元素容易造成金属锂和固态电解质界面副反应而影响循环性能,其界面改性工作仍需进一步进展。

聚环氧乙烯[poly(ethylene oxide), PEO]类是最具代表性的聚合物固态电解质,其化学式为 $H-(O-CH_2-CH_2)_n-OH$,由于其是一种半结晶聚合物,只有非晶区域有利于活性链段的锂传输,因此 PEO 类只能在 $40 \sim 60$℃的工作范围内达到约 10^{-5} S/cm 量级的离子电导率,目前针对其改性主要从提高载流子密度和减轻 PEO 结晶开展[21]。聚酯类也是聚合物固态电解质的一种典型代表,具有相对高一点的离子电导率,这得益于其—O—(C =O)—O—基团在锂盐溶解方面的优势,可使锂离子在其中快速迁移。据报道,目前在聚碳酸丙烯酯[poly(propylene carbonate), PPC]上已实现了 3×10^{-4} S/cm 的离子电导率[22]。相对于前两种固态电解质,聚合物固态电解质的室温离子电导率较低,机械性较差,目前对于其改性方案主要有加入有机聚合物以降低整体结晶度和加入无机填料添加剂提高机械强度,或同时引入以上两者实现综合的改进,使电解质在机械强度、柔韧性、热稳定性、电化学稳定性、离子电导率以及与有机溶剂的亲和性各方面得到提高与改善。

如图2-4所示,固态锂电池的失效与锂/电解质接触界面特性密切相关。一方面,涉及电失效和机械失效的问题可归因于反复循环过程中不稳定的界面结构。具体来说,锂剥离时在界面上形成的空隙所导致的电接触损耗通常是电子传输迟缓和界面电阻过高的原因;而与锂沉积不均匀有关的枝晶生长则是电短路失效的主要原因。在机械失效行为方面,锂镀层/剥离或相间演化引起的界面波动会产生巨大的内应力,对固态电解质的粉碎和开裂具有关键影响,从而导致其寿命变短。另一方面,与化学和电化学失效有关的挑战涉及界面成分的演变。大多数固态电解质与锂负极的(电)化学性质不相容,会在界面上形成不良的相间物,从而产生副反应,大大降低界面的稳定性,恶化电池容量。通过材料设计、界面化学调控和人工保护策略,合理构建稳定兼容的锂/电解质界面,将有助于保持固态锂电池的高安全性和高效率[23]。

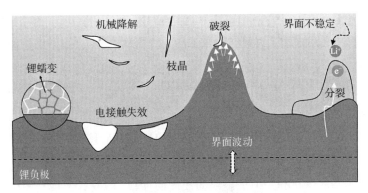

图2-4　固态电解质界面的失效行为

固态电池技术仍处在产业化初期,其发展与应用仍面临以下关键问题亟待解决:

(1)固态电解质与高比能电极材料的价格高,供应链体系不完善,生产成本高,亟须开发高效的批量制备工艺;

(2)电极与固态电解质之间固-固界面的稳定性差、离子/电子电导率低,导致固态电池的充放电速度慢、循环寿命短,且输出能量密度不理想,难

以达到其理论水平;

（3）在固态电解质的成膜工艺方面,干法工艺比湿法工艺的成本更低,生产效率更高,但干法工艺与现有产业链的兼容度较低,产品的均匀度、黏结度难以控制,批量化生产困难;

（4）全固态电池需要外部提供较高束缚压力以保证固固界面的良好接触,但目前固态电池的集成工艺仍不完善,外部束缚压的工艺成熟度不佳,需定制化开发新型制造工艺和产线装备;

（5）固态电池仍存在一定的安全隐患,使用金属锂作为负极材料时,在反复充放电过程中仍会存在枝晶生长现象,易引发短路;

（6）高比能全固态电池的量产在国内尚属空白,亟待加强针对高安全、长寿命、大容量及高能量密度的全固态电池开发及示范应用。

2.3　钠电池

2.3.1　钠离子电池

锂资源的供应情况随着锂离子电池应用的快速扩张面临紧缺,目前中国、欧盟、美国都已将其列为自身发展的重要矿产资源或战略性矿产资源之一。作为全球第四大储锂国,我国 80% 的锂资源却依赖进口,这是因为整体上我国锂资源开发难度大、成本高。在能源电气化、智能化的今天,锂离子电池是否还能应对持续扩张的储能需求已成为一大问题,开发锂离子电池的备选或替代储能技术势在必行。

钠和锂同属于第一主族碱金属元素,如表 2-2 所示,两者在理化性质方面具有较多相似性,因此钠离子电池可作为储能领域的重要补充技术。钠离子电池的研究可追溯至 20 世纪 70 年代,即使在 1991 年锂离子电池成功商业化后,关于钠离子电池的研究与开发也仍未停止脚步。2010 年开始,随着研究者在“后锂离子电池”时代对新型储能电池体系的开发,以及各种纳米工程技术和先进表征技术的兴起与普及,钠离子电池的研究开始快速复兴,对相关反应机理研究愈加深入,各种新兴的电极材料、电解质和应用技术也不断涌现。如今钠离子电池已经被公认为下一代新电池的首选。

表 2-2 钠离子与锂离子参数对比

参　　数	锂	钠
阳离子半径/Å	0.76	1.06
摩尔质量/(g/mol)	6.9	23
E/(V vs. Li/Li$^+$)	0	0.3
容量/(mA·h/g)	3 829	1 165
晶格配位	四面体和八面体	八面体和棱柱体

　　如图 2-5 所示,钠离子电池具有和锂离子电池相似的结构和工作原理,一般由正极、负极、电解质和隔膜组成。正极材料主要为含钠的金属化合物,起到电池中活性钠离子来源的作用,根据反应机理和结构的不同,现有的钠离子电池电极材料可分为层状过渡金属氧化物、聚阴离子材料、合金类材料以及有机正极材料等。负极材料起到承载/释放来源于正极中的钠离子的作用。根据材料对钠离子的存储和释放特性,负极材料常常可以分为嵌入/脱出型材料(碳类)、合金型材料(如 Sn 基负极、P 基负极)、转化型材料(硫化物)等。电解液体系与锂离子电池类似,主体为溶解于有机酸酯类或醚类溶剂的 NaClO$_4$、NaPF$_6$ 等钠盐溶液。隔膜则主要为多孔玻璃纤维或多孔聚合物薄膜。

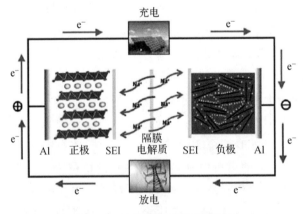

图 2-5 钠离子电池原理示意图

　　钠离子电池的工作原理和锂离子电池类似。充电时,钠离子从正极材料中脱出,经电解液和隔膜传导至负极,电子则从外电路由正极流向负极,二者于电极材料上发生电荷中和;放电时钠离子与电子的运动方向则相反。二者在充放电过程中循环往复,实现电能与化学能的有效存储和转化。以硬碳负极和层状 $NaMO_2$ 正极的钠离子电池为例,其工作过程中的电化学反应如下:

负极:

$$Na_{1-x}MO_2 + xNa^- + xe^- \underset{充电}{\overset{放电}{\rightleftharpoons}} NaMO_2 \qquad (2-11)$$

正极:

$$Na_xC \underset{充电}{\overset{放电}{\rightleftharpoons}} C + xNa^+ + xe^- \qquad (2-12)$$

总反应:

$$Na_{1-x}MO_2 + Na_xC \underset{充电}{\overset{放电}{\rightleftharpoons}} C + NaMO_2 \qquad (2-13)$$

钠离子电池的衰减机制可由图 2-6 总结。与锂离子电池相似,电极材料的破损与开裂、SEI 膜的增厚与分解、隔膜的堵塞与破损、电解液分解与蒸发、钠枝晶生成与活性钠离子损失都可能导致钠离子电池的衰减。

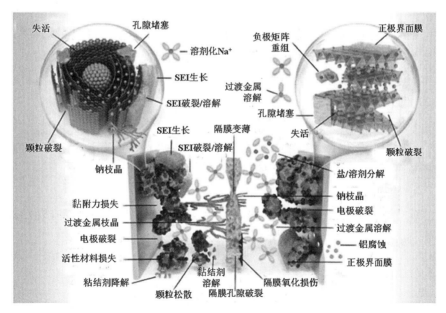

图 2-6　钠离子衰减机制

当碳酸锂价格高于 15 万元/吨时,同等规模下,以钠离子电池与磷酸铁锂储能系统对比,钠离子电池储能系统度电成本低约 35%,经济性优于锂离子电池,成本价格是钠离子电池挑战的问题之一;在储能应用场景下,循环寿命对储能系统的经济性有重大影响,其他还包括充放电效率和充放电深度。显然,循环寿命对电化学储能系统的经济性影响最大。因此,钠离子电池的关键技术问题首先是材料的技术问题,现在具有多种技术路线,各种技术路线需要解决的问题各不相同。

1. 正极材料

层状氧化物材料主要解决容易吸水、循环稳定性和储存稳定的问题。磷酸盐聚阴离子材料主要面临的问题与磷酸铁锂相似,需要提高材料的压实密度,从而提高电池的密度。普鲁士白材料需要解决因结晶水引起的循环稳定性差、压实密度低的问题,硫酸铁钠主要需要解决吸水和因高电压引起电解液分解引起的循环稳定性问题。层状氧化物材料和磷酸铁钠的规模化生产可以借鉴锂离子电池三元材料和磷酸铁锂的技术路线设备,而普鲁士白和硫酸铁钠需要解决规模化生产的技术和设备问题。从成本和寿命的角度分析,基于磷酸盐聚阴离子材料的钠离子电池是储能电池最优选的技术,也是上海地区储能电池技术的优势。

2. 负极材料

钠离子电池的负极主要是硬碳材料,规模化稳定生产是主要问题,另外需要解决低电位析钠问题和振实密度的问题,另外是成本问题,目标不能使成本高于石墨负极(5 万元每吨,360 mA·h/g)。其他新型负极材料也可以从基础研究上提前布局。

3. 电解液

针对层状氧化物及硫酸铁钠需要适应发展高电位的电解液和添加剂,对于负极硬碳材料,需要解决因析钠与电解液反应的问题。

4. 电池技术

优化电极材料、电解液、电极和电池的技术,提高电池的安全性和循环寿命,同时降低电池的制造成本。

2.3.2 钠硫电池

钠硫电池是一种先进的二次电池,于 1983 年由日本东京电力公司和 NGK 公司率先推出。钠硫电池采用管状设计,如图 2-7 所示。其以钠作为负极,硫作为正极,β 氧化铝(Al_2O_3)作为固体电解质和隔膜。为确保钠离子通过陶瓷固体电解质有效传输,需要将钠和硫保持在熔融状态,电池需要在 350℃ 的高温下运行。

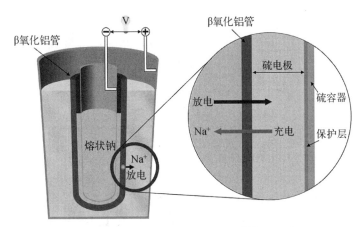

图 2-7 钠硫电池示意图[24]

在放电过程中,负极上的钠被氧化,产生 Na^+ 离子,这些离子穿过固体电解质在正极与硫反应,形成 Na_2S_5。Na_2S_5 从剩余的硫中分离出来,生成两相液体混合物。两相液体混合物逐渐转变为含硫量较高的单相多硫化钠(Na_2S_{5-x}),直到剩余的硫被完全消耗。上述化学反应在充放电过程中可逆,如下。

负极:

$$2Na \xrightarrow[\text{充电}]{\text{放电}} 2Na^+ + 2e^- \qquad (2-14)$$

正极:

$$xS + 2Na^+ + 2e^- \xrightarrow[\text{充电}]{\text{放电}} Na_2S_x \qquad (2-15)$$

总反应:

$$2Na + xS \xrightarrow[\text{充电}]{\text{放电}} Na_2S_x \qquad (2-16)$$

在 350℃环境下钠硫电池的电压恒定为 2.07 V,一直持续到电池放电过程进行 60%~75%,电池内部生成硫和 Na_2S_5 的两相混合物。之后电池的电压将线性下降(对应生成 Na_2S_{5-x}),放电结束时电压接近 1.78 V。钠硫电池的电压等级、能量效率(75%~90%)与铅酸电池相似,但其循环寿命更长(2 500 年),且能量密度约为铅酸电池的五倍。除此之外,钠硫电池还具有无自放电、低维护成本和可回收性良好等优点。

由于钠硫电池需要至少 300℃以确保 β 氧化铝的高导电性和正负极的

液态,部分发电量将被消耗用于电池的持续加热,这将降低电池的能效。而由于高温下固体电解质故障的隐患,正负极之间的物理接触使得钠硫电池存在火灾甚至爆炸的可能。因此高温工作限制了其广泛应用。为了解决这一问题,研究人员开展了室温钠硫电池的研究工作。

室温钠硫电池以金属钠作为负极,以复合硫作为正极,电解质则包含有机溶剂、聚合物和固体钠离子导体[25]。由文献[26]报道的第一款室温钠硫电池具有 489 mA·h/g 的高初始放电容量,以及 2.28 V 和 1.28 V 两个电压平台,并具有安全性能高、成本低、资源丰富和能量密度高等优点,理论上室温钠硫电池比能量为 954 W·h/kg,远高于高温钠硫电池。室温钠硫电池解决了高温钠硫电池的能耗、腐蚀以及爆炸问题,但其循环寿命远低于高温钠硫电池。此外,与高温钠硫电池相比,室温钠硫电池具有更高的容量,但从现有文献报道来看,目前的室温钠硫电池仍然无法达到其理论容量的三分之一[27]。这可能是以下理论及技术问题导致的:

(1)硫及硫化物的导电性较差;

(2)硫的体积膨胀导致严重的结构及形态变化;

(3)可溶性多硫化物从正极扩散到负极,导致电池循环稳定性差和自放电率高;

(4)针状钠枝晶和沉积物的形成,枝晶的生长存在内短路的隐患;

(5)钠离子半径较大,钠和硫之间的反应活性慢,使得硫向 Na_2S 的转换不完全,导致硫的利用率较低;

(6)不可逆副反应引起的阻抗增加。

室温钠硫电池面临着负极钠枝晶、正极硫绝缘问题、中间产物多硫化物的穿梭效应以及其溶解引起的活性物质损失带来的安全问题,目前已有研究从其正极、电解液、负极和隔膜寻找这些安全问题的解决办法:

(1)用碳材料、氧化物等导电材料涂覆硫电极,以增加正极材料的导电性,加快电池的充放电过程;

(2)向电解质中添加 $NaCF_3SO_3$、$NaClO_4$ 和 $NaPF_6$ 等盐,或引入如碳酸乙烯酯(ethylene carbonate,EC)、Na_2S/P_2S_5 等成膜添加剂以改善电解液;

(3)在钠电极表面形成 SEI 膜,防止钠枝晶的生成;

(4)对聚合物隔膜或 β 氧化铝固体电解质隔膜进行离子选择性改性,以抑制多硫化物的穿梭效应。

2.4　多价离子电池

多价金属离子电池是一种基于多价态金属离子(如镁、钙、铝等)在正负极之间迁移来储存和释放能量的电池技术。从分类上看,多价金属离子电池可以根据所使用的金属离子种类进行划分,如镁离子电池、钙离子电池等。此外,根据电解质的不同,还可以分为液体电解质多价金属离子电池和固体电解质多价金属离子电池。多价金属离子电池具有显著的优势。首先,由于多价离子可以携带更多的电荷,因此相比单价离子电池,多价金属离子电池通常具有更高的能量密度。其次,多价金属元素在自然界中较为丰富,有助于降低电池的成本并减少对稀缺资源的依赖。因此,多价金属离子电池在电动汽车、储能系统等领域具有广阔的应用前景。

2.4.1　镁离子电池

镁被认为是后锂战略重要候选材料之一,其在元素周期表中的位置与锂处于对角线位置,具有储量丰富、成本低廉、环境友好、镁负极理论体积比容量高(Mg: 3 833 mA · h/cm^3 >Li: 2 046 mA · h/cm^3)与安全性高等优势,是未来有望替代锂离子电池的新兴储能技术之一[28]。2000 年,以色列巴伊兰大学的 D. Aurbach 团队采用谢弗雷尔(Chevrel)相 Mo_6S_8 作为储镁正极材料匹配镁金属负极,在基于有机卤铝酸镁的电解液中实现了超过 2 000 次循环,从此掀起了镁二次电池的研究热潮[29]。但由于镁离子的高电荷密度特点,镁驱动电化学反应的动力学和可逆性受限于强静电相互作用。因此,镁二次电池的技术开发难度相比锂电池更高。

在正极材料方面,Chevrel 相 Mo_6S_8 具有优异的脱嵌镁热力学可逆性,但本征比容量低且没能解决镁离子晶格扩散动力学缓慢的问题。层状结构的硫化物/氧化物正极通过插层策略,拓宽离子传输通道、引入静电屏蔽效应,可有效提高储镁活性。美国休斯敦大学的姚彦团队基于聚环氧乙烷(PEO)和 1 - 丁基 - 1 - 甲基吡咯烷离子($PP14^+$)插层,实现了 MoS_2 和 TiS_2 正极镁离子扩散速率数量级的提升,但存在填充剂稳定性不佳、非活性组分降低能量密度、合成烦琐且产量有限等问题[30]。高比表面积的有机正极可减轻镁离子在无机致密晶格迁移缓慢的问题。姚彦教授团队开发了醌基聚合物正极,构筑了313 W·h/kg高能量密度和30.4 kW/kg高功率密度的镁二次电池[31],但有机正极的活性物质限域存在挑战。

在负极材料和电解液方面,镁金属负极因与电解液的界面副反应而导致表面钝化是亟待解决的关键问题。美国可再生能源国家实验室的Chunmei Ban团队基于热交联聚丙烯腈、镁盐、碳黑等在金属镁粉表面构筑导镁聚合物层,实现在含水碳酸酯基电解液中的可逆循环[32]。镁负极的合金化(Mg - Bi/Mg - Sn等)可提高热力学反应电位,缓解界面副反应以减少表面钝化。D. Aurbach团队基于格氏试剂,开发出广为使用的全苯基配合物(all-phenyl-complex, APC)电解液[33],但富含强腐蚀性的氯离子且因强亲核性而难以匹配硫/有机等正极。姚彦团队合成了无腐蚀的碳硼烷团簇$Mg(CB_{11}H_{12})_2$基电解液[31],但制备流程复杂且成本高昂。马里兰大学的王春生团队设计了甲氧基乙胺螯合剂,通过调控电解液溶剂化结构,促进了镁负极界面电荷转移动力学[34],但高供电子溶剂的弱抗氧化性令其应用于全电池时存在潜在问题。中国科学院上海硅酸盐研究所李驰麟团队提出钉扎结构定制和限域催化网络构筑等策略,增强有机和硫正极的储镁结构稳定性,其中硫正极在1 C倍率下200次循环后容量保持400 mA·h/g[35];利用阴离子预先插嵌活化,构筑表面储镁模式的氟基镁电池;利用功能梯度涂层修饰,助力高电流密度($6 mA/cm^2$)和大面容量($6 mA·h/cm^2$)耐受的防钝化镁金属负极,促进"简单"盐电解液在镁二次电池中的应用。南京大学金钟团队设计具备线性开放通道的"一维原子链"结构和快速阳离子迁移的纳米片织构的硫族化物正极(VS_4、$CoSe_2$等),促进表面和体相Mg^{2+}的迅速迁移扩散,5 C倍率下循环寿命≥4 000次[36]。

上海交通大学的努丽燕娜团队开发了新型弱配位大尺寸硼基镁盐,加速镁离子去溶剂化,实现高效镁沉积/剥离(库仑效率约99%)[37]。中国科学院青岛生物能源与过程研究所崔光磊团队开发出高离子迁移数(0.79)的自支撑聚合物镁电解质,实现镁电池在30~150℃宽温域范围的安全稳定运行(100次循环)[38]。华中科技大学和中国科学院物理所研究团队合作首次提出无负极镁二次电池概念,利用正极端预镁化添加剂,突破无负极镁电池的能量密度(420 W·h/L)[39]。南京工业大学赵相玉团队调控阴离子配位提升反应动力学,并优化组元结构及匹配,获得了高容量镁二次电池单体(>0.5 A·h)[40]。

镁离子电池具有与锂离子电池相似的工作原理:放电时,负极侧的金属

镁失去电子生成 Mg^{2+},其与电解液发生溶剂化作用后,溶剂化的 Mg^{2+} 扩散到正极侧发生脱溶剂化反应后再与正极材料反应,电子则从外电路自负极转移至正极。充电过程则相反,如图 2-8 所示。

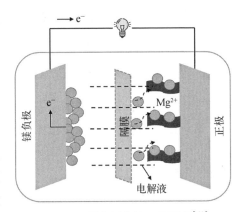

图 2-8　镁离子电池工作原理[41]

从全球范围来看,镁二次电池的发展仍处于实验室研发阶段,正负极材料和电解质等关键材料的设计方法和制备工艺尚未形成体系,A·h 级电芯的开发研究明显欠缺,围绕热力学和动力学机制的相关基础科学问题有待解决。

（1）大容量高倍率储镁正极材料的电子结构设计及调控机制。储镁正极材料的氧化还原机制与本征电子结构直接相关。基于阳离子掺杂调控电子结构的设计思路,进行化学合成法关键参量和匹配条件的寻优,实现正极电子结构的精确调控并揭示调控机制和方法。

（2）储镁正极材料的电子结构对阴阳离子协同电荷补偿行为的影响因素。引入阴阳离子双活性位点可有效提升储镁正极的容量。研究电极充放电中晶体结构和电子结构的变化规律,阐明阴阳离子氧化还原的激活原理,揭示电子结构调控阴阳离子协同电荷补偿行为的内在机制,建立关键理论解析模型。

（3）镁合金负极的跨尺度界面结构、镁离子界面迁移行为、防钝化表面的耦合作用机制。合金化可削弱镁金属活泼性从而抑制镁负极与电解液的界面副反应,减少界面膜对镁离子迁移的阻碍。界面膜内离子跃迁位点、能垒和距离的差异决定了微观离子迁移行为和宏观镁负极沉积/剥离过电位表现。

（4）镁电解液溶剂化结构和电极表面双电层结构对电解液体相镁离子输运、电极/电解液界面去溶剂化、固体电解质界面膜动态演变的影响规律及调控原理。镁离子溶剂化鞘层内的溶剂/阴离子,会由于配位状态不同而影响其在正负极界面参与氧化/还原分解的倾向性和反应路径,进而关联界面膜的动态演变。电极表面双电层结构的特性吸附离子同样关系到界面反应和离子传输。因此,镁电解液设计的关键在于调控电解液体相溶剂化结构和电极表面双电层结构,协同优化镁离子体相-界面多重输运模式并构筑镁离子传导有益且动态稳定的固体电解质界面膜。

镁离子电池未来可以预见将朝着更高能量密度、更长循环寿命以及更广泛的实际应用迈进。随着科研人员对镁离子电池材料科学的深入研究,尤其是电解质和先进正极材料的不断突破,镁离子电池的性能将得到显著提升。同时,随着生产成本的逐步降低,镁离子电池有望实现大规模商业化生产,为电动汽车、储能系统等领域提供更加高效、环保的能源解决方案。未来,镁离子电池的研究方向如下。

(1)软晶格硫族化合物储镁正极电子/晶体结构调控。"软晶格"硫族化合物基储镁正极材料中,较弱的静电束缚力可促进镁离子晶格扩散以提升镁离子脱嵌动力学,较强的化学键共价性可诱发阴阳离子共同参与氧化还原反应以提高热力学储镁容量。揭示阴阳离子协同储镁机制及电荷补偿机理,阐明电子结构对阴阳离子氧化还原过程的调控机制。实现储镁正极可逆比容量 $\geqslant 300$ mA·h/g,5 C 倍率下循环寿命 $\geqslant 3\,000$ 次。

(2)防钝化超薄塑性镁合金负极梯度结构设计。通过镁合金相图、合金元素尺寸/热力学电位/熔点的综合考量,精细调控合金组分与梯度结构,设计出防钝化镁合金负极的最优匹配合金以及计量比,并开发出可控的合金化制备技术。揭示镁合金"电-热-力"多场耦合与尺寸效应协同作用下的塑性变形机制,实现防钝化镁合金负极超薄箔材精确制造。实现镁合金负极 6.0 mA/cm^2 电流密度下循环寿命 $\geqslant 3\,000$ 次,平均库仑效率 $\geqslant 99.5\%$,箔材厚度 $\leqslant 50$ μm。

(3)低腐蚀高性能镁电解液设计研究。通过弱配位阴离子镁盐、螯合溶剂、辅助离子功能添加剂的设计搭配,制备出宽电压稳定窗口且高离子电导率的低腐蚀新型镁电解液。基于镁电解液溶剂化结构和电极表面双电层结构的深度解析,揭示镁离子的体相传输和界面去溶剂化机制以及电极-电解液界面膜的演变规律。实现镁电解液电位稳定窗口 $\geqslant 3.5$ V,离子电导率 $\geqslant 4.0$ mS/cm。

(4)高比能长循环安时级镁二次电池单体开发。从电芯结构创新出发,优化组元的制备工艺以及兼容搭配和用量,研制轻质集流体、减薄隔膜,提升电芯能量密度。开发多功能凝胶或聚合物电解质,发展组元级配和电芯一体化制造技术,提高电池整体的结构稳定性。实现镁二次电池单体电芯容量 $\geqslant 1.0$ A·h,能量密度 $\geqslant 150$ W·h/kg,循环寿命 $\geqslant 2\,000$ 次。

2.4.2　锌离子电池

锌离子电池作为一种基于锌离子在电池中的储存和释放来实现能量存储的电池技术,其研究和发展历史可以追溯到 20 世纪初。早期的锌离子电池研究主要集中在锌锰电池和锌铁电池等单元电池的研发上。这些研究为后续的锌离子电池技术发展奠定了基础。

20 世纪 50 年代,美国研究人员开始探索锌离子电池的概念。然而,由于当时电池容量和循环性能较差,这一领域的研究并没有得到较大的关注。尽管如此,这一时期的探索仍为锌离子电池的后续发展提供了重要的思路和技术储备。20 世纪 60 年代,锌离子电池的研究迎来了一个重要的转折点。研究人员开始探索二次锌电池的开发,并发现了几种适合用作负极的材料,如铜、铅、锡等。这些材料可以有效地嵌入和脱出锌离子,从而实现可逆充放电。这一发现为锌离子电池的实用化迈出了关键的一步。与锂离子电池类似,水系锌离子电池的能量密度、功率密度和成本在很大程度上取决于正极[42],自 2012 年以来,研究人员在锌离子电池正极材料方面进行了诸多尝试,如锰基化合物、钒基化合物、普鲁士蓝类似物(Prussian blue analogue,PBA)、有机化合物等,其中以锰基化合物、钒基化合物和 PBA 受研究人员关注较多[43]。

近年来,随着纳米技术、多相体系等新领域的发展,锌离子电池材料不断改进和优化,使得其性能和结构得到极大提升。例如,有学者提出了使用氧化石墨烯包裹的锌离子作为正极材料的方案,可以实现高达 1 000 次的充放电循环。同时,针对锌离子电池中负极材料极易与电解液发生反应导致电池失效的问题,也有学者提出了一种基于氢氧化镁负极的方案,有效延长了锌离子电池的使用寿命。此外,锌离子电池在正极材料方面也取得了重要进展。中国科学技术大学国家同步辐射实验室宋礼教授团队基于插层型锌离子电池正极材料的同步辐射谱学表征,提出了插层剂诱导轨道占据的概念,开发出具有快速充电性能的铵根插层五氧化二钒锌离子电池正极材料[44]。这一成果进一步提升了水系锌离子电池的性能,为锌离子电池的商业化应用提供了有力支持。

由此可见,锌离子电池自 20 世纪初开始的探索,到现在已经发展了将近一个世纪。在材料、结构、性能等方面都有了巨大的进展。随着技术的改进和成本的降低,锌离子电池有望成为一种更加高效、环保、持久的储能设备,为人类的生产、生活带来更多的便利和利益。

锌离子电池是一种充放电式电池,其工作原理基于锌离子在正、负电极之间的转移和嵌入/脱出。锌离子电池的充放电机理涉及多个复杂的化学反应过程,在充电过程中,锌离子电池的正极通常是一种金属氧化物,如锰氧化物。当电池连接到充电器时,外部电源施加的电压使得电流从负极流向正极。此时,正极的金属氧化物会发生氧化反应,形成锌离子(Zn^{2+})和电子。锌离子会通过电解质(通常是一种由溶解的盐酸或硫酸组成的液体)传导到负极。负极通常由锌金属构成,也可以是一种由碳材料包覆的锌粉。当锌离子到达负极时,它们会与负极的锌金属或锌粉发生还原反应,将锌离子还原为金属锌,并释放出电子。

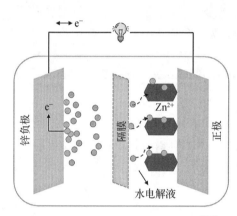

图 2-9　水系锌离子电池工作原理[45]

在放电过程中,电池是通过连接到一个外部电路上的负载来释放能量的。当电流从正极流向负极时,电子会从负极流向正极。在正极,锌离子与电子重新结合,形成金属氧化物。负极的锌金属或锌粉重新转化为锌离子。这个过程持续发生,直到锌离子被完全转移或负极的锌材料用尽。以水系锌离子电池为例,其工作原理如图 2-9 所示。

然而,由于锌离子的体积变化较大和生成氧气的副反应,锌离子电池在高倍率充放电和长时间循环中可能出现容量衰减和效率降低的问题。因此,锌离子电池目前还在进一步研究和发展中,以克服这些挑战并提高其性能。

锌离子电池作为一种具有潜力的能量存储技术,其应用场景广泛且多样。从可再生能源储存到电动车,从大型储能站到可穿戴电子设备,锌离子电池都展现出了巨大的应用潜力。例如,随着可再生能源(如太阳能和风能)的快速发展,对高效储能设备的需求日益增加,通过将锌离子电池应用于太阳能发电站或风力发电站,可以有效地储存和调节产生的电能,实现电力的稳定供应;大型储能站对于电力系统的稳定运行和调峰调频具有重要意义。通过将锌离子电池应用于大型储能站,可以有效地储存和调节电力,提高电力系统的稳定性和可靠性。

2.5　金属空气电池

随着《"十四五"新型储能发展实施方案》的出台,国内储能产业迎来新变革,储能产业作为万亿级的潜在蓝海市场,未来在储能电芯等核心元器件环节将率先迎来国产化需求的爆发。相比于传统的离子电池,金属空气电池作为新型电化学储能技术具有材料成本低、能量密度高、电池设计相对简单及安全性良好等显著优势。金属空气电池是以具有催化活性的空气电极作为正极,配合比较活泼的金属如锌、镁、铝等作为负极活性物质,加上合适的电解质构成的新型电池。根据负极使用的金属,金属空气电池主要可分为锂空气电池、锌空气电池、镁空气电池和铝空气电池。金属空气电池的工作原理为:负极活泼金属提供的电子通过外电路传输到正极与空气中的氧气结合,从而形成导电通路。这种电池的正极,即空气电极,通常由三部分组成,分别是气体扩散层,用于吸收空气中的氧气和防止电解质泄漏;催化剂层,用于加速氧气参与反应的速率;集流体层,用于提高空气电极的导电性;而金属空气电池的稳定性差和能量效率低等问题,一直限制着金属空气电池技术的实用化。其中,电化学氧还原反应(oxygen reduction reaction,ORR)和析氧反应(oxygen evolution reaction,OER)对于金属空气电池的性能起着至关重要的作用。

国际方面:加拿大滑铁卢大学陈忠伟博士团队实现了锌空气电池能量密度的突破,电池蓄电量提升了 40%[46];澳大利亚伊迪斯科文大学有研究团队表示,其研究的新型锌空气电池使用寿命超过 950 h,且蓄电量没有任何损失[46];美国南卡罗来纳大学 Kevin Huang 课题组聚焦于一种新型的固体氧化物铁-空气电池,该电池结合固体氧化物燃料电池以及化学链制氢技术在直径 1 in(2.54 cm)大小下实现 12.5 h 的长时储能[47]。国内方面:清华大学深圳国际研究生院、中国科学院深圳先进技术研究院联合开发了一种三电极,该解耦正极可实现快速的 ORR 和 OER 动力学,研究人员基于此电极材料开发了一种大的三电极电池,该电池具有 800 mA·h/cm² 的高放电容量以及在 10 mA·h/cm² 电流密度下 5 220 h 的超长循环寿命,并且组装电池组的能量密度为 151.8 W·h/kg,成本低至 46.7 美元/(kW·h)[48];北京大学郭少军课题组针对金属空气电池中的催化活性和稳定性进行了深入研究,其研发的亚纳米厚且高端卷曲的双金属钯钼纳米片材料,在碱性电解质中展现出卓越的氧还原反应电催化活性和稳定性,突破了正极反应的缓慢动力学对于相关电化学能源转换/存储器件的限制,可显著提升锌空气电池和锂空气电池的性能[49];重庆大学潘复生院士团队开发的镁空气电池能量密度达到了铅酸电池的 20 倍以上,电解液可直接采用海水,在深海着陆器、深海原位实验站等海洋装备领域具有很好的应用前景[46];天津大学胡文彬、吴忠团队近年来解决了铝空气电池放电副反应严重的突出问题,实现了这类电池大功率、稳定长效放电,能量密度突破 900 W·h/kg,已经在分布式污水处理设备和水面潜行器的供能系统开展了示范应用,如果用于汽车动力电池,可实现 2 500 km 以上的超长续航[46]。

产业侧,金属空气电池行业早在 1975 年前后就在加拿大铝能源(Aluminum power)等公司的大力倡导下获得了一定的发展。随后在 20 世纪 90 年代,美国能源部推出了世界上第一个用来推动电动汽车的铝空气电池系统 Voltek A‑2。但是后续由于关键技术未能突破,金属空气电池技术的发展极为缓慢,世界各地的研究工作也相继陷入低谷。进入 21 世纪后,金属空气电池的研发迎来了新的增长期。目前已经取得研究进展的金属空气电池主要有锌空气电池、铝空气电池、镁空气电池、锂空气电池等。其中锌空气电池是发展最成熟也是最有潜力的空气电池,已经或即将应用在新能源汽车与供电系统中,安装成本预计不到锂离子电池的 1/4。目前金属空气电池主要应用在新型储能以及电动汽车领域。如美国铝业公司(Alcoa)和以色列 Phinergy 在 2017 年发布了一台测试电动车,该车搭载了两家公司联合开发的铝空气电池后,其续航里程可以增加到 994 mile(约 1 600 km)。美国企业 Eos Energy Storage 与另一家美国企业 EnerSmart 在 2021 年签署 2 000 万美元订单,主要内容为在加利福尼亚州安装 10 个锌空气电池储电设备,每个项目 3 MW,可为 2 000 户家庭供能。日本初创公司科尼克斯系统公司(Konix)研发的一种结合氢氧燃料电池技术的新型铁空气电池,其材料成本或降至常规成本的 1/10 以下,该产品拟于 2025 年发售,用于可再生能源储电领域。加拿大 Zinc8 Energy Solutions 在 2022 年也宣布其独立研发的锌空气电池将实现商业化第一步:为纽约市新建一个 1.5 MW·h 的储能设施,结合其独立研发的锌空气电池和现有太阳能发电,为当地公寓楼供电。其他主要从事金属空气电池研发生产的国外企业还有欧洲公用事业 EDF、美国 Form Energy、比利时 AZA Battery、日本三洋公司等。对于国内来说,中航长力联合能源科技有限公司以及北京锌空气电池研究中心在 2012 年为共同推动北京市锌空气电池产业化而展开工作。随后在 2016 年,德阳东深新能源科技有限公司与中国铁塔德阳分公司正式签订采购合同,为其提供 1 000 台铁塔基站电源,这些电源以金属(铝)作为燃料电源。2017 年,云南冶金集团创能金属燃料电池股份有限公司通过自主研发突破铝空气电池关键材料及其制备技术,其研发的低成本空气电极寿命达到 7 000 h,达到国际领先水平;该电池采用的低成本特种铝合金负极性能可与美国铝业公司的高纯铝媲美。另外,有一批上市公司也已对锌空气电池进行了技术和产业布局,如鹏辉能源、德赛电池、尖峰集团、中国动力等。有国际市场咨询公司预计,到 2028 年,金属空气电池市场价值或将达到 11.73 亿美元。相信在不久的将来,通过国内外对金属空气电池相关技术的整合以及电池器件结构的设计优化,金属空气电池将会真正给人类的生产和生活带来极大便利。

2.5.1　锂空气电池

锂空气电池最初于 20 世纪 70 年代被提出用于电动汽车,自 2009 年开始,关于锂空气电池的研究逐渐增加,这是因为相比于其他材料体系的电池,锂空气电池具有超高的理论比容量(3 640 W·h/kg),其也被认为是未来极具发展前景的储能技术之一。鉴于空气中的多种气体成分,锂空气电池可被细分为锂氧气电池、锂二氧化碳电池和锂氮气电池等,其中锂氧气电池具有最高的能量密度,本书将主要以锂氧气电池的介绍为主。

锂空气电池主要由锂金属负极、多孔空气正极和电解质三部分组成,而根据电解质的成分,锂空气电池可被细分为非水系锂空气电池、水系锂空气电池、有机-水混合体锂空气电池和全固态体系锂空气电池四类,其基本原理如图 2-10 所示。不同类型的锂空气电池负极侧发生的反应相同,即金属锂与锂离子的相互转化,正极侧发生的反应与电解质密切相关。正极侧反应如下式所示:

$$Li \underset{充电}{\overset{放电}{\rightleftharpoons}} Li^+(sol) + e^- \qquad (2-17)$$

对于非水系锂空气电池,其结构与传统锂离子电池类似,正极侧为开放状态,其活性物质直接来源于空气中的 O_2。然而由于空气中存在水蒸气以及 CO_2 等气体,锂空气电池的正极存在被腐蚀的隐患,正极上的电化学反应也会受到一定影响,因此当前研究中主要是在纯 O_2 环境下进行,其理想

反应过程为

$$2Li^+ + O_2 + 2e^- \xmenlibrace{\text{放电}}{\text{充电}} Li_2O_2 \qquad (2-18)$$

然而,非水系锂空气电池的反应过程十分复杂,目前认为 Li_2O_2 的两种形成机制为溶液成核和表面成核机制。溶液成核机制下,Li_2O_2 为大尺寸椭圆状,然而其对电子和离子绝缘,且大颗粒 Li_2O_2 与导电正极接触面有限,因此其难以分解,循环性能较差。表面成核机制下,Li_2O_2 以薄膜状形式在正极材料表面生成,相比于溶液成核机制下的 Li_2O_2 产物,其阻塞了电子传输从而降低了电池的比容量,但其相对更利于分解,因此具有更好的循环稳定性。而在充电过程中的氧析出并不是放电过程的简单可逆过程,目前关于这一机制仍存在争议,非水系锂空气电池的反应机理仍是目前研究的重点。

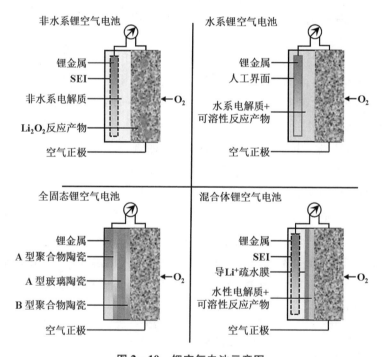

图 2-10 锂空气电池示意图

水系锂空气电池中水系电解质主要包括水、酸或碱,以及支持盐,根据电解质的 pH 大小可将其分为酸性或碱性水溶液体系锂空气电池,其具体反应为

$$O_2 + 4e^- + 4H^+ \underset{充电}{\overset{放电}{\rightleftharpoons}} 2H_2O \quad （酸性溶液） \qquad (2-19)$$

$$O_2 + 2H_2O + 4e^- \underset{充电}{\overset{放电}{\rightleftharpoons}} 4OH^- \quad （碱性溶液） \qquad (2-20)$$

水系锂空气电池的理论比容量相比于非水系锂空气电池较低,其优势在于不需要纯 O_2 装置支撑系统运行。显然,金属锂可以与水发生剧烈反应,因此需要在金属锂负极表面引入对水稳定、可隔绝水与氧气、具有高锂离子电导率、优异化学和热力学稳定性以及高机械强度的锂离子导通膜。然而,目前可用的锂离子导通膜通常制备工艺复杂,其中大部分氧化物在强酸和强碱中易溶解,稳定性较差,因此开发高可靠性负极锂离子导通膜和高效稳定水溶液成为水系锂空气电池的重点发展方向。

2009 年,日本产业技术研究院首次报道了有机-水混合体锂空气电池,其融合了有机系和水系锂空气电池的特点,负极侧采用非水有机电解液,正极侧采用水系电解液,其中有机系电解液保证了和锂金属接触时可以保持相当低的电势而不和锂金属发生反应。正负极之间引入具有良好离子电导率、可有效阻隔空气侧 O_2 和水分的渗透、水相/有机相下电化学稳定性好、机械强度高的隔离膜隔开,有效阻止了金属锂和水的反应,以及空气中水蒸气和 CO_2 对金属锂的腐蚀,其正极反应为

$$O_2 + 2H_2O + 4e^- \underset{充电}{\overset{放电}{\rightleftharpoons}} 4OH^- \qquad (2-21)$$

然而与水系锂空气电池中所引入的锂离子导通膜相同,目前可用于有机-水混合体锂空气电池的隔离膜同样在强酸和强碱中不具备理想的稳定性,导致电池的循环性能差,因此高性能隔离膜的研究对于有机-水混合体锂空气电池发展至关重要。

全固态体系锂空气电池由金属锂负极、空气正极和固态电解质组成,其正极包含碳和固态电解质粉末。全固态金属锂空气电池的固态电解质主要包括有机聚合物电解质和无机固体电解质,由于聚合物电解质存在结晶性降低锂离子电导、厚度对 O_2 反应活性点位和扩散路径有较大影响以及高电位下聚合物会受高活性氧种影响而分解等缺点,目前无机固体电解质具有更好的应用前景。固态电解质的引入有效解决了锂空气电池金属锂负极受水等腐蚀问题,改善了其循环性能,同时提高了其温度耐受范围,使其具有

更高的安全性,但目前其研究仍处于初级阶段,如何降低界面电阻、增加界面稳定性、提高固态电解质离子电导率等难题亟须解决。

近年来锂空气电池取得了长足的进展,但在循环性能、充放电效率、倍率性能等方面仍存在不足,其规模化的商业应用仍然面临诸多难题,具体可归结为:

(1)Li_2O_2不溶且导电性差造成电极钝化导致充电电位过高,电池能量转换效率低下;

(2)电解液溶剂易分解和挥发,导致电池性能急剧衰减;

(3)放电过程存在强氧化性中间产物,容易氧化分解电极材料;

(4)金属锂过于活泼,容易与空气中的水和CO_2发生反应而导致腐蚀,此外容易产生枝晶,其寿命和安全性易受影响;

(5)大多已报道的锂空气电池需要在纯氧环境下工作,如何获取在空气中稳定工作的锂空气电池仍是难点。

2.5.2 锌空气电池

锌空气电池作为最常见的金属空气电池,其发展历程可以追溯到19世纪初。早在1800年,第一个电池——伏打电堆(voltaic pile)的发明就采用了金属锌作为负极材料。这一发明迅速引发了早期电化学储能体系的迭代,其中锌基储能器件的演进尤为显著。从丹尼尔电池(Zn|Cu,1836)到格罗夫电池(Zn|HNO₃,1843),再到勒克朗谢电池(Zn|MnO₂,1866),金属锌作为负极材料在电化学储能发展的初期得到了广泛应用。

1878年,法国工程师L. Maiché报道了一种带有多孔空气正极的锌基电池,采用镀铂碳电极代替勒克朗谢电池中的二氧化锰电极进行相对稳定地放电。这一发明标志着第一个锌空气电池的诞生,证明了金属锌和空气电极分别作为负极和正极应用于化学储能的潜力,为接下来近百年的锌空气电池技术迭代开辟了道路。然而,早期的锌空气电池沿用了勒克朗谢电池中的酸性电解液体系,导致电池输出电压低、电极材料稳定性差,同时还有电解液溢漏等问题。

直到1932年,George W. Heise和Erwin A. Schumacher开发出首款碱性锌空气电池产品。与酸性电解液体系不同,碱性锌空气电池使用了氢氧化钠溶液以缓解电极腐蚀和性能衰减。此外,电池构型的突破和封装工艺的改进也使得首款碱性锌空气电池产品取得成功。该电池采用金属锌作为负极、碳棒作为正极(用于吸附氧气),并添加了石灰以消除外界二氧化碳的干扰,还采用了石蜡封装的工艺以防止电解液溢漏。

从1932年开始到20世纪50年代末,碱性锌空气电池的应用范围迅速扩张,涉及铁路信号灯、远洋导航、家用器件储能等领域。例如,爱迪生公司开发的Carbonaire型碱性锌空气电池可用于铁路信号灯和远程通信站点储能。与其他电化学储能体系(如铅酸电池、镍镉电池和镍锌电池等)相比,由于电解液体系的改变和封装工艺的升级,碱性锌空气电池拥有更高的输出功率和更长的使用寿命。然而,早期锌空气电池重量过大、容量过低的缺点。例如,Heise等在1947年开发的一款锌空气电池,重数百千克、能量效率极低,仅允许在大型设备上进行安装使用。

20世纪80年代,锌空气电池的能量密度最高能够达到约200 W·h/kg。例如,Electric Fuel公司组装了一辆电动公交车,该公交车由锌空气电池包进行供电。无独有偶,奔驰汽车公司同样推出了一款锌空气电池驱动的电动面包车,该电动面包车由一个150 kW·h的锌空气电池包进行供电。锌空气电池在电动汽车上的示范应用极大地振奋了整个领域。然而,锌空气电池的发展并非一帆风顺。伴随着锌空气电池的构型升级,锂离子电池的概念开始被提出,并逐渐发展成为锌空气电池的有力竞争对手。尽管锌空气电池具有较高的能量密度和较长的使用寿命,但仍面临着一些挑战。未来的研究将致力于提高锌空气电池的性能和稳定性,以满足不同领域对电池性能的需求。

锌空气电池的充放电机理主要基于氧气与锌之间的氧化还原反应。这一反应过程在电池的正极和负极上分别进行,并通过电解质进行离子传递。在锌空气电池的充电过程中,外部电源将电能输入电池,使得电解质中的氧气发生氧化反应,同时锌负极发生还原反应。具体来说,充电时外部电源提供的电流使氧气在正极上发生氧化反应,生成OH^-,并释放电子。这些电子通过外部电路传递到负极,与Zn^{2+}结合,发生还原反应生成$Zn(OH)_2$,在锌空气电池的放电过程中,氧气从空气中通过正极的气体扩散阻止层进入电池,与负极的锌发生氧化反应,产生电流。具体来说,放电时氧气通过正极的气体扩散层进入电池内部,在正极上发生还原反应,与通过外部电路传递来的电子结合生成氢氧根离子。同时,负极的锌发生氧化反应,生成锌离子并释放电子。这些电子通过外部电路传递到正极形成电流。其充放电过程的化学反应如下。

负极：

$$Zn + 4OH^- \underset{充电}{\overset{放电}{\rightleftharpoons}} Zn(OH)_4^{2-} + 2e^-$$

$$Zn(OH)_4^{2-} \underset{充电}{\overset{放电}{\rightleftharpoons}} ZnO + H_2O + 2OH^- \qquad (2-22)$$

正极：

$$\frac{1}{2}O_2 + H_2O + 2e^- \underset{充电}{\overset{放电}{\rightleftharpoons}} 2OH^- \qquad (2-23)$$

总反应：

$$Zn + \frac{1}{2}O_2 \underset{充电}{\overset{放电}{\rightleftharpoons}} ZnO \qquad (2-24)$$

需要注意的是,在放电过程中,正极的气体扩散阻止层起到了防止电解质中的水分进入电池的作用,同时也限制了氧气的进入,使得氧气只能通过扩散层的小孔进入电池,从而控制了正极上的反应速率。此外,锌空气电池的充放电反应过程还受到电解质的影响。常用的电解质为高浓度的氢氧化钾水溶液,它提供了锌离子和氢氧根离子进行反应的介质。在充电过程中,氢氧化钾溶液中的氢氧根离子参与负极的还原反应;在放电过程中,氢氧根离子在正极上生成,并与氧气结合。

锌空气电池由于其能量密度高、寿命长、成本低以及环保等优点,在多个领域具有广泛的应用前景。锌空气电池曾被认为是电动汽车和混合动力汽车的理想动力电源之一。此外,锌空气电池还具有较好的安全性能,即使在外部遇到明火、短路、穿刺、撞击等情况时,也不会发生燃烧或爆炸。此外,大型锌空气电池的电荷量一般在500~2 000 A·h,主要用于铁路和航海灯标装置上。锌空气电池还可以代替成本很高的锌银电池用于国防和军事领域,如鱼雷、导弹等。这些应用对电池的能量密度和安全性要求较高。锌空气电池的高能量密度和较好的安全性能使其成为这些应用的理想选择。当前,也有用于储能系统的锌空气电池,以平衡电网负荷、提供备用电源等。

2.5.3 铝空气电池

作为一种基于铝与空气中的氧气发生化学反应产生电能的装置,铝空气电池不仅具有极高的能量密度,而且对环境友好,是新能源领域的一颗璀璨明珠。本节深入探讨铝空气电池的基本原理、性能特点、应用领域、面临的挑战以及未来的发展方向,旨在为读者提供一个全面而详尽的知识框架。

铝空气电池的核心结构包括负极(铝)、正极(空气中的氧气)、电解质(通常为氢氧化钾或氢氧化钠水溶液)以及辅助空气电极(也称为气体扩散电极)。负极通常由高纯度铝制成,它在放电过程中与电解质接触并发生氧化反应。同时,空气中的氧气通过辅助空气电极进入电池内部,在正极上接受电子并发生还原反应,生成氢氧根离子。电解质在电池内部起着传递离子和维持电中性平衡的作用。其充放电过程的化学反应如下。

负极:

$$4Al - 12e^- \underset{充电}{\overset{放电}{\rightleftharpoons}} 4Al^{3+} \qquad (2-25)$$

正极:

$$3O_2 + 6H_2O + 12e^- \underset{充电}{\overset{放电}{\rightleftharpoons}} 12OH^- \qquad (2-26)$$

总反应:

$$4Al + 3O_2 + 6H_2O \underset{充电}{\overset{放电}{\rightleftharpoons}} 4Al(OH)_3 \qquad (2-27)$$

铝空气电池的理论能量密度可达 8 100 W·h/kg,远高于当前市场上的锂离子电池(200~265 W·h/kg)和其他类型的电池。因此,在相同重量下铝空气电池能够存储更多的电能,从而提供更长的续航时间。这一特性使得铝空气电池在电动汽车、无人机、水下航行器等需要长续航的应用领域具有巨大的潜力。铝空气电池在运行过程中不会排放有害气体或固体废物,对环境友好,易于回收和再利用。此外,铝空气电池的电解质通常为碱性水溶液,易于处理且不会对环境造成污染。因此,铝空气电池符合当前全球对环保和可持续发展的要求,是一种绿色、清洁的能源解决方案。

铝的密度较小(约 2.7 g/cm³),使得铝空气电池的质量相对较轻。这一特性使得铝空气电池在需要轻量化设计的领域(如航空航天、便携式电子设备)中具有显著优势。同时,铝空气电池的电解质和辅助空气电极通常采用模块化设计,便于组装和拆卸,进一步提高了其便携性和灵活性。

尽管铝空气电池具有诸多优点,但在实际应用中仍面临一些挑战。首先,铝在碱性电解质中容易发生腐蚀,导致电池性能下降和寿命缩短。其次,铝空气电池的充电方式相对特殊,需要通过更换铝负极来实现"充电",限制了在需要频繁充电的应用领域中的使用。此外,铝空气电池的电解质和辅助空气电极的制备工艺相对复杂,成本较高,也是制约其大规模应用的重要因素之一。

铝空气电池的高能量密度和长续航特性使其成为新能源汽车领域的理想能源解决方案。通过优化电池结构和电解质配方,可以进一步提高铝空气电池的比功率和充电速度,满足新能源汽车对高能量密度、快速充电和长续航的需求。此外,在航空航天领域,铝空气电池可以作为飞行器的动力源或辅助动力源,提高飞行器的续航能力和机动性。在水下应用领域,铝空气电池可以作为潜艇的不依赖空气推进(air-independent propulsion,AIP)系统或水下机器人的动力供应,实现长时间的水下作业和探测任务。除了上述领域外,铝空气电池的高能量密度、长续航和环保性还可以应用于移动通信中继站、远程通信基站、应急照明系统、医疗设备等领域。

铝在碱性电解质中的腐蚀是铝空气电池面临的主要挑战之一。为了减缓负极腐蚀速度并延长电池寿命,可以采取以下措施:一是优化电解质的配方和浓度,降低铝的腐蚀速率;二是采用先进的防腐技术,如负极氧化、涂层保护等,提高铝负极的耐腐蚀性能;三是开发新的负极材料,如铝合金、铝基复合材料等,以提高负极的稳定性和耐久性。

目前,铝空气电池的电解质和辅助空气电极的制备工艺相对复杂且成本较高。为了降低生产成本并提高电池性能,可以优化电解质的配方和制备工艺,提高电解质的稳定性和导电性能;同时,开发新型辅助空气电极材料和技术,如采用碳基材料、纳米材料等,以提高电极的催化活性和耐久性。未来,铝空气电池的技术创新和研发将主要集中在以下几个方面:一是开发新的负极材料和防腐技术,提高负极的稳定性和耐久性;二是优化电解质的配方和制备工艺,提高电解质的稳定性和导电性能;三是开发新型辅助空气电极材料和技术,提高电极的催化活性和耐久性。未来铝空气电池还可以应用于更广泛的领域,如智能电网、分布式能源系统、远程通信基站、应急救援系统等。这些领域对高能量密度、长续航和环保性电源的需求将进一步推动铝空气电池的发展和应用。

金属空气电池虽优点众多,是具有广阔应用前景的新型电源,但是当前金属空气电池仍处于商业化早期阶段,大多数技术停留在实验室研究阶段,并没有实现规模化应用,其实际使用过程中仍面临多种关键技术瓶颈。例如锂空气电池能量效率低及电池稳定性差;锌空气电池功率密度小且寿命短;镁空气电池续航短;铝空气电池放电过程析氢副反应严重;空气电极侧普遍存在氧气获取速度慢、使用寿命短等缺点,这些都在一定程度上限制了金属空气电池的应用和推广。归结起来,金属空气电池的关键科学及技术问题主要有以下几点。

(1)金属空气电池的空气正极的催化活性低和稳定性差。空气正极是氧化还原反应发生的主要场所,如何设计合理的空气电极结构,促进气-液-固三相电化学反应过程传质,提高空气电极的界面催化活性和催化稳定性是金属电池走向实用化首要解决的关键问题。

(2)金属空气电池普遍存在充放电循环寿命短的问题。其影响因素包括电极载体、催化剂、导电剂、黏结剂等材料本身的耐腐蚀能力,负极材料的枝晶抑制生长和电解液的易挥发和分解问题等,如何通过电池的物理结构和反应路径设计提高金属空气电池的稳定性是第二个关键问题。

(3)从实验室走向大规模应用的产业化问题。当前金属空气电池商业化还处于早期阶段,大多数技术还停留在实验室阶段,如何从材料制备、电池结构和成本角度出发,促使金属空气电池从实验室走向产业化,是锌空气电池、铝空气电池及锂空气电池要解决的第三个关键问题。

2.6 液流电池

液流电池与传统电池类似,通过惰性电极上的可溶电子对进行电化学反应来储存和释放能量。目前较为成熟的液流电池技术包括全钒氧化还原液流电池、锌铈混合氧化还原液流电池、铁铬液流电池和锌/溴液流电池,效率从 70%(锌铈)到 85%(钒氧化还原)不等。全钒氧化还原液流电池的优点在于其无毒副产物产生、环境友好、安全性高和能量效率高,因此成为目前应用最为广泛的液流电池[50]。

2.6.1 全钒氧化还原液流电池

全钒氧化还原液流电池由澳大利亚新南威尔士大学的 Maria Kacos 教授于 1985 年首次提出。其由电极、电解液、离子交换膜、极板和集流体组成,如图 2 - 11 所示。全钒氧化还原液流电池的电能以化学能的形式存储在

H_2SO_4 溶液中,电解液中包含钒离子的各种价态,在电池运行期间,通过氧化还原的形式改变钒的价态以完成离子的转移,并完成电能和化学能之间的快速转换,因此全钒氧化还原液流电池可以在短时间内实现高度的充电和放电[51]。此外,电池包含两个堆叠电极以及两个外部存储箱,其中包含可溶电活性物质(正极电解液中包含 V^{4+}/V^{5+},负极电解液中包含 V^{2+}/V^{3+})。电池的正负极两部分由离子交换膜隔开,每个部分则配有泵送循环系统,通过电池内的 H^+ 导电。电池充电后,正极电解液中为 V^{5+},负极电解液中为 V^{2+};电池放电后,正极电解液中为 V^{4+},负极电解液中为 V^{3+}。其充放电过程中发生的电化学反应如下。

负极:

$$V^{2+} \underset{\text{充电}}{\overset{\text{放电}}{\rightleftharpoons}} V^{3+} + e^- \tag{2-28}$$

正极:

$$VO_2^+ + 2H^+ + e^- \underset{\text{充电}}{\overset{\text{放电}}{\rightleftharpoons}} VO^{2+} + H_2O \tag{2-29}$$

总反应:

$$VO_2^+ + 2H^+ + V^{2+} \underset{\text{充电}}{\overset{\text{放电}}{\rightleftharpoons}} VO^{2+} + H_2O + V^{3+} \tag{2-30}$$

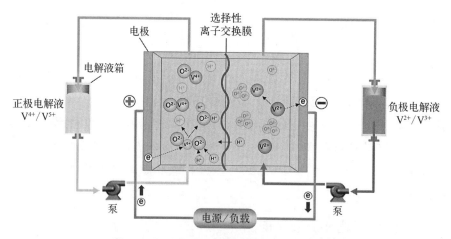

图 2-11 全钒氧化还原液流电池示意图[24]

全钒氧化还原液流电池的标准开路电压约为 1.26 V,对于 2.5 mol/L H_2SO_4 电解液中 $VOSO_4$ 浓度为 2 mol/L 的电池系统来说,在完全充电状态下其电压会增加至 1.6 V。全钒氧化还原液流电池中 VOSO$_4$ 的浓度一方面随着 H$_2$SO$_4$ 浓度的升高而降低；另一方面随着温度的升高而增加，当 H$_2$SO$_4$ 的浓度较低时，其浓度受温度的影响更加显著。全钒氧化还原液流电池可在 10~40℃ 的环境下应用，一般来说其能量效率可达 85%，循环寿命则长达 12 000 年。由于使用的是具有不同氧化状态的同类型钒，全钒氧化还原液流电池不存在交叉污染的问题，这使得电解液可以在电池中循环使用，以实现电池寿命的延长，以及降低电池系统的成本。

全钒氧化还原液流电池在实际应用中主要受其比能量密度低（10~30 W·h/kg）的限制，其能量密度与 H$_2$SO$_4$ 溶液中钒离子的浓度密切相关，而钒离子最大浓度受到固态钒化合物沉淀的限制。例如，若将 H$_2$SO$_4$ 电解液中的钒离子浓度增加至 2 mol/L 以上，温度超过 40℃ 时在 V^{5+} 溶液中将形成 V$_2$O$_5$ 沉淀，温度低于 10℃ 时在 V^{2+} 或 V^{3+} 溶液中将形成 VO 沉淀。为解决这一问题，研究人员提出了许多方法来提高钒在液体溶液中的稳定性和溶解度，如通过添加一些有机或无机化学稳定剂来提高钒在 H$_2$SO$_4$ 中的稳定性。但目前电解液中钒浓度及其对全钒氧化还原液流电池的荷电状态、能量密度等电化学性能的影响仍是目前其应用的主要挑战。

全钒氧化还原液流电池的失效模式主要如下[52]：

（1）由于电解液供应不足或电池内阻增大造成的单电池电压过高；

（2）由电解液温度降低、黏度增大或电堆内部电解液供应阻塞造成的电解液流量降低；

（3）由冷却水温度过高或液流电池系统过载运行造成的电解质溶液温度过高；

（4）由电堆密封异常导致的漏液；

（5）电解液循环泵流量、压力和循环泵电机电流异常；

（6）由电解质溶液中钒离子价态失衡造成的容量衰减、由正负极电解质溶液失衡造成的容量衰减以及由于长期运行中微量电极副反应累积引起电解质溶液价态失衡造成的容量衰减；

（7）由电解液循环泵故障、电池管理系统故障和电路连接故障等造成的电池系统无法启动。

针对目前液流电池电压等级低和能量密度低的问题，高级液流电池这一技术被提出，主要包括两种系统：有机-无机水体系以及非水体系[53]。

2.6.2 有机-无机水系液流电池

有机-无机水系液流电池的提出主要是为了解决其活性材料的可扩展性和成本问题，以扩展液流电池在电化学储能应用中的可选择性。如文献[54]中所提出的一种非金属有机-无机液流电池，该电池在90%SOC下的开路电压相对较低，为0.92 V，但该电池展现了高度可逆的电化学性能，且在长时间尺度上可维持>99%的良好电流放电，即使电流密度达到0.5 A/cm²。无金属液流电池可以提供较低的每千瓦时成本，并具备较强的电化学性能，对大规模储能应用有积极意义。

2.6.3 非水系液流电池

由于水电解质的电化学窗口较小，电解液中氧化还原体的浓度较低，传统的水系液流电池能量密度较低。当电解质具有更大的电化学窗口时，将会有更多的氧化还原偶选择，而这在非水系液流电池中是存在可能的。水系与非水系液流电池之间的主要区别在于电解质及支持离子，水系液流电池以强酸（如 H_2SO_4 和 HCl）作为电解质，质子横跨膜进行迁移以保持电中性；而在非水系液流电池中使用有机溶剂溶解氧化还原体（金属配体复合物），并添加离子液体以增加电解质的离子电导率。一般来说非水系液流电池的工作电压高于水系液流电池，然而由于氧化还原体在非水电解质中的溶解度低于水基电解质（<0.1 mol/L），水系液流电池的部分电化学性能不尽如人意，如容量和库仑效率。对于非水系液流电池的改进主要有两种方法。

第一种方法中，液流电池以金属-配体复合物作为其电解质，复合物中的金属参与氧化还原反应，配体则决定其在有机溶剂中的溶解度，当金属和配体的组合得到合理的优化时，此体系的电池便可以在足够的溶解度下提供高工作电压，从而得到更高的能量密度。目前钒复合物体系已得到了广泛的研究，单钒金属在由乙腈（CH_3CN）作为有机溶剂和四氟硼酸四乙基铵（$TEABF_4$）作为支撑电解质的电解液中与乙酰丙酮配位 $[V(acac)_3]$。由于该体系的两个电极使用相同的电解质，其能量效率可以得到有效提高，其充放电过程中的电化学反应如下。

负极：

$$V^{III}(acac)_3 + e^- \xrightleftharpoons[\text{充电}]{\text{放电}} V^{II}(acac)_3^- \tag{2-31}$$

正极：

$$V^{III}(acac)_3 \underset{充电}{\overset{放电}{\rightleftharpoons}} V^{IV}(acac)_3^+ + e^- \qquad (2-32)$$

总反应：

$$2V^{III}(acac)_3 \underset{充电}{\overset{放电}{\rightleftharpoons}} V^{IV}(acac)_3^+ + V^{II}(acac)_3^- \qquad (2-33)$$

该体系电池的理论工作电压为 2.18 V，比使用 2 mol/L H$_2$SO$_4$ 的水系全钒氧化还原液流电池高出 60%。如果任何一种带电的复合物迁移到相反的电极，会形成中性的中间物诱导电池自放电，导致电池充电效率损失。这类体系的电池无须进行电解液的再生，然而水和氧气的污染水平会对电池性能产生极大影响。当电池内含有氧气时，V(acac)$_3$ 的还原能力降低，同时溶剂和支撑电解质出现降解。此外，由于 V^{3+} 在水中容易转换成双键 VO 类物质，V(acac)$_3$ 转化为乙酰丙酮钒 VO(acac)$_2$，其反应如下：

$$V(acac)_3 + H_2O \longrightarrow VO(acac)_2 + Hacac + H^+ + e^- \qquad (2-34)$$

式中，Hacac 为质子化乙酰丙酮。因此在制备电池之前，应将膜长时间浸入电解液中，以除去所有水和氧气。

为解决非水系液流电池中复杂的制备工艺和氧化还原体溶解度低的问题，第二种非水系液流电池的改进方法是采用全有机氧化还原系统。这类电池电化学窗口<2.0 V，但由于活性材料在全有机系统中的溶解度，该值仍存在局限性。

当前液流电池及其产业主要存在以下问题：首先，能量密度通常较低，这意味着需要更大尺寸的电池系统才能存储足够的电能。提高能量密度是液流电池发展的必然方向，也是最大的挑战。其次，目前液流电池系统的制造和运营成本相对较高，限制了其市场竞争力。降低成本需要进一步完善液流电池的供应链，尤其是碳毡电极、电解液、双极板等基础材料。隔膜、石墨毡电极等关键材料仍被国际巨头垄断，国产化率低，成本高。国内液流电池行业的原材料与零部件供应商大都为其他行业转型，缺乏专用基础材料与零部件的研发能力。锌溴、全铁、铁铬、有机等基于高丰度元素的低成本新体系的产业化积累薄弱、需要大量的基础研究支撑，更需要专业上下游供应商的协同。

为了应对以上问题，低成本长时本征安全的液流储能技术发展亟须解决的关键科学问题主要包括：

（1）针对现有液流电池体系在储能密度、速率以及安全性、寿命、成本等方面的不足，突破传统无机与有机离子水溶液电解质的性能和资源瓶颈，开发基于丰产元素的高比能液流电池电解液新体系；

（2）构建电解液与固体电极的新型电化学表界面动态模型；探明电、力、热等多物理场耦合下的电荷转移新机制，提升电化学反应动力学，抑制水分解等副反应，开发高电流密度电极材料；

（3）建立电池材料基因数据库和材料筛选的高效率智能算法，提出基于数据驱动的电池关键材料理性设计新方法；

（4）研究流体电池热质传递和电化学反应耦合过程，解决微尺度传热、传质问题与解析多孔介质内的热、质传递过程，优化电堆流场和电场分布，提升电堆功率密度与效率；

（5）揭示电池结构/操作参数-物理场分布-电池性能的定量关系，认清典型工况条件下液流电池 SOC 演化规律及 SOH 衰减机制，开发基于机理模型与数据驱动方法的电池 SOC 和 SOH 联合估计策略，形成液流电池状态监测系统，助力系统的高能效、长寿命运行，也是亟待解决的关键科学问题之一。

除了电解液，电堆成本占比往往要达到 50%，隔膜、石墨毡、双极板等电堆材料亟须实现低成本国产化。阻碍低成本长时本征安全的液流储能技术发展的技术问题主要有以下两点。

1. 低成本质子交换膜的工程化与产业化

隔膜是全钒氧化还原液流电池的核心部件之一。目前商业化全钒氧化还原液流电池隔膜主要为全氟磺酸聚合物质子交换膜，这类隔膜的最大优势是其出色的化学稳定性和较高的质子电导率，但其昂贵的价格和较高的钒离子渗透系数极大地限制了全钒氧化还原液流电池的进一步应用。针对该问题需要深入探究全氟质子膜微纳结构与离子交换膜物性（机械强度、溶胀率）和性能（钒离子渗透、质子电导率）的多参数对照关系，形成系统的膜结构调控方法学，研究全氟质子膜增强改性技术和增强改性方法。通过溶剂筛选、引入离子通道填充剂和交联剂、成膜温度等，来实现质子膜微纳结构的调控，挖掘出高品质液流电池膜的成膜工艺。

碳氢聚合物隔膜往往显示出更高的离子电导率和更好的离子渗透选择性，但普遍存在化学稳定性差导致其耐久性不足的问题。聚苯并咪唑（PBI）

隔膜具有优异的化学稳定性,可以满足全钒氧化还原液流电池对隔膜耐久性的要求,但国内仍未见商业化产品。因此,亟须深入研究聚苯并咪唑树脂等新型隔膜的精细化学结构与性能(质子电导率、氢/钒选择性、库仑效率、电压效率、电池容量保持率、力学性能、耐久性等)之间的构效关系,发展新型树脂的合成放大技术和隔膜量产工艺技术。

2. 高效液流电池专用电极材料的批量制造工艺

当前碳毡电极材料的开发也有一些局限性,目前国内主要的碳毡供应企业主要是传统保温碳毡生产企业。对于液流电池专用碳毡材料的开发缺乏必要的积累与优化,产品一致性难以保持,严重影响了电堆的一致性和运行管理。其次,缺乏详细且完善的标准,例如,对于电池系统长时间运行较为重要的电极脱毡率,目前没有统一的测量方法;对于流速、电压范围等液流电池的测试条件,各科研机构和企业也没有统一,造成对比数据时较为烦琐。其次行业内没有专业的第三方液流电池及材料测试平台,材料企业没有逐步放大的电池测试条件,单独制作又成本过高,到处寻找测试资源浪费时间,还耽误研发进度。因此,急需针对液流电池的应用特点,对碳毡材料的孔隙率、电化学活性面积和稳定性等进行优化和工艺开发。

作为沉积型液流电池,锌基液流电池面临着锌枝晶问题,需要定期进行深度充放电防止枝晶的累积和脱落。如何抑制锌枝晶的生成、促进锌的均匀致密和快速沉积,从而提高对负极空间的利用率也是亟须解决的问题。

2.7　氢能与燃料电池

氢能具有零碳排放、能量密度高、储存和运输灵活等优势,尤其在推动"双碳"目标实现和加速能源转型方面,展现出广泛的应用前景。根据中国氢能源及燃料电池产业创新战略联盟预测,到 2030 年中国氢气需求量将达到 3.5×10^7 t,在终端能源体系中占比 5%,到 2050 年氢气需求量接近 6×10^7 t,氢能将在中国终端能源体系中占比至少达到10%,可减排约 7×10^8 t 二氧化碳。图 2 - 12 为中国未来部分省级地区工业和交通氢需求预测值和可消纳新能源发电量柱状图。未来,随着氢能进一步在发电和供热等领域的替代与普及,全国各省级地区氢需求将进一步提高,氢能利用市场发展前景极为广阔。

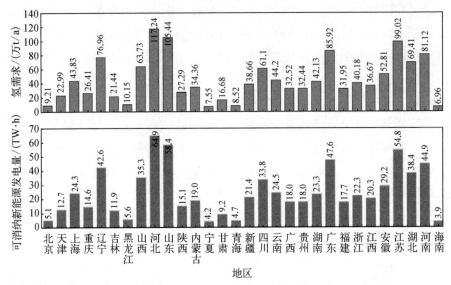

图 2-12 我国部分省级地区潜在的氢需求与可消纳新能源发电量[55]

2019 年 3 月的《政府工作报告》中首次写入氢能。2022 年 3 月的《氢能产业发展中长期规划（2021—2035 年）》中，提出了氢能的战略定位，氢能将成为未来国家能源体系的重要组成部分，可再生能源制氢是重要途径之一。2022 年 6 月的《"十四五"可再生能源发展规划》中再次提出推进可再生能源发电制氢产业化发展。2023 年 7 月国家标准化管理委员会联合五部委发布《氢能产业标准体系建设指南（2023 版）》。目前，国家已从科研、示范应用、标准编制等层面开始全面推动氢能发展。

2.7.1 氢能及其关键技术

氢是宇宙中最轻的元素，常温常压下，氢气的密度大约为 0.089 9 g/L，仅为空气密度的约 1/14。氢气的能量密度按质量计算非常高，每千克氢气释放的能量为 120~142 MJ，是传统化石燃料如汽油和天然气的数倍。氢气燃烧或在燃料电池中反应时，唯一的副产物是水，没有二氧化碳或其他有害气体的排放。因此，氢能被认为是一种非常清洁的能源，有助于减少温室气体排放，符合绿色可持续发展的需求。其同时具有可调节性和灵活性、长时间大规模储能、分布式发电与多元化应用、绿色低碳，支持"双碳"目标以及多样化的能源转换形式等优点，能够在能源供应、储能、交通、工业等多个领域发挥重要作用，有望成为未来低碳能源体系的重要组成部分。目前，氢能研究的主要方向包括：绿色制氢技术、储氢与运氢技术以及燃料电池技术等。绿色制氢技术的研究致力于从可再生能源中高效、经济地生产氢气；储氢与运氢技术的研究关注如何实现高效、安全地储存与运输氢气；燃料电池技术的研究旨在提升燃料电池的性能、降低其成本，使其成为可靠且具备竞争力的能源转换设备。

1. 电解制氢技术

电解水制氢技术被认为是新型电力系统中非常重要的组成部分，有望解决可再生能源的间歇性、波动性问题。根据电解机理和使用的电解质不同，电解水制氢技术主要分为四种类型：碱性电解（alkaline water electrolysis，AWE）、质子交换膜电解（proton exchange membrane electrolysis，PEME）、阴离子交换膜电解（anion exchange membrane electrolysis，AEME）和固体氧化物电解池（solid oxide electrolysis cell，SOEC）[56]。

1）AWE 制氢

AWE 现象最早由 Troostwijk 和 Diemann 于 1789 年提出，并于 20 世纪实现了初步工业应用。AWE 制氢是一种有利于大规模应用的制氢技术。目前，AWE 制氢项目有着特定的成本与寿命数据，其投资成本通常在 500～1 000 美元/千瓦，系统的耐用时长可长达 90 000 h，展现出了一定的长期运行潜力[57]。

AWE 属于电化学水分解技术的一种，该技术依托电能驱动，促使水发生分解反应。电化学水分解这一过程包含两个独立开展的半电池反应。如图 2 – 13 所示，AWE 电解池主要组件分别为隔膜/分离器、集流器（气体扩散层）、分离板（双极板）、端板。一般来说，碱水电解中使用石棉/锆石/镍涂层穿孔不锈钢隔膜作为分离器[58]。采用镍网/泡沫作为气体扩散层，分别采用不锈钢/镀镍不锈钢隔板作为双极板和端板。AWE 具体为正极发生的析氢反应（hydrogen evolution reaction，HER），以及负极所进行的析氧反应（OER）。其反应方程式如下。

HER：

$$4H_2O + 4e^- \longrightarrow 2H_2 + 4OH^- \tag{2-35}$$

OER：

$$4OH^- \longrightarrow 2H_2O + O_2 + 4e^- \tag{2-36}$$

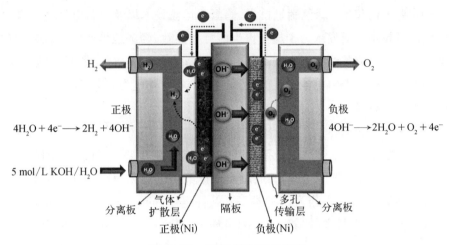

$$4H_2O + 4e^- \longrightarrow 2H_2 + 4OH^-$$

$$4OH^- \longrightarrow 2H_2O + O_2 + 4e^-$$

图 2-13 AWE 制氢工作原理

AWE 是一项成熟且完备的绿色制氢技术,但是仍然存在一些问题,如运行电流密度较低、电池效率不高以及气体渗透交叉问题。因此,这项技术还需进行一些改进与提升。在隔膜方面,降低隔膜厚度可减小电阻,有助于提高电池效率、降低耗电量,目前具有工业应用前景的主要集中在有机膜。隔膜整体厚度需从目前约 460 μm 减至 50 μm,这样的话在电流密度为 1 A/cm^2 的条件下电池效率有望从 53% 提升至 75%。在电流密度方面,较低的电流密度是碱性水电解面临的主要障碍之一,要大力创新、改进,以提高电流密度,这可通过采用更薄的隔膜以及高比表面积的电极材料来实现。目前具有工业应用前景的主要集中在镍基电极以及镍基复合催化剂。在气体渗透交叉方面,通常碱性水电解采用高浓度(5 mol/L)KOH 电解液、厚隔膜及镍基电极进行。在电化学反应过程中,生成的 H$_2$ 与 O$_2$ 可能相互混合,之后溶解到电解液中,致使气体纯度降低。要减少气体渗透交叉,未来行业的研究重心可以放在降低隔膜厚度和降低催化剂层与多孔传输层之间的界面电阻上面。

2)PEME 制氢

为克服 AWE 存在的弊端,PEME 制氢技术被提出。PEME 以 H$^+$ 为离子电荷载体,去离子水透过质子传导膜渗透,进而保障电化学反应顺利进行。通常情况下,PEME 水电解在 30~80℃ 的较低温度区间以及 1~2 A/cm^2 的较高电流密度下运行(可高达 10 A/cm^2),所产出的 H$_2$ 与 O$_2$ 纯度可达 99.999%[59]。在 PEME 水电解过程中,H$_2$O 经电化学作用分解为 H$_2$ 与 O$_2$。具体而言,电解起始阶段,处于负极一侧的水分子发生分解,生成 O_2、H^+ 以及 e^-。其中,负极表面产生的 O_2 以及剩余的 H^+ 会透过质子导电膜向正极侧迁移,与此同时,e^- 则经由外电路传导至正极侧。待抵达正极侧后,H^+ 与 e^- 重新结合,进而生成 H_2。PEME 的基本原理如图 2 - 14 所示。

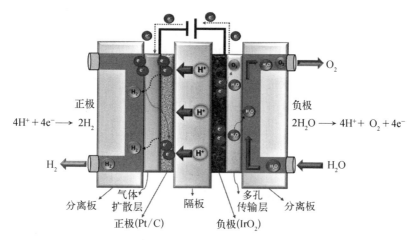

正极
$4H^+ + 4e^- \longrightarrow 2H_2$

负极
$2H_2O \longrightarrow 4H^+ + O_2 + 4e^-$

分离板　气体扩散层　隔板　多孔传输层　分离板

正极(Pt/C)　负极(IrO_2)

图 2 - 14　PEME 制氢工作原理

PEME 相较于 AME 具备运行电流密度高、气体纯度高、出口压力大以及占地空间小的优势,然而因部件成本问题其处于初步商业化阶段,需大力开展研发工作以降低成本。质子交换膜是 PEME 制氢技术的关键部件,在该方面需在保证机械强度的前提下降低膜的厚度,达到提升效率与耐用性,减少耗电量的效果;作为另一关键部件,电催化剂目前主要使用贵金属材料(Pt/IrO_2),这使得 PEME 电解制氢技术的规模化应用面临阻碍,因此非贵金属材料的替代,以及通过调整性质加快电极动力学过程是关键。

3) AEME 制氢

AEME 制氢技术是基于 AWE 和 PEME 技术发展起来的。其结构类似 PEME 电解槽,用阴离子交换膜(anion exchange membrane,AEM)取代质子交换膜(proton exchange membrane,PEM)进行 OH^- 的传递。AEME 结合了 AWE 和 PEME 的优点,在弱碱性条件下工作,可以使用价格低廉的非贵金属催化剂,降低了催化剂成本和能耗,且 AEM、多孔传输层、双极板的成本均低于 PEME 中的同类部件,能大幅降低成本;同时采用聚合物膜,同 PEME 技术一样具备良好的动态响应特性,适应可再生能源的波动。低成本与高动态响应是 AEME 的主要优势。此外,AEME 可用纯水或低浓度的碱性溶液代替浓

KOH 溶液作为电解质,有效避免了强腐蚀问题,因此整个电解水装置具备无泄漏、体积小、易处理等优点,整体制氢成本较低,稳定性高,适合大规模可再生能源制氢。如图 2-15 所示,AEME 电解槽主要由 AEM、催化剂层(catalyst layer, CL)、气体扩散层(gas diffusion layer, GDL)和双极板(bipolar plate, BP)等密封组合而成。其工作原理与其他电解水制氢原理类似,如下。

负极:

$$4OH^- \longrightarrow O_2 + 2H_2O + 4e^- \tag{2-37}$$

正极:

$$4H_2O + 4e^- \longrightarrow 2H_2 + 4OH^- \tag{2-38}$$

总反应:

$$2H_2O \longrightarrow 2H_2 + O_2, \; E_0 = 1.23 \text{ V} \tag{2-39}$$

式中,E_0 为可逆电势,在标准条件(压力 $p=0.1$ MPa、温度 $T=298.15$ K)下,水分解的可逆电池电压为 1.23 V。在实际工作过程中,由于电流通过电池时的不可逆损失,AEME 的实际工作电压包含开路电压、正极活化过电势、扩散过电势和欧姆过电势,如下:

$$V = E_{OCV} + V_{Act} + V_{diff} + V_{ohm} \tag{2-40}$$

式中,V 为工作电压;E_{OCV} 为开路电压;V_{Act} 为正极活化过电势;V_{diff} 为扩散过电势;V_{ohm} 为欧姆过电势。

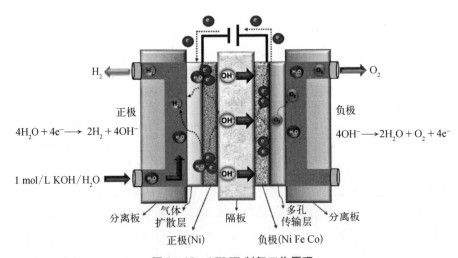

图 2-15 AEME 制氢工作原理

目前针对 AEME 的研究都集中于 AEM、负极、正极催化剂的开发,仅有少数研究针对系统集成。单独的膜、催化剂在测试体系下表现出的结果,集成封装到电解槽中未必能表现出同样的效果。当然,集成电解槽的研究必定需要更多的时间、资金、人力成本,这是 AEME 走向产业化的必经之路。且迄今为止仍没有确定合理的性能评估标准、成本估算、气体纯度、运行机制等。综上,AEME 技术的研发任重道远,全面了解 AEME 系统中所有组件的特性和机制,制定标准的性能评估体系,开发高性能的各系统部件,完善集成电解槽的研究是 AEME 技术目前的研究重点与难点。

4) SOEC 制氢

SOEC 制氢是在较高温度($700 \sim 1\,000\,℃$)下,在两侧电极施加一定的直流电压,将 H_2O 分解为 H_2 和 O_2 的技术。SOEC 中间是致密的电解质层,两端为多孔电极。电解质隔开 H_2 和 O_2,并传导 O^{2-} 或 H^+,因此,需要电解质具有高离子电导率,而多孔电极有利于气体的扩散和传输。与其他 3 种技术相比,SOEC 技术具有 H_2 转化率较高(实验室电解制氢效率近 100%)、运行灵活、规模可控、电池与电解池模式之间可逆切换等优点。

SOEC 的基本组成如图 2 – 16 所示,中间由致密的电解质层隔开 O_2 和燃料气体,传递 O^{2-} 或 H^+,两边为利于气体扩散和传输的多孔氢电极与氧电极。当在电解池外部施加一定电压时,在电动势作用下,H_2 和 O_2 分别在氢电极与氧电极生成,其反应方程如下。

负极:

$$2O^{2-} \longrightarrow O_2 + 4e^- \tag{2-41}$$

正极:

$$2H_2O + 4e^- \longrightarrow 2H_2 + 2O^{2-} \tag{2-42}$$

总反应:

$$2H_2O \longrightarrow 2H_2 + O_2 \tag{2-43}$$

由于 SOEC 在高温下工作,系统需要相对较长的时间(大约 15 min 到标称)来确保所有组件即使在温暖启动期间也能达到均匀的高温。由于其热惯性和较高的工作温度,SOEC 的斜坡速率较慢,约为每秒容量的 0.083%。维持高工作温度的要求意味着任何输出调节都需要相应的温度调节,同时任何输出调节都需要相应的温度调节以维持其高工作温度。对于冷启动,需要将固体氧化物材料加热到非常高的工作温度,这通常需要长达 $6 \sim 10$ h。

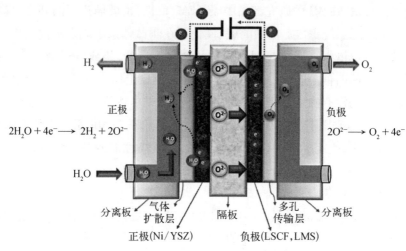

图 2-16 SOEC 制氢工作原理

此外,SOEC 的停机时间从几分钟到几十分钟不等。

2. 制氢技术应用现状

4 种电解水制氢技术特点如表 2-3 所示。受技术成熟度限制,目前的示范项目和实际项目以 AWE 和 PEME 为主。AWE 技术较为成熟,在规模、成本、寿命等综合性能上具有明显优势,我国宁夏光伏 AWE 制氢项目建设规模达 100 MW,所产氢气纯度超 99.8%,为众多对氢气纯度要求严苛的应用场景提供优质资源,展现出大规模制氢的可行性与潜力,但其工作电流密度相对较低,致使制氢效率受限,每立方米氢气电耗为 4.5~5.5 kW·h,限制了单位时间内的氢气产量与能源转换效率。位于中国福建的嘉庚创新实验室通过对制氢装备的关键部件、核心结构进行优化与工艺改进,创新出了低能耗、低成本、可匹配光伏或风电等不稳定电力来源的 1 000 标方碱性电解水制氢装备。值得注意的是,该制氢项目制备 1 标方的氢气只需要 3.7 kW·h电,较先前业内平均能耗降低 15%~20%。PEME 方面,我国华电青海德令哈光伏发电 PEM 电解水制氢示范站 200 型 3.0 MPa 单堆兆瓦级 PEME 电解槽成功实现高海拔高寒气候下的应用,该电解槽在特殊环境下稳定运行,凭借 PEME 技术核心优势,快速响应光伏发电的输出波动。在大安风光制绿氢合成氨一体化示范项目里,国氢科技公司生产的 10 000 m^3/h "氢涌" PEM电解水制氢装备是代表大规模商业化运营的大项目*。当地风光资源互补,

---

* 本书提到产量时的 "m^3" 若无额外说明均为标准体积。

风的呼啸与光的炽热交织,以往受困于能源消纳难题,如今大型制氢装备的出现解决了能源的大问题。上海氢盛创合能源科技有限公司则开启了海上新能源制氢,其自主研发制造的 PEM 电解水制氢撬装设备克服海上复杂工况挑战,经特殊防晃、防腐、耐久设计锻造,扛住海浪颠簸、海风侵蚀。直流电耗低至 4.3 kW·h/(m³),氢气纯度达 99.999%,为海上风电、光伏等与氢能耦合利用蹚出可行路径。

表 2-3　4 种电解水制氢技术特点对比[60, 61]

技术指标	AWE	PEME	AEME	SOEC
隔膜材料	石棉膜	Nafion 质子交换膜	阴离子交换膜	固体氧化物
电解质	KOH (质量浓度为 20%~30%)	纯水	KOH (溶液物质的量 浓度为 1 mol/ L)/纯水	Y_2O_3/ZrO_2
运行温度/℃	80~90	70~80	65~85	600~1 000
系统电流密度/ (A/cm²)	0.2~0.4	1.0~2.0	0.8~2.2	1.0~10.0
单台及其产氢量/ (m³/h)	0.5~1 000.0	0.01~500.0	0.5~5.0	
电解槽能耗/ (kW·h/m³)	4.5~5.5	3.8~5.0	4.2~4.6	2.6~3.6
系统转化效率/%	60~75	70~90	—	85~100
启停速度	热启停: 分钟级 冷启停: >60 min	热启停: 秒级 冷启停: 5 min	快速启停	启停慢
系统运维特点	存在碱液腐蚀, 系统运维复杂、 成本高	无腐蚀性液体, 运维简单、成本低	无腐蚀性液体	尚无运维需求
技术推广度	已实现大规模工业应用,AWE 电解槽基本实现国产化	已实现初步商业化应用,PEM 电解槽关键材料与技术需依赖进口	尚处于实验室研发阶段	尚处于初步示范阶段
特点	技术成熟、成本低、适用于大规模应用,但实际电能消耗较大	占地面积小、间歇性电源适应性高,但设备成本较高	电流密度高,耗能少,但聚合物膜稳定性较差	高温电解能耗低、可采用非贵金属催化剂,但存在电极材料稳定性问题,需要额外加热
与可再生能源结合	用于拥有稳定电源的装机规模较大的电力系统	适配于波动性较大的可再生能源发电系统	成本低、制氢稳定,与可再生能源耦合时易操作	用于产生高温、高压蒸汽的太阳能热发电系统

2.7.2 燃料电池

燃料电池的历史始于 1838 年, William Robert Grove 爵士探索了通过水分解发电的气体电池。1889 年, 当 Charles Langer 和 Ludwig Mond 探索借助煤炭、天然气和空气来利用能源时, 这一概念得到了进一步发展, 这后来成为近代的燃料电池。Francis Thomas Bacon 于 1939 年组装并测试了第一个由镍电极和碱性催化剂组成的燃料电池, 其反应物是氢气和氧气。到 1990 年, 世界已经开始意识到需要减少燃煤产生的排放, 而一个普遍认知是燃料电池是高效、无污染的能源, 同时具有更高的效率和能量密度; 因此, 燃料电池电动汽车, 特别是汽车行业的燃料电池电动汽车逐渐成型。1995 年《泰晤士报》报道称, 燃料电池电动汽车将成为更有可能主导 21 世纪技术进步的新技术之一。

燃料电池是在不同温度(超过 1 000℃)下运行并使用催化剂利用化学能源(例如氧气、氢气和天然气)产生电力、水和热量的系统, 其能量主要取决于所使用的催化电极和材料。一般来说可根据电解质对其进行分类, 目前主要有质子交换膜燃料电池(proton exchange membrane fuel cell, PEMFC)、固体氧化物燃料电池(solid oxide fuel cell, SOFC)、磷酸燃料电池(phosphoric acid fuel cell, PAFC)、碱性燃料电池(alkaline fuel cell, AFC)和熔融碳酸盐燃料电池(molten carbonate fuel cell, MCFC)几类, 其中 AFC 和 PEMFC 被归类为低温燃料电池, PAFC 被归类为中温燃料电池, MCFC 和 SOFC 被归类为高温燃料电池, 表 2-4 总结了上述几种燃料电池的特性[62]。

表 2-4 燃 料 电 池

	PEMFC	AFC	PAFC	MCFC	SOFC
电解质	聚合物膜	氢氧化钾	磷酸	熔融碳酸盐	陶瓷
电荷载体	H^+	OH^-	H^+	CO_3^{2-}	O^{2-}
工作温度	-40~120℃(高温 PEMFCS 可达 150~180℃)	50~200℃	150~220℃	600~700℃	500~1 000℃
电效率	最高约 72%	最高约 70%	最高约 45%	最高约 60%	最高约 65%
初级燃料	H_2、甲醇	H_2 或裂解氨	H_2	H_2、沼气、甲烷	H_2、沼气、甲烷
应用形式	便携式、运输式和小型固定式	便携式和固定式	固定式	固定式	固定式

1. PEMFC

PEMFC 是最常见的燃料电池种类之一。如图 2 - 17 所示,PEMFC 主要由双极板、膜层、催化层、扩散层和电极等组成。双极板是燃料电池的关键部件,主要功能是支撑、电流集中化,分开氧化剂与还原剂并将其引到电极表面流动,即分割氧化剂与还原剂,具有集流作用,同时支撑膜电极,保持电池堆结构稳定。双极板不能用多孔透气材料,是电的良导体,具有一定的强度,能适应电池的工作环境,具有抗腐蚀能力。根据材质的不同,双极板可以分为石墨板(包括无孔石墨板和注塑石墨板)、金属板和复合双极板。质子交换膜(PEM)是 PEMFC 的核心元件,直接影响电池的性能和使用寿命。燃料电池用的质子交换膜需要满足以下基本要求:良好的导电性能、优异的化学和热稳定性、良好的力学性能、低反应气体透气率、较小的水的电渗曳引系数、作为反应介质要有利于电极反应且成本低。根据含氟情况,质子交换膜可分为全氟磺酸膜、部分氟化聚合物膜、新型非氟聚合物膜、复合膜。

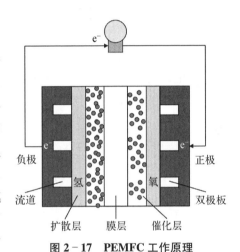

图 2 - 17　PEMFC 工作原理

作为一种低温燃料电池,其工作温度在 $50 \sim 100 \, ℃$,无须加压或减压,以高分子质子交换膜为传导媒介,在工作时无任何化学液体。PEMFC 的中间为质子交换层,两侧为催化层,其使用氢气作为燃料,氧气作为氧化剂,在膜层的作用下电池被分割为阴阳两极,工作时扩散层内的反应气体扩散到催化层,氢气进入负极后失去电子,反应后产生的氢离子进入电解质,与进入正极的氧气发生化学反应。电子则经过外部回路到达燃料电池的正极参与反应,最终生成水。其电化学反应如下。

负极:

$$H_2 \longrightarrow 2H^+ + 2e^- \qquad (2-44)$$

正极:

$$\frac{1}{2}O_2 + 2H^+ + 2e^- \longrightarrow H_2O \qquad (2-45)$$

总反应：

$$H_2 + \frac{1}{2}O_2 \longrightarrow H_2O \qquad (2-46)$$

目前，PEMFC 站主要在电网高峰时段用于发电来满足电网要求。由于 PEMFC 发电过程不涉及氢氧燃烧，因而不受卡诺循环的限制，能量转换率高；发电时不产生污染，发电单元模块化，可靠性高，组装和维修都很方便，工作时也没有噪声。所以，质子交换膜燃料电池电源是一种清洁、高效的绿色环保电源。相比传统的电池存储系统，该系统具有以下两个显著的优点。

（1）循环寿命长。制氢设备通常设计为 20 年的使用寿命，质子交换膜燃料电池站通常可以可靠运行 40 000 h。

（2）产氢所需的原材料只有纯水（常见的水电解技术需要 10%~30% 的碱性水以增加水的电导率，然而在聚合物电解质膜分离技术中只需要纯水），此外，PEMFC 的排放也是纯净的水。因此，该系统非常符合成本效益和环境友好的宗旨。

2. SOFC

SOFC 是一种高温（通常在 800~1 000℃）运行的燃料电池类型，使用固态氧化物作为电解质，其具有高能效、长寿命和燃料灵活的优点，能直接利用天然气、生物质气等多种燃料。在其将燃料转化为电能的过程中，固态氧化物电解质允许氧离子从正极（空气电极）通过电解质移动到负极（燃料电极），而电子通过外部电路流动，产生电流。因此 SOFC 中主要涉及燃料的氧化和氧气的还原，若以氢气和氧气作为反应物，其主要反应与 PEMFC 一致。而除了氢气外，SOFC 还可以使用碳基燃料，如天然气（甲烷）、生物质气等，这些燃料在负极发生部分氧化或内部重整反应，生成氢气和二氧化碳，如图 2-18 所示，以碳氢化合物为燃料的 SOFC 由氧电极、燃料电极和两者之间的致密离子导体以及外部电路组成，在电极的催化作用下，正负极的反应如下。

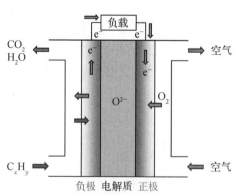

图 2-18 以碳氢化合物为燃料的
SOFC 工作原理

负极：

$$C_xH_y + \left(2x + \frac{y}{2}\right) O^{2-} \longrightarrow xCO_2 + \frac{y}{2}H_2O + (4x + y)e^- \quad (2-47)$$

正极：

$$O_2 + 4e^- \longrightarrow 2O^{2-} \quad (2-48)$$

总反应：

$$C_xH_y + \left(x + \frac{y}{4}\right) O_2 \longrightarrow xCO_2 + \frac{y}{2}H_2O \quad (2-49)$$

在电源侧,利用 SOFC 及其衍生的整体煤气化燃料电池联合发电(integrated gasification fuel cell,IGFC)技术,提高煤电效率,实现 CO_2 近零排放。现有传统煤电技术面临着效率提高难、近零排放难、CO_2 减排难的三大瓶颈。将 SOFC 与煤气化技术相结合构成 IGFC 系统,可大幅提高煤气化发电效率,降低 CO_2 捕集成本,实现 CO_2 及污染物近零排放,是煤炭发电的根本性变革技术。发展近零排放的 IGFC 技术符合我国以煤炭为主的资源禀赋,将助力传统煤电技术变革,具有重大战略意义;此外,SOFC 可以利用工业余热提高效率,与甲醇、甲烷化等反应耦合可实现能量梯级利用。利用基于SOFC 的可再生能源绿色制氢技术,将风能、太阳能等可再生能源电力通过电解技术清洁高效地转换为氢能,氢继而制氨、甲醇、甲烷等衍生化工品,推动氢能等在电源侧与可再生能源耦合,可以促进大规模可再生能源的消纳,提高可再生能源利用率。

在电网侧,模块化的 SOFC 系统,不同规模均具有高的发电效率,相对于煤电机组效率可提升 20% 以上,功率调节范围宽,启停周期短,可在 0% ~ 120% 额定负荷快速调节。SOEC 电解制氢系统同样具有较宽的功率波动适应性,可实现输入功率秒级响应,同时可适应 10% ~ 120% 的宽功率输入,为电网提供调峰调频服务,提高电力系统安全性、可靠性、灵活性,是构建零碳电网和新型电力系统的重要手段。利用氢(氨等)储能特性,发挥固体氧化物电池的电-氢(氨等)-电的高效性,实现电能跨季节长周期大规模存储。氢(氨等)储能具有储能容量大、储存时间长、清洁无污染等优点,在大容量长周期调节的场景中,氢(氨等)储能在经济性上更具有竞争力。发挥氢(氨等)储能作用,利用固体氧化物电池的电-氢(氨等)-电的高效性,循环效率最高可达 70% 以上,实现电能大规模、长周期高效储能及调节服务,实现能源跨地域和跨季节的优化配置。

在负荷侧,因 SOFC 具有效率高、排放低、噪声小、环境友好、占地面积小等特点,非常适用于分布式发电领域,可应用于商业楼宇、社区、学校、医院、数据中心、特殊事业部门及军用领域等场景,用来作为供电电源以提高电力供给的稳定性、减少网损、提高抵御自然灾害的能力,同时在一定场景下还可以实现热、电联产从而提高综合能效。SOFC 分布式制氢效率高,具有降低综合用氢成本、提升用氢全过程安全性的作用,将可能成为加氢站主流供氢方式之一。此外,通过微型 SOFC 热电联供技术的应用,推动冷-热-电-气多能融合互补,提升终端能源利用效率和低碳化水平。微型 SOFC 热电联供系统能够提高家庭能源自给率,且具有高效、环保、可靠、便于安装等优点。SOFC 热电联供系统由发电单元和利用废热的热水供暖单元组成,在作为家用基础电源的同时,还可以利用废热制备热水,用于提供生活热水、供暖,综合效率超过 90%,使用寿命达 10 年以上,具有很好的应用前景。

3. PAFC

PAFC 是一种较为成熟、在热电合并静置式发电站及商业用电源领域商业化应用较为广泛的燃料电池技术,因低温时磷酸离子导电性较差,其工作温度需维持在 160~220℃,这种温度范围有利于使用较低纯度的氢气作为燃料,同时减少了对昂贵的贵金属催化剂的需求。而为了降低水蒸气的分压以及降低水管理的难度,PAFC 所用的电解质必须是浓度为 100% 的磷酸。目前,PAFC 的发电效率较低,仅为 40%~45%,热电联产场景可以将其总能效(电能与热能的综合利用)提升至 80%~85%。PAFC 的工作原理如图 2-19 所示,其由 2 个多孔电极组成正极和负极,由磷酸电解质将二者分隔开。在工作时,负极的氢电离为 H^+,迁移至正极后与氧结合形成水,而水扩散至氧气流中以蒸气的形式从系统中流出。其工作过程中的反应与 PEMFC 一致。

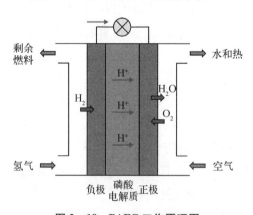

图 2-19 PAFC 工作原理图

4. AFC

AFC 是由碱性电解液（如 KOH）作为电解质的燃料电池,如图 2-20 所示,其组件与 PEMFC 类似。AFC 的效率在所有燃料电池中是最高的,可达 70%。现代 AFC 工作温度可覆盖 60~200℃,在高温(200℃)时,采用高浓度(85%)的 KOH 作为电解质,较低温度(<120℃)时,采用低浓度(35%~50%)的 KOH 作为电解质。

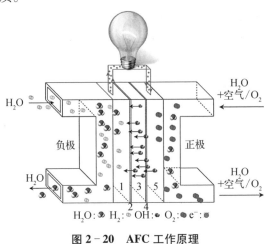

图 2-20　AFC 工作原理

相比于使用酸性介质的燃料电池,AFC 的优势在于其可以使用较为廉价的材料来降低设备抗酸介质腐蚀的成本[63],以阴离子交换膜燃料电池为代表,AFC 采用碱性膜来传递 OH⁻阴离子,其工作原理为:氧气在正极发生氧还原反应与水结合生成 OH⁻,生成的 OH⁻经过阴离子交换膜输送到负极,与负极氢氧化生成的 H⁺结合形成水并放出热量,具体反应如下。

负极:

$$2H_2 + 4OH^- \longrightarrow 4H_2O + 4e^- \qquad (2-50)$$

正极:

$$O_2 + 2H_2O + 4e^- \longrightarrow 4OH^- \qquad (2-51)$$

总反应:

$$2H_2 + O_2 \longrightarrow 2H_2O \qquad (2-52)$$

高温 AFC 已经过地面与空间系统的长期验证,例如,阿波罗 PC3A-2 型高温 AFC 在各项登月任务中实现了 27~31 V 电压下 563~1 420 W 的峰值功率供给,其功率密度达 22.55 W/kg;苏联的"光子"高温 AFC 额定功率效率达到 65%，在 160 kg 的总重量下表现出 156.25 W/kg 的功率密度[64]。尽管如此，AFC 仍存在一定缺陷，其以空气和各类碳氢化合物的重整改制气体作为氧化剂和燃料气体时，必须清除其中的 CO_2，这大大增加了成本，也严重限制了其在地面应用的可能性。

5. MCFC

MCFC 是一种高温燃料电池，其工作温度通常达到 $650 \sim 700℃$，同时具有发电效率高（可达 55%~60%）和温室气体排放低的优点，而由于熔融碳酸盐来源广泛、价格低廉和导电性能好的优点，MCFC 已在分布式发电中展现出了良好的应用前景。MCFC 采用碱金属锂、钠、钾的碳酸盐作为电解质，燃料气为 H_2，氧化剂则为 O_2 和 CO_2。在 MCFC 工作时，正极上的 CO_3^{2-} 与负极上的 H_2 发生反应生成 CO_2 和 H_2，同时 O_2 和 CO_2 进入正极进一步反应生成 CO_3^{2-}，形成了 CO_3^{2-} 的重复利用。MCFC 的工作原理如图 2-21 所示，其工作过程中的反应如下。

负极：

$$H_2 + CO_3^{2-} \longrightarrow CO_2 + H_2O + 2e^- \qquad (2-53)$$

正极：

$$\frac{1}{2}O_2 + CO_2 + 2e^- \longrightarrow CO_3^{2-} \qquad (2-54)$$

总反应：

$$H_2 + \frac{1}{2}O_2 \longrightarrow H_2O \qquad (2-55)$$

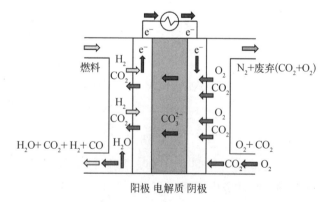

图 2-21 MCFC 工作原理

MCFC 的应用面临如下难题：

（1）高温和电解质强腐蚀性对其材料耐腐蚀性提出严格要求，并严重影响其寿命，这已成为阻碍其发展的重要因素；

（2）以负极区为代表的电池单体边缘高温密封技术难度大，电池腐蚀难以避免；

（3）冷却导致的熔融碳酸盐破裂；

（4）CO_2 循环过程中将负极析出的 CO_2 重新输送到正极对系统结构复杂度的高要求。

因此，进一步 MCFC 系统应用的挑战在于电池堆设计、系统布局、材料和配置的长时间运行、制造方法、电池性能、热能管理、机械承受的压力和各系统平衡间的提高。

6. 燃料电池失效因素及其约束

燃料电池的主要失效因素如下：

（1）由制造工艺导致的膜电极出现穿孔、裂痕和厚度不均等缺陷；

（2）安装和密封时产生的不均匀机械力导致不可逆机械损伤；

（3）铂颗粒增长、沉积和碳载体腐蚀等导致的催化剂层退化；

（4）电池运行温度频繁变化和低湿度条件下机械应力导致的气体扩散层多孔结构损坏；

（5）电池内部水积累造成材料氧化等，导致气体扩散层碳腐蚀和碳载体流失；

（6）催化剂吸附污染物、水管理不当和催化剂表面氧化等造成的可逆性能退化等。

目前，氢能及燃料电池产业在国际上被认为是未来能源系统的关键，尤其在应对气候变化和全球能源转型中发挥重要作用。然而，由于氢燃料电池成本高，加氢站设施薄弱，终端用氢成本高。技术因素导致制造氢燃料电池成本较高，且氢燃料电池车的商业化销售规模受限。加氢站的建设与运营面临产业发展初期的困难，设备国产化仍是早期发展的主要限制因素。

第3章　锂电储能的集成与控制

3.1　概述

锂离子电池储能系统(lithium ion battery energy storage system, LIBESS)是电化学储能系统的典型应用形式。电池储能系统的一般形式如图3-1所示,包含电池储能系统、能量管理系统和储能变流器。其中,电池单体以串联或并联的形式集成以达到期望的电压和容量等级,电池管理系统(battery management system, BMS)和电池热管理系统(battery thermal management system, BTMS)实时监控电池的工作信息,平衡电池单体间的荷电状态(state of charge, SOC)不一致、根据电池组内绝对值和温度梯度分布来控制电池的温度,保护电池免受电压、温度和电流方面的滥用。储能变流器(power converter system, PCS)负责在电网和电池之间实现功率流的转换,此外还有负责电压传感和电力电子部件热管理的监控与控制部件。能量管理系统(energy management system, EMS)负责系统潮流控制、管理和分配。此外还有监视控制与数据采集(supervisory control and data acquisition, SCADA)系统对现场的运行设备进行监视和控制,以实现数据采集、设备控制、测量、参数调节以及各类信号报警等各项功能;系统热管理则覆盖对系统的供暖、通风和空调相关的所有功能。

系统集成之后,LIBESS一方面可在电力系统的发电侧、输配电侧、用户侧等不同领域承担维持电网稳定性、优化电能质量和降低用户侧电力损失风险的责任,一方面可作为电动汽车、电动船舶、电动飞机等交通运输工具的电源支撑。应用场景的需求,如容量、功率、充放电速率和响应时间等条件是构建电池系统的前提。LIBESS的构建以对电池的特性了解为基础,选定合适的电池种类后进行合理的模块集成,辅以电池管理系统以实现对整个电池模组乃至电池单体的充放电控制,进一步与功率转换系统集成实现

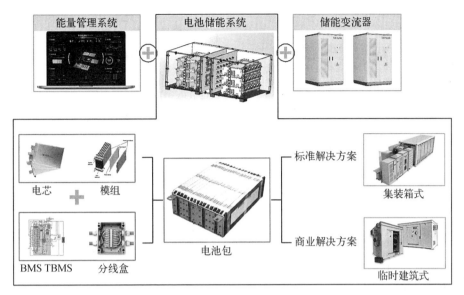

图 3-1　LIBESS 一般形式

对目标应用场景的输出响应[65]。

3.2　电池模块

　　电池模块具有四种基本成组方式[66, 67]：串联、并联、先并后串和先串后并，如图 3-2 所示。通常来说串联成组方式旨在提高电池组的电压等级，并联成组方式则提高电池组的可用容量，因此在各种电池储能系统的应用领域，如大功率应急供电、新能源汽车和储能电站，根据电源系统的设计需求以及安全可靠性需求，电池将以不同的连接方式成组应用。如青海省某地 15 MW/18 MW·h 的储能系统由 28 560 节 200 A·h 的磷酸铁锂电池以先串后并的方式成组运行；中国首个并网运行的百兆瓦级电池储能电站——江苏镇江东部百兆瓦级电池储能电站采用 8 个分布式储能电站组成总容量为 101 MW/202 MW·h 的储能电站，每个电站配备 1 MW/2 MW·h 的电池仓，由 20~200 A·h 不等容量的电池单体电芯采用串并联方式集成；特斯拉（Tesla）的 model S 型号电动汽车内部储能系统由 8 000 多节 18 650 小容量电池单体采用先并联后串联的方式集成。

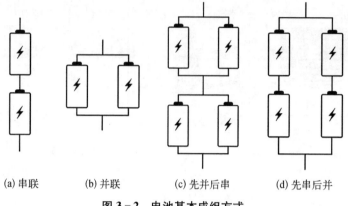

| (a) 串联 | (b) 并联 | (c) 先并后串 | (d) 先串后并 |

图 3 - 2　电池基本成组方式

　　电池的连接方式将对电池模块的容量产生直接影响:串联电池模块中,其总容量由模块中容量最小的单体决定;并联电池模块中,其总容量为并联单体容量的总和;先并联后串联模块的放电总容量服从于串联方式的基本特征,而其中的并联支路总容量服从于并联方式的基本特征;先串联后并联模块的总容量则受电池模块的具体配置情况以及电池单体的数量影响[67]。可知,电池模块的性能将受其中性能最差的电池单体极大影响,这被称为电池系统的"短板效应"[68]。

　　在过去的数十年间,电池技术在制备、管理方面得到了十足的发展,但在电池成组方式上仍停留在传统的以串、并联为基础的固定焊接方式,仅靠上层电力电子拓扑难以实现具体到电池单体的精准控制,电池系统"短板效应"成为储能行业发展的核心问题[68]。现有应对方案主要有通过改进工艺、技术、分选、成组等手段提升电池组间单体一致性,与通过电容、电感、变压器、电力电子变换器等设备构造额外的能量传输通道转移不平衡电池单体之间能量[68]。然而,电池工作条件的多变性、老化模式与路径的多样性导致其状态不一致成为必然,同时当下均衡技术存在电池簇间环流和额外开关损耗问题。为提高储能系统的安全性和一致性,动态可重构电池网络的概念被提出。如图 3 - 3 所示,在每一电池阵列中,电池单元之间通过高频电力电子开关互联,电池系统在电池单体、模块和簇的不同尺度下进行单独、灵活地操作,电池单元之间的连接拓扑结构可以根据电池自身状态和负载需求动态变换。如在充电过程中,已达到充电截止电压的单体可通过电力电子开关的动作从电池阵列中暂时切除,而不对其他未充满电单体的充电电流产生影响。而由于动态可重构网络中电池单体可在串联与并联的模式中任意切换,其容量特性将不再受传统成组模式的限制,电池单体的性能将得到尽可能地释放。目前,相关技术已在广州市白云区的通信基站进行试点示范应用,助力通信基站电池储能系统未来参与电网调峰、调频、需求侧响应等电力市场辅助服务的潜力发掘[69]。

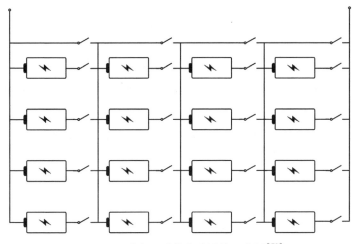

图 3-3　动态可重构电池网络示意图[70]

3.3　储能变流器

PCS 又称双向储能逆变器,是连接 LIBESS 与电网(或负荷)的双向电流可控转换装置。PCS 用于控制电池的充、放电过程,调节电压、频率、功率以实现恒功率恒流充放电以及平滑波动性电源输出,达到与电网之间交、直流电的转换或直接向负载供电的目的。

根据应用场景,PCS 可分为家庭户用、工商业、集中式和储能电站四大类,其中家庭户用属于小功率类(<10 kW),主要服务于户用光伏储能等场景;工商业属于中功率类(10~250 kW),主要服务于户用光伏储能、分布式电站等场景;集中式属于大功率类(250 kW~1 MW),主要服务于发电侧、电网侧、微电网和辅助服务等场景;储能电站属于超大功率类(>1 MW),主要服务于大型智能电网等场景。

按照电路拓扑结构和变压器配置方式,PCS 可分为工频升压型和高压直挂型,进一步可分为单级和双级拓扑。单级式是最简单的 PCS 结构,电池串联后构成直流母线,通过直流(direct current, DC)/交流(alternating current, AC)变流器后可输出至电网,具有结构简单、能耗低、效率高和控制简单的优点。当变流器在整流工作状态时,储能电池处于充电状态;当变流器在有源逆变工作状态时,储能电池处于放电状态。在实际应用中,DC/AC 变流器一般采用电压源型逆变器[71]。单级式 PCS 的缺点在于电池组出口电压较高,储能单元以及电池组的构成缺乏灵活性,而为了匹配交流侧电压等级,单级式 PCS 需要通过变压器进行升压隔离才能接入电网。双级式 PCS 在单级式 PCS 的基础上增加了双向 DC/DC 变换器。其优点在于可以利用前级的 DC/DC 变换器进行升/降压变换,再通过后级的 DC/AC 变流器并网,避免了后级的变压器接入。双向 DC/DC 变换器环节的引入弱化了系统对储能电池组工作电压的限值,电池侧容量配置范围及方式变得更加灵活。然而随着 DC/DC 变换器的引入,系统损耗以及各环节的协调控制难度都将增加,系统总体的能量转换效率将下降。双级式 PCS 使用的双向 DC/DC 变换器分为非隔离型双向 DC/DC 变换器和隔离型双向 DC/DC 变换器。非隔离型双向 DC/DC 变换器的四种基本拓扑结构为双向 Buck‑Boost 变换器、双向 Boost‑Buck 变换器、双向 Cuk 变换器和双向 Sepic 变换器[72]。非隔离型双向 DC/DC 变换器的优点在于所需元器件少、拓扑结构简单且易于控制,其中双向 Buck‑Boost 变换器和双向 Boost‑Buck 变换器对器件需求最低。然而其变压比不能太大,电池组与 PCS 之间没有进行电气隔离,电池组的安全运行存在隐患。隔离型双向 DC/DC 变换器在电池侧和直流母线之间接入变压器实现隔离,使其电压变比能力提升的同时增加了系统的安全性,目前使用较为广泛的是隔离型全桥双向 DC/DC 变换器和隔离型半桥双向 DC/DC 变换器。全桥结构下,功率器件所受的电压和电流应力相对较低,功率传输能力和利用率较高,适用于大功率储能系统;半桥结构下,功率器件数量相对较少,控制相对简单,但对支撑电容的需求较大,多用于中功率高压场合[71]。

单级式 PCS 和双级式 PCS 都属于两电平拓扑结构,其直流侧电压受到电池串联规模的限制,为 600~800 V,多采用低压并网的方式应用于 220/380 V 场合。同时其单机容量较小,绝大多数不超过 500 kW,在大容量的场合需要多 PCS 并联以提高储能系统容量,在中高压场合则需要接入升压变压器以实现并网[73]。多电平 PCS 可直接应用于高压场合,主要包括 H 桥级联型

(cascaded H-bridge，CHB)变换器和模块化多电平变换器(modular multilevel converter，MMC)结构[74,75]。CHB 变换器结构中储能单元以级联的形式接入系统,因此对单个模块的电压等级要求较低,但其直流侧功率单元相互独立,各个模块的功率释放受到开关损耗和电池不一致性等因素影响存在不相等的情况,进而导致荷电状态的不均衡。而受到均衡控制约束,CHB 变换器的相内和相间均衡需要在输入/输出参考功率的基础上产生偏差功率实现,无法实现离线均衡,在灵活性方面受到一定限制[73]。此外基于 CHB 变换器的 BESS 无公共直流母线,因此只能应用于交流电网。相比之下,MMC 拓扑则兼具模块化和直流母线的优点[76],可以实现直流电网、交流电网和储能电池三端口间的能量任意方向传递,适用于高压、大容量、高可靠性、交直流混合及对储能结合要求高的使用场景。

3.4　电池管理系统

电池的本质是动态的,在其循环过程中不断打破自身的电化学平衡状态。电池作为一个封闭的系统,其内部的状态变量几乎都是不可测的,能够直接测量到的信号只有电流、电压和温度。这些参数直观上无法反映电池的内部状态,对电池系统的安全运行支撑有限。随着电池在储能系统、电动汽车领域的更广泛使用,储能安全问题已成为行业发展最受关注的目标。据不完全统计,2011~2021 年间全球共发生 50 起储能电站起火爆炸事故,其中韩国发生的储能电站事故数量达到 30 起,而国内 2021 年 4 月 16 日的北京国轩福威斯光储充技术有限公司储能电站爆炸事故在国内引起轰动,事故造成 2 名消防员牺牲,1 名消防员受伤,电站内 1 名员工失联[77]。电池本体因素、外部激源因素、运行环境因素、管理系统因素直接影响储能系统的安全性和可靠性,其中管理系统的监测误差、管控策略滞后甚至失效是导致储能系统电、热滥用和电池非正常老化的直接原因[78]。因此,BMS 的重要性不言而喻。

从这一概念被提出开始,电池管理技术已经历经了从"无管理""简单管理"到"高级管理"的三代更迭,如图 3-4 所示。其中"无管理"系统仅使用于具有良好防滥用能力的早期铅酸电池,且监控对象仅为用于充放电控制的蓄电池端口电压,这一代 BMS 控制效率低下,维护耗时量大,电池能量利用率低。"简单管理"在技术上提升有限,其在检测电路上有所改进,保证了电池外部参数(电流、电压和温度)的准确、可靠量测,有效防止过充电和过放电现象的发生,但其中并未搭载算法,不支持电池内部状态的感知。进入"高级管理"阶段后,电池管理技术集数据监测、基于数据的内部状态感知和基于状态感知的决策实施于一体,相比于上一代功能有着显著的提升。这一代 BMS 架构可以从数据流的角度分为三层:基础层、算法层和应用层。基础层为上层提供精准的量测数据;算法层是 BMS 的核心,其基于量测数据执行电池的建模、参数辨识和状态估计,向应用层提供电池的 SOC、SOE、SOH、SOT 等重要信息;应用层作为 BMS 的大脑,基于状态感知生成合适的动作策略,进行电池系统的安全管理、老化管理、平衡管理、热管理、充电管理和故障诊断。

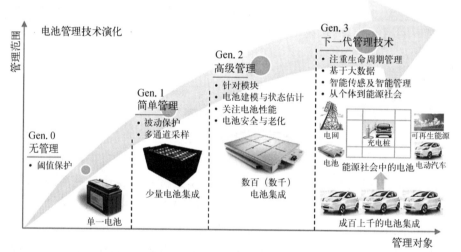

图 3-4 电池管理技术演化[79]

面向更广泛的应用场景以及更长期的管理需求,下一代 BMS 将更加侧重于涵盖电池生产、应用、维护和回收的全生命周期管理,而智能传感器技术的发展将有助于测取更多维度、更多层级的电池内、外部信号。用电设备和云平台的分布式 BMS 配置方式将是下一代电池管理技术的显著特征,来自各类用电设备的数据除了在本地进行处理还会上传至云平台得到进一步的管理、分析,云平台基于海量数据对已有模型和算法进行更新,将迭代后的模型、算法和控制指令等下发到用电设备的 BMS,以适应全生命周期下各阶段的电池特征,实现更好的管理。

3.5　电池建模与控制

3.5.1　电池建模与参数辨识

锂离子电池模型可分为电化学模型(electrochemical model，ECM)、等效电路模型(electrical equivalent circuit model，EECM)和半经验模型(semi-empirical model，SEM)[80]。SEM 的建立是在对电池内部电化学动力学的数学表达基础上进行的，目前主要有 Shepherd 模型、Unnewehr 模型和 Nernst 模型[81]。此外，经验模型也用于表征在较长时间尺度下的电池性能退化，它允许使用较为简单的分析公式拟合各种应力与诸如电池容量衰退之间的关系，并嵌入到系统级设计问题、优化模型和电池管理系统等场景中。SEM 的局限在于参数计算量大，在实时状态估计中的适用性存在局限，且过分简单的老化行为模拟难以描述多种应力之间的耦合作用，导致了 SEM 较差的适应性。ECM 最早由 Newman 和 Tiedemann 提出[82]，其采用大量的偏微分方程描述电池内部的反应，虽然可以实现对电池内部过程的精准描述，但 ECM 复杂性较高，同时也对计算能力有巨大的需求。为了提高实用性，一些简化的 ECM 被提出，如单粒子模型[83](single particle model，SPM)。但由于锂离子电池内部反应机理过于复杂，简化后的 ECM 中仍保留了一定量的偏微分方程，因此这一类模型目前仍仅适用于实验室研究，在工程实际应用中仍有一定局限性。EECM 采用理想电气元件描述电池的电气行为，相比于 ECM，EECM 在确保一定精度的前提下大幅降低了模型的复杂性。根据电气元件的种类及其组合方式，EECM 可分为内阻(Rint)模型、戴维南(Thevenin)模型、新一代汽车伙伴关系(partnership for new generation vehicles，PNGV)模型、非线性等效电路模型(general nonlinear model，GNL)和由 Thevenin 模型扩展得到的高阶 RC 模型。EECM 类型众多，不同模型在复杂度、计算量上需求不一，因此选定合适的模型进行研究是一项重要的工作。Hu 等[84]通过对 12 种 EECM 的性能进行对比研究，确定了 Thevenin 模型是磷酸铁锂电池建模的最佳等效电路模型。综上所述，不同类型的电池在模型复杂度和精度上有自身的优缺点，在实际运用时需要结合应用场景的计算能力、计算成本等综合比较再进行模型选型。

1. 经验模型

在经验模型中，电池端电压表示为 SOC 和电流的数学函数。作为一个简化的电化学模型,经验模型用降阶多项式或数学表达式表示电池的基本非线性特性。如下所示分别为 Shepherd 模型、Unnewehr 模型和 Nernst 模型。

Shepherd 模型:

$$y_k = E_0 - Ri_k - \frac{K_1}{z_k} \qquad (3-1)$$

Unnewehr 模型:

$$y_k = E_0 - Ri_k - K_1 z_k \qquad (3-2)$$

Nernst 模型:

$$y_k = E_0 - Ri_k - K_1 \ln(z_k) + K_2 \ln(1 - z_k) \qquad (3-3)$$

式中,y_k 为端电压;E_0 为电池充满电时的 OCV;R 为电池欧姆内阻;i_k 为 k 时刻的电流;z_k 为 k 时刻的 SOC;K 为代表电池极化等电化学过程的参数。通常,Nernst 模型的精度较高,而 Shepherd 模型在连续放电模式下表现更好。对以上三种模型综合可得到目前较为常用的组合经验模型:

$$y_k = E_0 - Ri_k - \frac{K_1}{z_k} - K_2 z_k + K_3 \ln(z_k) + K_4 \ln(1 - z_k) \qquad (3-4)$$

在较长时间尺度的建模方面,经验模型通常用于描述电池在某些特定场景下的容量衰减。研究人员已经证明,锂离子电池的日历老化和循环老化遵循循环数的 1/2 次方和阿伦尼乌斯(Arrhenius)动力学[85]。为了增加此类基于经验的寿命模型的适应力,温度、时间、SOC 和 DOD 等老化应力因素,以及循环效率等电池自身性能指标也被纳入模型的参数中以外推其应用场景[86]。尽管如此,经验模型仍面临诸多挑战,例如,模型的开发通常在加速老化条件下进行,这降低了在测试条件之外使用模型时的准确性,因为实际使用过程中电池通常不会面临加速老化测试中较为极端的应力;当前测试条件有限,较为固化的公式表达在泛化能力和可迁移性方面存在局限;老化应力之间存在依赖关系,公式化的表达方式在其耦合关系之间的描述不充分,深入理解和改进模型较为困难。

2. 电化学模型

电化学模型以多孔电极理论和浓溶液理论为基础,通过将锂离子电池内部电化学反应动力学、传质、传热等微观反应过程数值化,从电化学机理层面描述锂离子电池的充放电行为。因此,电化学机理模型在锂离子电池的优化设计、充放电行为仿真、荷电状态、健康状态及热状态诊断方面均具有广泛应用。目前,锂离子电池电化学模型主要有单粒子(single particle, SP)模型、准二维(pseudo-two-dimensions, P2D)模型和简化的 P2D 模型[87]。

1) P2D 模型

P2D 模型是一种适用于恒流、绝热系统的电化学模型,最早由 DOYLE 等[88]提出。模型将锂离子电池等效为由无数球形固相颗粒组成的电极(正极和负极)、隔膜及电解液组成的三明治结构,如图 3-5 所示。模型认为在极耳的同一平面内,电池的各种性质之间的差异可以忽略不计,只考虑垂直极耳的方向(x 方向)上的化学反应动力学。因此锂离子电池的维度包括 x 方向及球形颗粒的径向 r 方向,故称为准二维模型。模型采用菲克(Fick)扩散定律描述电极固相颗粒内锂离子的浓度分布,基于电荷守恒及物质守恒定律计算电解液内及隔膜内的锂离子浓度,基于欧姆定律计算固相电极内的电势,基于基尔霍夫(Kirchhoff)定律及欧姆定律计算电解液及隔膜内的液相电势,利用巴特勒-福尔默(Butler-Volmer)方程计算电极反应动力学。模型的控制方程见表 3-1。

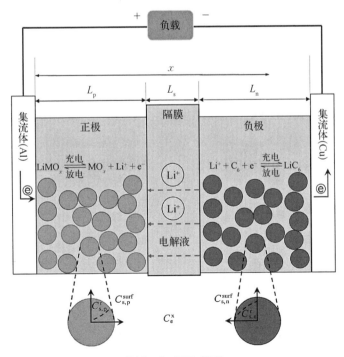

图 3-5　P2D 模型

表 3 - 1   P2D 模型控制方程

区　域	控 制 方 程
离子扩散与迁移	$\dfrac{\partial C_s}{\partial t} = \dfrac{1}{r^2}\ \nabla(D_s r^2\ \nabla C_s),\ \nabla = \dfrac{\partial}{\partial r}$

$$\begin{cases} \left.\dfrac{\partial C_s}{\partial r}\right|_{r=R_s} = -\dfrac{j_{Li}}{D_s} \\[2ex] \left.\dfrac{\partial C_s}{\partial r}\right|_{r=0} = 0 \end{cases}$$

$$\varepsilon_e \dfrac{\partial C_e}{\partial t} = \nabla(D_e^{eff}\ \nabla C_e) + \dfrac{a_s}{F}(1 - t_+^0)i_s,\ D_e^{eff} = D_e \varepsilon_e^{1.5},\ \nabla = \dfrac{\partial}{\partial x}$$

$$\begin{cases} \left.\dfrac{\partial C_e}{\partial x}\right|_{x=0} = \left.\dfrac{\partial C_e}{\partial x}\right|_{x=L_{p+s+n}} = 0 \\[2ex] -D_{e,a}^{eff}\left.\dfrac{\partial C_e}{\partial x}\right|_{x=L_p^-} = -D_{e,a}^{eff}\left.\dfrac{\partial C_e}{\partial x}\right|_{x=L_p^+},\ C_e|_{x=L_p^-} = C_e|_{x=L_p^+} \\[2ex] -D_{e,s}^{eff}\left.\dfrac{\partial C_e}{\partial x}\right|_{x=L_{p+s}^-} = -D_{e,s}^{eff}\left.\dfrac{\partial C_e}{\partial x}\right|_{x=L_{p+s}^+},\ C_e|_{x=L_{p+s}^-} = C_e|_{x=L_{p+s}^+} \end{cases}$$

电化学反应	$i_s = nFj_{Li} = i_0\left[\exp\left(\dfrac{\alpha_a F}{RT}\eta\right) - \exp\left(-\dfrac{\alpha_c F}{RT}\eta\right)\right],\ \alpha_a = \alpha_c = 0.5$

$$\eta = \phi_s - \phi_e - E_{ocv} - i_s R_{film}$$

$$i_0 = k_s C_e^{\alpha_a}(C_{s,max} - C_{e/s})^{\alpha_a}C_{e/s}^{\alpha_c}$$

电荷平衡与欧姆定律	$i_1 = -\sigma_s^{eff}\ \nabla\phi_s,\ \sigma_s^{eff} = \sigma_s \varepsilon_s^{1.5}$

$$i_2 = -\kappa_e^{eff}\ \nabla\phi_e + \dfrac{2\kappa_e^{eff}RT}{F}\left(1 + \dfrac{\partial\ln f_\pm}{\partial\ln C_e}\right)(1 - t_+^0)\ \nabla\ln C_e,\ \kappa_e^{eff} = \kappa_e \varepsilon_e^{1.5}$$

$$\begin{cases} -\kappa_{e,a}^{eff}\left.\dfrac{\partial\phi_e}{\partial x}\right|_{x=L_p^-} = -\kappa_{e,a}^{eff}\left.\dfrac{\partial\phi_e}{\partial x}\right|_{x=L_p^+},\ \phi_e|_{x=L_p^-} = \phi_e|_{x=L_p^+} \\[2ex] -\kappa_{e,a}^{eff}\left.\dfrac{\partial\phi_e}{\partial x}\right|_{x=L_{p+s}^-} = -\kappa_{e,a}^{eff}\left.\dfrac{\partial\phi_e}{\partial x}\right|_{x=L_{p+s}^+},\ \phi_e|_{x=L_{p+s}^-} = \phi_e|_{x=L_{p+s}^+} \end{cases}$$

法拉第定律	$i_s = nFj_{Li}$

$$\nabla i_2 = a_s i_s = a_s F j_{Li},\ a_s = \dfrac{3\varepsilon_s}{R_s}$$

$$\nabla i_1 = -a_s i_s = -a_s F j_{Li}$$

$$i_t = iA_{cell},\ i = i_1 + i_2$$

$$U_t = \phi_s|_{x=0} - \phi_s|_{x=L_{p+s+n}} - iR_{ext}$$

　　锂离子电池 P2D 模型过于复杂,计算量大,且无法获得其解析解,因此,P2D 模型更适用于实验室研究,用于辅助分析锂离子电池的衰减老化机制及诊断其状态,以及通过仿真模拟为锂离子电池的优化设计(如材料颗粒设计、扩散系数调整方向等)提供理论支持。

表 3-1 中,$C_{e/s}$ 为活性粒子表面的锂离子浓度;D_s 为固相扩散系数;D_e^{eff} 为液相有效扩散系数;$\alpha_{a/c}$ 为负/正极传递系数;η 为表面过电势;$\phi_{e/s}$ 为液/固相电势;R_{film} 为活性粒子表面 SEI 膜造成的电阻;i_0 为交换电流;k_s 为电化学反应常数;$C_{s,max}$ 为活性材料的最大嵌锂浓度;i_1 为电子电流密度;σ_s^{eff} 为固相有效电导率;i_2 为离子电流密度;κ_e^{eff} 为液相有效电导率;i_s 为活性材料表面离子流;j_{Li} 为电极活性粒子表面电化学造成的嵌入/脱出锂离子的流量;a_s 为比表面积;i 为电池内总电流密度;i_t 为电池端电流;U_t 为电池端电压;R_{ext} 为额外电阻。

2) SP 模型

SP 模型是最简单的锂离子电池电化学模型,它是 P2D 模型通过简化而来[89]。如图 3-6 所示,单粒子模型采用两个球形颗粒分别表示锂离子电池的正极和负极,假设锂离子的嵌入脱出过程发生在球形颗粒上,且认为电解液的浓度及其内部电势恒定不变。单粒子模型结构简单,计算量小,容易实现在线应用。目前,单粒子模型主要应用于锂离子电池的荷电状态诊断研究。但同时锂离子电池单粒子模型存在一些不可避免的缺点,即在大倍率充放电条件下,模型的假设是不合理的,因此导致仿真偏差过大。

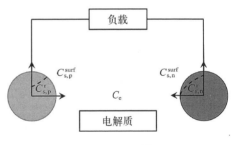

图 3-6　SP 模型

3) 简化的 P2D 模型

锂离子电池 P2D 模型控制方程过于复杂,导致 P2D 模型无法实现实时在线应用,而单粒子模型的适用性相对较差,因此很多学者致力于对 P2D 模型进行合理的简化,针对不同的应用场景,采用不同的简化方式,获得满足相应精度要求及时效性的简化准二维模型。现有的简化方式主要包括进行几何结构简化[90]、对固液相扩散过程进行简化[91]以及通过数学算法进行变换以达到简化计算的目的[92]。例如,文献[91]分析对比了多项式近似法、二参数和三参数抛物线近似法、渗透深度法、基于特征根的格林函数变换法等单粒子模型的近似简化方法。

简化的准二维模型不仅大大降低了计算量,同时相比于单纯的单粒子模型又考虑到了锂离子电池内部锂离子的分布和扩散情况,因此,对大倍率充放电行为的仿真适用性更强。目前,简化的准二维模型对于实验室条件下锂离子电池的荷电状态、健康状态及热状态诊断方面均具有良好的应用。但由于电化学机理模型本身存在的计算量及参数量缺陷,其在实际工程中的应用受到了较大的限制。

3. 等效电路模型

等效电路模型利用电感、电阻、电容、电压源、电流源等电器元件,通过不同的组合方式来描述锂离子电池充放电特性,属于半经验模型。等效电路模型通过将电器元件数值化表达,并结合参数辨识算法,如卡尔曼滤波、扩展卡尔曼滤波、无迹卡尔曼滤波等算法,仿真锂离子电池的充放电特性,并结合状态诊断方程实现锂离子电池相关状态的诊断和估计。目前,锂离子电池等效电路模型研究不断发展,主要有 Rint 模型、Thevenin 模型、PNGV模型和 GNL 模型[87]。

1)Rint 模型

如图 3 - 7 所示为 Rint 模型,该模型只由一个理想电压源和电阻构成。其中理想电压源描述电池的开路电压,电阻描述电池的内阻。该模型的缺点是缺少对电池极化反应的描述,不能很好地反映电池电压的动态变化特性,因此模型的精度较低。因为该模型只能表现出欧姆极化过程(即纯阻性特性),所以也被称为线性模型,是众多等效电路模型中最简单的一种。

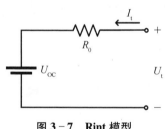

图 3 - 7 Rint 模型

Rint 模型的特性方程如下所示:

$$U_t = U_{OC} + I_t R_0 \qquad (3-5)$$

式中,U_t 为电池端电压;I_t 为电池工作电流;U_{OC} 为电池的 OCV;R_0 为电池的欧姆内阻。

2)Thevenin 模型

如图 3 - 8 所示为 Thevenin 模型,相比于 Rint 模型该模型增加了一个电阻-电容(resistance-capacitance,RC)网络,因此也被称为一阶 RC 等效电路模型。该模型 RC 网络中的 R_p 和 C_p 分别表示电池的极化内阻和极化电容,RC 网络则

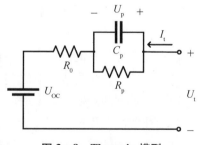

图 3 - 8 Thevenin 模型

用于模拟电池在充放电过程中极化电压的变化过程。当增加 Thevenin 模型中的 RC 网络个数时,便可得到高阶 RC 模型。

Thevenin 模型的特性方程如下所示:

$$
\begin{cases}
U_{\mathrm{t}} = U_{\mathrm{OC}} + I_{\mathrm{t}}R_0 + U_{\mathrm{p}} \\
\dot{U}_{\mathrm{p}} = \dfrac{I_{\mathrm{t}}}{C_{\mathrm{p}}} - \dfrac{U_{\mathrm{p}}}{\tau}
\end{cases}
\tag{3-6}
$$

式中,U_{p} 为电池的极化电压;$\tau = R_{\mathrm{p}}C_{\mathrm{p}}$ 为电池的时间常数。

3）PNGV 模型

如图 3-9 所示,PNGV 模型是《PNGV 电池试验手册》[93] 中提出的一种等效电路模型,是 Thevenin 模型的派生模型,其中 C_{d} 用于描述电流累积对开路电压造成的影响。

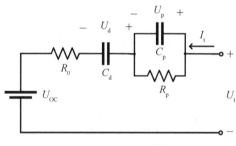

图 3-9　PNGV 模型

PNGV 模型的特性方程如下所示:

$$
\begin{cases}
U_{\mathrm{t}} = U_{\mathrm{OC}} + U_{\mathrm{d}} + U_{\mathrm{p}} + I_{\mathrm{t}}R_0 \\
\dot{U}_{\mathrm{p}} = \dfrac{I_{\mathrm{t}}}{C_{\mathrm{p}}} - \dfrac{U_{\mathrm{p}}}{\tau} \\
\dot{U}_{\mathrm{d}} = \dfrac{1}{C_{\mathrm{d}}}I_{\mathrm{t}}
\end{cases}
\tag{3-7}
$$

式中,U_{d} 为电容 C_{d} 上的电压。

PNGV 模型具有 Thevenin 模型的所有特性,同时还增加了对开路电压变化过程的进一步描述,但电容 C_{d} 的引入使其相比于 Thevenin 模型的参数辨识有所增加,特性方程也更为复杂。

4）GNL 模型

GNL 模型在二阶 RC 模型的基础上引入了自放电内阻 R_{s},如图 3-10 所示。与其他模型不同的是,此模型考虑了电池的自放电现象,通过对自放电电阻 R_{s} 的辨识,可以实现对电池老化程度的界定,对电池特性的描述更加全面。

GNL 模型的特性方程如下所示:

$$\begin{cases} U_t = U_{OC} + I_m R_0 + U_C + U_p \\ U_t = I_t - I_m \\ \dot{U}_C = \dfrac{I_m}{C_C} - \dfrac{U_C}{\tau_C} \\ \dot{U}_p = \dfrac{I_m}{C_p} - \dfrac{U_p}{\tau_p} \end{cases} \qquad (3-8)$$

式中,I_m为非自放电支路的电流值。

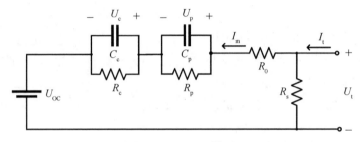

图 3 - 10　GNL 模型

　　GNL 模型是等效电路模型中精度最高的模型[94],但因为模型本身由多个非线性元件组成,同时增加了包含自放电电阻 R_s 的支路,导致电池特性方程复杂化,电池模型参数的辨识也变得更加困难。

　　5) 参数辨识

　　目前基于等效电路模型的锂离子电池建模通常以 Thevenin 模型和其衍生的多阶 RC 模型展开。对于 Thevenin 模型,其参数辨识方式可分为离线辨识方法和在线辨识方法,其中离线辨识方式以混合脉冲功率特性(hybrid pulse power characterization, HPPC)测试法为主,在线辨识方法以递归式算法为主。

　　a. 基于 HPPC 测试的离线辨识

　　HPPC 测试由美国能源部爱达荷国家实验室提出,其采用一系列脉冲激励对电池进行充放电,通过电池在脉冲充放电电流的激励下以及搁置时的电压响应曲线来确定电池在各 SOC 下的 OCV、欧姆内阻、极化内阻和时间常数等参数[95]。HPPC 测试工况由多个 HPPC 小循环重复构成,在每个小循环中,以 1 C 电流放电 30 s,放电结束后搁置 30 min,搁置结束后以 1 C 电流充电 30 s,保证此小循环内充放电电量一致,充电结束后搁置 30 min,然后以一定电流放电,保证放电量为 5%SOC,放电结束后进入长时间搁置,保证电池在进入下一次 HPPC 测试小循环之前达到稳定状态。由磷酸铁锂电池的充放电倍率特性曲线可知,在电池的整个充放电过程中,其电压曲线呈现出快速下降、进入电压平台、再快速下降的特性,分别对应 SOC 高、中、低三个阶段。由于在 SOC 较高和较低两个阶段内电池的电压曲线变化较大,为了更精确地辨识参数,可将 HPPC 测试进行改进,例如在 80%~100%SOC 和 0%~20%SOC 区间内,每隔 2.5%SOC 进行一次 HPPC 小循环,而在 20%~80%SOC 区间内每隔 7.5%SOC 进行一次 HPPC 小循环。HPPC 测试的电流和电压以及对应的 SOC 实验值如图 3-11 所示。

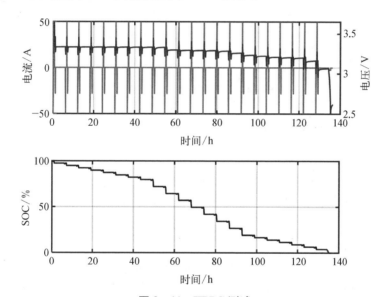

图 3-11　HPPC 测试

以一额定容量为 50 A·h 的方形磷酸铁锂测试结果为例,HPPC 测试中单次小循环实验数据如图 3-12 所示。在每个设定 SOC 值下,HPPC 小循环中首先进行一次幅值为 50 A、持续时间为 30 s 的放电,之后搁置 1 800 s,再进行一次幅值为 50 A、持续时间为 30 s 的充电,保证单个小循环之内 SOC 不发生变化。之后再进入长搁置,等待下一次 HPPC 小循环。需要注意的是,由于长搁置时长较长(5 h)为方便观察,图 3-12(a)只截取了前 1 830 s 的数据,而图 3-12(b)和(c)只截取了前 500 s 的数据。同时需要说明的是为了使观察方便,在绘图时对电流进行了处理,即令充电电流为负,放电电流为正。

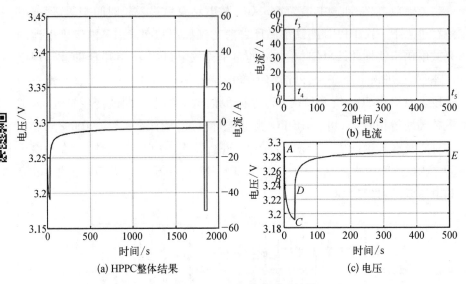

图 3-12   HPPC 单次测试结果

可见，每个 HPPC 小循环中的电池在放电脉冲激励后共经过四个阶段，分别如下。

阶段 Ⅰ：对应电压曲线 A 点至 B 点，在 t_1 时刻之前电池未施加任何激励，$t_1 \sim t_2$ 时刻突然施加电流激励，电压从 A 点"跳水"至 B 点，呈现出纯阻性特性，主要为欧姆极化导致。可以根据此极端内电压差与施加的电流激励计算欧姆内阻。

阶段 Ⅱ：对应电压曲线 B 点至 C 点，此时电压处于幅值为 50 A 电流的恒流放电阶段内，由于施加电流，电池内部出现极化反应，端电压在此阶段内呈指数函数的形式下降，对应 RC 网络中电容 C_p 的充电过程。RC 网络的零状态响应可以表示为

$$U_p(t) = IR_p \left[1 - \exp\left(-\frac{t}{\tau} \right) \right] \tag{3-9}$$

结合电池的端电压方程，可以进一步整理得

$$U_t(t) = U_{OC}(t) + IR_0 + IR_p \left[1 - \exp\left(-\frac{t}{\tau} \right) \right] \tag{3-10}$$

阶段 Ⅲ：对应电压曲线 C 点至 D 点，此时电池失去外部电流激励，立刻

停止放电,电压由 C 点"跃迁"至 D 点,同样呈现出纯阻性特性,同时欧姆极化反应停止。与阶段 I 相同,阶段 III 中电压差与电流激励同样可用于欧姆内阻值的计算。为减少参数辨识误差,综合考虑阶段 I 与阶段 III 中的电压差,可由下式计算电池的欧姆内阻:

$$R_0 = \frac{1}{2} \frac{(U_A - U_B) + (U_D - U_C)}{I} \qquad (3-11)$$

阶段 IV:对应电压曲线 D 点至 E 点,此阶段电池已无外部激励,内部仅有极化反应并逐渐减弱,在其影响下电池端电压将缓慢上升直至平稳,此阶段内 RC 网络的零输入响应可以表示为

$$U_p(t) = U_p(0) \exp\left(-\frac{t}{\tau}\right) \qquad (3-12)$$

结合电池的端电压方程,可以进一步整理得

$$U_t(t) = U_{OC}(t) + U_p(0) \exp\left(-\frac{t}{\tau}\right) \qquad (3-13)$$

根据测试结果,可得到基于 HPPC 测试的模型参数离线辨识值如图 3-13 所示。可见,各模型参数与 SOC 并无明显的单调关系,同时在整个 SOC 区间内,模型参数的辨识值波动不大。为了方便使用该组离线辨识所得的参数进行后续的 SOC 估算,本书进一步进行了模型参数与 SOC 间的关系拟合,拟合结果如图 3-13 所示,拟合所用为多项式模型,参数的多项式拟合结果如表 3-2 所示。

表 3-2　参数拟合结果

参数	拟 合 公 式
R_0	$R_0(SOC) = 0.143\,9 - 0.005\,9SOC + 0.004\,4SOC^2 - 0.157\,3SOC^3$ $+ 0.283\,6SOC^4 - 0.247\,8SOC^5 + 0.083\,4SOC^6$
R_p	$R_p(SOC) = 0.000\,7 - 0.0019SOC + 0.009\,9SOC^2 - 0.031\,0SOC^3$ $+ 0.052\,9SOC^4 - 0.043\,8SOC^5 + 0.013\,5SOC^6$
τ	$\tau(SOC) = 21.066\,3 - 349.832\,1SOC + 3\,197.393\,6SOC^2 - 14\,029.261\,2SOC^3$ $+ 33\,032.078\,9SOC^4 - 42\,613.706\,3SOC^5 + 28\,381.179\,4SOC^6$ $- 7\,633.382\,1SOC^7$

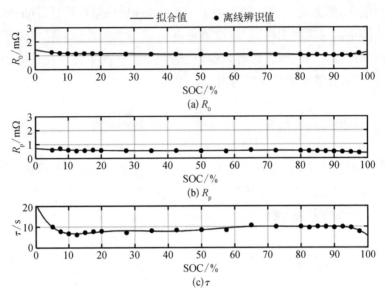

图 3 - 13　参数辨识结果

b. 基于递归式算法的在线辨识

离线参数辨识方法的局限在于无法实时获取电池参数的辨识值,当电池处于长期工作时,受到老化等影响,其参数值可能发生较大改变。此外,离线参数辨识方法需要采用额外的测试实验(即 HPPC 测试)来标定电池参数,由于 HPPC 测试耗时较长,同时参数辨识过程较为烦琐,实际使用场景中,若想要更新电池模型便需要进行周期性的 HPPC 测试,这无疑造成时间成本和工作量的增加,因此有必要对参数进行在线辨识。

参数的在线辨识通常采用递归式算法进行,在这之前需要先建立参数回归模型,回归模型是一种具有预测功能的建模技术,通常用于预测分析、时间序列模型等,可以发现变量之间的因果关系。因此建立电池的模型参数与可观测量之间的回归模型,并与递归式算法结合便可进行电池模型参数辨识。

一般来说,回归模型可表示如下:

$$Y = aX + v \tag{3-14}$$

式中,Y 为输出向量;X 为输入向量;a 为系数矩阵;v 为误差项。

Thevenin 模型的特性方程可进一步表示为

$$\begin{cases} U_t = U_{OC} + I_t R_0 + U_C \\ I_t = \dfrac{U_C}{R_1} + C_p \dfrac{dU_C}{dt} \\ \dfrac{dU_C}{dt} = \dfrac{dU_t}{dt} - \dfrac{dU_{OC}}{dt} - R_0 \dfrac{dI_t}{dt} \end{cases} \quad (3-15)$$

进行整理,可以得到:

$$U_t = U_{OC} + (R_0 + R_p)I_t - \tau \frac{dU_t}{dt} + \tau R_0 \frac{dI_t}{dt} - C_p \frac{dU_{OC}}{dt} \quad (3-16)$$

式(3-16)初步给出了电池模型参数与可测信号之间的关系。但上式无法直接用于参数辨识,因为其中仍存在不可观测量 OCV 的微分项。可以认为在相邻采样间隔内,OCV 的变化可以忽略不计,即 $dU_{OC}/dt \approx 0$。将这一结论代入上式,便可整理得到:

$$U_t = U_{OC} + (R_0 + R_p)I_t - \tau \frac{dU_t}{dt} + \tau R_0 \frac{dI_t}{dt} \quad (3-17)$$

为了实现电池模型参数的递推在线辨识,需要对上式中的微分项进行离散化。令各量测信号的微分项等于相邻时刻差与采样间隔的比值,可以得到上式的离散形式,如下:

$$U_{t,k} = U_{OC,k} + (R_0 + R_p)I_{t,k} - \tau \frac{U_{t,k} - U_{t,k-1}}{\Delta t} + \tau R_0 \frac{I_{t,k} - I_{t,k-1}}{\Delta t}$$

$$(3-18)$$

至此,基于 Thevenin 等效电路模型的电池参数回归模型建立完成,根据回归模型定义,令 $Y = U_{t,k}$,$a = [U_{OC,k} \quad a_0 \quad a_1 \quad a_2]$,$X = [1 \quad I_{t,k} \quad -(U_{t,k} - U_{t,k-1})/\Delta t \quad (I_{t,k} - I_{t,k-1})/\Delta t]$ 则可实现基于此回归模型的参数在线辨识,其中 a_0、a_1 和 a_2 与模型参数之间的具体关系表述如下:

$$\begin{cases} a_0 = R_0 + R_p \\ a_1 = \tau \\ a_2 = \tau R_0 \end{cases} \quad (3-19)$$

以上述回归模型为基础,通常可与递推最小二乘法等递归式算法结合进行参数的在线辨识。最小二乘(least square, LS)算法是一种用于解决多元线性拟合问题的工具。经典 LS 算法需要获取并保存目标系统的所有量测值后才能进行求解,这一方法无疑会消耗巨大的计算资源,同时耗时较长,也不具有实时性。因此,递推最小二乘(recursive least square, RLS)这一概念被提出,其采用类似动态规划的方式来实现递推形式的在线更新目标系统的参数。而 RLS 算法是一种具有无限记忆长度的算法,当在电池系统中使用时,越来越多的旧数据累积会导致参数递推结果无法很好反映电池特性的变化,因此该算法被进一步改进,遗忘因子递推最小二乘(forgetting factor recursive least squares, FFRLS)被提出。这种方法使参数更新更倚重新数据,同时也有效解决了"数据饱和"这一问题[96]。

对于形如 $Y = \theta^{\mathrm{T}} \varphi$ 的系统,FFRLS 算法的递推式为

$$
\begin{cases}
K_k = P_{k-1} \varphi_k (\lambda + \varphi_k^{\mathrm{T}} P_{k-1} \varphi_k)^{-1} \\
\theta_k = \theta_{k-1} + K_k (Y_k - \theta_{k-1}^{\mathrm{T}} \varphi_k) \\
P_k = \dfrac{1}{\lambda} (I - K_k \varphi_k^{\mathrm{T}}) P_{k-1}
\end{cases}
\tag{3-20}
$$

式中,K_k 为增益矩阵;P_k 为协方差矩阵;θ_k 为待辨识的参数矩阵;φ 为输入向量;λ 为遗忘因子;I 为单位矩阵。结合参数回归模型,只需令 $Y = U_{t,k}$,$\theta = A$,$\varphi = X$ 即可实现电池参数的递推在线辨识。

同样,以与 HPPC 测试法中使用的同一额定容量为 50 A·h 的方形磷酸铁锂电池在美国城市驾驶测试(urban dynamometer driving schedule, UDDS)测试下的结果为例,参数的在线辨识结果如图 3-14 所示。结果显示从动态测试中在线辨识所得的参数与离线辨识所得的参数基本一致,这说明了在线辨识参数的可行性与准确性。

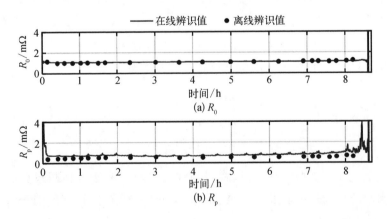

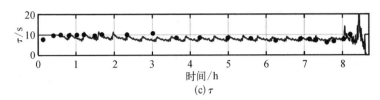

(c) τ

图 3‐14 模型参数辨识结果

此外,还可得到离线和在线辨识方法所得的 OCV 数据,如图 3‐15 所示。对于 HPPC 测试,电池在进入每次 HPPC 小循环之前都经过足够长时间的搁置,因此可以认为搁置后的电池已经进入稳定状态,则可将每一个 SOC 值对应的 HPPC 小循环中的电压认为是此时的 OCV。可见,使用两种辨识方法得到的 OCV 数据在变化趋势上基本一致,但离线辨识值相比于在线辨识值的电压平台更低。对于这一现象,文献[97]中指出,根据动态工况测试数据辨识所得的 OCV 属于动态 OCV。与静态提取方法中的工况不同,动态工况测试中电池始终存在相稳环节,该环节中包含电池内部的活性材料颗粒晶体结构改变、单粒子新相生成以及多粒子相位交换过程。这些过程的叠加将造成两种 OCV 数据的偏差,而从图 3‐15 中可见,该偏差值在整个辨识周期体现出的变化程度较为稳定。

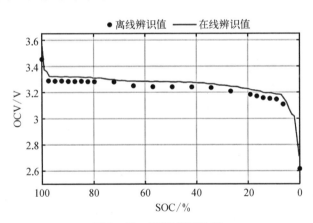

图 3‐15 OCV 辨识结果

3.5.2 电池状态估计与预测

1. SOC 估计

SOC 在电池安全管理中是一项重要的参数,但由于我们无法直观地测量出电池电量的实际剩余水平,其估计准确度将直接影响着电池是否会进入过充或过放的电滥用,因此 SOC 的估计将成为电池安全管理方法的重中之重。

在电流满足测量精度的情况下,通过对一定时长的充放电电流积分便可得到 SOC 的变化量,这便是最简单的 SOC 估计方法——安时积分法,其计算方式如下:

$$SOC(t) = SOC(0) + \int_0^t \frac{\eta i_t(t)}{Q_{max}} dt \qquad (3-21)$$

式中,SOC(0)为 SOC 估计的初始值;η 为充放电效率,通常定义为 1;Q_{max} 为当前阶段电池最大可用容量。

由于安时积分法是一种开环的估计方法,其估计精度主要受到初始值、电流量测值和最大可用容量准确度的影响。而一旦上述三者出现偏差,将给 SOC 估计值带来无法修正的估计误差,因此安时积分法通常作为 SOC 的基准估计方法,与其他估计方法结合以提高精度。

电池中存在与 SOC 保持单调变化关系的特征参数,如 OCV 和交流阻抗(alternating current impedance, ACI)[98, 99]。基于上述特征参数与 SOC 的单调变化关系,可以提前标定其与 SOC 间的函数关系,通过获取特征参数以查表的方式反向计算 SOC,这类方法则被称为查表法。然而,为了获取准确、稳定的开路电压,通常需要长时间地搁置以确保电池内部复杂的电化学反应达到平衡状态,这使得基于开路电压的查表法难以在 SOC 的在线估计场景中应用。基于交流阻抗的查表法则需要外接激励源,对电池施加交流信号以求取特定频率下的交流阻抗值。交流信号的施加可能对电池原本工作任务产生影响,进一步说,交流信号的施加是否会使电池寿命受到影响而加速老化也未能得到统一结果,这使得基于交流阻抗的查表法同样在 SOC 的在线估计场景中难以使用。

精准的电池模型不仅可以模拟电池的工作特性,还可用于电池状态估计算法的开发。基于模型的 SOC 估计方法中,除了需要建立适合的模型外,还需搭配稳定和具有一定鲁棒性的递推算法,以实现 SOC 的实时估计。一般来说,基于模型的 SOC 估计方法步骤可简单归纳如下:① 为递推算法分配合适的初始 SOC 设定值和算法自身的参数初值;② 利用安时积分法,结合电流的量测数据得到 SOC 的一步估计值;③ 将 SOC 一步估计值代入电池模型中,获取对应的电池电压估计值;④ 利用递推算法,实现电压估计值与量测值的数据融合,并基于此数据融合过程对 SOC 一步估计值进行修正。不难看出基于模型的 SOC 估计方法是一种闭环的方法,它可有效克服 SOC 初始值不准确、电流噪声和偏差以及电压噪声和偏差造成的 SOC 估计误差,因此其受到了研究人员的广泛关注,在工程应用中也具有良好的前景。在一项对 SOC 估计中使用的递推算法的统计中发现,2009 至 2018 年这十年的研究工作中,卡尔曼滤波(Kalman filter, KF)及其衍生方法的使用占比达到了 53%[100]。KF 算法最先是为了解决线性系统的状态估计问题而提出,由于电池工作特性具有较强的非线性,通常需要对其进行线性化,或对所用的算法进行改进以对其适应。表 3-3 给出了文献中常见的三种解决此问题的卡尔曼滤波衍生方法:扩展卡尔曼滤波(extended Kalman filter, EKF)、无迹卡尔曼滤波(unscented Kalman filter, UKF)和容积卡尔曼滤波(cubature Kalman filter, CKF)。

表 3-3　EKF、UKF 和 CKF 的递推过程[101]

对非线性系统 $\begin{cases} x_k = f(x_{k-1}, u_k) + w_k \\ z_k = g(x_k, u_k) + v_k \end{cases}$ 给定初始值 x_0、P_0、Q、R

EKF:

计算雅可比矩阵:$A_k = \dfrac{\partial f(x_k, u_k)}{x_k}\bigg|_{x_k=\hat{x}_k}$; $C_k = \dfrac{\partial g(x_k, u_k)}{x_k}\bigg|_{x_k=\hat{x}_k}$

计算状态变量的一步预测及协方差矩阵:$\hat{x}_k^- = f(\hat{x}_{k-1}, u_k)$; $P_k^- = A_k P_{k-1}^- A_k^{\mathrm{T}} + Q$

计算卡尔曼增益:$K_k = P_k^- C_k^{\mathrm{T}}(C_k P_k^- C_k^{\mathrm{T}} + R)^{-1}$

计算观测值:$\hat{z}_k = g(x_{k-1}, u_k)$

状态和协方差矩阵更新:$\hat{x}_k = \hat{x}_k^- + K_k(z_k - \hat{z}_k)$; $P_k = (I - K_k C_k)P_k^-$

UKF:

构造 sigma 点集与权值,对于 n 维状态向量,一共有 $2n+1$ 个 sigma 点

$x_{k-1}^i = \begin{cases} \hat{x}_{k-1} & (i=0) \\ \hat{x}_{k-1} + (\sqrt{\lambda+n}P_x)_i & (i=1,\cdots,n) \\ \hat{x}_{k-1} - (\sqrt{\lambda+n}P_x)_i & (i=n+1,\cdots,2n) \end{cases}$; $\begin{cases} \omega_m^0 = \dfrac{\lambda}{\lambda+n} \\ \omega_c^0 = \dfrac{\lambda}{\lambda+n} + 1 - \alpha^2 + \beta \\ \omega_m^i = \omega_c^i = \dfrac{1}{2(\lambda+n)} & (i=1,\cdots,2n) \end{cases}$

式中,下标 m 表示均值;下标 c 表示协方差;λ 表示缩放比例参数,用来降低总的预测误差。

计算 sigma 数据点集的一步预测值:$x_k^{-,i} = f(x_{k-1}^i, u_k)$ $(i=0,\cdots,2n)$

计算状态变量的一步预测及协方差矩阵:$x_k^- = \sum\limits_{i=0}^{2n}\omega_m^i x_k^{-,i}$; $P_k^- = \sum\limits_{i=0}^{2n}\omega_m^i(x_k^- - x_k^{-,i})(x_k^- - x_k^{-,i})^{\mathrm{T}} + Q$

计算新 sigma 点集：$X_k^{-,i} = \begin{cases} x_k^- & (i = 0) \\ x_k^- + (\sqrt{\lambda + n} P_k^-)_i & (i = 1, \cdots, n) \\ x_k^- - (\sqrt{\lambda + n} P_k^-)_i & (i = n + 1, \cdots, 2n) \end{cases}$　其中 $(P)_i$ 表示矩阵 P
的第 i 列

利用新 sigma 点集代入观测方程：$\hat{z}_k^i = g(X_k^{-,i}, u_k)$　$(i = 0, \cdots, 2n)$

计算观测估计值的均值：$\hat{z}_k = \sum\limits_{i=0}^{2n} \omega_m^i \hat{z}_k^i$

计算自相关矩阵：$P_{zz,k} = \sum\limits_{i=0}^{2n} \omega_c^i (\hat{z}_k - \hat{z}_k^i)(\hat{z}_k - \hat{z}_k^i)^T + R$

计算互相关矩阵：$P_{xz,k} = \sum\limits_{i=0}^{2n} \omega_c^i (x_k^- - X_k^{-,i})(\hat{z}_k - \hat{z}_k^i)^T$

计算卡尔曼增益：$K_k = P_{xz,k} P_{zz,k}^{-1}$

状态和协方差矩阵更新：$\hat{x}_k = x_k^- + K_k(z_k - \hat{z}_k)$；$P_k = P_k^- - K_k P_{zz,k} K_k^T$

CKF：

构造容积点集，对于 n 维状态向量，一共有 $m = 2n$ 个容积点：$x_{k-1}^{-,i} = S_{k-1} \xi_i + \hat{x}_{k-1}$
其中 S_{k-1} 通过对协方差矩阵进行楚列斯基分解（Cholesky decomposition）获取，如式：
$P_{k-1} = S_{k-1} S_{k-1}^T$

$$\xi_i = \sqrt{\frac{m}{2}} \left[\begin{pmatrix} 1 \\ 0 \\ \vdots \\ 0 \end{pmatrix} \begin{pmatrix} 0 \\ 1 \\ \vdots \\ 0 \end{pmatrix} \cdots \begin{pmatrix} 0 \\ 0 \\ \vdots \\ 1 \end{pmatrix} \begin{pmatrix} -1 \\ 0 \\ \vdots \\ 0 \end{pmatrix} \begin{pmatrix} 0 \\ -1 \\ \vdots \\ 0 \end{pmatrix} \cdots \begin{pmatrix} 0 \\ 0 \\ \vdots \\ -1 \end{pmatrix} \right]$$

传播容积点：$x_k^{-,i} = f(x_{k-1}^{-,i}, u_k)$

计算状态一步预测值：$x_k^- = \dfrac{1}{m} \sum\limits_{i=1}^{m} x_k^{-,i}$

计算状态预测方差矩阵：$P_k^- = \dfrac{1}{m} \sum\limits_{i=1}^{m} x_k^{-,i} (x_k^{-,i})^T - x_k^- (x_k^-)^T + Q$

计算方差矩阵平方根 S_k^-：$P_k^- = S_k^- (S_k^-)^T$

构造新容积点集：$X_{k-1}^{-,i} = S_k^- \xi_i + x_k^-$

传播新容积点：$z_k^{-,i} = h(X_{k-1}^{-,i}, u_k)$

计算观测估计值：$\hat{z}_k = \dfrac{1}{m} \sum\limits_{i=1}^{m} z_k^{-,i}$

计算自相关矩阵：$P_{zz,k} = \dfrac{1}{m} \sum\limits_{i=1}^{m} z_k^{-,i} (z_k^{-,i})^T - \hat{z}_k \hat{z}_k^T + R$

计算互相关矩阵：$P_{xz,k} = \dfrac{1}{m} \sum\limits_{i=1}^{m} X_{k-1}^{-,i} (z_k^{-,i})^T - x_k^- \hat{z}_k^T$

计算卡尔曼增益：$K_k = P_{xz,k}(P_{zz,k}^-)^{-1}$；$\hat{x}_k = x_k^- + K_k(z_k - \hat{z}_k)$；$P_k = P_k^- - K_k P_{zz,k} K_k^T$

　　基于数据驱动的 SOC 估计方法在其设计和运行过程中不考虑物理意义上的 SOC 变化过程、规律和趋势，而是利用算法直接构建从输入到输出的非线性映射关系。在此情景下，输出为电池的 SOC，输入则包括电压、电流和

温度,甚至更多量测数据的变换值。关于数据驱动的 SOC 估计方法将在
5.4.1 节中详细讨论。

应用案例

首先对安时积分法进行离散化处理,可得到:

$$\text{SOC}_k = \text{SOC}_{k-1} + \frac{\eta I_k \Delta t}{Q_{\max}} \tag{3-22}$$

以 Thevenin 模型为例,根据其特性方程可知极化电压 U_p 无法直接测量,
因此可将其与 SOC 作为待估计的状态变量,即令 $x_k = [\text{SOC}_k U_{p,k}]^T$;将电池
端电压作为观测量,即令 $y_k = U_{t,k}$,则可以得到基于电池模型的状态方程与
观测方程,如下:

$$\begin{cases} x_k = f(x_{k-1}, u_k) = \begin{bmatrix} 1 & 0 \\ 0 & \exp\left(-\dfrac{\Delta t}{\tau_k}\right) \end{bmatrix} x_{k-1} + \begin{bmatrix} \dfrac{\eta \Delta t}{Q_{\max}} \\ R_{p,k}\left[1 - \exp\left(-\dfrac{\Delta t}{\tau_k}\right)\right] \end{bmatrix} I_{t,k} \\ y_k = h(x_k, u_k) = U_{OC}(\text{SOC}_k) + I_{t,k} R_{0,k} + U_{p,k} \end{cases} \tag{3-23}$$

根据上述状态空间方程,可使用 KF 族算法对 SOC 进行估计。然而根据
表 3-3 可知,无论 KF 族算法如何演变,对于状态的更新都是基于观测值的
误差展开的,而在经典 LKF、EKF 和 CKF 中,通常是基于当前时刻观测估计
值与实际测量值之间的误差进行状态更新。因此可以考虑纳入更多时刻的
信息以增加 SOC 估计结果的可信度。基于此,Ding 和 Chen[102] 于 2007 年提
出了多新息(multi-innovation, MI)方法,旨在将更多时刻的系统误差纳入状
态更新计算中,以提高所使用算法的性能。新息指由系统模型根据输入值
计算得到的输出值与实际输出值之间的误差,一般为标量值,是修正系统的
参数辨识精度或状态估算精度的重要新息。最小二乘类、随机梯度类、观测
器、滤波器类算法的共同点在于都是利用单新息对待辨识参数或待估算状
态进行修正。丁锋[103] 对 MI 方法原理进行了推导与阐述,并给出了方程误
差类系统、输出误差类系统、输入非线性系统中各类算法与 MI 方法结合的
使用方法。该方法可适应多输入单输出、多输入多输出等模型,有效提高数
据的利用率,提高参数辨识与状态估算精度。该方法自提出后,已被广泛用

于各工程领域。

MI 方法的原则是,在每一个滤波过程中,将用于状态更新的观测误差由当前时刻的误差这一新息标量扩展至包含更多时刻误差的多新息向量,从而增强误差新息,提高状态估算的精度。多新息向量的计算如下:

$$\begin{cases} e_k = y_k - z_k \\ E_L = \begin{bmatrix} e_k & e_{k-1} & \cdots & e_{k-L+1} \end{bmatrix} \end{cases} \tag{3-24}$$

基于多新息方法的状态更新计算则为

$$x_k = x_k^- + K_L E_L \tag{3-25}$$

然而需要注意的是,在电池状态估算的过程中,观测误差(即新息)的分布不是线性的、有序的。由于电池本身极强的非线性,观测误差的分布往往体现出杂乱无章的特点,因此单纯扩展信息项量,而不根据误差分布对状态更新计算进行调整可能会导致更新量过修正现象,即状态估算值反而比使用单一新息标量进行更新时偏离真值更多。因此,本书根据观测误差的分布,提出了一种加权多新息(weighted multi-innovation, WMI)。其核心思想为,根据所选定的多新息窗口中各时刻观测误差的数值大小分布情况进行加权计算,认为观测误差较大的时刻模型偏移程度较大,则在状态更新计算时该时刻对应的权值分配较大;观测误差较小时的时刻模型偏移程度较小,则在状态更新计算时刻该时刻对应的权值分配较小。此外,对观测误差在时间上的分布还进行了考虑,认为离当前时刻越近的观测误差其参考价值越高,则在状态更新计算时该时刻对应的权值分配越高。WMI 法中各权值矩阵计算法则如下:

$$\begin{cases} w_{e,i} = \dfrac{e_i^2}{\displaystyle\sum_{i=k-L+1}^{k} e_i^2} \\[4mm] w_{t,i} = \dfrac{\dfrac{1}{\sqrt{2\pi}}\exp[-(L-i)^2]}{\displaystyle\sum_{i=k-L+1}^{k}\dfrac{1}{\sqrt{2\pi}}\exp[-(L-i)^2]} \\[4mm] W_{e,L} = \mathrm{diag}\begin{bmatrix} w_{e,k} & w_{e,k-1} & w_{e,k-2} & \cdots & w_{e,k-L+1} \end{bmatrix} \\[2mm] W_{t,L} = \mathrm{diag}\begin{bmatrix} w_{t,k} & w_{t,k-1} & w_{t,k-2} & \cdots & w_{t,k-L+1} \end{bmatrix} \end{cases} \tag{3-26}$$

式中,e_i 为多新息窗口中各时刻的观测误差;$w_{e,i}$ 为基于观测误差数值分布计算得到的各时刻对应权值;$w_{t,i}$ 为基于观测误差在时间上的分布计算得到的各时刻对应权值;$W_{e,L}$ 为基于观测误差数值分布计算得到的权值矩阵;$W_{t,L}$ 为基于观测误差时间分布计算得到的权值矩阵。

相应地,将 WMI 法引入 KF 族算法中,状态更新的计算式变为

$$x_k = x_k^- + K_L W_{e,L} W_{t,L} E_L \qquad (3-27)$$

结合状态空间方程可知,在 SOC 估计中主要有三个部分会对估算结果产生影响:① OCV-SOC 关系曲线;② 电池模型参数;③ SOC 估计算法。

本节以一 50 A·h 的方形 LFP 电池为例,如图 3-16 所示为基于 3.5.1 节中所得的 OCV-SOC 关系曲线所得的电池端电压、SOC 估计结果及误差。SOC 初值设置为 80%,估算算法为 WMICKF,其多新息窗口大小设置为 $L=2$。此外,电池模型参数使用的是根据 HPPC 法离线辨识所得的数据。可见,OCV-SOC 关系曲线对电池端电压及 SOC 估计有着极大的影响。从表 3-4 中列出的各项统计误差可见,离线辨识所得 OCV 数据由于无法完全反映电池动态特性而有一定局限性,其相应的端电压估计最大误差达到 0.268 7 V,最大 SOC 估计误差达到 7.42%,这对于高精度电池管理来说是无

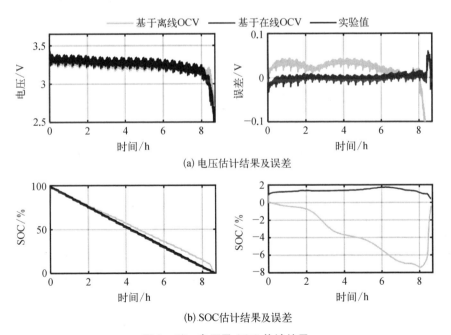

(a) 电压估计结果及误差

(b) SOC 估计结果及误差

图 3-16　电压及 SOC 估计结果

表 3 - 4 电压及 SOC 估计误差统计值

误差项	电压/V		SOC/%	
	基于离线 OCV	基于在线 OCV	基于离线 OCV	基于在线 OCV
MAE	0.268 7	0.060 9	7.42	1.77
MaE	0.029 7	0.004 2	3.58	1.40
RMSE	0.043 5	0.022 0	3.56	1.45

注：表中 MAE 表示最大绝对误差（max absolute error），MaE 表示平均绝对误差（mean absolute error），RMSE 均方根误差（root mean square error）。

法接受的。相比之下，使用在线辨识 OCV 数据拟合所得的 OCV - SOC 关系曲线进行端电压及 SOC 估算可以大大减少估计误差。这一结果进一步体现了 OCV - SOC 关系曲线在 SOC 估算中的重要作用，同时也说明了使用在线辨识方法进行 OCV 辨识的重要性。

图 3 - 17 所示为基于 CKF、MICKF 和 WMICKF 估计 SOC 的结果及误差。此算例中 SOC 初值统一设置为 80%，即有 20% 的初始误差。MICKF 和 WMICKF 的多新息窗口大小统一设置为 $L=2$。从图中 SOC 的估算结果和相应的估计误差可见，与本节中分析结果一致，多新息方法的引入导致了状态估计的过修正，相比于经典 EKF，MICKF 的估计误差增大。加权多新息方法重新调整了多新息向量在状态更新计算中的权值分配，基于 WMICKF 的 SOC

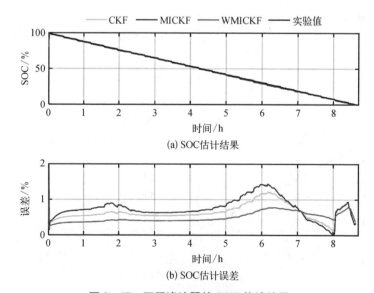

(a) SOC估计结果

(b) SOC估计误差

图 3 - 17 不同滤波器的 SOC 估计结果

估计误差相比 CKF 和 MICKF 大大减小。

　　为了进一步综合评估各估算方法的性能，表 3 - 5 给出了 CKF、MICKF 和 WMICKF 的 SOC 估计误差统计值 MAE、MaE、RMSE 和决定系数（R^2）。决定系数是范围为 0 到 1 的数，该指标的数值反映了估算值的可靠性，数值越接近 1，说明该方法获得的估计值越可靠。表 3 - 5 中结果是对图 3 - 17 中估计结果及误差的更详细体现，不难看出，只引入多新息方法的情况下，滤波器的性能劣化，MAE、MaE 与 RMSE 值都有所增加，R^2 值有所下降，这说明了 MICKF 的准确性较低。相比之下，WMICKF 的 MAE、MaE、RMSE 值较小，R^2 值在三种方法中是最为接近 1 的，这说明加权多新息方法能够有效抑制 SOC 估算误差，且具有较高的可靠性。

表 3 - 5　不同算法的 SOC 估计误差统计值

估算方法	MAE/%	MaE/%	RMSE/%	R^2
CKF	1.22	0.66	0.79	0.999 2
MICKF	1.45	0.77	0.90	0.999 0
WMICKF	0.80	0.51	0.65	0.999 5

　　WMICKF 算法中，多新息窗口的大小 L 对估计精度有着直接影响。图 3 - 18 所示为不同多新息窗口大小对 WMICKF 算法估计精度的影响，表 3 - 6 则给出了不同新息窗口大小下 WMICKF 算法的 MAE、MaE 和 RMSE 值。结合式（3 - 25）～式（3 - 27）不难看出，当多新息窗口大小为 1 时，WMICKF 退化为 CKF。随着多新息窗口的增大，SOC 误差逐渐减小，同时由图中结果结合 RMSE 值的变化可知误差曲线的波动也逐渐减小，这说明了加权多新息方法具有抑制 SOC 估计误差的作用。考虑到计算成本的增加及对硬件能力要求提升的可能，在实际使用该方法的时候，可以根据使用场景、精度要求以及成本综合考虑来调整多新息窗口的大小以更加高效地估算电池的 SOC。

表 3 - 6　不同新息窗口大小的 SOC 估计误差统计值

新息窗口大小	$L=1$	$L=2$	$L=3$	$L=4$	$L=5$
MAE/%	1.22	0.8	0.69	0.61	0.54
MaE/%	0.66	0.51	0.41	0.36	0.32
RMSE/%	0.79	0.65	0.58	0.54	0.51

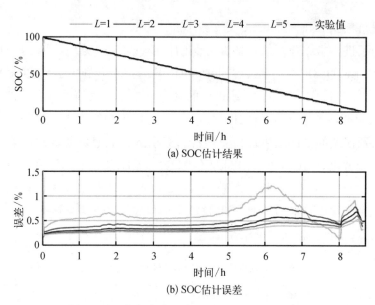

(a) SOC估计结果

(b) SOC估计误差

图 3-18   多新息窗口大小 _L_ 对 WMICKF 影响

在实际使用场景中,存在着多种多样的不确定因素对算法产生干扰,其中包括 SOC 初始误差、SOC 使用范围、噪声干扰以及在算法不同工况中的使用。此处将针对上述四种干扰因素进行算法鲁棒性验证。

图 3-19 所示为 SOC 初始值分别为 50%、60%、70%、80%、90% 和 100%

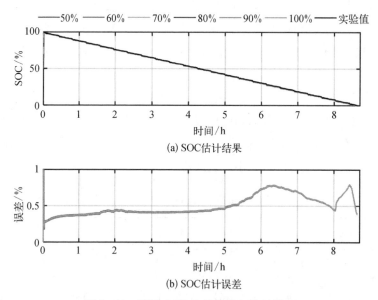

(a) SOC估计结果

(b) SOC估计误差

图 3-19   不同 SOC 初始误差下估计结果

的估计结果,其误差局部放大图如图 3 - 20 所示,结合表 3 - 7 中结果,可见随着 SOC 初始误差的增大,各项 SOC 估算误差统计值能够保持在较低的水平。MAE 值基本不变,MaE 值和 RMSE 值的增大是因为将初始 SOC 误差也纳入计算中。进一步可知,可以看出 SOC 初始误差造成的影响主要在于算法的收敛速度。随着初始误差的增大,算法所需要的迭代次数增加,收敛时间也相应增加。但总的来说,即使在 SOC 初始误差为 50% 的情况下也能够在 0.015 h(54 s)之内收敛至 2% 的估算误差内。

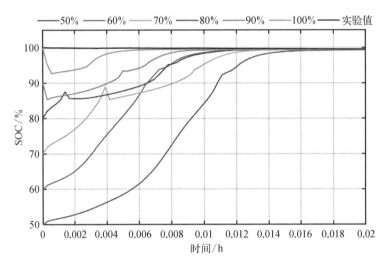

图 3 - 20　不同 SOC 初始误差下估计误差局部放大图

表 3 - 7　不同 SOC 初始误差下的估计误差统计值

SOC 初值/%	MAE/%	MaE/%	RMSE/%
100	0.80	0.50	0.53
90	0.80	0.51	0.60
80	0.80	0.51	0.65
70	0.80	0.52	0.78
60	0.80	0.52	0.96
50	0.90	0.55	1.46

　　由 LFP 电池的特性可知,其 OCV 与 SOC 虽然具有单调关系,但在电压平台区间内并不明显。在这一范围内,极小的 OCV 误差便有可能导致较大的 SOC 误差。换句话说,这一范围内 SOC 的变化在电压上体现得并不明显,

因此当电池的充放电是从此范围内开始,而不是从满电或空电状态开始时,是否仍能快速收敛至真实 SOC 值,并以较高精度估算对于 SOC 估算方法来说是至关重要的。

图 3-21 所示为以 UDDS 测试中 SOC 范围为 0%~90%、0%~80%、0%~70% 和 0%~60% 的数据进行 SOC 估计的结果,其中 SOC 估计算法初始值统一设置为 100%。因 SOC 估计初始值统一设置为 100%,随着使用范围变化,SOC 初始误差也将发生变化。然而即使初始估算误差较大,WMICKF 算法仍能以较快的速度收敛至真实 SOC 值,并以较高的精度进行估算。在以上四组估算结果中,估计误差均能被限制在 ±2.5% 之内,说明该算法对不同 SOC 使用范围具有较好的鲁棒性。

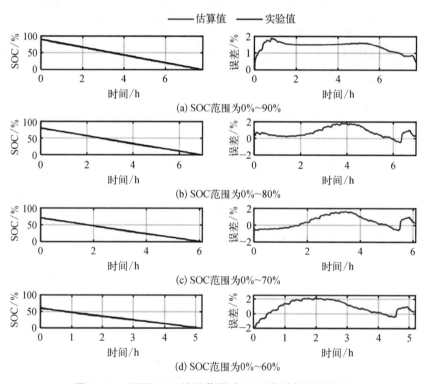

图 3-21 不同 SOC 使用范围时 SOC 估计结果及误差

SOC 估计不确定因素中噪声干扰来源主要为量测仪器的噪声。为了进一步验证所提出的算法在噪声环境中的准确性,设计了 3 种不同的均值为零的高斯噪声,分别是电流噪声、电压噪声和双重噪声,并利用这三种噪声干扰下的数据进行了 SOC 估计验证,噪声污染后的电流及电压如图 3-22 所示。其中电流噪声的标准差为 5 A,电压噪声的标准差为 10 mV,双重噪声则为上述两者的叠加。

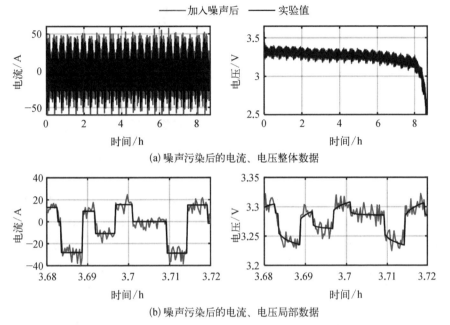

(a) 噪声污染后的电流、电压整体数据

(b) 噪声污染后的电流、电压局部数据

图 3-22　噪声污染后的电流、电压数据

不同噪声干扰下的 SOC 估算值如图 3-23 所示。可见噪声加入后,SOC 的估计误差增大,同时电流与电压噪声对 SOC 估算表现出不一样的影响。结合三种噪声的 SOC 估计误差图可知,误差的增大以及分布以电压噪声为主导,电流使 SOC 估计值的波动更为剧烈。总的来说,虽然量测仪器的噪声会对 SOC 估计精度产生干扰,但是 WMICKF 算法对噪声的干扰有较强的抑制能力,在此类干扰下依然具有鲁棒性。

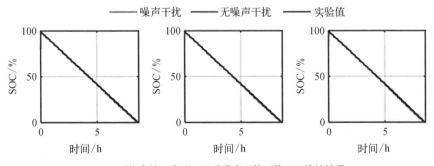

(a) 电流、电压、双重噪声干扰下的SOC估计结果

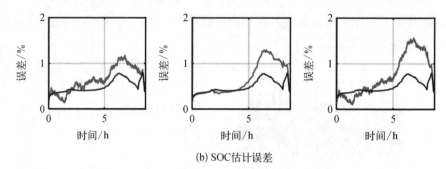

(b) SOC估计误差

图 3 - 23　噪声干扰下的 SOC 估计结果

除以上干扰因素外，SOC 估算算法在不同工况测试数据中的适应性也需要讨论。图 3 - 24 所示为 WMICKF 的 SOC 算法在 NEDC 测试数据中的电压、SOC 估计结果及误差，此算例中 SOC 初始值设置为 80%，WMICKF 算法的多新息窗口设置为 $L=2$。表 3 - 8 所示为 NEDC 测试数据下的电压和 SOC 估计误差统计值。与表 3 - 4 中 UDDS 测试数据下的误差统计值相比，此算例中各项误差都有增大，这是因为使用的 OCV - SOC 关系曲线是从 UDDS 测试中获取的 OCV 数据拟合所得，而 UDDS 测试和 NEDC 测试的起始电压不一致。尽管如此，SOC 最大估计误差仍能限制在 1.62% 之内，电压估计误

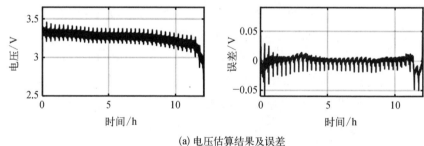

(a) 电压估算结果及误差

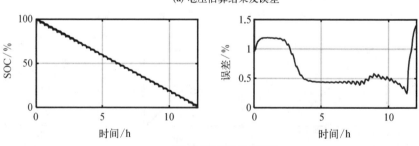

(b) SOC估算结果及误差

图 3 - 24　电压及 SOC 估算

表 3 - 8 　电压及 SOC 估计误差统计值

误差项	电压/V	SOC/%
MAE	0.084 4	1.62
MaE	0.005 3	0.67
RMSE	0.018 1	0.82

差限制在 85 mV 以内。这一结果证明 WMICKF 算法对不同工况测试具有良好的鲁棒性。

2. SOH 估计

锂离子电池 SOH 目前在工业界和科学研究领域缺乏统一的定义[104]。究其原因是锂离子电池的老化呈现出多种模式,而每种老化模式都有不同的副反应及其对应的性能退化形式[105, 106]。而在目前的研究中一般有两种 SOH 的定义方式:基于电池容量比的定义方式和基于电池内阻改变的定义方式[107]。

基于电池容量比的 SOH 定义方式为

$$SOH = \frac{Q_{aged}}{Q_{rated}} \times 100\% \qquad (3-28)$$

式中,Q_{aged} 为电池投入使用后电池实际的可用容量;Q_{rated} 为电池的标称容量,即电池出厂时的可用容量。应当注意的是,此处的 Q_{aged} 与 SOC 定义中的 Q_{max} 为同一值。电池在长期循环过程中可用容量逐渐减小,进而导致 SOH 逐渐降低。根据 IEEE 标准 1188—1996 规定,动力电池 SOH 降低至 80% 时达到退役标准。

基于电池内阻改变的定义方式为

$$SOH = \frac{R_{i, t}}{R_{i, 0}} \times 100\% \qquad (3-29)$$

式中,$R_{i, t}$ 为电池在当前时刻的内阻;$R_{i, 0}$ 为电池的初始内阻值。

在 SOH 的估计方面,实验测量法是最直接的方法,其通过对电池进行特定倍率下的满充满放实验,以及特定的脉冲实验以获取电池在对应老化状态下的容量和内阻值以计算 SOH。这一方法的缺陷是需要对电池进行特定的标定实验,显然在实车、储能系统和航天器等长期运行的使用环境中是难以实现的。电化学阻抗谱(EIS)方法是一种潜在的解决方案,EIS 可以在频域内实现利用复阻抗的形式将电极内部的界面反应、传荷、扩散等过程有效解耦,其中包含电池老化引起的物理和化学特性变化,可有效地利用到 SOH 的分析中。虽然当前 EIS 的测试对实验室环境、测试设备存在一定依赖性,但研究人员已经提出了快速和在线的 EIS 测试方案以减少时间成本,增加这一方法在实际场景中的适用性[108]。

与 SOC 一样,电池的容量或内阻同样可被视作待估计的状态或待辨识的参数,通过模型状态方程建立其与电池可观测量之间的关系,并利用卡尔曼滤波等状态观测器对其进行估算。由于电池的老化是一个长期的过程,在每次循环的测试或使用中 SOH 体现出的是慢变特性[109],因此对于 SOH 的估算可以设置一定大小的时间窗口,在窗口期内沿用上一窗口结束时获取的 SOH 值,而在本窗口期结束时才对 SOH 进行更新。这种方法既能保证对电池 SOH 的在线更新,也能降低计算需求,为工程实际应用奠定基础。

数据驱动方法估算 SOH 的关键在于建立电池老化程度与对应状态下特性间的映射关系,例如电池老化之后,其充电时长会受到影响,因此可以建立输出为容量,输入为充电时长的数据驱动模型。目前多元线性回归、递归神经网络、支持向量回归等方法都已应用于基于数据驱动的 SOH 估算中[110, 111]。关于数据驱动的 SOH 估计方法将在 5.4.2 节中详细讨论。

应用案例

通常可以认为电池的容量在短时间内变化很小,因此在利用 KF 等滤波器进行 SOH 估计时,可以认为前后时刻内电池的 SOH,即容量一致,可得到状态方程为

$$Q_{\max, k} = Q_{\max, k-1} \qquad (3-30)$$

在建立观测方程时,同样可使用基于 Thevenin 模型的电池外特性方程,即 $y_k = h(x_k, u_k) = U_{OC}(SOC_k) + I_{t, k} R_{0, k} + U_{p, k}$。不难看出,可用容量与电池端电压之间存在非线性关系,因此无法利用 LKF 直接进行估算。根据 EKF 中对目标系统局部线性化的思想,在每一个时间步对观测方程基于可用容量作一阶泰勒展开,可以得到:

$$\frac{\partial U_t}{\partial Q_{\max}} = \frac{\partial U_t}{\partial SOC} \frac{\partial SOC}{\partial Q_{\max}} = \frac{\partial U_{OC}}{\partial SOC} \frac{\partial SOC}{\partial Q_{\max}} \qquad (3-31)$$

基于表 3-3 中 EKF 原理,可进行如下定义:

$$\begin{cases} A = 1 \\ C = \dfrac{\partial U_{OC}}{\partial SOC}\Big|_{SOC = SOC_k} \times \dfrac{\partial SOC}{\partial Q_{max}}\Big|_{Q_{max} = Q_{max,k}} \end{cases} \qquad (3-32)$$

式中，$Q_{max,k}$ 表示计算得到的可用容量先验估算值，至此可以进行基于 EKF 的 SOH 估计，并与 SOC 形成联合估计。

以一 50 A·h 的方形 LFP 电池为例，图 3-25 所示为 NEDC 测试下 SOC 与 SOH 的联合估计结果，其中 SOH 的估计结果以容量的形式示出。从联合估计的状态空间方程可知，SOH 的估计值影响 SOC 的估计值，SOC 估计值影响系统量测方程的输出，联合估计算法的状态更新步骤中分别对 SOH 与 SOC 产生作用，是一个耦合度较高的双线估计系统。图中算例的 SOC 初值为 80%，SOH 初值为实验值的 90%。该算例结果显示，可在保证一定的精度的前提下实现 SOC 与 SOH 的联合估计且具有一定鲁棒性，可以同时矫正 SOC 和 SOH 的不准确初值，同时使 SOC 的估算误差保持在 ±2% 内，容量误差小于 1 A·h。

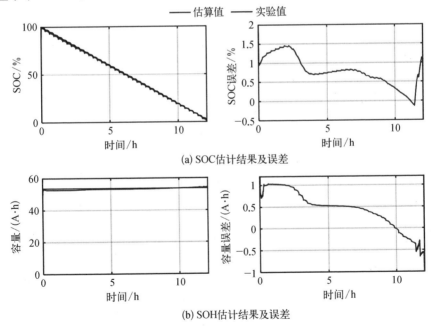

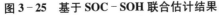

图 3-25　基于 SOC-SOH 联合估计结果

图 3-26 所示为 SOC 使用范围为 10%~90% 时，SOC 与 SOH 均带有 10% 初值误差的联合估计结果。可见，SOH 不准确将导致 SOC 估计误差的

逐渐增大,且误差最大值超过 4%。结合 LFP 电池独特的 OCV 平台特性可知,容量无法快速收敛的原因在于 SOC 真实初始值为 90%,此时电压处于平台期,变化量较小,可用于修正状态的电压估计误差值也相对较小。而容量的数量级相对大得多,因此根据电压估计误差对容量的修正作用不够明显。随着算法的收敛,联合估计算法中的可用容量逐渐收敛至实验值。在这之后,SOC 的估计误差得到抑制,误差保持在 1.5% 之内,这说明了在电池实际使用中 SOH 的重要性。

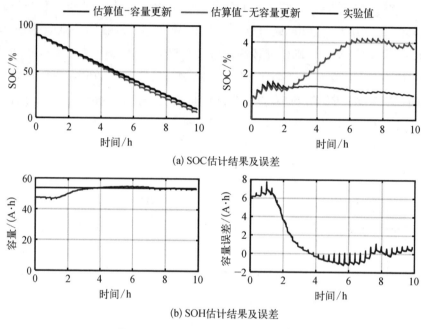

(a) SOC估计结果及误差

(b) SOH估计结果及误差

图 3 - 26 SOC - SOH 联合估计结果

3. SOT 估计

高温会对电池的性能和寿命产生不良的影响,甚至引发热失控,导致火灾和爆炸,因此准确估计 SOT 是热管理的重中之重,但到目前为止鲜有研究给出 SOT 的严格定义,无论是电池的外部温度还是内部温度的分布都受到了研究人员的充分关注。电池的表面温度可通过热电偶等传统测量方法轻松获取,然而电池瞬时内部温度与表面传感器所测得的温度差可能超过20%[112]。因此,监测电池的内部温度将是热管理中一项更具有关键性和挑战性的工作。

基于可测量的温度(表面温度和环境温度)和 EIS,可以通过各种观测器,结合简化的热模型或经验阻抗模型,实现电池温度分布的在线估计。此外,也可通过使用数值技术来实现基于物理意义的热模拟,如有限元法(finite element method, FEM)将偏微分方程(partial differential equation, PDE)转化为普通微分方程(ordinary differential equation, ODE)的耦合集,可有效降低电池温度分布求解的难度,这对其在实际应用中的推广具有积极意义。

电化学阻抗谱在 SOT 的估计中是一项重要的技术,其虚部、实部、相变和截距频率与电池温度之间存在一定规律性关系,研究人员据此设计了经验模型、零维、一维和二维热模型,以求取电池核心、表面的平均温度以及模拟温度分布。

随着智能传感器和智能电池概念的提出,研究人员开始研究将微型温度传感器植入到电池内部以测取内部温度的方法,如热电偶和电阻温度计。近些年来,光纤布拉格光栅的发展使得内埋式电池温度测量技术得到了一定的发展,但其制造成本和给电池本身带来的潜在安全威胁仍未得到解决[113]。

到目前为止,大多数 SOT 的研究都集中在电芯层面,由于相邻电池间热传导的复杂相互作用,目前仍缺乏对电池模块、电池组的有效 SOT 估计。此外,如何开发一个在准确性和计算效率之间取得理想平衡的热模型仍是值得进一步探索和研究的问题。

应用案例

1) NCA‖Gr 电池

P2D 模型来源于多孔电极理论、欧姆定律、固相和电解质相的传质、浓溶液理论和电极反应动力学,需要大量的偏微分方程来描述这些过程。

对于电子在固相中的传输,需要捕捉电极/电解液界面的双层电容效应,其中采用修正的欧姆定律来表示整个固相中的电子电荷守恒;电解质质量平衡主要考虑浓度梯度引起的扩散和外加电场引起的电子迁移,而往往忽略密度梯度引起的内部对流的影响;在集流体/电极界面处,液相通量设为零,在隔膜/电解液界面处,液相通量连续;离子在电解液中迁移过程可以用浓溶液理论来描述;对于电极反应动力学过程,采用 Butler - Volmer 方程计算局部反应电流密度;在球坐标系下,用菲克第二定律描述了锂通过插层电极粒子的质量平衡。综上,建立了 NCA‖Gr 电池的 P2D 电化学模型。图 3 - 27 显示了 NCA‖Gr 电池的组成结构和 1D 计算域。该模型的计算域由三部分组成:正极层、隔膜层和负极层,均假设为多孔介质,即由大小分布均匀的、各向同性的颗粒组成[114, 115]。

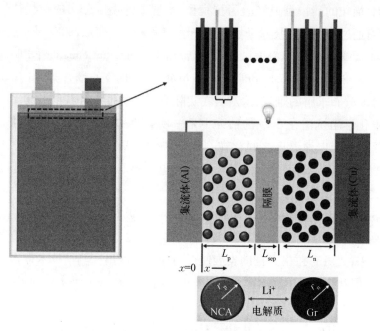

图 3‑27 一维计算域示意图

电化学模型的边界条件和基本方程式如下[116-119]。

a. 电荷守恒

固相方程：

$$-\frac{\partial i_s}{\partial x} = \sigma_s \frac{\partial^2 \phi_s}{\partial x^2} = aFj \tag{3-33}$$

边界条件：

$$-\sigma_s \frac{\partial \phi_s}{\partial x}\Big|_{x=L_p} = -\sigma_s \frac{\partial \phi_s}{\partial x}\Big|_{x=L_p+L_{sep}} = 0 \tag{3-34}$$

液相方程：

$$\frac{\partial}{\partial x}\left(\sigma_e^{eff}\frac{\partial \phi_e}{\partial x}\right) = -aFj + \frac{2RT(1-t_+^0)}{F}\frac{\partial}{\partial x}\left(\sigma_e^{eff}\frac{\partial \ln c_l}{\partial x}\right) \tag{3-35}$$

边界条件：

$$-\sigma_e \frac{\partial \phi_e}{\partial x}\Big|_{x=0} = -\sigma_e \frac{\partial \phi_e}{\partial x}\Big|_{x=L_n+L_{sep}+L_p} = 0 \tag{3-36}$$

式中，i_s 为电池中电流密度；ϕ_e 和 ϕ_s 分别为电池的液相电势和固相电势；j 为电池内部锂离子扩散速率；σ_e 和 σ_s 分别为电池的液相电导率和固相电导率，$\sigma_e = \varepsilon^{1.5}\sigma_e^{\mathrm{eff}}$，其中 ε_e 表示液相孔隙率，σ_e^{eff} 为电池有效液相电导率；t_+^0 为锂离子扩散常数；F 为法拉第常数；边界条件中的 L_n、L_{sep} 和 L_p 仅用于描述单层边界位置。

b. 质量守恒

固相方程：

$$\frac{\partial c_s}{\partial t} = \frac{1}{r^2}\frac{\partial}{\partial r}\left(D_s r^2 \frac{\partial c_s}{\partial r}\right) \tag{3-37}$$

边界条件：

$$-D_s\frac{\partial c_s}{\partial r}\Big|_{r=0} = 0 \tag{3-38}$$

$$-D_s\frac{\partial c_s}{\partial r}\Big|_{r=r_s} = j \tag{3-39}$$

液相方程：

$$\varepsilon_e\frac{\partial c_1}{\partial t} = \frac{\partial}{\partial x}\left(D_e\frac{\partial c_1}{\partial x}\right) + (1 - t_+^0)aj \tag{3-40}$$

边界条件：

$$-D_e\frac{\partial c_1}{\partial x}\Big|_{x=0} = -D_e\frac{\partial c_1}{\partial x}\Big|_{x=L_n+L_{\mathrm{sep}}+L_p} = 0 \tag{3-41}$$

式中，c_s 和 c_1 分别为电池内部固相锂离子浓度和液相锂离子浓度；ε_s 和 ε_1 分别为电池内部固相孔隙率和液相孔隙率；D_s 和 D_e 分别为电池内部固相和液相扩散系数；r_s 为粒子半径；D_e^{eff} 为有效液相扩散系数。

电极反应动力学——Butler-Volmer 方程：将活性材料孔壁表面的电流通量描述为过电势的函数，从而将电荷和物质控制方程耦合起来。

$$i_{\mathrm{loc}} = i_0 \cdot \left[\exp\left(\frac{\alpha_n F}{RT}\eta\right) - \exp\left(-\frac{\alpha_p F}{RT}\eta\right)\right] \tag{3-42}$$

$$i_0 = k(c_1)^{\alpha_n}(c_{s,\,\mathrm{max}} - c_{s,\,\mathrm{surf}})^{\alpha_n}(c_{s,\,\mathrm{surf}})^{\alpha_p} \tag{3-43}$$

式中，i_{loc} 为局部电流密度；i_0 为粒子迁移过程中交换电流密度大小；α_p 和 α_n 为交换电流反应速率系数；$c_{s,max}$ 为锂离子脱嵌过程中最大可嵌入锂离子浓度；$c_{s,surf}$ 为活性物质颗粒表面的锂离子浓度。i_{loc} 由过电位 η 驱动，定义如下：

$$\eta = \phi_s - \phi_e - U - i_{loc} \cdot R_{SEI} \tag{3-44}$$

式中，U 为固相电极的开路电位；R_{SEI} 为 SEI 膜的电阻。

电池内外的热平衡（包括产热和散热）如下述方程表达：

$$\rho c_p \frac{\partial T}{\partial t} - \lambda \nabla^2 T = q_{tot} - q_{dis} \tag{3-45}$$

式中，ρ 为电池密度；c_p 为平均比热容；T 为电池温度；λ 为电池导热系数；q_{tot} 为总产热率；q_{dis} 为热损失率。

电池的产热由充放电过程中的电荷转移和化学反应引起，电池的总产热率 q_{tt} 可细分为可逆热 q_{rea}、极化热 q_{pol} 和欧姆热 q_{ohm}[120]。

$$q_{tot} = q_{rea} + q_{pol} + q_{ohm} \tag{3-46}$$

可逆热是由于开路电压随温度变化引起的熵的变化产生的，是发生于电池内部电极与电解液表面的电化学可逆反应产热。

$$q_{rea} = FajT \frac{\partial U}{\partial T} \tag{3-47}$$

当电池通电时，实际电极电势偏离理想电极电势，过电势可等效为极化电阻引起的电压降，而这个等效极化电阻产生的热量就是极化热。欧姆热是锂离子迁移过程中由于电池内部电阻元件的阻碍而产生的热量。q_{pol} 和 q_{ohm} 的计算公式如下：

$$q_{pol} = Faj\eta \tag{3-48}$$

$$q_{ohm} = \sigma_s^{eff} \left(\frac{\partial \phi_s}{\partial x} \right)^2 + \sigma_e^{eff} \left(\frac{\partial \phi_e}{\partial x} \right)^2 + \frac{2\sigma_e^{eff} RT}{F} (1 - t_+^0) \frac{\partial \ln c_1}{\partial x} \frac{\partial \phi_e}{\partial x} \tag{3-49}$$

自然对流边界条件可表示为

$$-\lambda \nabla T = hA(T - T_{amb}) \tag{3-50}$$

式中, h 为对流换热系数, 设为 $4.2 \ \mathrm{W/(m^2 \cdot K)}$; T_{amb} 为环境温度。

根据电化学模型可以计算出电池运行条件下产生的热量 q_{tot}。然后将计算出的热量的体积平均值作为三维热模型的输入, 从而可以获得整个区域的温度分布。由热模型计算得到的温度在整个区域内平均, 在后续的时间步骤中作为电化学模型的输入。在接下来的所有时间步骤中, 热量和温度值都被传递, 从而完成耦合。由于电化学模型中的大多数动态过程——例如物质的扩散、材料的导电性等均依赖于温度, 因此模型能够解决自产热对电池动力学的影响。

P2D 模型中与温度有关的变量有锂离子在固相中的扩散系数 $D_{s,i}$, 液相中的扩散系数 D_e 以及电解质电导率 σ_e, 它们与温度的关系遵循 Arrhenius 公式, 表示为[121]

$$D_{s,i} = D_{s,ref,i} \exp\left[\frac{E_{aD,i}}{R}\left(\frac{1}{T_{ref}} - \frac{1}{T}\right)\right], \ i = n, p \tag{3-51}$$

$$D_e = D_{e,ref}\left(\frac{c_l}{1[\mathrm{mol/m^3}]}\right) \exp\left[\frac{E_{ad,e}}{R}\left(\frac{1}{T_{ref}} - \frac{1}{T}\right)\right] \tag{3-52}$$

$$\sigma_e = \sigma_{e,ref}\left(\frac{c_l}{1[\mathrm{mol/m^3}]}\right) \exp\left[\frac{E_{ac}}{R}\left(\frac{1}{T_{ref}} - \frac{1}{T}\right)\right] \tag{3-53}$$

式中, $D_{s,ref}$、$D_{e,ref}$、$\sigma_{e,ref}$ 分别为参考温度 T_{ref} 下锂离子在固相、液相中的扩散系数以及液相电导率, $T_{ref} = 293.15 \ \mathrm{K}$; E_{ad}、E_{ac} 分别为扩散活化能和电导活化能; R 为通用气体常数。

固相平衡电势 U 与温度的关系用一阶泰勒展开表示为

$$U = U_{ref} + \frac{\mathrm{d}U}{\mathrm{d}T}(T - T_{ref}) \tag{3-54}$$

式中, U_{ref} 和 $\mathrm{d}U/\mathrm{d}T$ 可由产热项系数测试实验获取。

电化学-热模型控制方程中包含许多参数。其中, 有的是物理常数, 有的是与电池温度、电极材料等有关的经验常数和经验函数, 很多都是在理论分析和实验研究的基础上获得的, 是多年科学研究总结出来的, 最符合电池的电化学性能的设置。根据文献[122-124]和实际电池设计数据, 可设置模型参数如表 3-9 所示。

表 3-9 模型中设置的电池的设计规范和物理特性参数

参　数	正　极	隔　膜	负　极	铝集流体	铜集流体
电池设计参数					
H_{cell}/mm			140		
W_{cell}/mm			90		
H_{tab}/mm				20	15
W_{tab}/mm			8		
L/μm	48	25	70	16	10
r_s/μm	3		6		
ε_s	0.556		0.643		
ε_e	0.444	0.37	0.357		
电池材料热物性参数					
ρ/(kg/m³)	3 508.4	1 075	1 856.5	2 700	8 960
c_p/[J/(kg·K)]	1 240	1 850	880	900	385
λ/[W/(m·K)]	2.49	0.437	1.2	238	400
Li⁺浓度					
$c_{s,\,max}$/(mol/m³)	48 000		31 507		
$c_{1,\,0}$/(mol/m³)			1 000		
P2D 模型中的物理参数					
σ_s/(S/m)	91		100		
$D_{s,\,ref}$/(m²/s)	1×10^{-14}	—	$1.453\,2\times10^{-13}$		
E_{ac}/(J/mol)		4 000			
E_{aD}/(J/mol)	20 000		68 026		
$E_{aD,\,e}$/(J/mol)		16 500			
k/(m/s)	5×10^{-10}		2×10^{-11}		
α	0.5		0.5		
t_+^0	0.363		0.363		
R_{SEI}/(Ω·m²)			0.000 1		
U_{ref}/V	图 4-8(a)		图 4-11(a)		
(dU/dT)/(V/K)	图 4-8(b)		图 4-11(b)		

　　在建立微米尺度电化学模型后,需要建立三维热模型来模拟全尺寸电池的温度分布。铝集流体、NCA 材料、隔膜、石墨材料和铜集流体组成一个"三明治单元",几个三明治元件并联连接形成电池。模型严格按照每一层

的属性进行建模。三维热模型几何示意图如图 3-28 所示。电芯由 8 个正极和 9 个负极组成。

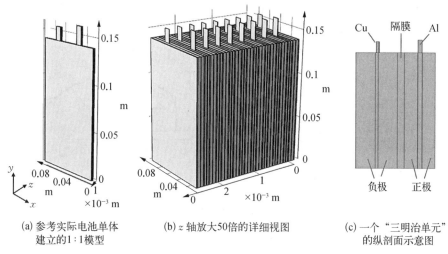

(a) 参考实际电池单体
建立的1∶1模型

(b) z 轴放大50倍的详细视图

(c) 一个"三明治单元"
的纵剖面示意图

图 3-28 NCA‖Gr 电池几何模型

采用 COMSOL Multiphysics®5.5 版仿真平台建立 NCA‖Gr 电池电化学-热耦合模型。研究采用瞬态求解。选择 PARDISO 时间依赖直接求解器作为求解器,求解容差设置为 0.001。网格类型选择四面体网格,网格单元大小选择"细化"。网格独立性验证表明,进一步的网格细化对仿真结果影响不大。因此,模型的网格密度对于后续的仿真是足够的。

由于电池在绝热环境下充电会失效,且高倍率下会造成电池的容量衰减,本章所建立的模型不考虑衰减副反应,因此实验的充电过程是在室温(T_{amb}=298.15)下进行的,充电倍率仅选择了 0.5 C、1 C 和 2 C。电池充至 100%SOC 后迅速置于 EV 加速量热仪(EV-accelerating rate calorimeter, EV-ARC)中进行绝热($T_{amb}=T_{cell}$)放电产热测试,放电倍率为 0.5 C、1 C、2 C、3 C、5 C。电池表面温度由 EV-ARC 连接热电偶采集,电压由充放电测试仪(LAND, CT2001A)采集。图 3-29 (a)~(e)为不同充放电倍率下仿真结果与实验结果的电压曲线对比,图 3-29 (f)为不同放电倍率下的电池温度变化。

仿真与实验误差如表 3-10 所示。显然,模拟结果与实验结果吻合较好,特别是在 1 C、2 C 和 3 C 倍率下。模型的误差可能来自两个方面:① 熵热系数和开路电压的测量无法绝对准确;② 对于高倍率充放电,当过程处于后期或非常早期时,内部平衡假设可能不存在。

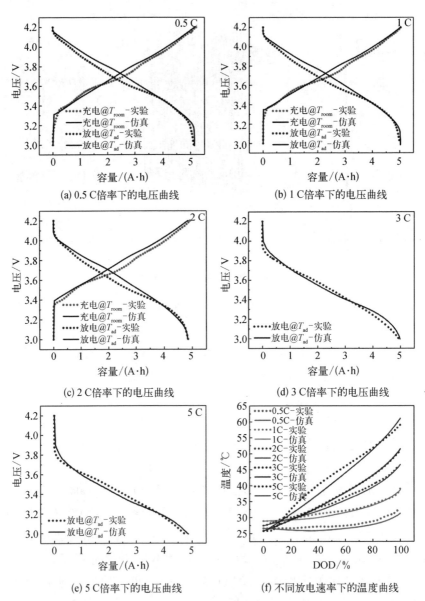

图3-29 仿真结果的准确性验证

表 3-10 仿真与实验的最大相对误差

	电 压		温 度
	充电过程 ($T_{amb}=293.15\ K$)	放电过程 ($T_{amb}=T_{cell}$)	放电过程 ($T_{amb}=T_{cell}$)
0.5 C	2.925	2.288	4.040
1 C	2.011	2.256	3.588
2 C	2.059	2.185	3.403
3 C	—	1.859	1.062
5 C	—	2.083	4.462

总体而言,所建立的 5 A·h NCA‖Gr 电池的电化学-热耦合模型具有较高的精度,可用于进一步分析产热机理和可调参数的灵敏度分析。

图 3-30 显示了不同放电倍率下各热源的产热率。图 3-30(a)为不同放电倍率下的 q_{tot} 随 DOD 的变化,可见 0%~10%DOD 产热率迅速增加,在 40%DOD 前保持稳定,随后再次上升并于 50%~70%DOD 进入第二个平台,最后直至放电结束均保持快速上升状态,倍率的增加仅导致产热率数值的增加,不会改变趋势;如图 3-30(b)所示,q_{rea} 的值在 70%DOD 前为负,表现为吸热反应,在 70%DOD 后正,表现为放热反应,q_{rea} 的绝对值随放电倍率的增大而增大;在不同的放电倍率下,q_{pol} 的趋势也类似,如图 3-30(c)所示,均在放电结束前经历一个较长且平稳的阶段,在放电结束时,随着极化的增加,电压迅速下降,极化热显著增加;q_{ohm} 的在放电过程中的变化趋势呈 M 型,见图 3-30(d),在 0%~10%DOD 范围内先快速上升,然后随 DOD 的增大而下降,在 40%~50%DOD 范围内又小幅上升,最后迅速下降,直至放电结束。

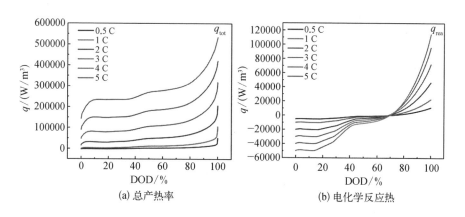

(a) 总产热率　　　　　　　(b) 电化学反应热

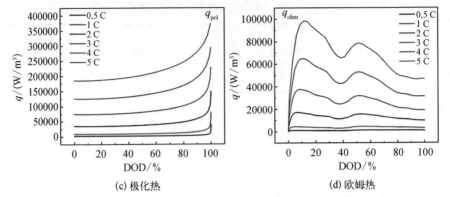

(c) 极化热　　　　　　　　(d) 欧姆热

图 3-30　各热源在 0.5 C、1 C、2 C、3 C、4 C、5 C 放电过程中的产热率

图 3-31 显示了各热源在不同倍率下的放电过程中产生的总热量 Q_i，具体数值列于图中插入的表格内。结果表明，极化热 Q_{pol} 和欧姆热 Q_{ohm} 随放电倍率的增大而增大，而电化学反应热 Q_{rea} 的绝对值随放电倍率的增大而减小。由此可认为，这些热源的贡献由高到低依次为极化热 Q_{pol}、欧姆热 Q_{ohm} 和电化学反应热 Q_{rea}，Q_{pol} 的增幅明显高于 Q_{ohm}。

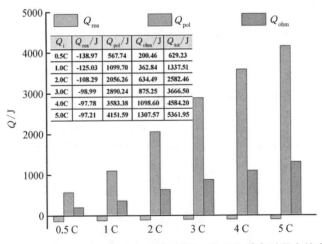

Q_i	Q_{rea}/J	Q_{pol}/J	Q_{ohm}/J	Q_{tot}/J
0.5C	-138.97	567.74	200.46	629.23
1.0C	-125.03	1099.70	362.84	1337.51
2.0C	-108.29	2056.26	634.49	2582.46
3.0C	-98.99	2890.24	875.25	3666.50
4.0C	-97.78	3583.38	1098.60	4584.20
5.0C	-97.21	4151.59	1307.57	5361.95

图 3-31　电池各热源在 0.5 C、1 C、2 C、3 C、4 C、5 C 放电过程中的产热量

隔膜对电池整体温度分布的影响较小，因此只考虑正极和负极的产热机理。图 3-32 显示了 1 C 倍率放电时 NCA 正极和 Gr 负极各热源的产热量。可见正极产生的电化学反应热 Q_{rea} 和欧姆热 Q_{ohm} 高于负极，负极产生的极化热 Q_{pol} 高于正极。Gr 负极的总产热量 Q_{tot} 高于 NCA 正极。

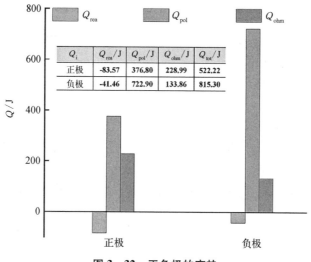

图 3-32 正负极的产热

正负极颗粒半径决定了活性物质的比表面积,即影响了锂离子嵌入/脱出反应界面的面积。因此,颗粒半径的变化会影响电化学反应的局部电流密度和锂离子在固相中的输运距离。有必要分析颗粒半径对电化学行为以及不同热源产热的影响,以指导电极颗粒半径的优化设计。

为了评价正极颗粒半径 R_p 的影响,选择 1 μm、3 μm、5 μm、7 μm 和 9 μm 5 个不同 R_p,对 NCA‖Gr 电池的室温充电以及绝热放电过程进行仿真。

图 3-33 为不同 R_p 下的电压变化。随着 R_p 的增大,充电电压平台升高,

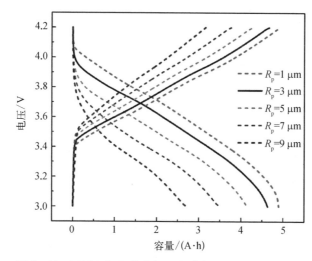

图 3-33 不同正极颗粒半径下充放电过程中的电压变化

充电容量降低,依次为 4.92 A·h、4.66 A·h、4.27 A·h、3.76 A·h 及 3.16 A·h,放电电压平台降低,导致放电容量降低,依次为 4.89 A·h、4.64 A·h、4.15 A·h、3.50 A·h 及 2.72 A·h。这是因为当颗粒半径较大时,锂离子扩散路径的延长和高固相扩散阻力限制了界面处的电化学反应速率,电池内阻增大,最终导致容量减小。

内阻的增大必然导致温升的增大,如图 3-34 中显示的不同 R_p 下的放电温度变化所示,随着 R_p 的增大,电池在放电结束时的温升依次为 20.27℃、29.32℃、40.46℃、51.01℃ 及 60.41℃。显然较大的 R_p 会造成电池工作温度过高,损害电池寿命且安全性下降。

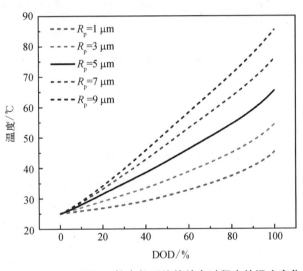

图 3-34　不同正极颗粒半径下绝热放电过程中的温度变化

图 3-35 显示了通过仿真获得的不同 R_p 下电池各热源的产热率及产热量。在放电过程中,电化学反应热 Q_{rea} 的绝对值随着 R_p 的增大而增大,表现为吸热效应增强;随着 R_p 的增加,锂离子嵌入正极产生的热量增加,表现为欧姆热 Q_{ohm} 的增加;R_p 的增大影响了固相电位 ϕ_e,导致过电位 η 增大,最终表现为极化热 Q_{pol} 的增大。从各热源产热量柱状图的斜率可以很明显看出,R_p 对欧姆热 Q_{ohm} 的影响大于极化热 Q_{pol}。

图 3-36 显示了不同 R_n 下充放电过程中的电压变化。与 R_p 的变化相同,R_n 的变化会导致活性物质中固相扩散路径的变化以及粒子表面电化学反应速率的相应变化,从而影响电池的输出电压和最大容量。室温充电过程结束时,充电容量依次为 4.74 A·h、4.66 A·h、4.60 A·h、4.53 A·h 及

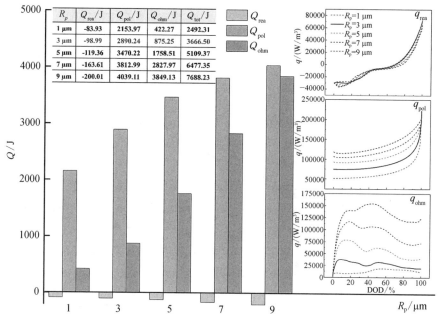

图 3 - 35　正极颗粒半径对放电过程中各热源产热的影响

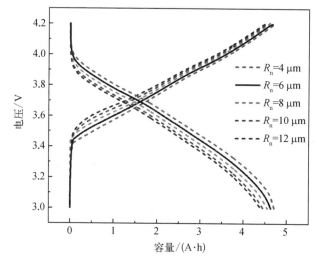

图 3 - 36　不同负极颗粒半径下充放电过程中的电压变化

4.50 A·h。绝热放电过程结束时，放电容量依次为 4.71 A·h、4.64 A·h、4.56 A·h、4.45 A·h 及 4.40 A·h。

图 3 - 37 显示了不同 R_n 对绝热放电过程中电池温度的影响。随着 R_n 的增大，温升明显增加，依次为 25.09℃、29.12℃、32.89℃、36.08℃ 及 39.04℃。

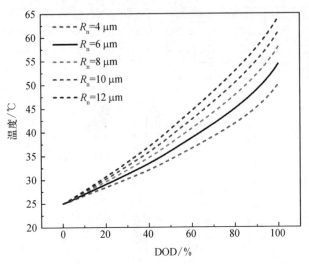

图 3-37　不同负极颗粒半径下绝热放电过程中的温度变化

在绝热放电过程中，R_n 对各热源产热的影响如图 3-38 所示。可以得出电化学反应热 Q_{rea} 的绝对值随着 R_n 的增大而减小，这与 R_p 的影响结果相反。这是因为在 40%DOD 之前，电化学反应产热率 q_{rea} 的绝对值随着 R_n 的增大而减小，而 40%DOD 之后，电化学反应产热率 q_{rea} 的绝对值随着 R_n 的变化不大，最终导致吸热效应的减弱。极化热 Q_{pol} 和欧姆热 Q_{ohm} 随 R_n 的增大而增大，R_n 对极化热 Q_{pol} 的影响大于欧姆热 Q_{ohm}，这与 R_p 的影响结果相反，换句话说，即 R_p 对欧姆热 Q_{ohm} 的影响远大于 R_n。这是因为在放电初期，负极和正极活性物质区域的固相 Li^+ 浓度分别达到最大值和最小值。放电时，负极颗粒表面的 Li^+ 浓度降低，浓度梯度驱使 Li^+ 从颗粒内部扩散到颗粒表面，再通过电解液传递到正极，由正极颗粒表面向内部扩散。粒径的增加会导致 Li^+ 扩散路径的增加，从而影响内阻，导致欧姆热 Q_{ohm} 的增加。在放电过程中，负极的浓度梯度大于正极的浓度梯度，并且浓度梯度的驱动使得 Li^+ 更容易从负极脱出而不是嵌入正极。因此，R_p 对欧姆热 Q_{ohm} 的影响远大于 R_n。

电解液作为 Li^+ 输运的载体，在电化学反应中不被消耗，但电解质盐浓度 $c_{1,0}$ 会影响电化学反应的速率。如果电解液的离子传导不足以保证 Li^+ 的输送，则内阻增大，容量减小，如图 3-39 所示。随着的 $c_{1,0}$ 的增大，室温充电过程的最终充电容量依次为 4.66 A·h、4.68 A·h、4.70 A·h、4.73 A·h 及 4.74 A·h，绝热放电过程的最终放电容量依次为 4.63 A·h、4.65 A·h、4.66 A·h、4.67 A·h、4.68 A·h。

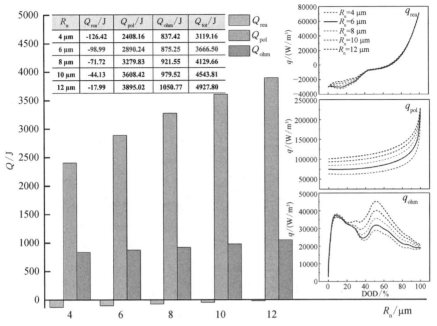

图 3-38　负极颗粒半径对放电过程中各热源产热的影响

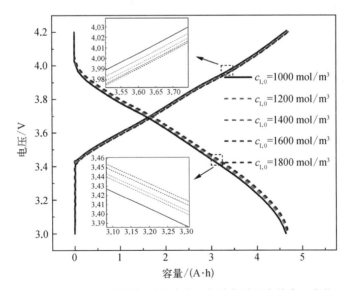

图 3-39　不同初始电解质盐浓度下充放电过程中的电压变化

$c_{1,0}$ 增大,内阻会减小,产热减小,放电温升降低,如图 3-40 所示。随着 $c_{1,0}$ 的增大,电池的绝热放电温升依次为 29.32℃、27.89℃、26.90℃、26.04℃ 及 25.67℃。

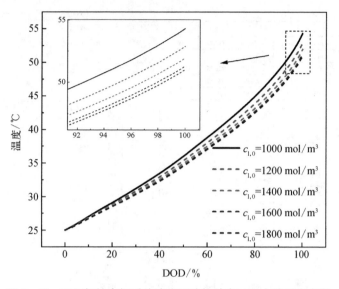

图 3-40　不同初始电解质盐浓度下绝热放电过程中的温度变化

图 3-41 给出了 $c_{1,0}$ 对电池绝热放电过程中各热源产热的影响。结果表明,初始电解质浓度对电化学反应热 Q_{rea} 没有影响,其主要影响不可逆热。

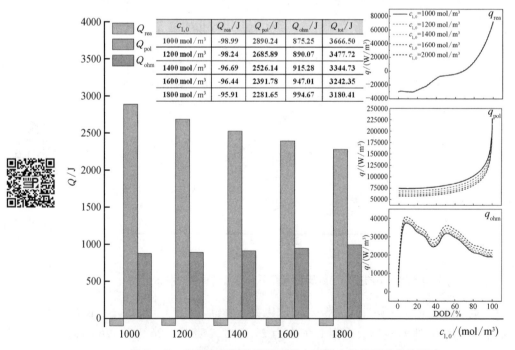

图 3-41　初始电解质盐浓度对放电过程中各热源产热的影响

随着 $c_{1,0}$ 的增大,极化热 Q_{pol} 减小,欧姆热 Q_{ohm} 增大。当电解液浓度过高时,不利于正负极之间的渗透和流动,导致 Li^+ 的输运电阻增大,欧姆热 Q_{ohm} 增大。电解质浓度的增加减小了电极表面和固相上的离子传递速度和电化学反应速度的差值,从而减小了反应表面的离子浓度差值,导致浓度极化的减小,因此,极化热 Q_{pol} 降低。从放热量柱状图的斜率可以 很明显看出,$c_{1,0}$ 对极化热 Q_{pol} 的影响大于欧姆热 Q_{ohm}。

图 3-42 为 SEI 膜阻 R_{SEI} 分别为 $0.0001\ \Omega\cdot m^2$、$0.002\ \Omega\cdot m^2$ 和 $0.005\ \Omega\cdot m^2$ 时的充放电电压曲线图,图 3-43 是不同 R_{SEI} 下电池放电过程中的温度曲线图。R_{SEI} 的变化对电池的充放电特性影响不大,容量只是略有降低。绝热放电温升几乎没有变化。这是因为,SEI 膜内阻是欧姆内阻的一个组成部分,由于其在电池内阻中所占比例较小,其正常范围内的变化不会产生很大影响。因此,在电池设计中只需要考虑 SEI 膜内阻对电池初始容量的永久性损失及其对电池稳定性的影响。

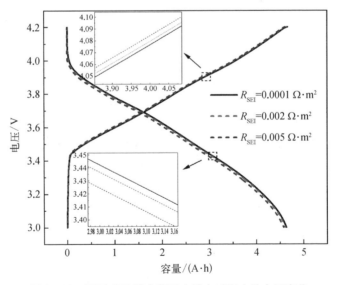

图 3-42　不同 SEI 膜内阻下充放电过程中的电压变化

表 3-11 总结了充放电容量、绝热放电温度和不同热源对变参数的响应分析。C_{ch} 和 C_{dis} 分别代表电池的室温充电容量以及绝热放电容量,T_{dis} 表示电池绝热放电温度。"Pro." 的意思是成正比的,"Inv." 的意思是成反比的,"—" 表示参数影响很小或该参数不存在响应规律。

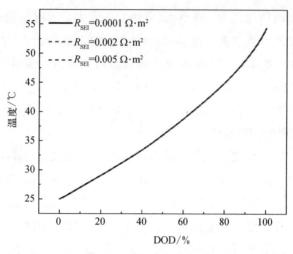

图3-43　不同SEI膜内阻下绝热放电过程中的温度变化

表3-11　变参数对电化学-热特性的影响总结

参数	C_{ch}/C_{disc}	T_{dis}	$|Q_{rea}|$	Q_{pol}	Q_{ohm}
R_p	Inv.	Pro.	Pro.	Pro.	Pro.
R_n	Inv.	Pro.	Inv.	Pro.	Pro.
$c_{1,0}$	Pro.	Inv.	—	Inv.	Pro.
R_{SEI}	Pro.	—	—	—	—

2）LFP‖Gr电池

电池在绝热循环阶段出现明显的容量衰减以及产热增大现象,最主要的老化机制是在石墨负极区域锂离子与电解质溶剂之间的发生副反应生成SEI膜,随着温度以及循环次数的增加,SEI膜不断溶解、再生,消耗电解质及活性的可循环锂。SEI膜的多孔结构使得溶剂分子能够在其内部扩散,当溶剂分子扩散至活性粒子表面时,还会进一步与锂离子和电子反应,使SEI膜继续生长增厚。生成的SEI膜覆盖在负极活性材料粒子表面,也会增大电池的内阻。SEI膜生长增厚反应十分复杂,很难构建详细的反应模型。因此,将SEI建模为均匀覆盖在石墨颗粒表面的单相,大大减少了控制方程和输入参数的数量,以便模型快速收敛。简化后的反应式如下所示:

$$S + 2Li^+ + 2e^- = P_{SEI} \qquad (3-55)$$

式中,S为作为反应物的电解液溶剂,主要为碳酸乙烯酯(EC);P_{SEI}为反应的生成物,假设电池SEI膜生长增厚反应的生成物为Li_2CO_3,模型中,SEI膜的密度、摩尔质量等物性参数的取值也主要参考 Li_2CO_3。

　　SEI 膜生长增厚反应的反应电流密度不仅受反应动力学的限制,还受到溶剂分子在已有 SEI 膜内扩散的影响。法国亚眠大学的 Safari[125] 等基于 Tafer 公式建立了以下考虑扩散限制的 SEI 膜生长增厚反应模型:

$$j_{SEI} = - Fk_{0, SEI}c_{EC}^s \exp\left[- \frac{\alpha_{c, SEI}F}{RT}\eta_{act, SEI}\right] \qquad (3-56)$$

式中,$k_{0, SEI}$ 为 SEI 膜生长反应的反应速率常数;c_{EC}^s 为扩散至负极活性粒子表面的 EC 浓度;$\alpha_{c, SEI}$ 为 SEI 膜生长反应的传递系数;$\eta_{act, SEI}$ 为 SEI 生长反应的过电位,公式如下:

$$\eta_{act, SEI} = \phi_s - \phi_e - U_{eq, SEI} - \frac{R_{film}j_{tot}}{a_{s, neg}} \qquad (3-57)$$

式中,$U_{eq, SEI}$ 为 SEI 膜生长反应的平衡电位;R_{film} 为活性材料表面膜的电阻。

　　c_{EC}^s 与电解液中 EC 浓度的关系由其在 SEI 膜中的扩散过程决定:

$$- D_{EC}\frac{c_{EC}^s - c_{EC}^0}{\delta_{film}} = - \frac{j_{SEI}}{F} \qquad (3-58)$$

式中,c_{EC}^0 是电解液中的 EC 浓度;δ_{film} 为活性粒子表面膜的厚度;D_{EC} 为 EC 在膜中的扩散系数。

　　最终 SEI 膜生长增厚反应的电流密度公式如下:

$$j_{SEI} = \cfrac{c_{EC}^0 F}{\cfrac{\delta_{film}}{D_{EC}} + \cfrac{1}{k_{0, SEI}\exp\left[- \dfrac{\alpha_{c, SEI}F}{RT}\eta_{act, SEI}\right]}} \qquad (3-59)$$

　　活性材料颗粒表面的总反应电流密度为 SEI 膜生长增厚反应与脱嵌锂主反应的电流密度之和:

$$j_{tot} = j_{SEI} + j_{int} \qquad (3-60)$$

　　根据质量守恒定律,SEI 膜的生成速率为

$$\frac{\partial c_{SEI}}{\partial t} = - \frac{j_{SEI}}{2F} \qquad (3-61)$$

式中,c_{SEI} 为单位体积的电极中 SEI 膜的物质的量。

活性材料表面膜的增厚由 SEI 膜生长增厚反应导致,假设负极活性材料颗粒为球形且 SEI 膜均匀地覆盖在上面,根据质量守恒,SEI 膜的厚度 δ_{film} 的变化率如下:

$$\frac{\partial \delta_{film}}{\partial t} = \frac{\partial c_{SEI}}{\partial t} \cdot \frac{M_{SEI}}{\alpha_{s,neg} \rho_{SEI}} = -\frac{j_{SEI} M_{SEI}}{2F\alpha_{s,neg}\rho_{SEI}} \quad (3-62)$$

式中,M_{SEI} 为 SEI 膜的摩尔质量;ρ_{SEI} 为 SEI 膜的密度。

活性材料表面的膜电阻 R_{film} 的变化率为

$$\frac{\partial R_{film}}{\partial t} = -\frac{1}{\kappa_{SEI}} \cdot \frac{j_{SEI} M_{SEI}}{2F\alpha_{s,neg}\rho_{SEI}} \quad (3-63)$$

式中,κ_{SEI} 是 SEI 膜的锂离子电导率。

SEI 膜的生长增厚会导致负极的孔隙率下降,可用下式描述:

$$\frac{\partial \varepsilon_{e,n}}{\partial t} = -\alpha_{s,neg} \frac{\partial \delta_{film}}{\partial t} \quad (3-64)$$

该电化学模型参数如表 3-12 所示。

表 3-12　电化学模型参数

模 型 参 数	LFP 正极	隔　膜	Gr 负极
P2D 模型			
$L/\mu m$			
$r_s/\mu m$			
ε_s	0.556		0.643
ε_e	0.444	0.37	0.357
$c_{s,max}/(mol/m^3)$	21 190		31 507
$c_{1,0}/(mol/m^3)$		1 000	
$\sigma_s/(S/m)$	91		100
$D_{s,ref}/(m^2/s)$	1×10^{-14}		$1.453\ 2\times10^{-13}$
$E_{ac}/(J/mol)$			
$E_{aD}/(J/mol)$	20 000		68 026
$E_{aD,e}/(J/mol)$			
$k/(m/s)$	5×10^{-10}		2×10^{-11}
α	0.5		0.5
t_+^0	0.363		0.363
SEI 膜生长增厚模型			
$c_{EC}^0/(mol/m^3)$		4 500	

模 型 参 数	LFP 正极	隔　膜	Gr 负极
$U_{\text{eq, SEI}}/\text{V}$		0.4	
$\alpha_{\text{c, SEI}}$		0.5	
$E_{\text{a, DSEI}}/(\text{J/mol})$		30 000	
$E_{\text{a, kSEI}}/(\text{J/mol})$		35 000	
$M_{\text{SEI}}/(\text{kg/mol})$		5×10^{-6}	
$\rho_{\text{SEI}}/(\text{kg/m}^3)$		2 110	

90℃后,电池不再进行充放电,电池的温升完全依赖于不可逆的链式放热反应,该阶段模型的最终需求如下:

(1) 准确预测电池是否会发生热失控;

(2) 准确预测电池的热失控触发温度;

(3) 准确预测电池的热失控孕育时间;

(4) 验证精度后,可以计算电池荷电状态的安全边界。

热失控触发后电池的温升过程本模型中不予考虑。对阶段 Ⅱ 到阶段 Ⅳ 的放热反应(230℃之前)进行动力学分析,用 Arrhenius 方程来描述各阶段的反应速率,进而实现绝热循环至失效温度后的自产热行为的预测。

参考北京交通大学的 Chen 等[126]的方法来确定各阶段放热反应的指前因子 A_x 和活化能 $E_{\text{a, }x}$,当电池处于绝热环境时,电池放热反应的温升速率 $\text{d}T/\text{d}t$ 与反应物消耗速率 $|\text{d}x/\text{d}t|$、反应物质量 m_x、放热反应焓 ΔH_x 成正比,如下式所示:

$$k = A_x \text{e}^{\frac{-E_{\text{a, }x}}{RT}} \tag{3-65}$$

式中,M 为电池的总质量;c_p 为电池的比热容。

电池放热反应中反应物浓度随时间的变化可由下式计算,n 为反应阶数:

$$\frac{\text{d}x}{\text{d}t} = -kx^n \tag{3-66}$$

反应速率 k 满足 Arrhenius 方程:

$$k = A_x \text{e}^{\frac{-E_{\text{a, }x}}{RT}} \tag{3-67}$$

根据式(3-65),可以通过对其从开始时间 t_0 到特定时间 t 的积分来计

算温升 $T-T_0$，如式(3-68)所示：

$$T - T_0 = \frac{m_x \Delta H_x}{m c_p}(x_0 - x) \tag{3-68}$$

$$T_e - T_0 = \frac{m_x \Delta H_x}{m c_p} x_0 \tag{3-69}$$

式中，T_0 为反应开始时电池的温度；T 为规定时间电池的温度；x_0 为反应的初始浓度；x 为规定时间的浓度。放热反应的总产热也可由式(3-69)计算，式中 T_e 为放热反应结束时的截止温度。式(3-69)和式(3-68)相除可以获得如下结果：

$$x = \frac{T_e - T}{T_e - T_0} x_0 \tag{3-70}$$

$$\frac{\mathrm{d}T}{\mathrm{d}t} = -\frac{T_e - T_0}{x_0} \frac{\mathrm{d}x}{\mathrm{d}t} \tag{3-71}$$

根据式(3-66)、式(3-67)以及式(3-70)，式(3-71)可以进一步转化为

$$\frac{\mathrm{d}T}{\mathrm{d}t} = A_x x_0^{n-1} (T_e - T_0) \left(\frac{T_e - T}{T_e - T_0} \right)^n \mathrm{e}^{\frac{-E_{a,x}}{RT}} \tag{3-72}$$

取对数后得到：

$$\ln\left[\frac{\dfrac{\mathrm{d}T}{\mathrm{d}t}}{(T_e - T)^n} \right] = \ln\left[\frac{A_x x_0^{n-1}}{(T_e - T_0)^{n-1}} \right] - \frac{E_{a,x}}{RT} \tag{3-73}$$

假设反应阶数 n 为1，最终将式(3-73)转换为式(3-75)的最终形式，式中 T_e 为电池在每个阶段的截止温度，对于同一电池，在不同 SOC 下，放热反应各阶段的 T_e 需要保持不变。因此，不同 SOC 电池绝热热失控行为的阶段划分，每个阶段的截止温度依次设定为140℃、170℃、230℃。

$$\ln\left(\frac{\dfrac{\mathrm{d}T}{\mathrm{d}t}}{T_e - T} \right) = \ln A_x - \frac{E_{a,x}}{R} \frac{1}{T} \tag{3-74}$$

绘制以 $1/T$ 为横轴，$\ln[(\mathrm{d}T/\mathrm{d}t)/(T_e-T)]$ 为纵轴的线图，进行线性拟合，由斜率计算得到活化能，由截距计算得到指前因子。

图3-44显示了100%SOC、75%SOC、50%SOC以及25%SOC电池的绝

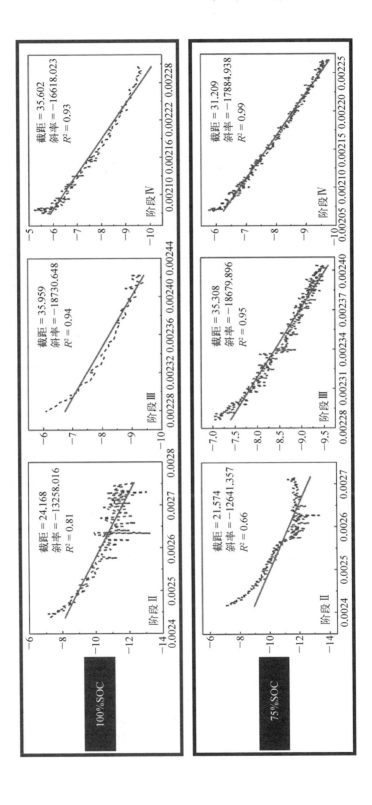

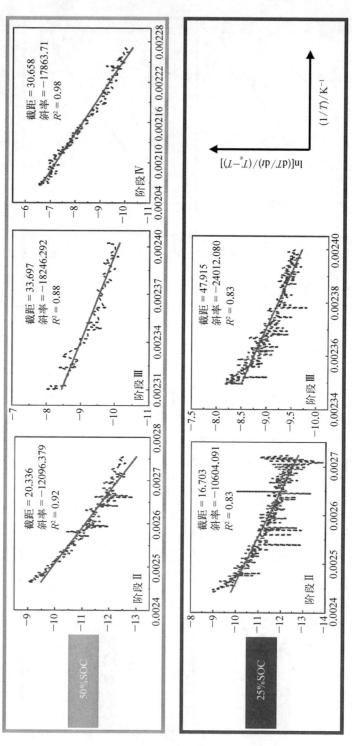

图 3 - 44 ln[(d*T*/d*t*)/(*T*ₑ - *T*)] - 1/*T* 线图的拟合结果

热热失控数据各阶段的 $\ln[(\mathrm{d}T/\mathrm{d}t)/(T_e-T)]-1/T$ 线图的拟合结果,每个图中均标注了截距、斜率以及决定系数 R^2。25%SOC 的电池没有触发热失控,自产热到阶段Ⅲ停止。

　　图 3-45 展示了 LFP‖Gr 电池热失控各阶段的动力学参数随 SOC 的变化。在阶段Ⅱ(90~140℃),随着 SOC 的增加,活化能和指前因子均呈现增加趋势,说明在该阶段电池的热稳定性随着荷电状态的增加而明显恶化。在阶段Ⅲ(140~170℃),随着 SOC 的增加,50%~100%SOC 电池的动力学参数变化较小,说明 50%SOC 以上的电池在该阶段具有相似的热失控性能,而 25%SOC 电池的动力学参数明显与其他不在一个数量级,这是因为在该阶段电池的温升速率已经表现出下降趋势。在阶段Ⅳ(170~230℃),50%~100%SOC 电池的活化能逐渐降低,说明电池 SOC 越高,越易在该阶段发生放热反应,而该阶段的反应本质决定了指前因子与 SOC 呈正相关。

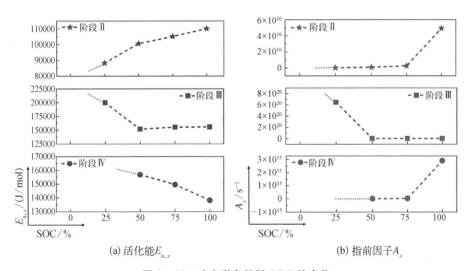

(a) 活化能 $E_{\mathrm{a},x}$ 　　　　(b) 指前因子 A_x

图 3-45　动力学参数随 SOC 的变化

　　表 3-13 显示了动力学参数的具体取值。未知 SOC 电池在各阶段的动力学参数采用线性插值的方式进行估算。不同阶段的产热率计算如下式所示:

$$q_x = A_x\exp\left(\frac{-E_{\mathrm{a},x}}{RT}\right)\cdot(T_{\mathrm{e},x}-T),\quad x=\text{Ⅱ},\text{Ⅲ},\text{Ⅳ} \qquad (3-75)$$

表 3-13 不同 SOC 电池三个阶段的动力学参数

100%SOC	$E_{a,x}/(J/mol)$	A_x/s^{-1}	$T_{e,x}/℃$
阶段 II	110 233.402 8	49 142 987 604	140
阶段 III	155 735.448 3	$4.138\ 05\times10^{15}$	170
阶段 IV	138 170.086 9	$2.895\ 69\times10^{15}$	230
75%SOC			
阶段 II	105 106.150 6	2 341 365 165	140
阶段 III	155 313.472 3	$2.158\ 09\times10^{15}$	170
阶段 IV	148 703.816 2	$3.580\ 11\times10^{13}$	230
50%SOC			
阶段 II	100 575.004 5	678 910 591.4	140
阶段 III	151 708.283 9	$4.309\ 44\times10^{14}$	170
阶段 IV	148 527.316 6	$2.063\ 48\times10^{13}$	230
25%SOC			
阶段 II	88 167.417 7	17 948 193.01	140
阶段 III	199 647.766 8	$6.444\ 96\times10^{20}$	170

  建立三维热模型来模拟全尺寸电池的温度分布,几何模型的构建方法与 NCA‖Gr 电池相同,铝集流体、LFP 材料、隔膜、石墨材料和铜集流体组成一个"分层单元",几个"分层单元"并联连接形成电池。模型严格按照每一层的属性进行建模。

  电池内外的热平衡(包括产热和散热)如下述方程表达:

$$\rho c_{\mathrm{p}}\frac{\partial T}{\partial t}-\lambda\nabla^2 T=q_{\mathrm{tot}}-q_{\mathrm{dis}} \tag{3-76}$$

式中,ρ 为电池密度;c_{p} 为电池平均比热容;T 为电池温度;λ 为电池导热系数;q_{tot} 为总产热率;q_{dis} 为热损失率。在电池达到 90℃ 预警温度前,电池的产热由充放电过程中的电荷转移和化学反应引起,总产热率包含可逆热 q_{rea}、极化热 q_{pol}、欧姆热 q_{ohm} 以及 SEI 膜生长增厚产热 q_{film} 四个部分。

$$q_{\mathrm{tot}}=q_{\mathrm{rea}}+q_{\mathrm{pol}}+q_{\mathrm{ohm}}+q_{\mathrm{film}} \tag{3-77}$$

式中,q_{rea}、q_{pol}、q_{ohm} 的计算公式同 NCA‖Gr 电池。

  负极活性材料表面的 SEI 膜对锂离子嵌入和脱嵌会造成阻碍作用,且随着 SEI 膜的增厚,阻碍作用逐渐增大,该过程的产热功率 q_{film} 为

$$q_{\text{film}} = \frac{R_{\text{film}}}{a_{\text{s, neg}}} (j_{\text{tot}})^2 \qquad\qquad (3-78)$$

在电池达到 90℃ 预警温度后,电池的产热由不可逆的放热反应引起,总产热率表示为

$$q_{\text{tot}} = q_{\text{II}} + q_{\text{III}} + q_{\text{IV}} \qquad\qquad (3-79)$$

由于电池的充放循环阶段与自产热阶段均是在 EV-ARC 提供的绝热环境下进行的,因此热损失率 q_{dis} 为 0。电池几何参数以及热物性参数如表 3-14 所示。

表 3-14　电池几何参数以及热物性参数

参　　数	LFP 正极	隔膜	Gr 负极	铝集流体	铜集流体
设计参数					
电芯高度 H_{cell}/mm					
电芯宽度 W_{cell}/mm					
极耳高度 H_{tab}/mm				20	15
极耳宽度 W_{tab}/mm			8		
电池热物性参数					
密度 ρ/(kg/m³)	3 600	1 075	2 300	2 700	8 960
比热 c_p/[J/(kg·K)]	881	1 850	750	900	385
导热系数 λ/[W/(m·K)]	1	0.437	1.2	238	400

上述各子模型之间通过图 3-46 所示关系进行耦合。

电池达到失效温度 90℃ 之前,P2D 模型计算电池的瞬时产热功率,将其作为热模型的热源项并均匀地加载在计算域中。热模型计算得到单体平均温度作为 P2D 模型中温度,P2D 模型中的固相和液相的锂离子扩散系数、液相离子电导率等物性参数和脱嵌锂主反应的电流密度均随受该温度的影响。基于 P2D 模型中的固相电势、液相电势、SEI 膜厚度、总反应电流密度,结合 SEI 膜离子电导率和 SEI 膜生长增厚反应的平衡电位即可确定 SEI 膜生长增厚的电流密度,其与脱嵌锂主反应电流密度之和即为电极总反应电流密度,同时还决定了 P2D 模型中 SEI 膜厚度的变化率和负极孔隙率的变化率。热模型计算得到单体平均温度同作为 SEI 膜生长增厚模型中的温度一样,对电流密度有影响。

电池达到预警温度之后,热模型的热源完全由不可逆放热反应贡献,热模型计算得到单体平均温度返回作为放热反应动力学模型的输入参数。

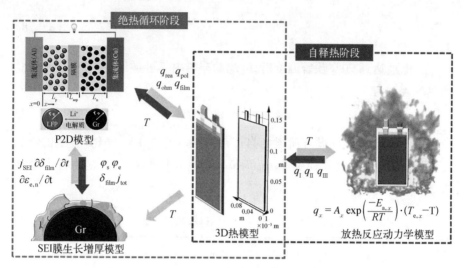

图 3 - 46 子模型之间的耦合关系

采用 COMSOL Multiphysics®5.5 仿真平台建立耦合模型。图 3 - 47 显示了模型与实验的电化学-释热行为的对比,包括绝热循环阶段的温度、电压变化以及自产热阶段的温升。由于模型较为复杂,涉及电化学、老化、产热与传热等诸多方面,因此采用分步验证的方法。

首先,对模型中的 P2D - SEI 膜生长增厚-热耦合部分,也即未触发不可逆链式反应时的计算结果进行验证。由图中可见,在绝热充放循环阶段,仿真得到三种倍率循环的电压曲线与温度曲线均与实验吻合较好。截止 SOC 的准确判断直接影响后续的动力学参数的插值估算,因此主要对比截止 SOC 来验证模型的精度。仿真得到的 0.4 C、0.5 C 及 0.7 C 绝热循环的截止 SOC 分别为 89.04%、62.86% 以及 97.95%,对应的实验值依次为 90.83%、62.66%、99.7%,误差分别为 1.97%、0.32% 以及 1.76%。证明模型可以准确预测电池绝热循环阶段的电化学-热行为。

在自产热阶段,仿真得到的 0.4 C、0.5 C 及 0.7 C 对应的热失控触发温度分别为 188.60℃、191.47℃、182.65℃,对应的实验值依次为 191.13℃、198.98℃、187.84℃,误差分别为 1.32%、3.77%、2.76%。仿真得到的 0.4 C、0.5 C 及 0.7 C 对应的热失控孕育时间分别为 1 434.589 min、2 051.72 min、1 411.505 min,对应的实验值依次为 1 450.834 min、2 111.664 min、1 442.431 min,误差分别为 1.12%、2.84%、2.14%。证明模型对于热失控行为的预测也是较准确的。

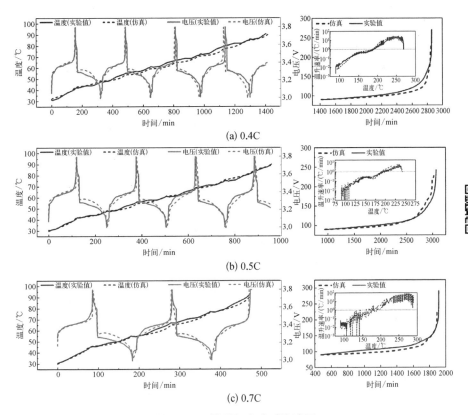

(a) 0.4C

(b) 0.5C

(c) 0.7C

图 3－47　模型与实验对比验证

4. RUL 预测

电池的 RUL 指电池在规定的充放电策略下容量衰减到失效阈值所经历的循环周期数,当前 RUL 的估计方法可分为两大类:物理模型法和数据驱动法。物理模型法中,使用如 3.5.1 节中所述的经验模型进行 RUL 预测是一种典型手段,其重点在于建立电池的容量衰退轨迹的固定,常用方法为指数模型、线性模型、多项式模型和 Verhulst 模型等[127]。通常此类模型通过拟合构造以循环次数为输入,以最大可用容量为输出的数学表达式来描述电池衰退轨迹,因此其可以精确获取电池的寿命,还可对未来的寿命演变轨迹进行预测。然而数据拟合对样本的波动较为敏感,仅依靠拟合公式进行 RUL 预测结果容易发散,因此需要引入滤波算法,将电池的剩余寿命视作一个待估计状态,在较大的时间尺度上对状态和模型进行更新。其中较为常见的滤波算法有粒子滤波(particle filter, PF)算法和 KF 族算法等。考虑到经验模型在公式上的固化和参数的约束,研究人员提出以数据驱动的方法来实现电池的 RUL 预测。通常,数据驱动方法可以电池的工作序列数据或与电池老化相关的特征作为输入,目前自回归移动平均模型、长短记忆神经网络、支持向量机等算法都已应用于数据驱动的 RUL 预测中。关于数据驱动的 RUL 预测将在 5.4.3 节中详细讨论。

应用案例

1) PF 的算法流程

a. 初始化粒子集 $t=0$

For $i=1:N$,从先验概率分布 $p(X_0)$ 中生成初始化粒子集状态 X_o^i

b. For $t=1:T$

a) 重要性采样阶段

For $i=1:N$,采样 $\overline{X}_k^{(i)} \sim q(X_k \mid X_{0:k-1}^{(i)}, X_{1:k})$

For $i=1:N$,更新重要性权重:

$$W_k^i = W_{k-1}^i \frac{p(Z_k \mid X_k^{(i)}) p(X_k^{(i)} \mid X_{k-1}^{(i)})}{q(X_k^{(i)} \mid X_{k-1}^{(i)}, Z_{1:k})} \qquad (3-80)$$

For $i=1:N$,归一化权重:

$$\overline{w}_t(X_{0:k}^{(i)}) = \frac{W_k(X_{0:k}^{(i)})}{\sum_{i=1}^{N} W_k(X_{0:k}^{(i)})} \qquad (3-81)$$

b) 选择阶段

根据近似分布 $p(X_{0:k} \mid Z_{1:k})$ 采样 N 个样本 $X_{0:k}^{(i)}$,根据 $\overline{w}_t(X_{0:k}^{(i)})$ 选择样本构成粒子集,然后为其重新设置新的权重 $W_k^i = \frac{1}{N}$。

c) 输出

算法的输出其实是很多样本点,这些样本点可以看成后验分布:

$$p(X_{0:k} \mid Z_{1:k}) \approx \overline{p}(X_{0:k} \mid Z_{1:k}) = \frac{1}{N}\sum_{i=1}^{N}\delta_{x_{0:k}}(\mathrm{d}X_{0:k}) \qquad (3-82)$$

对其计算均值输出新的状态:

$$E[g_t(X_{0:k})] = \int g_k(X_{0:k}) p(X_{0:k} \mid Z_{1:k})\mathrm{d}X_{0:k} \approx \frac{1}{N}\sum_{i=1}^{N} g_k(X_{0:k}^{(i)})$$

$$(3-83)$$

2）健康因子预测流程

a. 经验模型

由经验模型可得表征电池容量衰减的健康因子服从等式[128]：

$$Q = a\exp(b\ln k) + c\exp(d\ln k) \qquad (3-84)$$

式中, Q 为每个充放电周期的健康因子值; a、b、c、d 为参数; k 为充放电周期数。PF 模型中预测模型的状态为

$$a(k+1) = a(k) + w_a(k), \ w_a \sim N(0, \sigma_a) \qquad (3-85)$$

$$b(k+1) = b(k) + w_b(k), \ w_b \sim N(0, \sigma_b) \qquad (3-86)$$

$$c(k+1) = c(k) + w_c(k), \ w_c \sim N(0, \sigma_c) \qquad (3-87)$$

$$d(k+1) = d(k) + w_d(k), \ w_d \sim N(0, \sigma_d) \qquad (3-88)$$

观测方程为

$$Q = a(k)\exp(b(k)\ln k) + c(k)\exp(d(k)\ln k) + v(k) \qquad (3-89)$$

式中, $v(k) \sim N(0, \sigma_v)$。

b. 基于 PF 的锂离子电池健康因子预测

提取等时间电压差, 通过相关性分析确定健康因子, 分别在健康因子序列的前期中期及后期切分为训练集和验证集, 然后对粒子滤波的相关参数进行初始化, 本实验中粒子集个数 N 设为 200, 状态方程和观测方程噪声的协方差都设为 0.000 1。首先在训练集上拟合得到 a、b、c、d 的初始值, 用得到的初始值为每个粒子赋值, 而且权重都设为 $1/N$。然后对观测结果进行重要性权值计算以及权重归一化。然后通过随机重要性采样选择出新的粒子集。计算出新的粒子状态的平均值, 更新粒子滤波器的状态。通过在训练集上不断地观测, 更新状态来调整参数值, 直到预测周期的起始点。通过当前的参数值, 代入经验模型预测出未来循环周期的容量值与验证集的真实值进行比较, 看模型是否满足精度要求。上述建立模型的步骤如图 3-48 所示。

以某动力锂离子电池的老化循环数据为例, 该电池在达到寿命终点 (end of life, EOL) 时经历了 1 946 个周期, 为了满足实际情况的需求, 随着电池充放电数据的积累, 由于训练数据的增多有利于算法精度的提升, 所以需

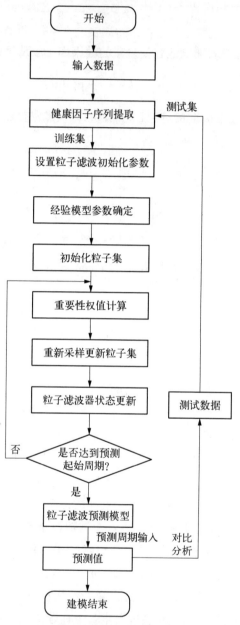

图 3 - 48 基于 PF 的锂离子电池健康因子预测流程图

要在不同阶段更新模型。因此将锂离子动力电池的 1 946 个周期的健康因子按前期($T_1 = 500$)、中期($T_2 = 1\ 000$)、后期($T_3 = 1\ 500$)分别分为训练集和验证集。每个阶段经验模型拟合的参数初始值如表 3 - 15 所示。

表 3 - 15 经验参数拟合值

预测起始点	a	b	c	d
前期($T_1 = 500$)	0.174 276	−0.193 704	0.143 783	0.132 061
中期($T_2 = 1\,000$)	0.266 729	−0.053 881 3	0.041 961 2	0.240 591
后期($T_3 = 1\,500$)	0.000 662 916	0.675 226	0.290 63	0.021 880 7

按粒子滤波建模部分的方法步骤进行 PF 算法的建模及预测验证。将不同阶段锂离子动力电池通过 PF 算法预测的健康因子曲线汇总如图 3 - 49 所示。其中红色曲线为健康因子的真实值;黄色曲线为通过前期积累的 500 个数据建模后,对后 1 446 个周期的健康因子预测值;蓝色曲线为通过中期积累的 1 000 个数据建模后,对后 946 个周期的健康因子预测值;绿色曲线为通过后期积累的 1 500 个数据建模后,对后 446 个周期的健康因子预测值。其中,前中后期的预测 RMSE 分别为 0.012、0.01 和 0.005,精度较高。

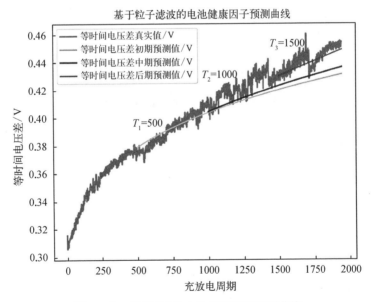

基于粒子滤波的电池健康因子预测曲线

图 3 - 49 基于 PF 的电池健康因子预测曲线

将不同阶段锂离子动力电池通过 PF 算法预测的健康因子值,输入到单工况情况下建立的基于 ESN 的健康因子与容量的关系模型,得到容量估计值。将不同阶段估计的容量曲线汇总如图 3 - 50 所示。其中红色的横线为容量达到 3.39 V 时的失效阈值。在本组实验,锂离子电池的容量值还未衰减到80%的失效值,所以以最后一个周期的容量值作为失效阈值,来验证算法寿命预测的有效性。结果显示动力电池的寿命失效周期 EOL 为 1946。EOP_1、EOP_2、EOP_3 分别代表在不同阶段建模后预测的寿命失效周期。相应地,前期、中期和后期的预测绝对误差分别为 381、543 和 103,相对误差分别为 0.196、0.279 和 0.053。

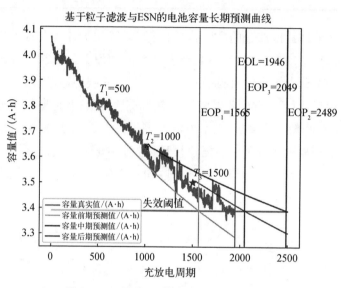

图 3-50　基于 PF 的电池 RUL 预测曲线

3.5.3　均衡管理

电池模块由数百个电池单体串联或并联组成,为电动汽车或电网配套储能系统等设施供电。在如此庞大的数量之下,电池单体之间的不一致性是不可避免的。其内因包括制造过程导致的活性材料和内阻的差异,以及自放电率的变化等;外因则主要包括电、热和力环境导致的工作条件差异。电池之间不同的工作条件会扩大其不一致性,导致整个电池储能系统的容量降低并加速电池老化。确切地说,由于单体之间的不一致,具有最小容量的电池可能会面临过充或过放的电滥用,而此时其他电池则刚刚达到完全充电或完全放电的状态。另一方面,最小容量电池单体将比其他电池提前到达充放电的阈值电压,这将导致整个储能系统的充电或放电工作提前终止。

电池组均衡的简单定义为:若在某个特定 SOC 下,电池组中所有单体的 SOC 都等于此值,则可以认为该电池组是均衡的。均衡管理系统可以有效减少 LIB 电池之间的不一致性,其主要依靠基于电压和 SOC 的均衡方法,同时可进一步分为主动或被动均衡方法。

1. 主动均衡

主动均衡方法中,以接入电容或电感来实现电荷从高电量电池到低电量电池的穿梭,也即将电能从 SOC 较高的电池转移到 SOC 较低的电池来平衡电池组间单体的不一致[129]。主动均衡方法是一种高效且能量损失较小的方法,因为多余的能量被转移到电量较少的电池中,而不是被沉淀掉。虽然其可能会增加电路的复杂性,但非常有助于提高电池组的整体性能[130]。这类均衡方法可以从电路结构的角度分为五类:电池旁路法(cell bypass, CB)、电池-电池法(cell to cell, CTC)、电池-电池包法(cell to pack, CTP)、电池包-电池法(pack to cell, PTC)以及电池-电池包-电池法(cell to pack to cell, CPC)。

当使用 CB 法时,达到充电/放电截止电压的电池逐个被旁路,一直等到所有电池都达到充电/放电截止电压。此方法容易实现,易于模块化且成本低。但其效率不佳,因为这种控制策略只有在充电/放电结束时才生效。

当使用 CTC 法时,电荷在邻近的电池间不断转移,如从某个电池中将富余的能量转移到其附近电量较低的电池中。此方法效率可能很高,但相对地,其速度较慢,控制的复杂度也很高。

当使用 CTP 法时,用于均衡的能量从电池组中电量最高的电池中提取,通过电池组终端平均地传递给组中每一个单体。这一方法是安全的,因为可能导致电池过热的额外能量被整组电池平均地消耗了,从而避免了能量以热的形式损失。

当使用 PTC 法时,能量从电池组端转移至充电量最少的电池单体。这一方法保证了整个充电过程中的电荷平衡,且每一电荷的损失。

CPT 法是 CTP 法和 PTC 法的结合,这一方法的优点是增加了额外的自由度,均衡电流的方向变得更加丰富,电池单体的负载也变得更加动态,而不可避免地,其控制难度也变得更高。

主动均衡方法适用于高循环应用和最小化待机损失等需求场景,因为在主动均衡策略下电池的寿命和容量可以得到有效延长[131]。但主动均衡方法需要额外的组件来支撑其控制策略的实施,这增加了成本和系统整体的不可靠性,并使得电池组均衡时间不可避免地被延长。主动均衡方法中各类实施方案的优缺点如表 3-16 所示。

表 3-16　各类主动均衡方案的优缺点[132]

方法类别	方案	优点	缺点
CB	完全分流	便宜、效率高、快速、低控制复杂度、体积小、开关电压应力小	仅适用于低功率场景、开关电流应力大
	电阻分流	成本低、易实施、高速	仅适用于低功率场景、效率低
	晶体管分流	成本低、高速、复杂度低、体积小、易模块化	低功率场景下效率较低
CTC	单开关电容	高效、复杂度低、高低功率场景都可应用、成本较低、开关电压应力小、不需要闭环控制	均衡速度慢、模块化难度大
	双层开关	均衡时间较短、电容均衡电流较小、可应用于高功率场景、易模块化	成本高、体积大、速度相对慢、开关电流应力大
	Cuk 变换器	低均衡电流、效率相对高、相对便宜、可应用于高功率场景、开关电流/电压应力小	复杂度高、体积大、实施难度大
	脉冲宽度调制（pulse width modulation，PMW）控制变变换器	可应用于高功率场景、成本相对低、效率相对高、体积相对小、速度相对快	复杂度高、开关电流/电压应力相对高
	Quasi 谐振变换器	高功率场景下效果好、开关电流/电压应力小、效率相对高、易实施	复杂度高、昂贵、体积大
CTP	电感分流	可应用于高功率场景、相对便宜、体积小、开关电流/电压应力相对小	速度慢、复杂度高、模块化难度大
	升压分流	高功率场景下效果好、高效、高速、体积小、容易实现模块化、开关电流/电压应力小	复杂度高、成本高
	多次级绕组变压器	可应用于高功率场景、开关电压应力相对小、开关电流应力小	昂贵、低效、速度慢、体积大、模块化难度大、控制复杂度高
	多路变压器	可应用于高功率场景、可模块化、速度快	成本高、低效、复杂度高、开关电流/电压应力相对大、体积大
	模块化开关变压器	高功率场景下效果好、相对高度模块化、开关电流/电压应力小	成本高、体积大、控制复杂度高、相对低效、速度相对慢
PTC	电压倍增器	可应用于高功率场景、成本相对低、高效、速度快、易实施、复杂度低、容易模块化	开关电流/电压应力大
	全桥变化器	高效、容易模块化、适用于高功率场景、速度快、开关电流/电压应力小	控制复杂度高、体积大、成本高
	多路变压器	可应用于高功率场景、复杂度低、速度快	成本高、速度慢、效率低、体积大
	多次级绕组变压器	可应用于高功率场景、速度相对快、相对易实施、复杂度低、开关电流应力小	昂贵、低效、体积大、控制复杂度高、难模块化
	开关变压器	可应用于高功率场景、开关电流/电压应力小、速度快	成本高、体积大、效率低、控制复杂度高

方法 类别	方　案	优　　点	缺　　点
CPC	PMW 控制变换器	可应用于高功率场景、相对高效、速度快、易实施	成本高、体积大、开关电流/电压应力相对大、控制复杂度高
	单开关电容	可应用于高功率场景、成本相对低、高效、体积小、开关电压应力小	速度慢、控制复杂度高
	单开关电感	可应用于高功率场景、成本相对低、高效、开关电压应力小	速度慢、复杂度高、体积大
	双向多路变压器	可应用于高功率场景、易模块化	昂贵、低效、速度慢、复杂度高、体积大、开关电流/电压应力相对大
	双向多次级绕组变压器	可应用于高功率场景、速度相对快、易实施、开关电流应力小	昂贵、低效、复杂度高、体积大
	双向开关变压器	可应用于高功率场景、速度相对快、易实施、开关电流/电压应力小	昂贵、低效、复杂度高、体积大

2. 被动均衡

与主动均衡方法相比，被动均衡方法相对简单。在这种方法中，能量过剩的电池通过耗散性旁路以热量的形式放电，直到电荷量与电池组中较低的电池或充电基准量相匹配，因此均衡的时间将受到一定影响[129, 133, 134]。在这种方法中，电阻与每个电池并联放置，电阻的大小决定了均衡速率。被动均衡的耗散性意味着电池之间没有能量分配，因为电池能量通过电阻以热量的形式被浪费掉了。因此，这一方法的效率较低，且会产生大量的热量。传统的电池均衡方法是被动均衡方法，具有高 SOC 的电池的多余电荷在电阻上以热量的形式散失，导致能源效率降低。显然，这种方法适用于低成本的系统应用，其不需要多余的主动控制策略。然而被动均衡方式不适用于锂基电池，电阻在电池单体间的不断放热使得热失控的风险显著增加[135]。被动均衡方法中各类实施方案的优缺点如表 3-17 所示。

表 3-17　被动均衡方案的优缺点

方　案	优　　点	缺　　点
固定分流电阻	简单、成本低	能量不断地以热的形式散发、可能导致电池寿命受损、在数量较少的串联电池上效率才高、产热量大、低效
分流电阻可选	效率更高、简单、可靠、成本较低	能量较高的单体产热、可能导致寿命受损、仅适用于低功率场景

3.5.4 热管理

BMS 对于电池储能系统的作用不言而喻,它对于降低成本和 BESS 的安全、准确运行非常重要,而其中与电池热失控结合最为紧密的可以认为是BTMS。对于不同电池,其可适应的温度范围在 $-40 \sim 60^{\circ}C$ 不等[136]。但为了获得电池的最佳性能,需要将电池的工作温度限制在 $10 \sim 40^{\circ}C$ 范围内[137]。因为在此温度范围内,电池的容量可以达到标称容量的 100%。为此,需要对电池进行一定的热管理,一方面获取电池的优异性能,一方面从热的角度及时切断可能产生的热失控连锁反应。此外,BTMS 还将在电池的减排方面发挥重要作用,从而减少对环境的影响。

电池的热管理主要有两方面功能:制热功能和制冷功能,在保证电池组整体温度处于合适范围的情况下,使各电池单体、各点的温度趋于一致。大致来说,制热功能用于主动为电池加热,避免电池在过低的温度下工作而影响寿命;制冷功能则用于快速挥发电池产生的热量,避免出现电池过大温升、过热和单体间温差过大。在大多数情况下低温只会使电池的性能下降,例如内阻增加、能量和功率密度的下降,以及寿命的衰减[138]。相比之下高温的危险性大得多,因为灾难性的热失控极有可能是由无法控制的温度升高引起的,所以 BTMS 的制冷功能比制热功能更加重要。

1. 制热

世界各国家和地区都存在着冬天温度极低的地域,随着电动汽车的普及和储能系统的铺设面推广,电池在极低温下性能劣化将成为不得不面对的问题,因此电池的 BMS 必须具备预加热功能。换句话说,BTMS 的制热功能通常工作在电池启动循环充放电工作之前。制热模块的设计需要考虑如下几个指标:① 加热时间;② 加热所需的能耗;③ 包括系统成本、能耗费用和维护费用在内的总体成本;④ 整合加热系统而需要的额外设备、重量和空间导致的系统整体复杂性的增加。制热方法可以分为内部加热法和外部加热法。

电池的内部加热方法包括自我加热法、对流加热法和互脉冲加热法。

低温下电池的内阻会增加,这也成了自我加热法中电池的唯一热源。为了实现快速加热,通常需要对电池施加高倍率的电流以产生高电位。同时,即使电池的电量已经很低也需要避免充电操作,因为低温下的充电操作很容易使电池产生析锂副反应。若要以恒流放电实现自我快速加热,需要施加较高的电流;若要以恒压放电实现自我快速加热,则需要在较低的电压下操作[139]。自我加热方法不需要额外的传热系统或电路元件,这使得成本低、可靠性高。然而,这种方法的加热效率低,因此会有额外的电池容量损失。

对流加热法需要一个封闭的系统,包括流道、加热器、风扇、电池和其他控制部件。其利用电池输出功率,通过电阻加热器和风扇共同实现。电阻加热器将电能转化为热能,风扇产生对流,加强从加热器到导热介质的对流,热量再通过导热介质传递至电池。用于对流传热的导热介质可以是空气或液体,其中液体具有更好的导热性和更高的对流传热率,但对制热系统提出了更严格的控制需求。对流加热方法的优势在于其高效性和快速性,因为其充分利用了电池的输出功率。但这一方法有几个缺点。首先,对流加热需要一个流动回路和一个风扇进行空气循环,这导致了成本和系统复杂性的增加,并降低了系统的可靠性。其次,对于较大的电池,从空气到电池的热传递变得更加困难,由于较长的热传导距离,以及电池内部的热传导的速率限制,将在电池内部造成较大的温度梯度。最后,对流的水头损失和惯性部件的加热会消耗额外的能量,这可能会大大降低存在更多惯性部件的复杂系统中的加热效率。

电池间的互脉冲加热方法将电池组中的电池分为容量相等的两组,当其中一组充电时,另外一组处于放电状态,放电组的输出功率被用作充电组的输入功率。因为电池在放电状态的电压低于其充电状态的电压,需要引入 DC/DC 变换器以提高放电组的电压,以匹配充电组所需的电压等级。为了平衡两组电池的容量,它们的充放电角色通常需要在一个固定的周期间隔内切换,这可通过脉冲信号来完成,这也是其名字的由来。互脉冲加热方法有三个明显的优点。首先,由于没有任何可移动部件,它提供了一个低维护需求和高可靠性的加热系统,而且不需要对流传热系统。其次,由于系统不需要外部加热,电池内部温度分布几乎是均匀的。最后,通过使用高效率的 DC/DC 变换器和低放电电压,可以实现高能量利用率和短加热时间。缺点在于互脉冲操作需要专门设计的电路和控制系统,这增加了成本。此外,考虑到析锂的问题,在高 SOC 下的互脉冲加热应该谨慎地使用。

当将加热器和风扇连接到外部电源而不从电池中提取电能时,其称为外部对流加热法。对于大型电池组来说这可能不是一个好的选择,因为电池组内部可能存在较大的温差。

相对来说,通过外部激励使电池自发热是一个更好的选择,如交流加热。它可以使电池较为均匀地加热,同时交流信号易于获取,给这一方法带来了便捷性。交流信号由两个参数表示:幅值和频率。而为了尽量缩短加热时间,需要幅值较大的信号。EIS 给出了交流法的可行性解释:① 降低温度会使所有频段上的阻抗上升,特别是中频段;② 阻抗的大小基本随着频率的上升而减小,当频率非常高的时候,电池可以视为一个纯电阻,而不需要考虑其中的扩散和动力学;③ 温度会影响阻抗转换发生的临界频率,临界频率随着温度的降低而降低,这意味着在极寒天气可以不需要使用非常高的信号频率而降低电池的阻抗。解释②指出了可以从高频信号中得到潜在的优势。即在相同的电池输出电压下,高频信号会产生更高的加热功率,从而由于电池阻抗的降低而减少加热时间。解释③则给出了在极寒天气下低频信号加热的可行性。总的来说,交流加热法提供了一种使用外部电源均匀加热电池组的快速方法。甚至家庭用电也可直接使用,而与低频信号相比可节省约 50% 的时间[139]。

2. 制冷

不同于制热功能,BTMS 的制冷功能运行贯穿于电池整个工作周期的始终,以保证电池不会因充放电过程中释放的热量过多而进入热滥用。制冷方法包括空气制冷、液体制冷、热管制冷和基于相变材料的制冷方法。

空气是无处不在的,同时无化学腐蚀作用,不会影响电池内部的任何电化学反应,因此可以利用空气和电池之间的温差进行热传递,并在电池组中的循环实现基于空气的制冷。一般来说基于空气的制冷方法可分为被动式空气系统和主动式空气系统,前者直接利用环境空气对电池制冷,后者则使用预处理过的空气对电池冷却。一旦电池组的规模扩大,基于环境的空气制冷方法将难以满足整组的热管理需求,特别是当前电动汽车的里程逐渐增长,电池储能系统面向吉瓦级发展的趋势下,其将越来越展现出局限性。此外,空气制冷方法的另一挑战在于系统的集成问题,因为它必须安装用于阻止和过滤掉环境中的灰尘的过滤器,以及用于使空气流动的鼓风机和风扇。

液体的导热效果比空气要好很多,因此使用液体作为冷却介质的制冷方法可以明显提升 BTMS 的热管理效果。根据冷却介质与电池是否直接接触可将液体制冷方法区分为间接法和直接法。在间接法液体制冷方法中,常用的冷却介质是水和乙醇溶液。由于水和乙醇会改变电池内部组间的电化学性能,间接法中通常需要配置水冷装置以实现两者之间的隔绝。在直接法液体制冷方法中,常用的冷却介质有矿物油、乙二醇等,由于其换热系数高,且不导电,因此可以省去间接法中的水冷设备,使系统更容易集成。液体制冷的缺点在于系统的结构变得复杂,质量也有一定增加,同时由于存在制冷剂漏液的可能,维护也变得困难[140]。

热管是一种高性能的传热元件,具有灵活的几何结构和紧凑的结构等优良特性。典型的热管包含三个主要部分:蒸发器、绝热模块和冷凝器模块。蒸发器与热源直接相连,吸收外部的热量使内部液体气化,通过绝热模块将液体转移到冷凝器,向外释放热量再恢复为液态,以此实现热量的转移和释放[141]。热管制冷方法的优势在于绝热模块可以实现热量的传输,并可将热源与冷凝模块以任意形状分隔开。但热管制冷的一大弊端在于此前大都基于方形电池进行研发,对于圆柱电池的适配研究较少,而在模组层面的研究也还需再进一步进行[141]。但总体来说,热管制冷方法展现了良好的应用前景,并可与其他的制冷方法结合得到更为理想的效果。

相变材料指温度不变的情况下改变其形态并可提供潜热(物质在等温等压情况下,从一个相变化到另一个相吸收或释放的热量)的物质。当电池组的温度超过相变材料的熔点时,其将开始熔化,而过程中相变材料的高潜热可以有效防止电池温度上升。基于相变材料的制冷方法可有效消除对歧管、风扇或压缩机等的需求,同时具有良好的冷却率以及均温效果[142, 143]。但目前基于相变材料的制冷方法仍存在部分问题:相变材料在循环过程中物理性能伴随退化;相变材料可能对基体材料产生作用,以及可能泄漏。

第4章　锂电储能安全技术

4.1　概述

　　储能电池的大规模集成推动了电动汽车、分布式储能等应用的发展,随着储能项目在可再生能源发电、电网侧、工业用户侧、光储充一体化电动汽车充电站、智慧能源、数据中心等众多领域的进一步推广,储能电站规模将向兆瓦级、百兆瓦级甚至吉瓦级推进,如何做好储能系统的安全管理以及风险防控显得至关重要。

　　由动力电池起火引发的各类电动汽车事故如表4-1所示,电动汽车在静置、充电、运行过程中都存在着自燃的情况。此外,近几年来全球储能系统和电站起火事故频发,据不完全统计,2017~2023年,全球发生60起以上储能电站火灾事故,部分案例如表4-2所示。由此可见在电动汽车、储能系统、电站的安全防控中,储能电池的安全预测和消防措施是重点,而由于锂离子电池的火灾一般具有温度高、持续时间长、灭火难度大等特点[144],电池的安全预测显得尤为重要。在国家能源局、国家发展改革委印发的《"十四五"新型储能发展实施方案》中,储能的全过程安全技术被列为重点攻关方向,其中包含储能电池智能传感技术、储能电池热失控阻隔技术、电池本质安全控制技术、基于大数据的故障诊断和预警技术、清洁高效灭火技术、储能电池循环寿命预测技术、可修复再生的新型电池技术和电池剩余价值评估技术。有效地对储能电池实时状态和未来趋势进行感知及预测,将有助于识别早期危险信号,做到故障的早期预警甚至故障预测。

表 4-1 电动汽车动力电池起火事故[145]

时 间	地 点	事 故	诱 因
2010 年 1 月	乌鲁木齐	电动公交车起火	疑似电池短路打火造成热蔓延
2011 年 7 月	上海	电动公交车起火	电池长时间运行过热导致自燃
2011 年 11 月	美国华盛顿	雪佛兰电动车起火	汽车发生碰撞后电池起火
2012 年 5 月	深圳	电动出租车起火	汽车被撞后发生起火
2012 年 5 月	美国得克萨斯	菲斯克混合动力汽车起火	车库中电池自燃,疑因冷却风扇缺陷导致
2012 年 10 月	美国新泽西	菲斯克混合动力汽车起火	浸没海水后发生起火爆炸
2013 年 10 月	美国西雅图	特斯拉电动车起火	汽车碰撞后电池着火并快速蔓延
2014 年 2 月	加拿大多伦多	特斯拉电动车在车库自燃起火	疑因电池缺陷引发的内短路
2015 年 4 月	深圳	五洲龙纯电动大巴充电后自燃	BMS 失效,电池严重过充引发失火
2015 年 11 月	深圳	比亚迪 E6 被追尾起火	撞击产生明火流出液体,致电池起火
2016 年 5 月	珠海	银隆新能源客车爆炸	电线老化导致电池组短路
2016 年 10 月	临沂	众泰电动车行驶中自燃	底盘碰到下水道铁网引发电池内短路
2017 年 3 月	上海	特斯拉电动车充电中自燃	超级充电桩电压不稳,导致电池过充
2017 年 7 月	广州	公交站电动大巴起火	台风季海水倒灌引发电池系统浸水
2018 年 1 月	重庆	特斯拉静置下发生自燃	疑因电池安全系统设计缺陷导致
2018 年 5 月	安徽	电动车充电时发生自燃	BMS 故障
2018 年 6 月	湖北	众泰电动车行驶中发生自燃	疑因电池热管理系统失效
2019 年 4 月	上海	特斯拉在停车场发生自燃	疑因某电芯发生缓慢内短路
2019 年 5 月	成都	东风电动货车充电后自燃	疑因 BMS 故障导致电池过充
2019 年 8 月	福州	电动车侧翻发生起火	汽车电池系统变形引发短路

表 4-2 全球储能系统及电站事故案例

时 间	地 区	案 例
2021 年 4 月	韩国	忠清南道洪城郡广川邑加井里的光伏储能项目起火
2021 年 4 月	中国	北京大红门储能电站因单体磷酸铁锂电池发生内短路故障引发起火爆炸
2021 年 7 月	澳大利亚	维多利亚大型电池储能项目在设备调试期间发生火灾

时　间	地　区	案　　　例
2021 年 9 月	美国	加州 Moss Landing 300 MW/1 200 MW·h 储能项目因电池严重过热、导致喷水灭火降温系统启动产生大量烟雾
2022 年 1 月	韩国	庆尚北道军威郡牛宝郡新谷里太阳能发电站发生火灾,起火设备为配套储能设施
2022 年 2 月	美国	加州 Moss Landing 储能电站项目发生事故,该电站于 2021 年 9 月 4 日发生过电池过热事故
2022 年 2 月	中国	江西某储能项目发生起火
2022 年 4 月	美国	加州 Valley Center 一 10 MW 锂离子电池储能系统发生火灾
2022 年 4 月	美国	Salt River Project10 MW 锂离子电池储能系统发生火灾
2022 年 5 月	德国	卡尔夫区的 Althengstett 一个用户侧光伏储能系统发生爆炸
2022 年 6 月	法国	科西嘉岛 Poggio-di-Nazza 镇光伏发电场内锂电池集装箱发生起火
2023 年 5 月	美国	爱达荷州梅尔巴一变电站的 2 MW 储能系统起火
2023 年 7 月	中国	台中市磷酸铁锂电池储能集装箱起火
2023 年 8 月	法国	索卡特斯巴尔班发生一起锂离子电池储能集装箱发生起火事故
2023 年 9 月	法国	Peter Maillet 区养鸡场光储系统中锂电池发生爆炸
2023 年 9 月	澳大利亚	昆士兰州第一批大型储能之一的 Bouldercombe 储能项目使用的特斯拉电池燃烧
2023 年 9 月	美国	山谷中心 139 MW/560 MW·h 储能电站中储能设施起火

4.2　电池老化机制

锂离子电池主要由石墨负极、金属氧化物正极、电解液和隔膜组成。除了主要的电化学反应外,在使用过程中会发生各种副反应,导致电池容量下降和内阻增加。这些副反应通常不会独立发生,而是具有复杂的耦合机制,这使得电池老化机制的研究进一步复杂化。锂离子电池的内部老化模式一般可分为锂库存损失(loss of lithium inventory, LLI)和活性物质损失(loss of active material, LAM)以及内阻增加[146, 147]。对于 LLI,锂离子被表面成膜(如 SEI 生长)、分解反应、镀锂等寄生反应消耗,不再能够在正负极之间循环,导致容量衰减。此外,如果锂离子被困在活性材料的电隔离颗粒内无法参与到后续循环,也会导致 LLI。对于 LAM,由于颗粒破裂、电接触损失或电阻表面层阻挡活性位点,正负极材料的部分将无法再进行锂插层,进而导致容量或功率的衰退。对于内阻增加,其主要来源则为 SEI 膜的形成和颗粒破裂。

石墨基电极的主要老化机制是在循环过程中不断在电解质/电极界面上形成 SEI 膜。目前关于 SEI 的研究中发现其包含多种化合物,主要有氟化锂(LiF)、碳酸锂(Li_2CO_3)、氧化锂(Li_2O)、甲基碳酸锂($LiOCO_2CH_3$)、乙烯脱碳酸锂 $[(LiOCO_2CH_2)_2]$ 等[148]。在电池制造完成后的首次充电过程中,电极材料与电解液在固液相界面发生反应所形成覆盖于电极材料表面的钝化膜即为 SEI 膜,其功能是保护负极在电解液还原过程中免受其腐蚀。然而 SEI 膜在电池的循环过程中并不总是保持稳定的:一方面,溶剂通过 SEI 扩散并与石墨中的锂相互作用,使石墨剥落,产生气体,并使 SEI 膜膨胀和破裂;另一方面,石墨的体积在锂化过程中增加,导致 SEI 破裂[149]。SEI 膜在上述过程中不断重组和增厚,锂离子将不断被消耗,进而导致电池老化。

负极表面的金属(主要是锂和过渡金属)沉积是另一种常见的电池老化机制,其通常发生于高倍率充电、过充电和低温环境下[150]。锂离子在电极表面得到电子后被还原为金属锂并沉积在电极上,这是锂沉积的核心反应。沉积的金属锂可能与电解液发生反应,产生覆盖负极表面的锂化合物,导致锂库存大量损失;当电池中电极表面电场分布不均匀、锂离子传输速率不均匀等情况发生时,就可能导致锂的不均匀沉积,形成锂枝晶等形态,过度生长的锂枝晶可能刺穿隔膜直接与正极接触引发内短路,使电池存在安全隐患。

与负极一样,正极也会在早期循环过程中形成钝化表面膜,其被称为正极电解质界面膜(catholyte electrolyte interface, CEI)。CEI 膜通常比 SEI 膜薄,并且不覆盖整个正极表面。但它会随着循环而增长,这是正极上出现 LLI 和内阻增加的主要原因[151]。而随着循环增加,电池正极材料可能会发生不可逆的相变,一些相变过程中较大的机械应力可能导致材料产生裂纹而引发不可逆转的容量下降[152]。

除了 LAM 和 LLI 之外,其他一些非活性部件也会发生老化,例如隔膜、集流体、黏合剂和导电剂。作为锂离子的传输通道,隔膜孔隙率的变化将对锂离子的通过率产生巨大的影响,从而影响电池的可用容量[150]。在电池运行过程中,黏合剂和集流体容易被腐蚀,从而破坏活性材料和集流体之间的接触,导致电池内阻增加[153]。锂离子电池老化致因及其机理、机制与性能衰退模式可总结如图 4 - 1。

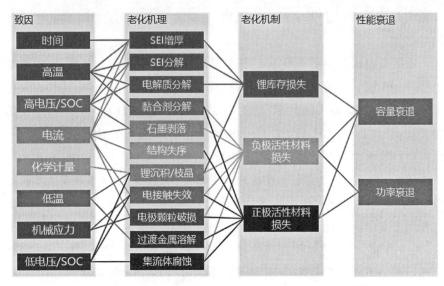

图 4-1　锂离子电池衰减机制和相关致因的因果关系[154]

4.3　电池滥用与热失控

　　电池的各类滥用情况及其与故障之间的关系如图 4-2 所示。不难看出各类滥用都将转化为以内短路、锂沉积和产气为主的电化学滥用,若不加以防控,将转化为热失控,最终引发烟雾、起火甚至爆炸。

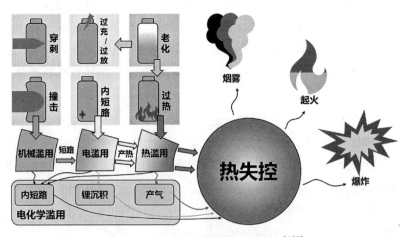

图 4-2　导致电池故障的滥用情况[155]

4.3.1　电池滥用

1. 机械滥用

机械滥用通常发生在电动汽车的使用过程中,当汽车遭到碰撞或由于在不平坦的地面上行驶底部遭到剐蹭时,电池可能面对挤压、磕碰或穿刺等机械滥用。此外,电池在充放电过程中也存在因产气导致的压力变化,尤其是充电时电池表面的压力逐渐增大,而当出现过充与过放时,电池表面机械压力存在迅速增大的隐患。若不加以控制电池将面临膨胀、鼓包的危险,电池组间相邻单体存在互相挤压导致的机械滥用问题[156]。

当电池受到挤压机械滥用时,由此引发的隔膜破损将导致正负极的直接接触,同时电池的内部电解液也存在泄漏的隐患。隔膜材料、挤压载荷和速度、挤压深度、挤压方向以及发生挤压滥用时电池的 SOC 是决定挤压机械滥用所致电池故障严重程度的重要因素,其具体关系如表 4-3 所示。

表 4-3　挤压机械滥用故障程度与诱发因素的关系[157]

影响因素	作　用　形　式
隔膜材料	垂直于机械拉伸方向的抗机械应力越大,越有利于电池安全性能提高
挤压载荷和速度	挤压速度越大,越容易达到热失控临界位移
挤压深度	挤压深度越大,越容易发生热失控
挤压方向	垂直于极片平面方向对外部机械力的承受力最强,反之最弱;局部挤压更容易导致热失控
SOC	SOC 越高,发生挤压机械滥用时热失控风险越大

不同于挤压机械滥用,发生穿刺机械滥用时异物将直接刺入电池内部。若异物以垂直极片的方向刺入,正负极间将发生内短路,电池能量在短时间内快速释放,温度也将在极短时间内快速升高而引发热失控。正负极材料、电解液、穿刺速度、穿刺深度、穿刺位置和刺入物材料是决定穿刺机械滥用所致电池故障严重程度的重要因素,其具体关系如表 4-4 所示。

表 4-4　穿刺机械滥用故障程度与诱发因素的关系[157]

影响因素	作　用　形　式
正负极材料 电解液	正极材料中磷酸铁锂体系比三元体系结构更稳定;负极材料中钛酸锂热稳定性最佳 安全电解液添加剂对穿刺机械滥用导致的热失控有明显的抑制作用

影响因素	作　用　形　式
穿刺速度	在一定范围内速度越快热失控风险越低
穿刺深度	在一定范围内深度增加将导致热失控最高温增加,以及温升深度增加
穿刺位置	电极边缘位置发生穿刺时热失控风险最高
穿刺物材料	铜材料导致的穿刺热失控最为剧烈,钢材料次之,塑料材料因不作为导体热失控风险大大降低

除以上两种后果较为严重的机械滥用情况外,电池还存在一些弱机械滥用行为,如受碰撞导致的轻微变形或损伤,或由过充过放引发的压力变化,这些行为不会引起严重的内短路或热失控现象,但会使电池性能发生一定变化。如微短路引发的电压跌落、容量损失、内阻增加和温升速率增加,电池的寿命也将出现加速衰减的情况[158]。

2. 电滥用

相比于机械滥用的触发条件,过充电滥用的触发较为难以察觉。一般来说,当电池发生过充电滥用时,往往意味着 BMS 发生故障或已失效,未能在电池充满电后将电源断开。在电池的实际使用中,由于外部环境因素和使用者行为习惯的不确定性,电池储能系统难免受到一定损害。对于电动汽车,过高或过低的环境温度、充电桩和充电器与电动汽车之间的兼容性差、接触不良等问题都会导致电池充电期间出现异常的风险增加,从而引发过充电滥用。在电池储能系统运行期间,一些不良的使用习惯如充满电后长时间未断开充电设备、电量过低后才充电以及长时间搁置等会加速电池的衰老,导致其健康状态损伤,进而增加过充电滥用的风险[159]。相比于以上外部因素,电池之间的不一致性是导致电池过充电滥用的更主要原因,不一致性导致电池组间各单体在同样的工作环境下经历不同的吞吐量,这将导致在充电之前各单体具有不同的 SOC,这将不可避免地导致部分电池 SOC 相比平均水平来说是过高的,而这也将大大增加这部分电池经历过充电滥用的隐患[160]。

当电池发生过充电滥用时,电池内部将发生一系列的副反应。随着电池过充电程度的加深,正极电势将超过电解液的氧化电势,这将造成部分活性锂离子的损失,进而造成电池健康状态的损伤;负极电位则将降低,当其降至 0 V 以下时,过量的锂无法嵌入负极,而与电子结合在负极表面形成树枝状的金属锂。过多的金属锂沉积物一方面增加了电池内短路的风险,因为其枝晶状的生长可能刺穿隔膜而导致正负极直接通过其接触;另一方面则将与电解质反应,使 SEI 膜变厚,这不仅会导致电池阻抗增加,还会阻碍电解液与负极表面的接触,减少参与反应的活性材料,使电池的健康状态进一步受到损伤。这些副反应发生的同时电池将产生大量的热量,若不及时切断充电,电池将不可避免地发生热失控。

过放电滥用的原理与过充电滥用类似,电池间的不一致性也是其主要诱因。部分电池将提前到达设定的 DOD,若 BMS 无动作使电池继续放电,将发生过放电滥用。电池出现过放电时,负极将不断地释放锂离子,负极结构将因此发生改变,SEI 也将受到破坏。而当过放电达到较深的程度时,铜集流体将被氧化,释放的铜离子可能沉积在正极表面,而铜沉积过多将导致电池短路[161]。

电池的外部短路也是电滥用的一种常见现象。当同一电池的正极和负极通过外部导体直接接触时,外部短路就被触发了。在外部短路的情况下,电子和离子的传输是不解耦的,在同一个地方存在电子和离子的同时传输,锂离子在电池内迅速迁移,电池将迅速放电。在发生外部短路的安全事故中,由于正负极之间的接触,电池相对均匀和快速地释放热量[162]。电池复杂的外短路行为可划分为三个阶段:第一阶段中,在双电层和扩散层控制下,电池的放电倍率将超过 200 C(最大可达 274 C);第二阶段中,电池的电流倍率出现大幅下降(约 50 C),但温度迅速升高,电解液沸腾,进而导致内部压力升高和电池破裂,但不出现热失控和烟雾的逸出;第三阶段中,活性材料的强制放电导致电动势下降,进而导致电流和电势的持续下降。外部短路故障程度的主要因素是外部短路电阻与电池内阻的归一化电阻比,其值越低,短路电流的最大值越大。此外,随着归一化电阻比的降低,电池的自发热、破裂、内短路等现象开始发生[163]。

总体来说,电滥用中最危险的情况是过充电滥用,其也是锂离子电池安全事故中最常见的诱因之一。过放和外部短路这两种电滥用是相对良性的,它们不会引起即时和快速发展的电池故障,但不可避免地会损伤电池的 SOH。

3. 热滥用

理论上来说,热滥用现象不会主动发生在电池的正常循环过程中,因为正常的电池正负极反应过程中的产热量不足以导致温度急剧上升[160]。但在储存、运输和使用过程中,存在意外加热和其他滥用导致电池热失控的情况,电池将不可避免地暴露在热环境中,存在热滥用风险。当电池受到外部加热,其内部的热积累会导致不可控的温度上升以及一系列的化学反应,进而增加产热量,最终导致热失控和火灾。锂离子电池的热滥用发展可大致分为三个阶段,在第一阶段中,电池可定义为"阴燃",因为这一阶段中电池主要经历热量和气体的积聚、内部压力和温度升高以及电池膨胀等影响,但还达不到出现火焰的程度;第二阶段中,电池的温度将达到120~140℃,电池出现气体排放或爆炸、明亮的火焰、火花、材料喷射和重新点燃等现象,热失控被触发;到了第三阶段,电池周围的火焰逐渐熄灭,表面温度逐渐降低,但电池温度将仍维持在300~500℃[164]。总体来说,当电池面临热滥用时后果将是灾难性的,其将几乎不可避免地引发电池的热失控。

4. 内短路

从图4-2中不难看出,内短路是热失控最常见的特征,几乎所有的滥用条件都伴随着内短路的发生。从广义上讲,电池隔膜失效导致正极和负极相互接触,内短路就发生了。而一旦内短路被触发,存储在材料中的电化学能量就会随着热量的产生而自发释放。如图4-3所示,根据隔膜的失效机理,内短路可分为三类:由机械滥用引起,如异物刺入和挤压使隔膜变形和撕裂导致的内短路;由电滥用引起,如过充/过放电滥用下枝晶生长使隔膜被刺穿导致的内短路;由热滥用引起,如极端高温下隔膜皱缩和塌陷导致的内短路。

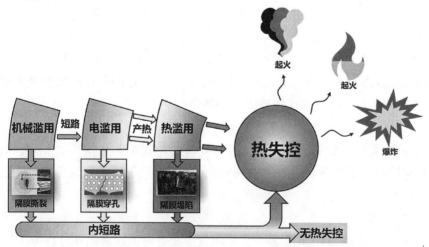

图4-3　内短路:最常见的热失控诱因[165]

内短路的危险程度可以通过自放电率和产热来评估,可将其分为如图 4-4 所示的三个等级。在等级 I 下,内短路的电池具有自熄灭特性,即虽然有缓慢的自放电,但没有明显的发热;在等级 II 下,内短路的特性更加明显,温度上升速度加快;在等级 III 下,由于隔膜的塌陷,大量的产热将导致无法停止的热失控。但幸运的是,电池的自发内短路从等级一发展到等级 III 需要很长的时间,因此 BMS 有足够的时间在电池的自发内短路发展至等级 III 之前检测出故障。

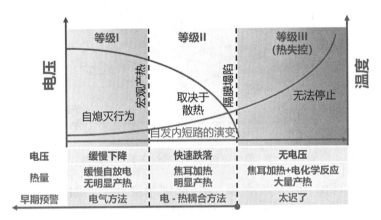

图 4-4　内短路的三个等级

4.3.2　热失控机理

电池的热失控机理可以用如图 4-5 所示的具有 NCM/石墨电极和 PE 基陶瓷涂层隔膜的锂离子电池在热失控过程中链式反应来解释。若不对滥用情况及时加以制止,由滥用导致的温度异常升高将引发一个又一个的化学反应,形成连锁反应。其中热-温度-反应(heat-temperature-reaction, HTR)的回路是连锁反应的根本原因,在整个升温过程中,SEI 分解、正极与电解液的反应、PE 基体的熔化、NCM 正极的分解、电解液的分解等依次启动。一旦隔膜的陶瓷涂层坍塌,大量的内部短路会瞬间释放电池的电能,导致热失控并可能烧毁电解液。从根本来说,异常发热会导致电池温度升高,引发副反应,而副反应将导致更多的热量释放,温度进一步升高,形成 HTR 回路。在高温下 HTR 将不断循环并导致温度不断升高,直到电池发展至热失控。

1. 负极中的反应

常见的负极为石墨或碳基材料,根据差分扫描量热法(differential scanning

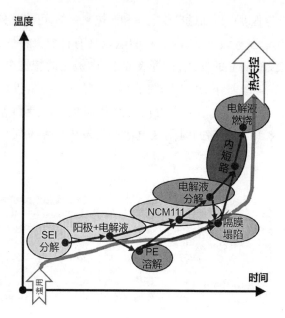

图 4-5 热失控过程中链式反应的定性解释

calorimetry，DSC)的结果,碳负极与电解质的反应由三个阶段构成[165]。在电池温度达到 80~120℃时将发生 SEI 的初始分解反应,这也被认为是热失控过程中的第一个副反应,并在 100℃时达到反应的峰值放热[166]。一般来说反应放出的热量只有在温度达到 80℃以上时才能被检测到,但据 Wang 等的工作报道,SEI 的分解反应可能在温度达到 57℃时就已开始了[167]。一旦 SEI 分解反应发生,在负极材料中的插层锂就有机会与电解质接触并发生反应,而两者反应的产物是 SEI 的主要来源,因此这也被称为 SEI 的再生反应。当温度处于 120~250℃的范围内时,SEI 的分解反应和再生反应同时发生,这使得 SEI 的平均厚度保持在一个相对恒定的水平,当再生的 SEI 数量足够多时,SEI 的分解反应不会停止。此外由于反应的持续,覆盖在电极表面的 SEI 层能够维持一定厚度,这保证了插层锂和电解质之间的反应不会增强。学者们认为,宽而温和的放热现象正是这一平衡现象的直接体现[168]。当电池温度升到 250℃甚至更高时,负极结构损坏,SEI 的分解反应和再生反应之间的平衡将被打破。

2. 正极中的反应

当温度升高到正极分解的反应温度时,正极将发生放热反应。钴酸锂($LiCoO_2$，LCO)、锰酸锂($LiMn_2O_4$，LMO)、磷酸铁锂($LiFePO_4$，LFP)、三元镍钴铝($Li[Ni_xCo_yAl_z]O_2$，NCA)和三元镍钴锰($LiNi_xCo_yMn_zO_2$，NCM)是最

常见的正极材料,研究人员在对正极材料热稳定性的研究中发现,LFP 是热失控过程中最稳定的正极材料。此外,上述正极材料的热稳定性遵循 LFP>LMO>NCM111>NCA>LCO 的关系。

LCO 分解的起始反应温度约为 200℃[169]。当其发生分解反应时,$LiCoO_2$ 中的 Co^{4+} 将被还原为 Co^{3+} 并释放出氧气,其反应方程式为

$$Li_{0.5}CoO_2 \longrightarrow \frac{1}{2}LiCoO_2 + \frac{1}{6}Co_3O_4 + \frac{1}{6}O_2 \qquad (4-1)$$

$$Li_xCoO_2 \longrightarrow xLiCoO_2 + \frac{1-x}{3}Co_3O_4 + \frac{1-x}{3}O_2 \qquad (4-2)$$

NCA 分解的起始反应温度为 160~170℃[168]。其分解反应可能遵循如下方程式:

$$Li_{0.36}Ni_{0.8}Co_{0.15}Al_{0.05}O_2 \longrightarrow 0.18Li_2O + 0.8NiO + 0.05\,Co_3O_4 \\ + 0.025Al_2O_3 + 0.372O_2 \qquad (4-3)$$

NCM111 分解的起始反应温度约为 211℃[170]。其热分解反应不如 LCO 和 NCA 的热分解反应强烈,分解过程中主要反应为 Ni^{4+} 向 Ni^{2+} 的还原,其反应方程式为

$$Li_{0.35}(NiCoMn)_{1/3}O_2 \longrightarrow Li_{0.35}(NiCoMn)_{1/3}O_{2-y} + \frac{y}{2}O_2 \qquad (4-4)$$

LMO 分解的起始反应温度约为 152℃[171]。其分解反应过程中伴随氧气的释放,同时 Mn^{4+} 的化学价随之降低,其反应方程式为

$$Li_{0.2}Mn_2O_4 \longrightarrow 0.2LiMn_2O_4 + 0.8Mn_2O_4 \qquad (4-5)$$

$$3Mn_2O_4 \longrightarrow 2Mn_3O_4 + 2O_2 \qquad (4-6)$$

$$LiMn_2O_4 \longrightarrow LiMn_2O_{4-y} + \frac{y}{2}O_2 \qquad (4-7)$$

$$LiMn_2O_4 \longrightarrow LiMnO_2 + \frac{1}{3}Mn_3O_4 + \frac{1}{3}O_2 \qquad (4-8)$$

$$Mn_2O_4 \longrightarrow Mn_2O_3 + \frac{1}{2}O_2 \qquad (4-9)$$

LFP 分解的起始反应温度约为 310℃[172]。与其他正极材料相比,LFP

良好的热稳定性要归功于$(PO_4)^{3+}$八面体结构的强$P=O$共价键。其一种可能的分解反应方程式为

$$2Li_0FePO_4 \longrightarrow Fe_2P_2O_7 + \frac{1}{2}O_2 \qquad (4-10)$$

式中，Li_0FePO_4代表脱离的LFP。

3. 隔膜融化

目前商业电池中常见的隔膜材料为聚乙烯（polyethylene，PE）和聚丙烯（polypropylene，PP）两种，二者的熔点分别约为130℃和170℃[173]。随着正负极中分解反应的进行，电池中的温度持续升高，当达到隔膜的熔点时，隔膜将发生熔化和热收缩。

在隔膜的熔化过程中，其上的孔洞将会关闭，使锂离子难以在电池内转移，形成关断效应，电池的内阻随之显著增大。关断效应有助于阻断电流滥用的情况带来的危害，如内短路和过充电。但如果电池温度进一步升高，关断效应对滥用危害的阻断效果将被减弱，当隔膜孔洞完全关闭后收缩随之发生，隔膜使正负极分离的作用将被大大减弱，这可能造成正负极的局部直接内短路。大量放热下电池温度再次升高，使隔膜气化和塌陷并演化为更剧烈的内短路。

4. 电解质溶液中的反应

在电池热失控过程中，正极和负极材料都会与电解质发生反应，除此外电解质也存在自身的分解反应。以市面上常见的EC：DEC：DMC溶剂体积比为1：1：1的1 mol/L $LiPF_6$有机电解液体系为例，其自身的分解反应起始温度高于200℃，反应方程式为

$$LiPF_6 \Longleftrightarrow LiF + PF_5 \qquad (4-11)$$

发生如上的分解反应后，电解质盐还会进一步反应，生成HF等产物[165]。

当电解液溶剂中各组分发生完全氧化反应时，将释放二氧化碳，其反应方程式为

$$\begin{cases} 2.5O_2 + C_3H_4O_3(EC) \longrightarrow 3CO_2 + 2H_2O \\ 6O_2 + C_5H_{10}O_3(DEC) \longrightarrow 5CO_2 + 5H_2O \\ 3O_2 + C_3H_6O_3(DMC) \longrightarrow 3CO_2 + 3H_2O \\ 4O_2 + C_4H_6O_3(PC) \longrightarrow 4CO_2 + 3H_2O \end{cases} \qquad (4-12)$$

当电解液溶剂中各组分发生不完全氧化反应时，将释放一氧化碳，其反

应方程式为

$$
\begin{cases}
O_2 + C_3H_4O_3(\mathrm{EC}) \longrightarrow 3CO + 2H_2O \\
3.5O_2 + C_5H_{10}O_3(\mathrm{DEC}) \longrightarrow 5CO + 5H_2O \\
1.5O_2 + C_3H_6O_3(\mathrm{DMC}) \longrightarrow 3CO + 3H_2O \\
2O_2 + C_4H_6O_3(\mathrm{PC}) \longrightarrow 4CO + 3H_2O
\end{cases}
\tag{4-13}
$$

当热失控发生时,电解质溶液自身的气化、分解以及与其他组分材料产生的气体引起的高压将导致电池排气,排气物质包括电解质溶液蒸发后的气溶胶液滴和反应气体产物,如 CO 和 H_2[174]。在高温下排气物质存在被点燃的可能性,这将造成灾难性的燃烧。

5. NCA‖Gr 电池产热机理

对电池进行产热系数,具体测试步骤为:

(1)将待测电池送入 20℃ 的高低温箱中,稳定 2 h 后,通过蓝电充放电测试仪以恒流-恒压(0.02 C 截止电流)充电至 100%SOC,连接数据采集仪,扫描间隔为 0.5 s,静置 10 h,以达到电化学平衡;

(2)以 10℃ 为台阶,按需求的顺序每 3 h 变换一次温度(例如 10℃、20℃、30℃、40℃),升温过程为 10 min,同时安捷伦数据采集仪会采集电压随时间的变化,将每个温度台阶的最后 15 min 所记录的电压取平均值作为稳定的开路电压(OCV)值;

(3)将温度调至 20℃ 保持 3 h,稳定后以 0.1 C 倍率放出 10% 的容量,继续在 20℃ 下稳定 3 h,等待电化学平衡;

(4)重复步骤(2)、(3),直至电池状态为 0%SOC;

(5)每个特定 SOC 下,20℃ 对应的稳定 OCV 值确定为待测电池的平衡电位;

(6)绘制电池在 0%~100%SOC 下的 OCV-温度的变化曲线,$d(\mathrm{OCV})/dT$ 即可得出每个特定 SOC 下待测电池的熵热系数,熵热系数取值精确到 0.0001 V。

1)NCA‖Li 的平衡电位及熵热系数

在 NCA‖Li 半电池各放电深度下的变温实验结束后,绘制电压-时间曲线,图 4-6 显示了 50%DOD 下开路电压随温度台阶的变化。可见电压随着温度的升高呈现台阶下降趋势。

将每个温度台阶最后 15 分钟的电压值的平均值确定为稳定的 OCV 值,随后绘制不同 DOD 下的 OCV-温度曲线,如图 4-7 所示。曲线的斜率就是对应 DOD 下的熵热系数(dU/dT)。

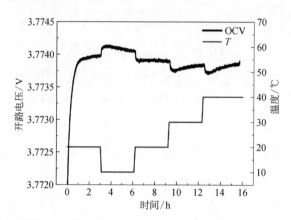

图 4-6 NCA∥Li 半电池 50%DOD 下开路电压随时间和温度的变化

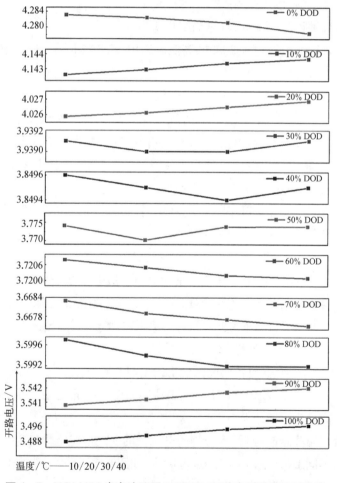

图 4-7 NCA∥Li 半电池不同 DOD 下,开路电压随温度的变化

图 4-8(a)显示了室温(T_{amb}=293.15 K)下,NCA‖Li 半电池的 OCV 随 DOD 的变化。图 4-8(b)显示了 NCA‖Li 半电池在 10%DOD 间隔下确定 的熵热系数,其值在 $3.33×10^{-5}$~$3×10^{-4}$ V/K 的范围内变化,最大熵变发生在 放电结束时,在 0%~30%DOD 时,熵热系数为正,表现为吸热反应,而 70%~ 90%DOD 的熵热系数为负,表现为放热反应。

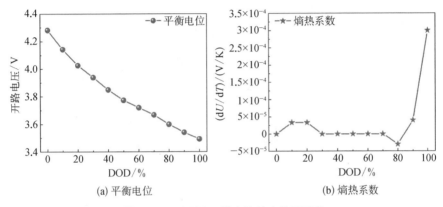

(a) 平衡电位　　(b) 熵热系数

图 4-8　NCA‖Li 半电池的产热项系数

2) Gr‖Li 的平衡电位及熵热系数

同理,图 4-9 显示了 Gr‖Li 半电池在 50%DOD 下开路电压随时间和温 度台阶的变化,图 4-10 为不同 DOD 下的稳定 OCV 随温度的变化,斜率即 为对应 DOD 下的熵热系数。最后,Gr‖Li 半电池的平衡电位及熵热系数随 DOD 的变化分别绘制于图 4-11(a)和(b)之中。石墨负极熵热系数的变化

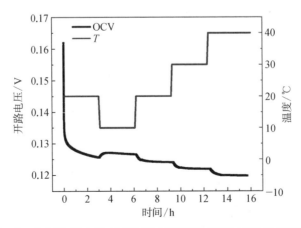

图 4-9　Gr‖Li 半电池 50%DOD 下开路电压随时间和温度的变化

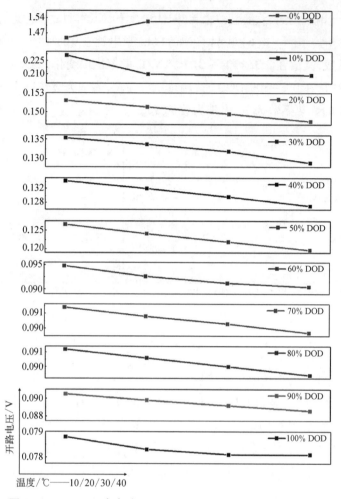

图4-10 Gr‖Li半电池不同DOD下,开路电压随温度的变化

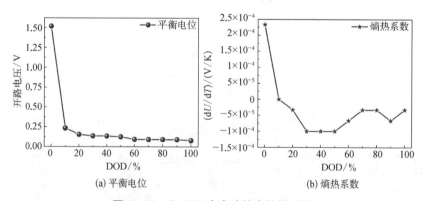

(a) 平衡电位   (b) 熵热系数

图4-11 Gr‖Li半电池的产热项系数

范围为 $-1×10^{-4}$ ~ $2.33×10^{-4}$ V/K,与文献[175-177]的变化范围和趋势基本一致。在 20%DOD、40% DOD 和 70%DOD 附近出现了三个平台,这与放电过程中不同次序的 Li_xC_6 化合物的形成而导致石墨负极结构转变有关。造成熵热系数测量误差的因素有很多,如电池内部温度变化的延迟、电池自放电的延迟、活性材料中 Li^+ 扩散和相变的延迟等。

6. NCA‖Gr 电池热失控链式反应

1) 全电池热失控行为分析

将 5 A·h 100%SOC NCA‖Gr 软包电池转移至手套箱中,自极耳侧对面的封口处剪开,将热电偶(GG-K-36-SLE)放置在电池表面,随后热封机密封。热电偶插入过程控制在 30 s 内,尽量减轻热电偶内置对测试结果的影响。

绝热失控试验采用 EV-ARC 进行。表面温度用 EV-ARC 连接的热电偶采集,内部温度用连接数据采集仪(Agilent, 34 970 A)的内置热电偶采集,电压用充放电测试仪(LAND, CT2001A)采集。

EV-ARC 工作在"加热-等待-搜索"模式下。初始温度设置为 40℃,等待时间 30 min,搜索时间 10 min。温度步长为 5℃,温度速率灵敏度设置为 0.02℃/min。实验开始后重复"加热-等待-搜索"模式,直到温度达到终止温度 450℃或系统检测到电池的放热反应。

电池热失控的三个特征温度定义为:异常产热起始温度 T_1(电池温度速率超过定义灵敏度 0.02℃/min)、热失控触发温度 T_2(电池温度速率为 1℃/s)和电池达到的最高温度 T_3。

图 4-12 显示了 5 A·h NCA‖Gr 电池绝热失控测试结果。图 4-12(a)为数据采集仪连接内置热电偶采集到的内部温度变化和蓝电充放电测试仪采集到的电压变化。根据电池的热失控行为,将热失控的演变过程分为三个阶段:在初始温度 25℃到自产热起始温度 T_1(121.4℃)阶段,电池温升完全依赖于 EV-ARC 的加热作用,该阶段不发生放热反应。随着温度的升高,电池电压呈微弱的下降趋势。当电池温度达到 T_1 后,电池进入自产热阶段。随着温度的进一步升高,电池在 160℃时发生微短路,电压下降,175℃后反弹。这是因为隔膜的聚乙烯 PE 基体因热收缩而完全闭合,但在陶瓷基体的支撑下,暂时不会发生大面积的塌陷。当温度达到热失控触发温度 T_2(204.6℃)时,电池的温升速率 dT/dt 大于 1℃/s,内部发生大面积短路,电压迅速降至 0 V,电池进入热失控阶段。随后触发一系列内部放热反

应,电池温度呈指数级上升,在 8.51 s 内由 T_2 上升到最高温度 T_3（511.1℃）。内部温度在 295.7℃ 时达到最高温升速率 $(dT/dt)_{max}$,为 198.58℃/s。

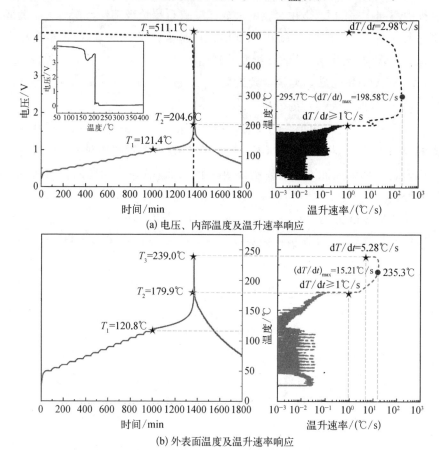

(a) 电压、内部温度及温升速率响应

(b) 外表面温度及温升速率响应

图 4-12 5 A·h NCA||Gr 电池绝热热失控行为

图 4-12(b) 为 ARC 热电偶采集的电池表面温度变化。可见内外热电偶测得的 T_1 值基本相同,说明电池产气鼓胀不会影响对 T_1 的判断。表面温度对应的 T_2 值为 179.9℃,而同时间下内部温度已经达到 438.3℃,两者相差 258.4℃。可以分析,电池进入自热阶段后,电池内部一系列放热反应释放气体,导致电池逐渐膨胀,达到一定极限后电池破裂。放置在外表面的热电偶不能准确测量软包电池的热失控温度变化。如果在热失控行为分析中只考虑表面温度,就会错误地认为内部短路在 T_2 之后发生,不是引发热失控的原因,直接影响对热失控机理的理解以及后续建模工作中是否将内部短路作为模型输入热源的判断。表面温度 T_3 值为 239℃,比内部 T_3 值低 272.1℃。

最大表面温度速率$(dT/dt)_{max}$为 15.21℃/s，与内部相差 183.37℃/s。可见，仅通过表面温度测量也会影响模型输入热源的选择和电池热失控危险性的评估。

2）部分电池热失控行为分析

图 4－13（a）为负极材料+电解液（An+Ele）部分电池在绝热热失控测试过程中采集到的内部温度变化。通过数据分析，确定热失控特征温度 T_1、T_2 以及 T_3 分别为 165.1℃、193.3℃和 597.9℃，内部温度在 360.9℃时达到最高温升速率$(dT/dt)_{max}$，为 193.68℃/s。

图 4－13（b）为 An+Ele 部分电池在绝热热失控测试过程中采集到的外表面温度变化。T_1、T_2 以及 T_3 分别为 161.3℃、181.8℃和 306.3℃，外表面温度在 236.2℃时达到最高温升速率$(dT/dt)_{max}$，为 20.47℃/s。

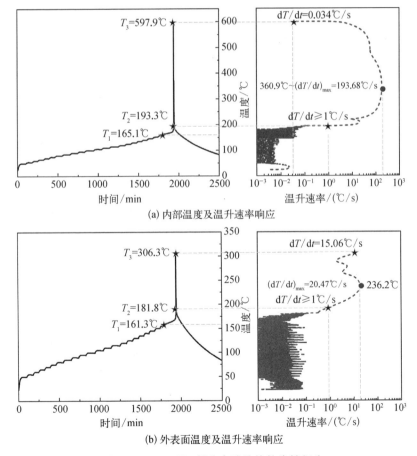

(a) 内部温度及温升速率响应

(b) 外表面温度及温升速率响应

图 4－13　An+Ele 部分电池绝热热失控行为

内部温度达到 $T_2 = 193.3$℃的同时,对应外表面温度为 177.8℃,相差 15.5℃。而外表面温度达到 $T_2 = 181.8$℃的同时,内部材料的放热反应已经结束,内部温度趋势呈现冷却降温状态。外表面温度明显滞后于内部温度。

正极材料+电解液(Ca+Ele)部分电池的实验结果表明,电池温度始终呈台阶上升趋势,这意味着电池温度的升高完全取决于 EV - ARC 的加热效果,重复实验结果相同。说明正极与电解质之间的放热反应无法使 Ca+Ele 电池温升速率大于 0.02℃/min。

图 4-14(a)为正极材料+负极材料(Ca+An)部分电池在绝热热失控测试过程中采集到的内部温度变化。T_1、T_2 以及 T_3 分别为 200.5℃、223.1℃ 和 582.7℃,内部温度在 285.2℃时达到最高温升速率 $(dT/dt)_{max}$,为 157.15℃/s。

图 4-14(b)为 Ca+An 部分电池在绝热热失控测试过程中采集到的外

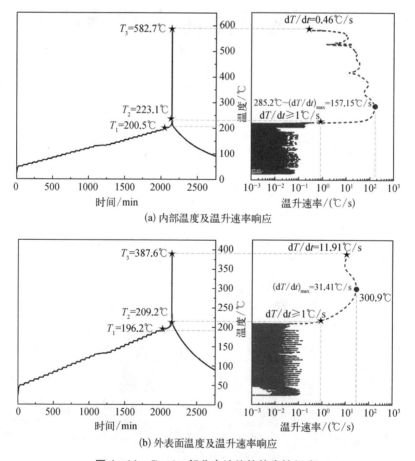

(a) 内部温度及温升速率响应

(b) 外表面温度及温升速率响应

图 4-14 Ca+An 部分电池绝热热失控行为

表面温度变化。T_1、T_2 以及 T_3 分别为 196.2℃、209.2℃和 387.6℃，外表面温度在 300.9℃时达到最高温升速率$(dT/dt)_{max}$，为 31.41℃/s。

内部温度达到 223.1℃的同时，外表面温度为 209.1℃，相差 14℃。而外表面温度达到 209.2℃的同时，内部温度为 223.6℃。可见，对于 Ca+An 部分电池，针对 T_2 的判断，内外温度在时间上的延迟较小，温差在 14℃左右。

3）热失控特征值对比分析

图 4-15 绘制了三种电池样品发生热失控时的内部温度速率随温度的变化曲线。表 4-5 显示了每个电池样品的热失控特征值。An+Ele 部分电池的 T_2 值为 193.3℃，低于全电池。Ca+An 部分电池的 T_2 值为 223.1℃，高于全电池。说明在热失控演化过程中，An+Ele 系统较 Ca+An 系统更早地触发强放热反应。An+Ele 和 Ca+An 部分电池的 T_3 值均高于全电池，这是由电池各组件间的反应相互竞争导致。因此，可以初步判断 An+Ele 系统对全电池热失控触发前的能量积累做出了主要贡献，而全电池热失控的总放热量高度依赖于 An+Ele 和 Ca+An 系统中的能量。

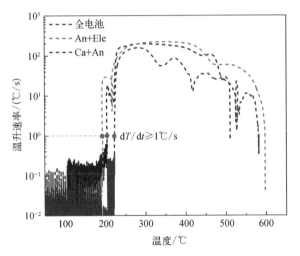

图 4-15　An+Ele 和 Ca+An 部分电池与全电池温度速率的比较

表 4-5　An+Ele、Ca+An 部分电池和全电池热失控过程特征值对比

电池样品	T_1/℃	T_2/℃	T_3/℃	$(dT/dt)_{max}$/(℃/s)	$t_{T_2\text{-}T_3}$/s
全电池	121.4	204.6	511.1	198.58	8.51
An+Ele 部分电池	165.1	193.3	597.9	193.7	12.64
Ca+An 部分电池	200.5	223.1	582.7	157.2	22.62

4）单一组分热稳定性分析

图 4-16 为单一电解液（Ele）的 DSC 热流曲线，电解液的分解反应较复杂，涉及多种连锁反应，测试结果显示电解液在 207.29℃ 开始吸热反应，吸热峰值为 230.03℃，吸热量为 108.97 J/g。随着温度的升高，在 255.33℃ 和 308.15℃ 出现两个放热峰，峰值热流分别为 3.63 W/g 和 0.99 W/g，放热量（ΔH）分别为 508.68 J/g 和 254.9 J/g。六氟磷酸锂（LiPF$_6$）在高温下（206℃ 以后）热分解生成路易斯酸（PF$_5$），PF$_5$ 会与电解液溶剂中残留的水反应生成氢氟酸（HF），如式（4-14）和式（4-15）所示。在 PF$_5$ 的作用下，电解液溶剂在高温下的开环、交换和消除等反应表现为吸热，这是第一个吸热峰产生的主要原因。第一个放热峰被认为是 LiPF$_6$ 作用于路易斯酸与碳酸乙烯酯（EC）一起裂解环并生成酯交换产物，第二个放热峰可能是聚合反应引起的。

$$LiPF_6 \longrightarrow LiF + PF_5 \qquad (4-14)$$

$$PF_5 + H_2O \longrightarrow PF_3O + 2HF \qquad (4-15)$$

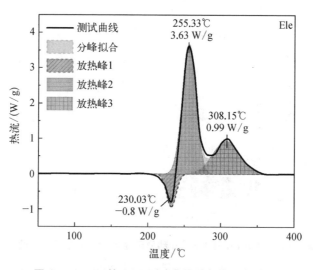

图 4-16 Ele 的 DSC 测试曲线及分峰拟合结果

电解液作为锂离子电池的血液，几乎全程参与了热失控链式反应，对电池的安全性能起着决定性的作用，除了自身在高温下会分解放热外，其还具有自燃性，并且电解液燃烧释放的大量有毒和可燃的气体，也是加剧锂离子电池火灾事故的重要因素。

嵌锂石墨负极(An)的热流曲线如图 4-17 所示,第一个放热峰从 95.49℃开始,在 153.82℃达到峰值 0.42 W/g,对应于固体电解质界面层(SEI 膜)的分解,其分解放热量 ΔH 为 157.46 J/g。SEI 膜由 LiF、Li_2CO_3 等稳态组分以及 $ROCO_2Li$、$(CH_2OCO_2Li)_2$ 等亚稳态组分组成。亚稳态组分分解反应如下所示:

$$(CH_2OCO_2Li)_2 \longrightarrow Li_2CO_3 + C_2H_4 + CO_2 + 0.5O_2 \qquad (4-16)$$

$$2Li + (CH_2OCO_2Li)_2 \longrightarrow 2Li_2CO_3 + C_2H_4 \qquad (4-17)$$

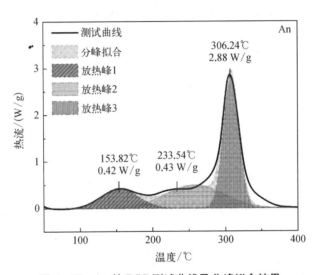

图 4-17　An 的 DSC 测试曲线及分峰拟合结果

SEI 分解放热峰之后是一个宽阔的放热峰,峰值温度 233.54℃,峰值热流 0.43 W/g。随后自 255.7℃起热流密度急剧增大,在 306.24℃时达到峰值 2.88 W/g,这是锂化石墨负极的主要放热反应,ΔH 为 445.04 J/g。

图 4-18 显示了脱锂 NCA 正极(Ca)的热流曲线。峰值温度为 167.37℃ 的放热峰对应于正极电解质界面层(CEI 膜)的分解。244.32℃的放热峰对应于 NCA 由层状 $R\bar{3}m$ 向无序尖晶石相 $Fd\bar{3}m$ 的转变,峰值热流 0.64 W/g,放热量为 82.63 J/g,公式如下:

$$Li_x(Ni_{0.8}Co_{0.15}Al_{0.05})O_2(R\bar{3}m) \longrightarrow$$

$$\frac{1+x}{3}[Li_{\frac{3x}{1+x}}(Ni_{0.8}Co_{0.15}Al_{0.05})_{\frac{3x}{1+x}}O_4](Fd\bar{3}m) + \frac{1-2x}{3}O_2 \qquad (4-18)$$

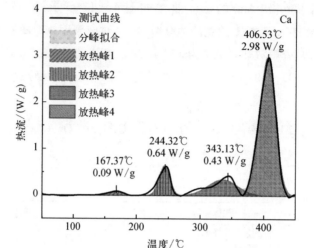

图 4-18　Ca 的 DSC 测试曲线及分峰拟合结果

而 343.13℃ 的放热峰则表示无序尖晶石相向岩盐相 $\text{Fm}\bar{3}\text{m}$ 的转变,峰值热流 0.43 W/g,放热量为 121.36 J/g,公式如下:

$$\text{Li}_x(\text{Ni}_{0.8}\text{Co}_{0.15}\text{Al}_{0.05})\text{O}_{\frac{4(1+x)}{3}}(\text{Fd}\bar{3}\text{m}) \longrightarrow$$

$$\text{Li}_x(\text{Ni}_{0.8}\text{Co}_{0.15}\text{Al}_{0.05})\text{O}_{1+x}(\text{Fm}\bar{3}\text{m}) + \frac{1+x}{6}\text{O}_2 \qquad (4-19)$$

406.53℃ 强放热峰的峰值热流为 2.98 W/g,ΔH 为 554.12 J/g,远高于前面的两个释氧峰,这归因于铝热反应:

$$\text{Ni}_{0.8}\text{Co}_{0.15}\text{O} + 2/3\text{Al} \longrightarrow 1/3\text{Al}_2\text{O}_3 + 0.8\text{Ni} + 0.15\text{Co} \qquad (4-20)$$

除去铝热反应,脱锂 NCA 的总放热量 ΔH_{total} 为 218.64 J/g,而嵌锂石墨负极的总放热量 ΔH_{total} 为 900.46 J/g。可见在没有电解液参与的情况下,脱锂 NCA 正极的热稳定性高,放热少。

5)混合组分热稳定性分析

为了定义热失控时序链式反应,应详细讨论电池中各组分之间的化学反应。除了自身的可燃性之外,电解液的存在会加剧电池内部其他材料的不稳定性。图 4-19(a)显示了 An+Ele 的热流曲线,图 4-19(b)为 An、Ele 与 An+Ele 的热流曲线对比。可见相比于 An 和 Ele 单一组分,An+Ele 混合组分释放热量更多,热流峰值也更高。在混合组分的 DSC 曲线上没有出现 SEI 膜分解峰,这在以往的研究中已经得到证实,是由于 SEI 膜分解的热流有限。在进行重叠峰分析时,可以发现 DSC 曲线包含一个宽峰和一个尖峰,峰值热流分别为 1.39 W/g 和 2.47 W/g。随着温度的升高,当 SEI 膜无法保护负极时,电解质溶剂与嵌在负极中的锂发生反应,生成碳酸锂以及烷烃、烯烃类气体,如式(4-21)~式(4-23)所示,对应于 101.25℃ 起始的宽峰,峰值温度为 242.52℃,放热量为 900.09 J/g。

$$2Li + C_3H_4O_3(EC) \longrightarrow Li_2CO_3 + C_2H_4 \qquad (4-21)$$

$$2Li + C_4H_6O_3(PC) \longrightarrow Li_2CO_3 + C_3H_6 \qquad (4-22)$$

$$2Li + C_3H_6O_3(DMC) \longrightarrow Li_2CO_3 + C_2H_6 \qquad (4-23)$$

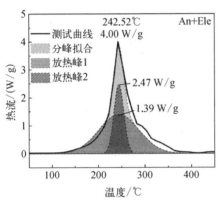
(a) DSC 测试曲线及分峰拟合结果

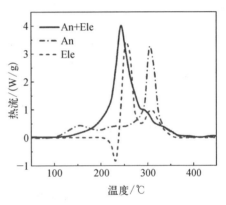
(b) An+Ele 与单一组分测试结果对比

图 4-19　An+Ele 混合组分

尖峰为锂化石墨负极与 $LiPF_6$ 的分解产物之间的反应。$LiPF_6$ 的分解产物 HF 和 PF_5 会与 LiC_6 反应生成 C_6、LiF 和 H_2,放热量为 388.54 J/g,反应式如下:

$$2LiC_6 + PF_5 \longrightarrow LiF + LiPF_4 + 2C_6 \qquad (4-24)$$

$$2LiC_6 + 2HF \longrightarrow 2LiF + H_2 + 2C_6 \qquad (4-25)$$

Ca+Ele 的热流曲线如图 4-20(a)所示。电解液的加入使正极材料分解反应急剧加速。第一个放热峰从 200.82℃ 开始,在 251.80℃ 时达到峰值热流 3.56 W/g,ΔH 为 546.31 J/g。该放热峰对应于 NCA 的部分结构变形,形成无序尖晶石结构所释放的氧气与电解液溶剂 EC 反应:

$$C_3H_4O_3 + 2.5O_2 \longrightarrow 3CO_2 + 2H_2O \qquad (4-26)$$

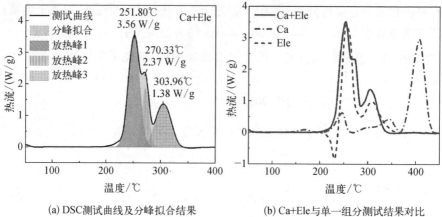

(a) DSC测试曲线及分峰拟合结果　　　　(b) Ca+Ele与单一组分测试结果对比

图 4−20　Ca+Ele 混合组分

后面两个峰值热流 2.37 W/g、1.38 W/g 放热峰的热量分别为 183.01 J/g 和 177.46 J/g。通过对图 4−20(b) 的分析可确定这两个峰对应于剩余电解液的分解和正极释放的氧气与黏结剂的反应。

在 Ca+An 的 DSC 曲线上可以观察到三个放热峰,如图 4−21(a) 所示。第一个放热峰的峰值温度为 176.68℃,峰值热流为 0.59 W/g,通过图 4−21(b) 三条曲线的放热峰起始温度以及峰值温度的分析,确定其表示 SEI 膜和 CEI 膜的分解,放热量为 112.12 J/g。第二个放热峰从 176.87℃ 开始,在 275.08℃ 达到峰值 1.91 W/g,放热量为 750.71 J/g,它是由正极释氧与负极反应产生的,反应方程如式(4−27)所示。第三个放热峰的峰值热流为 2.58 W/g,认为是正极释氧与黏结剂之间的反应,放热量为 611.03 J/g。

$$O_2 + 4LiC_6 \longrightarrow 2Li_2O + 4C_6 \qquad (4-27)$$

正极材料+负极材料+电解液(Ca+An+Ele)样品的 DSC 测试热流曲线如图 4−22(a) 所示。综合分析图 4−22(b) 中 Ca+An+Ele、Ca+An 以及 Ele 样品热流曲线的对比,第一个放热峰的热流值为 0.67 W/g,产热量为 691.11 J/g,判断其包括原始 SEI 膜和再生 SEI 膜的分解热,以及 CEI 膜的分解热。第二个放热峰从 175.95℃ 开始,在 234.82℃ 达到峰值热流 2.96 W/g,产热量 460.33 J/g,判断其包括石墨嵌锂与电解液溶剂 EC 的反应、LiC_6 与 $LiPF_6$ 分解产物的反应以及剩余 EC 与正极释氧的反应。第三个放热峰对应于正极释氧与 LiC_6 的反应,电解液的加入使反应更加激烈,热流值增加到 6.99 W/g,放热量为 360.19 J/g。

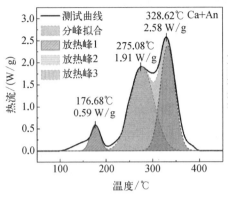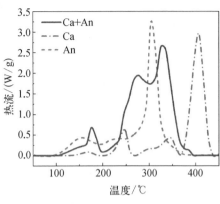

(a) DSC测试曲线及分峰拟合结果　　　　(b) Ca+An与单一组分测试结果对比

图 4-21　Ca+An 混合组分

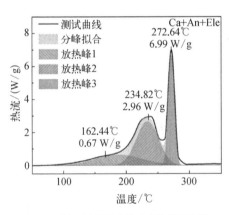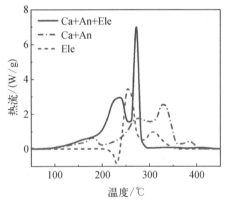

(a) DSC测试曲线及分峰拟合结果　　　　(b) Ca+An+Ele与单一组分测试结果对比

图 4-22　Ca+An+Ele 混合组分

表 4-6 总结了 NCA‖Gr 电池的各单一组分和混合组分在 DSC 实验中的特征参数,包括各放热反应的初始温度、峰值温度、峰值热流和放热量 ΔH 以及总放热量 ΔH_{total}。表中划掉的数据是不包括在前面分析中提出的放热反应中的数据。可见,电解液的加入增加了电池材料热分解反应的强度,混合组分的放热量大于单一组分的放热量。

对比各反应体系放热反应的触发温度和放热量发现,在热失控孕育阶段,负极材料与电解液的反应放热是导致电池温升的主导放热反应。

Ca+Ele 放出的热量最少,Ca+Ele 部分电池的 ARC 试验也证明了这一点。Ca+Ele 放热反应触发温度为200.82℃,由正极释氧与 EC 反应驱动。热失

表 4-6 单一组分和混合组分 DSC 实验特征参数

样　本	峰数量	初始温度/℃	峰值温度/℃	峰值热流/（W/g）	ΔH/（J/g）	ΔH_{total}/（J/g）
Ele	3	207.29	230.03	-0.80	-108.97	654.61
		221.33	255.33	3.63	508.68	
		254.37	308.15	0.99	254.90	
An	3	95.49	153.82	0.42	157.46	900.46
		151.27	233.54	0.43	297.96	
		272.56	306.24	2.88	445.04	
Ca	4	131.98	167.37	0.09	14.65	218.64
		216.42	244.32	0.64	82.63	
		270.28	343.13	0.43	121.36	
		365.80	406.53	2.98	554.12	
An+Ele	2	101.25	242.52	1.39	900.09	1 288.63
		211.06	242.52	2.47	388.54	
Ca+Ele	3	200.82	251.80	3.56	546.31	906.78
		252.37	270.33	2.37	183.01	
		265.22	303.96	1.38	177.46	
Ca+An	3	105.27	176.68	0.59	112.12	1 473.8
		176.87	275.08	1.91	750.71	
		290.13	328.62	2.58	611.03	
Ca+An+Ele	3	94.32	162.44	0.67	691.11	1 511.63
		175.95	234.82	2.96	460.33	
		252.37	272.64	6.99	360.19	

控时,EC 在 101.25℃时开始与负极反应,大量消耗。电池温度超过 200℃后,电池就会破裂,剩余的电解液会喷射出来。正极释放的氧气还有一部分会与 LiC_6 反应而被消耗。因此,Ca+Ele 的放热反应对全电池热失控的影响不大。

Ca+An 主要放热反应的触发温度滞后于 An+Ele。可以认为 Ca+An 对热失控的贡献主要体现在触发热失控后电池的急剧温升上。

对比 Ca+An+Ele 和 Ca+An,发现电解液的加入对总放热量影响不大,主要表现为触发温度的提高和热流的突然升高。

6）电池热失控时序链式反应

结合 EV-ARC、安捷伦数据采集仪和蓝电充放电测试仪记录的数据,得到了 NCA‖Gr 电池热失控过程的内外温度和电压。通过 DSC 测试确定了目标电池各组分的初始温度、最高温度和放热量。以电池内部温度为基础,可确定热失控的演化过程,其链式反应路径如图 4‑23 所示。

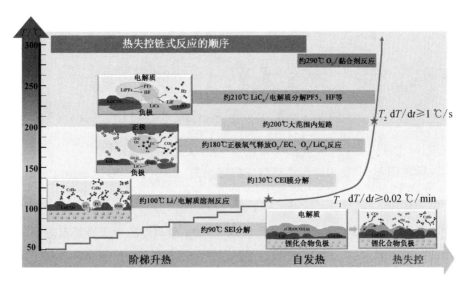

图 4‑23　满电态 NCA‖Gr 电池热失控链式反应路径图

在 90℃左右,SEI 膜的亚稳层分解形成稳态层。随着亚稳态层的分解,稳态层由于内应力的作用出现部分断裂,SEI 膜对石墨负极的保护作用逐渐消失。当温度达到 100℃左右时,SEI 膜不能完全保护负极,电解液溶剂与石墨嵌锂接触,发生放热反应。当电芯温度在 ARC 的阶梯加热作用达到 121.4℃时,石墨嵌锂和电解液溶剂的放热反应使得电池的升温速率大于 0.02℃/min,电池进入自产热阶段。

当电芯温度达到 130℃左右时,CEI 膜分解并释放少量热量。当温度达到 180℃时,触发脱锂 NCA 正极的分解反应,释放的氧气与电池内部的电解液溶剂迅速反应生成 CO_2 和 H_2O。同时,释放的氧气还会与 LiC_6 发生反应,放出大量的热量。电芯温度达到 200℃左右时,隔膜完全崩溃,发生大面积内部短路,电压迅速降至 0 V。在内部短路和电池组件放热反应的共同作用下,在电芯温度 204.6℃时,温度速率冲破 1℃/s,电池进入热失控阶段,随后温度速率呈指数增长。

电池进入热失控阶段后,在 210℃左右触发 $LiPF_6$ 分解产物与 LiC_6 的反应,在 290℃左右触发正极释氧与黏结剂的反应。最后,在它们的共同作用下,电池迅速达到511.1℃的最高温度。

7. NCA||Gr电池热失控模型

用瞬态能量守恒方程描述电池在热滥下的能量积累、传递和释放过程,如式(4-28)所示。方程左边是电池温度的瞬态项,右边第一项是温度扩散项。q_{gen}为电池内部不同放热反应的产热速率q_i之和,可由式(4-29)计算。

$$\rho c_p \frac{\mathrm{d}T}{\mathrm{d}t} = \nabla(\lambda \nabla T) + q_{gen} + q_{dis} \tag{4-28}$$

$$q_{gen} = \sum q_i = \sum m_i \cdot \Delta H_i \cdot \kappa_i \tag{4-29}$$

式中,m_i为反应物i的质量;ΔH_i为热晗;κ_i为反应速率。

散热项q_{dis}定义为对流换热造成的热损失,如式(4-30)所示:

$$q_{dis} = -hA(T_{amb} - T) \tag{4-30}$$

式中,$h = 7.5 \ \mathrm{W/(K \cdot m^2)}$为电池外表面与ARC量热腔的对流换热系数;$A$为电池的外表面积;$T_{amb}$为ARC量热腔内的环境温度。

大多数化学反应受反应温度和反应物浓度的影响,电池热失控也是如此。当温度升高时,热失控反应更加剧烈,这一过程可以用Arrhenius方程来描述。Arrhenius方程是研究温度相关化学反应和反应动力学的基础,广泛应用于电池热失控的研究。基本方程如下:

$$\kappa_i(T) = A_i \cdot \exp\left(-\frac{E_{a,i}}{R^0 T}\right) \cdot f(c_i) \tag{4-31}$$

$$c_i = 1 - \int \kappa_i \mathrm{d}t \tag{4-32}$$

其描述了归一化浓度c_i、反应温度T和反应速率κ_i之间的关系。式中,A_i为指前因子;R_0为理想气体常数[8.314 J/(mol·K)];$E_{a,i}$为反应活化能;$f(c_i)$为机理函数,具体形式见式(4-33):

$$f(c_i) = c_i^{n_i} \tag{4-33}$$

式中,n_i为反应级数。

在热失控过程中,电能向热能的转换受到隔膜收缩程度和内部短路的影响,导致温升不确定。参考Coman等[175, 176]的研究,假设电池的电化学反应用Arrhenius方程来描述,并以荷电状态(SOC)作为放电过程的材料参数

来模拟内部短路放出的热量,如式(4-34)~式(4-36)所示:

$$q_{\text{ec}} = \Delta H_{\text{ec}} \cdot \frac{\mathrm{d}c_{\text{SOC}}}{\mathrm{d}t} \tag{4-34}$$

$$\Delta H_{\text{ec}} = C \cdot V \cdot 3\,600 \cdot \eta \tag{4-35}$$

$$\frac{\mathrm{d}c_{\text{SOC}}}{\mathrm{d}t} = -A_{\text{SOC}} \cdot \exp\left(-\frac{E_{\text{a, SOC}}}{RT}\right) \cdot c_{\text{SOC}} \cdot \text{ISC}_{\text{cond}} \tag{4-36}$$

式中,q_{ec}为内部短路电能转化为热能;ΔH_{ec}为电化学反应焓;$C = 5$ A·h、$V = $ 4.2 V 表示电池的容量和工作电压;η 为内部短路过程中电能向热能的转换效率,取值范围 0~1;$A_{\text{SOC}} = 3.37 \times 10^{12}$ s^{-1} 为指前因子;$E_{\text{a, SOC}} = 1.339\,5 \times 10^{5}$ 为活化能;ISC_{cond} 为内短路触发因子,只有在电芯温度达到内短路触发温度 T_{ISC} 后反应才被激活,定义如式(4-37)所示:

$$\text{ISC}_{\text{cond}} = \begin{cases} 0, & T < T_{\text{ISC}} \\ 1, & T \geqslant T_{\text{ISC}} \end{cases} \tag{4-37}$$

除了建立守恒方程外,还需要对电池的几何结构进行建模。锂离子电池热失控的热源有多个组成部分:正极、负极、隔膜和电解液。为了准确模拟电池的热失控行为并调试模型参数,需要根据电池的层状结构对热源进行划分和定义,分别考虑每一层的材料性质。铝集流体、NCA 正极材料、隔膜、石墨负极材料和铜集流体组成一个“三明治单元”,几个单元并联连接形成电芯。为简化计算,选择两个单元构建三维热模型,如图 4-24 所示。

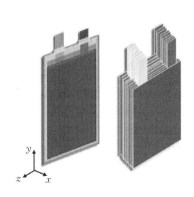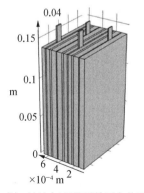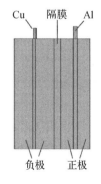

(a) 电池的实际结构示意图　(b) x 轴放大100倍后的两个单元的详细视图　(c) 一个“三明治单元”的纵剖面示意图

图 4-24　电池几何模型

根据 NCA‖Gr 电池热失控链式反应,最终在热失控模型中选取负极+电解液系统和正极+负极系统中的 5 个放热反应以及内短路放热作为模型输入热源。总产热率 q_{gen} 为六个放热反应的产热率之和,如式(4-38)所示。六个放热反应分别是石墨嵌锂与电解质溶剂 EC 的反应(q_{Li+ES})、LiC_6 负极与 $LiPF_6$ 分解产物的反应(q_{An+E})、CEI 膜的分解反应(q_{CEI})、正极释氧与 LiC_6 负极的反应(q_{O_2+An})、正极与黏结剂的反应(q_{Ca+B})和内部短路放热反应(q_{ec})。

$$q_{gen} = \sum q_i = q_{Li+ES} + q_{An+E} + q_{CEI} + q_{O_2+An} + q_{Ca+B} + q_{ec} \qquad (4-38)$$

内短路放热反应的动力学参数已经确定,需要确定剩余 5 个放热反应的指前因子 A_i、活化能 $E_{a,i}$ 以及反应级数 n_i。在化学反应动力学中,这三个关键参数需要联合不同升温速率的 DSC 实验、Kissiger 法以及遗传算法等非线性拟合方法来确定。对 An+Ele 和 Ca+An 样品进行了 4 次不同升温速率(5℃/min、10℃/min、15℃/min、20℃/min)的 DSC 测试,最终实验结果如图 4-25 所示。可见,相同样品在不同升温速率下的 DSC 测试结果均显示相近的热流曲线走势,反应峰的数量没有变化,随着升温速率的增大,热流峰值显著增加,反应峰整体向右偏移。

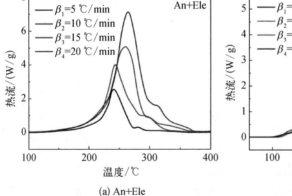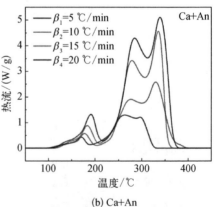

(a) An+Ele
(b) Ca+An

图 4-25 不同升温速率下的 DSC 曲线

在不考虑机理函数 $f(c_i)$ 的情况下,采用基辛格(Kissinger)法预先确定 5 种放热反应的 A_i 和 $E_{a,i}$。在四种升温速率下的 DSC 实验中,峰值温度随升温速率的变化符合 Kissinger 方程,如下所示:

$$\ln\left(\frac{\beta_x}{T_{p,i}^2}\right) = \ln\left(\frac{A_i R}{E_{a,i}}\right) - \frac{E_{a,i}}{RT_{p,i}}, \; (i = \text{Li} + \text{ES}, \text{An} + \text{E}, \text{CEI}, \tag{4-39}$$

$$\text{O}_2 + \text{An}, \text{Ca} + \text{B}), \; (x = 1, 2, 3, 4)$$

为横坐标,$\ln(\beta_i/T_p^2)$为纵坐标,绘制点图,并进行线性拟合,结果如图 4 - 26 所示。活化能由拟合直线的斜率得到,指前因子由拟合直线的截距得到。图中的实线最优拟合结果。可见由于实验误差等不可抗力,无法得到斜率和截距的定值,只能确定其变化范围,并在图中标注。

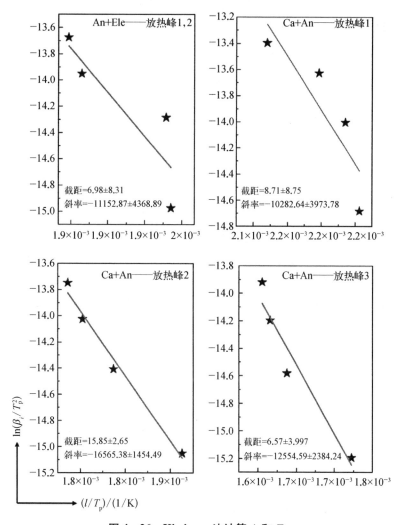

图 4 - 26 Kissinger 法计算 A_i 和 $E_{a,i}$

对于 An+Ele 混合组分,热流曲线包含两个放热峰,产热率如式(4-40)所示。Kissinger 法确定了 A_i 和 $E_{a,i}$ 的变化区间,i 对应两个放热峰,ΔH_i 的取值为四个升温速率下产热量的平均值。根据式(4-31)、式(4-32)和式(4-40),模拟 An+Ele 混合组分变升温速率下的热流变化。采用遗传算法,通过最小化方根误差来辨识动力学参数,最终确定 6 个未知数 $[A_{Li+ES}, E_{a, Li+ES}, n_{Li+ES}, A_{An+E}, E_{a, An+E}, n_{An+E}]$ 的最优组合,使模拟结果与实验值最接近。

$$q_{gen}(An + Ele) = \sum q_i = q_{Li+ES} + q_{An+E} \qquad (4-40)$$

同理,Ca+An 混合组分的热流曲线包含三个放热峰,根据式(4-31)、式(4-32)和式(4-41)确定 9 个未知量 $[A_{CEI}, E_{a, CEI}, n_{CEI}, A_{O_2+An}, E_{a, O_2+An}, n_{O_2+An}, A_{Ca+B}, E_{a, Ca+B}, n_{Ca+B}]$ 的最优组合。图 4-27(a)和(b)分别为 An+Ele 和 Ca+An 混合组分 DSC 曲线的模拟预测值与实验值对比,表明所选择的最优动力学参数组合能较好地预测各放热峰以及较准确地描述反应机理,可用于热失控预测模型的建立。最终确定的动力学参数如表 4-7 所示。

$$q_{gen}(Ca + An) = \sum q_i = q_{CEI} + q_{O_2+An} + q_{Ca+B} \qquad (4-41)$$

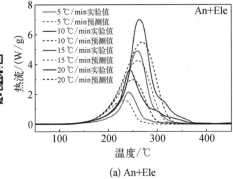
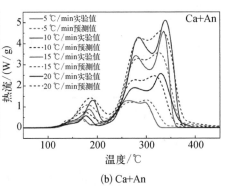

(a) An+Ele

(b) Ca+An

图 4-27 模拟预测的 DSC 曲线结果与实验结果的比较

表 4-7 模型各输入热源的动力学参数

动力学参数	i	A_i/s	$E_{a,i}/(J/mol)$	n_i	$\Delta H_i/(J/g)$	$T_{onset}/°C$
An+Ele	Li+ES	129 049.13	73 540.38	1.07	781	100
	An+E	73 669.68	72 207.49	1.16	525	210
Ca+An	CEI	55 921 442.64	85 084.13	1.64	256	145
	O_2+An	1 948 722 246 235.573	140 670.67	3.10	805	180
	Ca+B	580 104 688.347	124 208.48	1.13	644	250

　　将 ARC 进入绝热模式前量热腔内的温度随时间的变化定义为电池外表面环境温度 T_{amb},进入绝热模式后 $T_{amb}=T$。将 q_{Li+ES}、q_{An+E} 和 q_{O_2+An} 耦合在模型的负极材料区域,q_{CEI} 和 q_{Ca+B} 耦合在正极材料区域,q_{ec} 耦合在隔膜区。随着电池温度的升高,在相应的初始温度 T_{onset} 下依次触发各放热反应,最终导致热失控。根据式(4-28)~式(4-38),通过 COMSOL Multiphysics® version 5.5 中的一般偏微分方程和固体传热接口建立 NCA‖Gr 电池绝热热失控机理模型,并与实验过程中电池内部温度数据进行对比验证,如图 4-28 所示,图中蓝色虚线为实验值,粉色曲线为模型预测值。

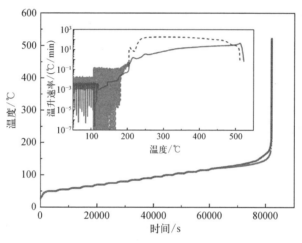

图 4-28　热失控模型的精度验证

　　当将内部短路过程中电能到热能的转换效率设为 0.4 时,模型与实验最吻合。模型得到的 T_1、T_2、T_3 分别为 122.9℃、208.2℃、522.1℃,实验的 T_1、T_2、T_3 分别为 121.4℃、204.6℃、511.1℃,可见模型可以准确预测电池绝热失控过程中的特征温度。但是模型对于温升速率的预测与实验结果存在一定的偏差,其原因如下:① 电池热失控过程包括材料相变、气体产物生成、材料传递等一系列复杂过程,模型完全基于固体传热假设,不能完全反映电池内部的热失控过程;② 触发热失控时,电池破裂,电解液喷射燃烧,会加热电池,这部分热量无法准确计算;③ 内部大面积短路后,电池各组件状态会发生变化,直接影响后续的放热反应,难以模拟,因此在模型中不考虑。

　　由于模型对电池热失控过程中温度特征值的预测准确,利用模型对各放热反应的产热量进行量化是可靠的。6 种放热反应的热贡献如图 4-29 所示,放热量 Q_i 如表 4-8 所示。

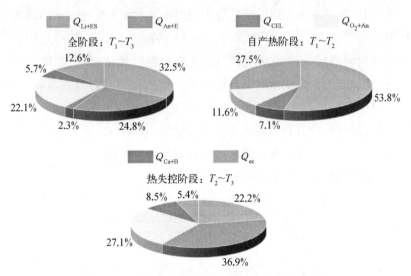

图 4-29　模拟得到的各放热反应的热贡献占比

表 4-8　热失控不同阶段六种放热反应的放热量总结

放热量/J	Q_{Li+ES}	Q_{An+E}	Q_{CEI}	Q_{O_2+An}	Q_{Ca+B}	Q_{ec}
$T_1 \sim T_3$	11 915.39	9 118.54	850.75	8 092.51	2 090.30	4 628.76
$T_1 \sim T_2$	6 433.78	0	850.75	1 389.44	0	3 295.75
$T_2 \sim T_3$	5 481.61	9 118.54	0	6 703.07	2 090.30	1 333.01

　　在 NCA‖Gr 电池热失控的全阶段($T_1 \sim T_3$)中,6 种放热反应的热贡献由大到小依次为:$Q_{Li+ES} > Q_{An+E} > Q_{O_2+An} > Q_{ec} > Q_{Ca+B} > Q_{CEI}$。负极+电解液系统放热量为 21 033.93 J,占总放热量的 57.3%;正极+负极系统放热量为 11 033.56 J,占总放热量的 30.1%;内部短路的电能转化为 4 628.76 J 的热量,占总放热的 12.6%。

　　在 NCA‖Gr 电池的自产热阶段($T_1 \sim T_2$)中,Q_{An+E} 和 Q_{Ca+B} 没有触发,不做贡献,其他四个放热反应的热贡献由大到小依次为:$Q_{Li+ES} > Q_{ec} > Q_{O_2+An} > Q_{CEI}$。造成热失控触发热量的 53.8% 来自负极+电解液系统,放热量为 6 433.78 J;内部短路的热量占 27.5%,放热量为 3 295.75 J;正极+负极系统的热量占 18.7%,放热量为 2 240.19 J。

　　在 NCA‖Gr 电池的热失控阶段($T_2 \sim T_3$)中,Q_{CEI} 不做贡献,其余放热反应的热贡献由大到小依次为:$Q_{An+E} > Q_{O_2+An} > Q_{Li+ES} > Q_{Ca+B} > Q_{ec}$。针对热

失控触发后电池的急剧升温过程,负极+电解液系统贡献了 14 600.15 J 的热量,占比 59.1%;内部短路贡献了 1 333.01 J,占比 5.4%;正极+负极系统贡献了 8 793.37 J,占比 35.6%。

8. LFP‖Gr 电池电-热行为

1) 不同 SOC 电池的绝热热失控行为

荷电状态(SOC)通过改变电池内部存储的能量和电极材料的热稳定性,明显影响电池的热失控性能[178]。当热失控发生时,SOC 越高的电池会表现出更剧烈的放热反应,释放出更多的能量,从而导致更高危害性。

研究对象为 4.7 A·h LFP‖Gr 软包锂离子电池,是经历两周小倍率充放电化成的新鲜电池。将电池在 25℃ 下,分别以恒流(0.1 C,470 mA)-恒压(0.02 C 截止电流,94 mA)充电至 3.8 V,随后以 0.1 C 恒流放电至不同荷电状态(0%SOC、25%SOC、50%SOC、75%SOC、100%SOC),进行后续的绝热热失控测试。

绝热热失控实验采用 EV‑ARC 进行,将测试电池置于 EV‑ARC 的量热腔内并在电池表面布置一根与仪器相连的热电偶以在线监测电池的温度变化。由充放电测试仪(LAND,CT2001A)实现电池的充放电循环,并记录电性能数据。EV‑ARC 初始目标温度设置为 50℃,结束温度设置为 250℃,温度步长设置为 5℃,等待时间和搜索时间分别设置为 30 min 和 10 min。当"搜索"模式下电池温度速率高于 0.02℃/min 时,EV‑ARC 系统将进入"绝热"模式,以确保电池完全依靠自产热直至热失控发生。否则,"加热-等待-搜索"循环模式将会重复进行。当监测到电池温度达到 250℃ 时,EV‑ARC 系统进入"冷却"模式,对电池进行降温。

完成不同 SOC 电池的绝热热失控测试后,对采集到的表面温度以及电压变化进行分析。将 EV‑ARC 进入"绝热"模式对应的温度定为 T_1,温升速率为 1℃/min 对应的温度定为 T_2(对于 NCA‖Gr 电池的 T_2 值定义为温升速率达到 1℃/s,由于 LFP 电池的安全性要高于 NCA 电池,因此,以温升速率为 1℃/min 作为 LFP 电池热失控触发的判断),电池热失控达到的最高温度定为 T_3,电压骤降的对应温度表示为 T_{ISC}。绘制时间-温度、温度-温升速率曲线图,解析不同 SOC 电池样品的热失控行为。

图 4‑30 显示了不同 SOC 电池的绝热热失控测试结果,其中(a)为温度随时间的变化,(b)为温升速率随温度的变化。以 100%SOC 电池的测试结果为例,在电池温度达到自热起始温度 T_1 之前,EV‑ARC 的"加热-等待-搜

索"工作模式导致电池温度呈现台阶升温趋势,当电池温度达到 T_1(91.1℃),此时电池的温度速率大于 0.02℃/min,EV-ARC 进入"绝热"模式。一般来说,SEI 膜在 90℃左右分解产生热量,随后负极嵌锂与电解液发生反应,加速了电池温度的升高。当电池温度达到 T_{ISC}(139.8℃)时,大面积内短路发生,电压掉落至 0 V,同时电池温升速率出现拐点,但是温升速率在该点后趋于平缓,说明对于此款电池,内短路发生后电能向热能转换所释放的热量不足以使电池温度骤升,热贡献较小。随着温度的持续缓慢升高,电解液溶剂作为还原剂触发脱锂 LFP 释放氧气与电解液相互作用,使得电池温升速率达到 1℃/min,此时电池温度达到 T_2(187.4℃),触发热失控。电池温度由 T_1 升至 T_2 用时 23.832 h。电池触发热失控后,温升速率迅速上升到 $(\mathrm{d}T/\mathrm{d}t)_{max}$(76.55℃/min),使电池温度在短时间内达到最大值 T_3(297.2℃)。EV-ARC 的"冷却"模式在 250℃时被激活以冷却测试电池并保护 EV-ARC 的组件和加热器。

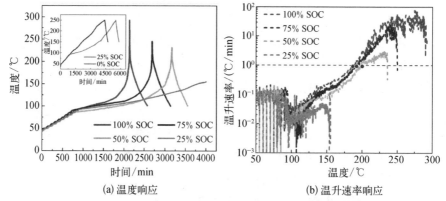

(a) 温度响应　　　　　　　(b) 温升速率响应

图 4-30　不同 SOC 的 LFP‖Gr 电池绝热热失控行为

由图 4-30(a)的插图中可知,0%SOC 电池的温升速率始终没有达到 0.02℃/min,EV-ARC 持续"加热-等待-搜索"模式升温至 250℃,随后进入"冷却"模式。而 25%SOC 电池在 92.8℃进入自产热阶段,温度平缓上升,在 142.6℃内短路发生,温升速率在 152.7.7℃达到最大值 0.29℃/min,随后迅速减小,电池温度达到的最高温度为 154.9℃,直至自产热结束,温升速率始终没有达到 1℃/min,154.9℃后 EV-ARC 进入"加热-等待-搜索"模式至 250℃,随后进入"冷却"模式。

对比 100%、75%以及 50%SOC 的电池热失控行为,整体温度及温升速率的变化趋势相同。自产热起始温度 T_1 均在 90℃ 左右；内短路温度 T_{ISC} 在 140℃ 左右；触发热失控的时间 $t_{T_1 \sim T_2}$ 随电池荷电状态的增加而减小，依次为 23.832 h、32.569 h、39.464 h；T_2 随电池荷电状态的增加而降低，依次为 187.4℃、193.1℃、200.5℃；T_3 则呈现相反规律，依次为 297.2℃、250.1℃、236.1℃；最大温升速率 $(dT/dt)_{max}$ 同电池荷电状态呈正相关，100%SOC 和 50%SOC 电池的 $(dT/dt)_{max}$ 相差高达 73.47℃/min。对特征值的分析，表明了越高 SOC 的电池热稳定性越差。

综合分析不同 SOC 电池温度以及温升速率的共性变化规律，LFP‖Gr 电池的热失控过程可以分为以下五个阶段：

(1) 第一阶段 $(50℃ \sim T_1)$ ——电池温度由 EV‐ARC 的初始温度 50℃ 到自产热温度 T_1，电池未开始不可逆链式放热反应，电池在该阶段的温升完全依赖于 EV‐ARC 系统的加热作用；

(2) 第二阶段 $(T_1 \sim T_{ISC})$ ——电池进入自产热阶段，电池温度由 T_1 升至内短路温度 T_{ISC}，在该阶段只发生缓慢的放热反应，包括 SEI 膜的分解以及负极与电解液之间的初始反应；

(3) 第三阶段 $(T_{ISC} \sim T_{INF})$ ——电池温度达到 T_{ISC}，电压掉落为 0 V，但内短路电能向热能的转化并未导致电池温升速率的骤增，反而使得温升速率趋于平缓，电池温度上升缓慢，该阶段在温升速率出现骤增的拐点 T_{INF} 而结束；

(4) 第四阶段 $(T_{INF} \sim T_{GEN})$ ——电池达到 T_{INF}，由于在该温度下，脱锂 LFP 正极释放氧气与电解液相互作用，使得温升速率出现骤增，随后，温升速率持续增加至 1℃/min，电池温度达到 T_2，电池触发热失控，随后温升速率继续维持相近的趋势，直到出现拐点 T_{GEN}；

(5) 第五阶段 $(T_{GEN} \sim T_3)$：电池温度自 T_{GEN} 起，温升速率逐渐平缓、减弱，最终使得电池达到最大温度 T_3。

图 4‐31 显示了以 100%SOC、75%SOC、50%SOC 及 25%SOC 电池的温升速率曲线作为电池热失控"五阶段"分割过程的示意，将五个阶段以不同的颜色块进行区分。

不同 SOC 电池热失控的特征值详细归纳表 4‐9 之中。可见电池的荷电状态基本不会影响对自产热温度 T_1，内短路温度 T_{ISC} 以及脱锂 LFP 正极释放氧气与电解液相互作用的触发温度 T_{INF} 的判定。在 90℃ 左右，电池会触发不可逆的放热副反应，因此，90℃ 可以定为该电池的失效温度。

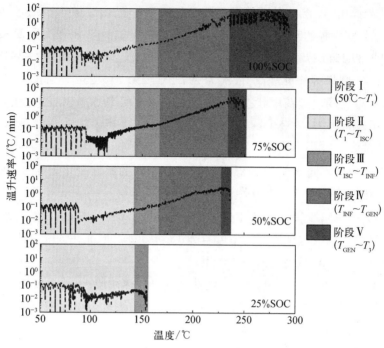

阶段 I
(50℃~T_1)

阶段 II
(T_1~T_{ISC})

阶段 III
(T_{ISC}~T_{INF})

阶段 IV
(T_{INF}~T_{GEN})

阶段 V
(T_{GEN}~T_3)

图 4-31　LFP‖Gr 电池热失控过程的"五阶段"

表 4-9　不同 SOC 电池的热失控特征值

SOC/%	T_1/℃	T_{ISC}/℃	T_{INF}/℃	T_2/℃	T_{GEN}/℃	T_3/℃	$t_{T_1-T_2}$/h	$(dT/dt)_{max}$/(℃/min)
100	91.1	139.8	167.7	187.4	233.8	297.2	23.832	76.55
75	92.6	142.1	168.0	193.1	233.6	250.1	32.569	24.13
50	89.2	141.9	167.2	200.5	202.3	236.1	39.464	3.08
25	91.8	142.6	T_3	—	—	154.9	—	0.29

对 LFP‖Gr 电池进行产热性能测试,熵热系数测量选择的升温顺序为 20℃、30℃、40℃、50℃,具体测试步骤如下:

(1) 将待测电池送入 20℃ 的高低温箱中,稳定 2 h 后,通过蓝电充放电测试仪以恒流-恒压(0.02 C 截止电流)充电至 100%SOC,连接数据采集仪,扫描间隔为 0.5 s,静置 10 h,以达到电化学平衡;

(2) 以 10℃ 为台阶,按需求的顺序每 3 h 变换一次温度(例如 10℃、20℃、30℃、40℃),升温过程为 10 min,同时安捷伦数据采集仪会采集电压随时间的变化,将每个温度台阶的最后 15 分钟所记录的电压取平均值作为稳

定的开路电压(OCV)值;

（3）将温度调至 20℃保持 3 h,稳定后以 0.1 C 倍率放出 10%的容量,继续在 20℃下稳定 3 h,等待电化学平衡;

（4）重复步骤(2)、(3),直至电池状态为 0%SOC;

（5）每个特定 SOC 下,20℃对应的稳定 OCV 值确定为待测电池的平衡电位;

（6）绘制电池在 0%~100%SOC 下的 OCV -温度的变化曲线,d(OCV)/dT 即可得出每个特定 SOC 下待测电池的熵热系数,熵热系数取值精确到 0.000 1 V。

图 4-32(a)显示了 LFP‖Gr 电池各荷电状态变温试验完成后绘制的 OCV -温度曲线,很明显 100%SOC 下,曲线斜率最大,说明电池 OCV 对温度最为敏感。图 4-32(b)为电池在 10%SOC 间隔下最终计算的熵热系数,可见熵热系数的变化范围在-0.000 56~0.000 352 V/K。荷电状态在 0%~90%SOC 范围内,熵热系数为正,表现为吸热反应,而在 100%SOC,熵热系数为负,表现为放热反应。

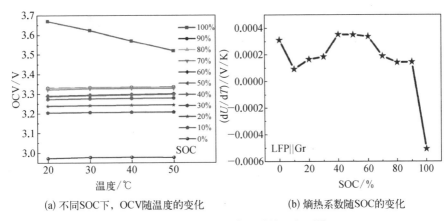

(a) 不同SOC下，OCV随温度的变化　　　(b) 熵热系数随SOC的变化

图 4-32　LFP‖Gr 电池熵热系数测量

绝热循环充放电实验在 EV-ARC 中进行,将 0%SOC 的 LFP‖Gr 电池悬挂于量热腔内,在电池表面附着 K 型热电偶,测量其表面温度,使用充放电测试仪(LAND, CT2001A)实现电池循环测试;将 EV-ARC 初始温度设置为 30℃,结束温度设置为 250℃,"等待"时间设置为 3 000 min,以为后续测试预留出足够的时间;待监测到的 EV-ARC 腔体顶部、侧面、底部温度以及

电池表面温度的误差不超过 0.1℃时,调整 EV - ARC 进入"绝热"模式;随后
开始电池的恒流-恒压充电,恒流放电循环(0.4 C/0.5 C/0.7 C),当监测到的
表面温度达到 90℃时,手动停止充放电,EV - ARC 继续保持"绝热"模式直
至电池热失控或者温升速率无上升趋势后,停止测试。最后,将 EV - ARC
记录的电池在测试过程中的温度变化数据和蓝电电池测试系统记录的电压
数据绘制于同一张图中,以便进行后续的详细分析。

　　图 4 - 33 显示了电池以 0.4 C 绝热循环至 90℃以及后续的自产热直至
热失控的温度、电压变化。可见,电池在 90℃前经历 4 周完整的充放电过
程,第 5 周充电无法在 90℃前完成。90℃之后,电池进入绝热自产热阶段,
电压缓慢下降,当大面积内短路发生时,电压骤降为 0 V,随后电池温度持续
上升。插图中显示了电池测试前后的外观状态,很明显电池触发了热失控,
电池破口、燃烧。为进一步分析其电化学-释热细节,将数据拆分成充放循
环阶段以及自产热阶段分别进行分析。

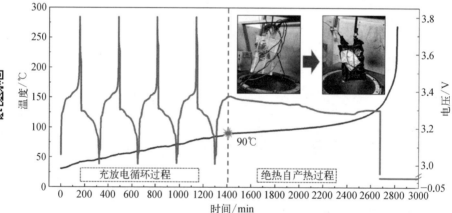

图 4 - 33　LFP||Gr 电池 0.4 C 绝热循环至 90℃前后的温度及电压变化

　　图 4 - 34 显示了电池在 0.4 C 充放循环阶段的电化学-释热行为细节,
表 4 - 10 分别列出了每一周充放阶段的温升以及容量。可见随着循环次数
的增加,电池的可放电容量产生明显的"缩水"现象。除第 1 周充电外,后续
充放电温升相差不大,充电平均在 7.7℃,放电在 5.6℃。在电池达到失效温
度 90℃前,电压曲线未出现异常拐点或者紊乱现象,说明电池 90℃前未失
效,截止电压为 3.382 V,截止 SOC 为 90.83%。温升速率变化趋势与获取的
熵热系数的变化趋势相同。

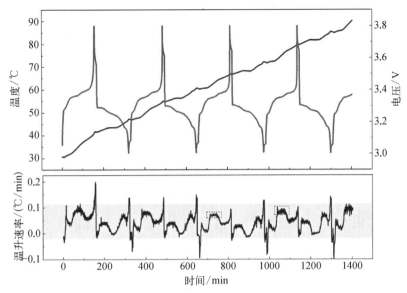

图 4-34 0.4 C 充放循环阶段电压、温度以及温升速率随时间的变化

表 4-10 电池在 0.4 C 充放循环阶段的充放电温升及容量

循环周数	充 电 过 程		放 电 过 程	
	温升/℃	容量/(mA·h)	温升/℃	容量/(mA·h)
1	10.93	4 698.4	5.64	4 606
2	7.79	4 622.9	5.62	4 604.8
3	7.61	4 617.3	5.52	4 580.5
4	7.88	4 593.4	5.63	4 525.2
5	4.72	4 110.3	—	—

虽然温升相差不大,但第 1 周到第 3 周充放电温升均随循环周数呈现微弱下降趋势,而第 4 周温升增加,这一表现在温升速率的变化图中更为明显。见图中用虚线圈出的曲线部分,对比来看,自第 4 周充电开始,温升速率相比第 3 周整体上升。而第 1 周到第 4 周容量衰减依次为 94 mA·h、95.2 mA·h、119.5 mA·h、174.8 mA·h,容量保持率依次为 98%、97.97%、97.46%、96.28%,呈现缓慢到急速的衰减规律。

在电池中,负极材料在电池初期化成时与电解液反应产生 SEI 膜,阻止进一步的反应,导致容量损失约 10%,形成稳定的电化学窗口[179]。高温下或大电流充放电时,裂纹和副反应产物沉积加剧,SEI 膜逐渐增厚,生长速率与时间呈正相关[180]。SEI 膜增厚会减缓溶剂分子在电池内部的扩散,降低锂离子的扩散速率,增加阻抗。参与反应的锂离子可能会被困在 SEI 膜中,导致电池容量减少。

可见,随着循环次数的增加,SEI 膜增长造成的活性锂损失导致电池容量衰减,容量的衰减导致了前 3 周充放电温升的降低趋势,而第 4 周开始,电池的温度达到了 70℃,过高的温度加速 SEI 膜的生长,且锂嵌入-脱出过程中石墨颗粒不可避免出现体积变化,SEI 膜部分溶解从而出现锂化石墨和电解液之间连续的小规模表面反应,加速了可循环锂的减少,导致更多的容量损失[181],而电化学反应热和欧姆热的增加,致使电池的充放温升整体提高。

图 4-35 显示了电池温度达到 90℃,手动断电后的自产热阶段电池电压、温度的变化,插图绘制了温升速率随温度的变化。电池在断电后温度缓慢上升,在 136.4℃电压掉落至 0 V,发生大面积内短路,随后温升速率趋于平缓,接着在 170℃左右温升速率出现了骤增拐点,电池温度较快增加,在 191.13℃时温升速率达到 1℃/min,触发热失控,从断电到热失控触发的时间为 1 450.834 min(24.181 h),电池达到的最高温度为 269.8℃。

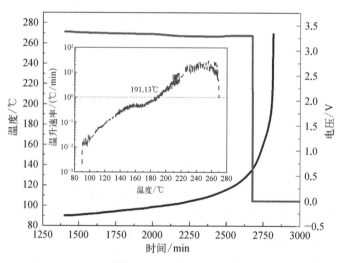

图 4-35　0.4 C 充放循环断电后电池自产热阶段的电压、温度变化

图 4-36 显示了电池在 0.5 C 充放循环阶段的电化学-释热行为细节,表 4-11 分别列出了每一周充放电阶段的温升以及容量。在电池达到失效温度 90℃之前,电池完成了 3 周完整的 0.5 C 充放循环,除第 1 周充电外,后续充电温升平均在 8.6℃,放电温升平均在 6.1℃。整个循环过程,电压曲线及温度曲线均未出现拐点或者剧烈波动,说明 0.5 C 循环同样不会导致电池

在 90℃前失效。电池在第 4 周放电过程中达到失效温度,断电后,电池的截止 SOC 为 62.66%,截止电压为 3.238 V。

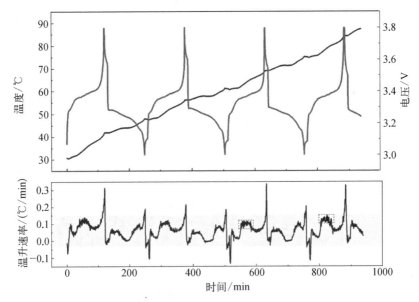

图 4-36　0.5 C 充放循环阶段电压、温度以及温升速率随时间的变化

表 4-11　电池在 0.5 C 充放循环阶段的充放电温升及容量

循环周数	充 电 过 程		放 电 过 程	
	温升/℃	容量/(mA·h)	温升/℃	容量/(mA·h)
1	11.29	4 686.5	6.12	4 601.4
2	8.52	4 611.8	5.96	4 582.9
3	8.48	4 590.2	6.11	4 519.0
4	8.86	4 514.3	3.04	1 688.8

　　第 3 周的放电阶段之前,充放电温升均呈现微弱下降趋势,之后温升上升,在温升速率变化图中可以明显看出第 4 周充电相比第 3 周充电温升速率整体提高,这一现象同样是在电池温度达到 70℃后出现。第 1 周到第 3 周容量衰减依次为 98.6 mA·h、117.1 mA·h、181 mA·h,容量保持率依次为97.9%、97.51%、96.15%。

　　图 4-37 显示了自产热阶段的温度、电压变化。在 138℃出现大面积内短路,电压掉落至 0 V,同样地,内短路后电池的温升速率进入一个缓慢上升

的平台期,温度达到167.9℃后,温升速率出现上升拐点,电池温度迅速升至热失控触发温度,即为198.98℃,从断电到热失控触发用时2 111.664 min(35.19 h),最高温度241.6℃。

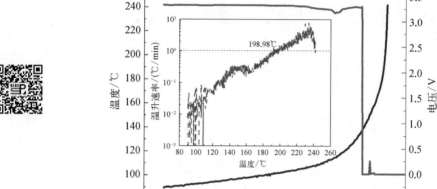

图4-37　0.5 C 充放循环断电后电池自产热阶段的电压、温度变化

图4-38是电池在0.7 C 充放循环阶段的数据处理结果,表4-12则是每一周的温升以及容量。电池在绝热状态下以0.7 C 循环,在第3周的充电末期达到失效温度90℃,断电后,截止 SOC 为99.7%,截止电压为3.794 V。第3周充电相比第2周充电温升速率整体提高。第1周和第2周的容量衰减依次为92.7 mA·h 和183.8 mA·h,容量保持率分别为98.03%和96.09%。

表4-12　电池在0.7 C 充放循环阶段的充放电温升及容量

循环周数	充 电 过 程		放 电 过 程	
	温升/℃	容量/(mA·h)	温升/℃	容量/(mA·h)
1	15.91	4 679.3	9.66	4 607.3
2	12.14	4 618.1	9.92	4 516.2
3	13.11	4 502.7	—	—

如图4-39所示,断电之后,电池温度缓慢上升,电压在142.4℃掉落至0 V,温升速率达到1℃/min 时对应温度为187.84℃,热失控触发,90~187.84℃用时1 442.431 min(24.04 h)。

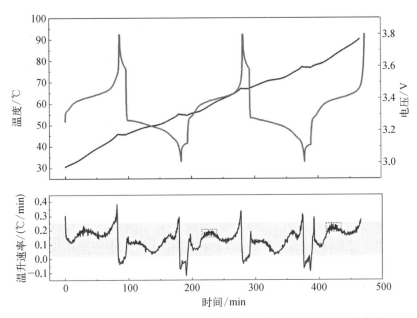

图 4-38　0.7 C 充放循环阶段电压、温度以及温升速率随时间的变化

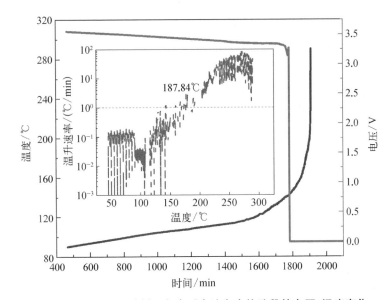

图 4-39　0.7 C 充放循环断电后电池自产热阶段的电压、温度变化

　　在绝热循环阶段,三种倍率循环的电池均未出现失效,且均在电池温度达到70℃左右时出现明显的温升增大现象,因此70℃也可以作为一个预警信号,电池达到70℃后,SEI 膜的生长加速,消耗电解质以及活性的可循环

锂,导致更多的容量损失,反应热和欧姆热的增加,致使充放温升整体提高。

在自产热阶段,0.7 C 绝热循环的截止 SOC 为 99.7%。0.4 C 绝热循环的截止 SOC 为 90.83%,热失控触发温度为 191.13℃,热失控孕育时间为 24.181 h。0.5 C 循环的电池也表现出类似的现象。因此可以基于不同 SOC 电池的绝热热失控实验结果确定各阶段放热反应动力学参数,来实现绝热循环至失效温度后的自产热行为的预测。

4.4　故障诊断与风险防控

1978 年,英国化工专家 Trevor Kletz 提出"本质上更安全的设计是避免而不是控制危险,特别是通过去除或减少工厂中危险材料的数量或危险操作的数量",为本质安全提供了一个明确的定义[182]。从本质安全的定义出发,现有储能电池的本质安全技术应包括设计、组装、事故预知、管理和热失控遏制五个部分[183]。

与对电池正负极、隔膜和电解液改性从而提升其抗热性不同,电池安全管理的目的是保护系统免受过充/放电、火灾、爆炸、泄漏和其他危害等电、热和力滥用。得益于当前先进的 BMS 技术,在运行过程中可直接获取的储能电池量测信号包括电压、电流和温度,根据电池的实测数据、历史数据可以解析出电池的实时状态、性能演变路径和未来走向等关键信息,为系统控制策略提供关键信息。

4.4.1　故障诊断

电池的故障模式很多,且故障机制非常复杂,因此故障诊断模块非常重要,如果没有合适的诊断和故障处理,一个小故障最终可能导致整个储能系统的严重损坏[184]。从控制的角度出发,故障模式可以分为电池本体故障、传感器故障和执行器故障[185]。其中电池本体故障是最为严重的故障模式,包括过充、过放、过热、外部短路、内部短路、电解质泄漏、膨胀、加速退化和热失控。如 4.3 节中所述,这些故障也是相互关联的,其关系如图 4-40 所示,如不能及时切除故障源或采取一定措施,最终都会向热失控发展。除了电池故障,传感器故障也会给电池的运行带来严重问题,因为传感器是所有量测信号的来源,BMS 中所有基于反馈的算法都高度依赖于传感器测量[186]。传感器故障一方面将影响 SOC 等状态估计算法,一方面会给出错误的量测信号,使电池在安全电压和温度范围外运行,或者导致 BMS 的均衡错误和热管理错误。与前述两种故障相比,执行器故障对控制系统的性能的影响更为直接。电池储能系统中潜在的执行器故障包括终端连接器故障、冷却系统故障、控制器区域网络总线故障、高压接触器故障和熔断器故障[187]。例如,冷却系统的故障会使电池无法维持在正常工作温度范围内,有触发热失控的风险;电池连接故障会造成供电不足、电阻上升等事故。

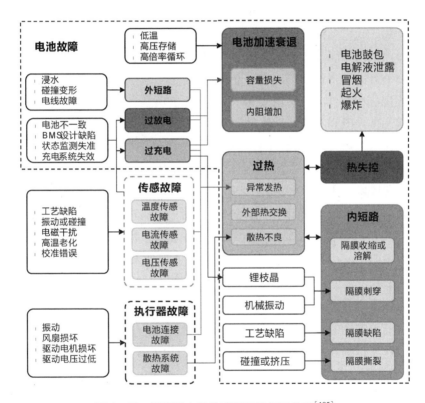

图 4-40 锂离子电池故障机理及相互关系[185]

　　一般来说,电池储能系统中故障诊断流程为:采集来自实验测量和高保真模型估计的电压、电流和温度等数据,并进行处理和存储;处理后的数据用来进行模型的参数辨识、故障特征提取等工作;通过数据预处理、特征表示、特征提取和特征选择后,提取关键的电和热特征;最后,根据提取的特征进行故障诊断和故障预测[185]。

　　电池储能系统的故障特征可以从两个来源获取:一个是直接从测量结

果中获取或是基于其特征转换;另一个是某些模型参数的反应。但一般来说很难从电压、电流和温度的直接量测值确定电池的具体故障情况,而是需要进行一定的变化。如,由于额外的电荷耗尽,可以从 SOC 的持续减少和发热量的上升这两个隐藏的特征量中推断出电池的内短路,而这两个特征值可以从电压和温度的变换中获取[188, 189]。此外,电压差和内阻的波动函数、电池温度的熵等都可被用作故障特征[188, 190, 191]。在模型方面,为了识别内短路的发生和程度,自放电内阻被引入 n 阶 RC 模型中形成 GNL 模型[192]。热模型中将电池电芯核心温度作为估计参数之一以表征可能出现的内部热故障和热失控[193]。

目前电池储能系统的故障诊断方法主要包括模型法、数据驱动法、基于知识库的方法和多种技术的集成方法。

模型法有两种主要实现形式,一种是基于模型和量测数据,使用模型输出的状态估计值和参数估计值来产生残差并检测故障。这种形式的故障诊断具有简单性和直观性,在单体和电池组这两种场景都具有良好的应用前景[194]。另一种实现形式是与电池组中相邻单体的信息结合进行故障判定,因为异常故障单体与正常单体之间是存在一定差异的。如电池组中可以根据总体和单体的平均、最差电压、温度确定异常电池,以识别内短路情况。此外单体间的 SOC 差值可以计算出额外的耗尽电流,以检测和计算短路电阻。

数据驱动法中一种典型的技术是信号处理技术,直接从电池测量数据中提取有用的故障特征而不需要构建电池模型。例如容量增量值,它比充放电曲线更具有敏感性,可以用于识别电池的容量损失情况。此外,电池组中每个电池电压的获取是容易的,但是电池间不一致性使得直接从电压来判断故障变得困难。但可以根据电池间电压相关系数来捕捉异常的电压下降,再根据阈值设定判断和诊断短路故障[188]。进一步地,香农熵可以分析每个电池单体的电压演变情况,并可以准确定位电池组中电压故障的时间和位置[195]。另一种典型的数据驱动方法便是机器学习,它可以从大量的样本中获得电池正常情况下的各类量测信号基本演变规律。目前的问题在于可以获取的故障样本太少,难以对这一方法提供有力的数据支撑。但随着机器学习以及数字孪生技术的不断进步,从小样本中推演新故障样本、使用孪生模型生成故障样本等技术逐渐成为可能。

基于知识库的方法极度依赖于对电池运行机制的理解和长期累积的知识库。例如,基于长期充放电测试下可以建立温度和电压的升高和降低规律,并基于此建立一定的规则,直接使用如布尔表达式等方法给出故障的检测结果[196]。但它的缺陷在于实验室建立的规则对于真实场景下对应参数的变化规律匹配度有限,具有一定局限性。

各种故障诊断方法之间的优劣性及应用局限如表 4-13 所示。

表 4-13　故障诊断方法对比[185]

方法	故障类型	故障特征	优　点	缺　点	应用局限
递归算法	微短路内短路容量衰退	欧姆内阻电容SOC 差异微分电压	高精度计算成本低	受模型精度和SOC 估计误差影响	需要模组中其他电池信息受电池不一致性和均衡影响
	锂沉积	锂离子传输速率	对噪声不敏感	受模型精度影响	计算成本高
非线性李雅普诺夫分析	过充电/放电热故障	电池模型参数热模型参数	对噪声不敏感热故障检测与隔离	模型构造复杂受模型精度影响	计算成本高需要高精度模型
相关性分析	短路电压故障	异常电压降	不受电池不一致影响不需要硬件或分析冗余	对噪声敏感	受电池均衡影响
熵分析	组件单体温度、电压故障	电池温度、电压的熵	应用范围广,尤其是混沌系统的波动	计算窗口对熵结果有显著影响	高计算成本
机器学习	电池故障	异常电压	对模型不确定性不敏感	需要大量训练数据	故障数据难获取
	外短路电池的电解液泄漏	放电容量最大温度增量	分类效果好计算成本低		

4.4.2　热失控预警

相比于故障诊断,火灾的预警和防控技术触发处于更靠后的时间段。当故障诊断失效,或是未诊断出已发生的故障时,储能系统便存在故障加剧、蔓延进而导致起火、爆炸的风险。但幸运的是,在这之前仍有一定时间对其进行反应。

1. 预警策略制定

根据对 LFP‖Gr 电池绝热循环至失效温度的电化学-释热行为的分析以及 P2D-SEI 膜生长增厚-热模型的应用,可以找到电池在工作过程中状态突变的临界点,以此来确定电池安全运行的范围。综合分析数据,找到了以下四个阈值。

1)阈值 1:$T = 70℃$

电池充放循环至温度 70℃时,温升速率明显升高,并且达到 70℃之后,电池容量由平稳衰减转变为快速衰减。电池温度达到 70℃后会加剧其内部副反应的扩散及传质过程,因而导致处于较高的温度下 SEI 膜生长增厚速率相较于较低的温度下快,并且膜阻也增大。

2)阈值 2:$T = 90℃$

由不同 SOC 电池的绝热热失控行为分析可知,90℃是电池出现不可逆副反应的温度,即为电池的失效温度,同样也是自产热的起始温度。90℃之前,电池在工作状态下由内部的电化学反应热、极化热、欧姆热和 SEI 膜生长增厚热来主导电池的温升,90℃之后,SEI 膜的 $ROCO_2Li$、$(CH_2OCO_2Li)_2$ 等亚稳态组分发生分解反应,随着 SEI 膜的分解,其无法保护嵌锂负极,导致电解液溶剂与石墨嵌锂发生反应,释放烷烃、烯烃类气体,电池温度会继续上升。因此,90℃可以作为判断电池是否需要断电的临界点。

3)阈值 3:$SOC = 41\%$

3.5.2 节建立的预测模型可以实现绝热循环阶段电化学-热行为以及自产热阶段热失控行为的准确预测。通过模型仿真,以 $1\%SOC$ 为间隔,按 $25\%SOC$、$26\%SOC$ 的顺序叠加,分别预测电池的自产热行为,最终发现 $41\%SOC$ 是电池是否会发生热失控的荷电状态边界,电池的最大温升速率恰好达到 $1℃/min$。电池高于 $41\%SOC$,进入自产热阶段后,温升速率逐渐增加,最终会达到 $1℃/min$,而低于 $41\%SOC$,电池的温升速率始终无法达到 $1℃/min$,电池没有热失控风险。因此,$SOC = 41\%$ 可以作为判断电池是否具有热失控风险的临界点。

4)阈值 4:$dT/dt = 1℃/min$

温升速率 $1℃/min$ 是判断电池是否触发热失控的指标。电池触发热失控后会在很短的时间内起火燃烧。$dT/dt = 1℃/min$ 作为是否需要采取消防措施的临界点。

2. 基于温度、电压、SOC 的三级预警策略

对异常状态的早期检测可以对电池采取有效及时的措施,避免热失控的发生。针对 LFP‖Gr 电池在绝热循环下的电化学-释热行为,提出了一种基于实验分析和模型预测的电池热失控监测预警方法,如图 4-41 所示。

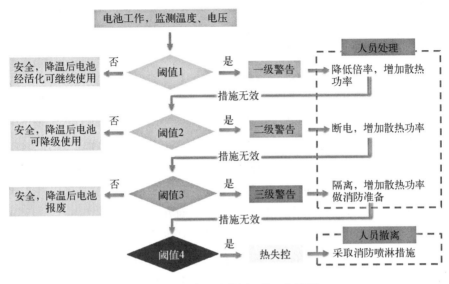

图 4-41   电池绝热循环的三级预警

电池温度达到 70℃ 之前,温度对电池电化学性能影响较小,电池可以正常工作。当温度传感器监测到电池温度达到阈值 1($T=70℃$)后,电池出现轻微异常情况,启动一级警告,此时应该降低充放电倍率,增加散热功率,使得电池温度快速降低,降温后的电池未出现容量急速衰减情况,小倍率活化后可继续使用。

若一级警告后采取的措施无效,电池继续运行,温度会持续升高,当监测到电池温度达到阈值 2($T=90℃$)时,电池出现不可逆自产热情况,立即启动二级警告,将电池断电并继续加大散热功率,此时电池出现容量急速衰减情况,但并未出现电压紊乱现象,电池并未失效,电池降温后可以降级使用。

若二级警告后采取的措施无效,电池虽然断电,却已经进入自产热阶段,电池内部开启了链式放热反应,温度持续升高。当发现电压掉落时,启动三级警告,此时判断电池 SOC,若达到阈值 3(SOC≥41%),此时若不采取有效措施,电池一定会发生热失控,电池处于危险状态,应立刻隔离电池,并增加散热功率,并提前做好消防准备;若未达到阈值 3(SOC<41%),则电池没有热失控风险,电池完全失效,正常增加散热功率,降温后报废处理即可。

若三级警告后采取的措施无效,荷电状态在 41%SOC 以下的电池温度经过短暂的升高后会自行降低,没有燃烧起火风险。荷电状态在 41%SOC 以上的电池在内部链式放热反应的作用下温度会持续升高,当监测到的温升速率达到1℃/min时,电池触发热失控,此时应立刻采取消防喷淋措施,人员迅速撤离场地。

3. 风险防控

电池的热失控不是瞬发的,当储能系统中有电池单体发生热失控时,其过程往往伴随一些可监测的明显反应,根据顺序和严重程度,有可燃气体的缓慢释放、产生烟雾以及火焰产生。目前,针对特征气体和温升值进行火灾预警的研究已得到研究,热失控过程中伴随着 H_2、HF 和 CO 等气体的产生,同时电池单体的温升速率将逐渐增大,两者都是火灾预警中值得重点关注的对象。

针对储能系统中的火灾,防控手段根据施加作用物的不同可以分为水基喷洒方法、水雾方法、惰性气体方法和清洁剂方法。

水基喷洒系统因为其有效冷却特性被广泛应用于一般的商品消防保护中,但其对电池储能系统的有效性还有待商榷,因为将电池降温至热失控临界值以下的水量需求巨大,而水的高导电性可能导致电池断路,造成附加的损害[197]。此外,加水会导致电池内部的有机物质发生不完全燃烧,从而产生 CO。

水雾系统中液滴的大小为 1 000 μm(传统的喷水系统的液滴大小为 5 000 μm 左右),在实验室环境的测试结果中,水雾系统中加入表面活性剂和凝胶剂可有效减少用于灭火和冷却电池单体的需水量[198]。

惰性气体的优势在于,当储能系统的火灾防控系统被废气或烟雾检测结果激活时,向相对密闭的储能舱中释放惰性气体可以有效降低 O_2 的浓度,产生"窒息作用"从而达到灭火的目的。虽然与水基系统不同,惰性气体可以渗透到深层的储能系统火灾中,但一般来说气体的冷却性能较差,因此在防止热失控传播方面没有效果[198]。

在成功实现早期火灾预警的前提下使用以卤素为基础的清洁剂可以抑制储能系统的初步火灾,因为它可以打断燃烧的连锁反应,但其仍存在缺点,即在高温下有可能形成二次毒性和腐蚀性产品[144]。

总体来说,没有一个单独的防火方法可以成为锂离子电池储能系统火灾的完美解决方案,不过,一个包括早期检测和抑制的多层保护策略可能是最好的选择。由于每个电池储能系统都有自己独特的电池化学成分,有不同的电池模块安排和特定设施的应急反应策略,因此,为基于锂离子电池的大规模储能系统设计防火措施时,必须采取逐个案例的方法。在出现经过充分测试和验证的储能系统专用防火技术之前,能够抑制电池火灾、防止热失控传播和管理所产生的废气浓度的保护层的组合可能是最好的途径。

第5章 AI助力储能发展

2022年，人工智能（artificial intelligence，AI）领域的发展迎来重要拐点，以ChatGPT为代表的技术快速、深刻地改变了各行各业的发展格局，其极快的迭代速度也大大加速了相关行业发展，显然人工智能将成为未来各行各业高质量高速发展的核心驱动力之一。

随着全世界范围内的数字化变革，储能行业也呈现出高度数字化趋势。例如，世界第二大化学品生产商巴斯夫（BASF）宣称其每天生成超过7 000万个电池特性数据点[199]；法国的电化学储能研究网络（Research network on electrochemical energy storage，RS2E）及其17个学术合作伙伴每年可生成约1PB的电池数据[199]；Battery Failure Databank提供了对商用锂离子电池进行的包括针刺穿透、热滥用和内部短路在内的数百次滥用测试的数据[200]；Battery Archive整合了当前的锂离子电池老化循环测试开源数据集以及来自全球学术机构的自愿开源的数据，并提供了便捷的数据可视化、分析和比较工具[201]。同时，越来越多的科研、学术机构开始通过Mendeley Data、dropbox和机构官网等平台公开其历经多年测试所得的数据，毫无疑问储能行业的数字化时代已经悄然开始了。

5.1 AI算法概述

当前，人工智能在我们的世界中无处不在，装备着许多现代数字设备。人工智能使谷歌等互联网搜索引擎能够从我们的搜索习惯中学习，并向我们推荐最相关的结果，例如在脸书（Facebook）或推特（Twitter）等社交网络中，人工智能用于个性化新闻推送、识别照片中的人或物体、提供机器翻译或检测不适当的内容等用途。在线视频点播服务，例如，美国奈飞公司（Netflix）使用人工智能来个性化电影，我们的手机使用人工智能作为个人助理(例如 Siri、Google Now 和 Bixby)。其他广泛采用的人工智能应用程序具有从垃圾邮件分类、语音识别到在电子商务中提供个性化销售优惠等各种功能。另一个广为人知的应用例子是游戏,其主要突破是会下国际象棋的计算机"深蓝"(Deep Blue)、"阿尔法围棋"(AlphaGo)、"沃森"(watson)等。此外,人工智能也是现代机器人、自动驾驶、智能电网发展的核心。毫无疑问,电化学也完全遵循这一趋势。为了降低成本和提高产品质量,化工行业正在投资于人工智能和数字化以加速研发,而学术界则打算利用人工智能和机器学习来加速材料、药品、催化剂和性能评估等方面的研究。现代 AI 算法的能力依赖于数据的数量、质量和准确性,任何基于 AI 的方法的第一步都是构建一个合适且足够完整的数据集之后,训练机器学习模型,并在可能的情况下进行评估。常见的算法包括线性回归、支持向量机、K 最邻近回归、人工神经网络和深度学习等。

5.1.1 线性回归

回归问题的目的是找到一个线性函数 $f(x)$ 使得观测数据与函数输出之间的平方距离最小。通常,定义 N 个输入向量为 $X = [x_1, x_2, \cdots, x_N]$ 以及 N 个输出向量为 $Y = [y_1, y_2, \cdots, y_N]$,构建包含 N 个属于与输出数据点的训练数据 $DN = [(x_i, y_i), i = 1, 2, \cdots, N]$,其中每个数据点可能包含 d 个特征,记为 $x_i = [x_{i_1}, x_{i_2}, \cdots, x_{iN}]^T$,$f(x)$ 可表示为

$$\hat{y}_i = f(x_i) = \sum_{j=1}^{d} w_j^T x_{i,j} + b = w_1 x_{i,1} + w_2 x_{i,2} + b \qquad (5-1)$$

式中,w_j 为第 j 个特征的权重;b 为偏置;目标是最小化模型输出与观测之间的误差平方和,表示为

$$E_w = \sum_{i=1}^{N} (y_i - \hat{y}_i)^2 \qquad (5-2)$$

式中,y_i 和 $\hat{y}_i$ 分别为真实值和估计值,通过对上式最小化进行权重的求解:

$$\frac{\partial E_w}{\partial w_j} = 0, j = 0, 1, \cdots, d \qquad (5-3)$$

式中,w_j 为第 j 个权重值,当模型为线性时,上述方程可显式求解为

$$\hat{w} = (X^T X)^{-1} X^T Y \qquad (5-4)$$

式中，$\hat{w}$ 为权重参数向量，X 为每列包含数据点 i 的矩阵，Y 为输出向量。求解权重的另一种方法为梯度下降法，即根据梯度的方向迭代更新权重参数，如下：

$$w_j = w_j - \alpha \frac{\partial E_w}{\partial w_j}, j = 0, 1, \cdots, d \qquad (5-5)$$

式中，w_j 的初始值为随机数；α 为学习率；对上式反复迭代更新直至 w_j 收敛。线性回归的结构如图 5-1 所示。

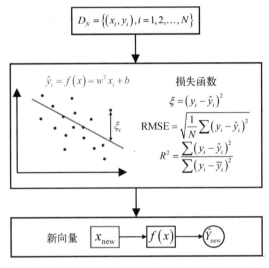

图 5-1 线性回归

5.1.2 支持向量机

支持向量机(support vector machine，SVM)最早由 Vapnik 等于 1998 年提出，目前已成功应用于电网负荷预测、故障诊断、图像处理等回顾及问题[202]。因为 SVM 使用了核函数技术，可将特征向量映射到高维空间，在高维函数逼近问题中具有优异的性能。目前 SVM 是机器学习中最流行和最通用的模型之一，适用于复杂小数据集的分类和回归使用场景。通常，SVM 模型定义为

$$\hat{y} = w^{\mathrm{T}}\psi(x) + b, x \in R^d, \psi(x) \in R^{\tilde{d}}, b \in R \qquad (5-6)$$

式中，$\psi(\cdot)$ 为一个映射，该映射使得输入数据在一个维数为 $\tilde{d}$ 的新特征空间中是线性的。与一般线性回归模型不同，SVM 模型采用 ε -不敏感损失函

数。这说明任何大于 ε 的误差都被认为是不可接受的。也就是说，SVM 的目标是找到最优系数 w 和 b，使函数 f 不包含大于 ε 的误差。因此，这也被称为硬边际 SVM，其存在以下约束优化问题：

$$\min_{w,\,b} \frac{1}{2} w^{\mathrm{T}} w$$

$$\text{s.t.} \begin{cases} y_i - w^{\mathrm{T}} \psi(x_i) - b \leqslant \varepsilon \\ w^{\mathrm{T}} \psi(x_i) + b - y_i \leqslant \varepsilon \end{cases} \quad \forall i \in \{1,\,2,\,\cdots,\,n\} \tag{5-7}$$

由于在上述约束条件下并不是总能找到最小值，需要引入以下损失函数：

$$\min_{\substack{w \in R^d \\ \xi_i,\,\xi_i^* \in R}} \frac{1}{2} w^{\mathrm{T}} w + C \sum_{i}^{N} (\xi_i + \xi_i^*)\,\text{s.t.} \begin{cases} y_i - w^{\mathrm{T}} \psi(x_i) - b \leqslant \varepsilon + \xi_i \\ w^{\mathrm{T}} \psi(x_i) + b - y_i \leqslant \varepsilon + \xi_i^*, \quad \forall i \in \{1,\,2,\,\cdots,\,N\} \\ \xi_i,\,\xi_i^* \geqslant 0 \end{cases}$$

$$\tag{5-8}$$

式中，C 为调节损失函数的正常数，其决定了回归函数的平坦度和大于 ε 的偏差的容忍度之间的权衡。上式中的平整度意味着 $\|w\|$ 的值很小，为了解决这个问题，需要引入拉格朗日乘数 α_i, α_i^*, β_i, $\beta_i^* \geqslant 0$，可以表示为

$$\min_{w \in R^d,\,\xi \in R^N} \max_{\alpha,\,\beta \in [0,\,+\infty]^N} L(w,\,b,\,\xi_i,\,\xi_i^*,\,\alpha_i,\,\alpha_i^*,\,\beta_i,\,\beta_i^*)$$

$$= \frac{1}{2} w^{\mathrm{T}} w + C \sum_{i=1}^{N} (\xi_i + \xi_i^*) - \sum_{i=1}^{N} (\beta_i \xi_i + \beta_i^* \xi_i^*)$$

$$- \sum_{i=1}^{N} \alpha_i [\varepsilon + \xi_i - y_i + w^{\mathrm{T}} \psi(x_i) + b] - \sum_{i=1}^{N} \alpha_i^* [\varepsilon + \xi_i^* - y_i + w^{\mathrm{T}} \psi(x_i) - b]$$

$$\tag{5-9}$$

最小-最大问题可以转化为满足卡罗需-库恩-塔克（Karushe-Kuhne-Tucker, KKT）条件的对偶最大-最小问题[203]。第一个 KKT 条件规定了原始变量的梯度为零，即 $\nabla_w L = 0$, $\nabla_b L = 0$, $\nabla_{\xi_i} L = 0$, $\nabla_{\xi_i^*} L = 0$。第二个 KKT 条件称为互补条件，其中约束乘以其拉格朗日乘子在最优情况下等于零，这意味着约束有效或拉格朗日乘数为零。由于第二 KKT 条件，ε 中的拉格朗日乘数 α_i 和 α_i^* 将消失，而当 $|y_i - \hat{y}_i| \geqslant \varepsilon$ 时，α_i 和 α_i^* 是非零的。因此，只有当系数不消失时，x_i 才足以描述 w，这些数据被称为支持向量。将原 SVM 优化问题转化为对偶 SVM 优化问题：

$$\max_{\alpha,\ \alpha^*} \sum_{i=1}^{N} y_i(\alpha_i^* - \alpha_i) - \sum_{i=1}^{N} \varepsilon(\alpha_i^* + \alpha_i) - \frac{1}{2} \sum_{i=1}^{N} \sum_{j=1}^{N} (\alpha_i^* - \alpha_i)(\alpha_j^* - \alpha_j) K(x_i,\ x_j)$$

$$\text{s.t.} \begin{cases} \displaystyle\sum_{i=1}^{N} (\alpha_i^* - \alpha_i) \\[2mm] 0 \leqslant \alpha_i,\ \alpha_i^* \leqslant C \end{cases}$$

$$(5-10)$$

对上式的拉格朗日乘数 α_i 和 α_i^* 进行优化,系数 w 和 b 可以表示为

$$\begin{cases} w = \displaystyle\sum_{i=1}^{N} (\alpha_i - \alpha_i^*) \psi(x_i) \\[3mm] b = y_i - \displaystyle\sum_{i=1}^{N} (\alpha_i - \alpha_i^*) \psi(x_i)^{\mathrm{T}} \psi(x_i) \end{cases} \qquad (5-11)$$

最终,回归方程确定为

$$f(x) = w^{\mathrm{T}} \psi(x) + b = \sum_{i=1}^{N} (\alpha_i^* - \alpha_i)^{\mathrm{T}} K(x_i,\ x) + b \qquad (5-12)$$

式中,$K(x_i,\ x_i) = \langle \Psi(x_i),\ \Psi(x_i) \rangle$ 为核函数,其隐式地将输入映射到高维特征空间。常见的核函数如下。

（1）多项式核函数:

$$K(x_{ii},\ x_{jj}) = (x_{ii}^{\mathrm{T}} x_{jj} + 1)^{M} \qquad (5-13)$$

（2）高斯径向基函数:

$$K(x_{ii},\ x_{jj}) = \exp\left(-\frac{1}{2\sigma^2} \| x_{ii} - x_{jj} \|^2\right) \qquad (5-14)$$

（3）双曲正切核函数:

$$K(x_{ii},\ x_{jj}) = \tanh(\kappa x_{ii}^{\mathrm{T}} x_{jj} + c) \qquad (5-15)$$

式中,M、σ、κ 和 c 为上述核函数的可调参数,SVM 的结构如图 5 - 2 所示。

5.1.3　K 最近邻回归

K 最近邻回归(K-nearest neighbor regression,KNN)是一种有效的分类工具,尤其是在模式识别中。作为一种懒惰学习算法,KNN 使用特征空间中的

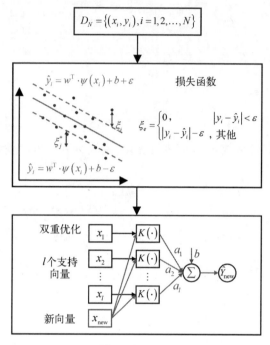

图 5-2　SVM

k 个最近邻来对新点进行分类。当用于回归任务时,如图 5-3 所示,在预测一个新的值 x_{new} 时,KNN 首先根据距离度量找到距离其最近的 k 个点 x^1,x^2,$\cdots$,x^k 并计算其加权平均值以预测 x_{new} 的响应。对于给定的包含 N 个点的训练集 $X = [x_1, x_2, \cdots, x_n]$,其中每个数据点包含 d 个特征。在使用 KNN 对新值 x_{new} 进行预测时,首先使用加权欧氏距离描述每个训练点 x_i 与 x_{new} 的接近程度,表示为

$$d(x_i, x_{new}) = \sqrt{\sum_{j=1}^{d} w_j (x_{new}^j - x_i^j)^2} \qquad (5-16)$$

式中,x_{new}^j 和 x_i^j 为 x_{new} 与训练点 x_i 的第 j 个特征;w_j 为第 j 个特征的权值,所有权值受到 $\sum_{j=1}^{N} w_j = 1$ 的约束,一般可通过遗传算法、粒子群算法等优化算法获取。根据距离 d 得到 k 个训练点 $x_{(1)}$,$x_{(2)}$,$\cdots$,$x_{(k)}$ 后,对其从最近到最远排序,称为 x_{new} 的 k 近邻。进一步使用核函数为每个近邻点分配权重(通常依赖于计算的距离),对新样本 x_{new} 的预测可以表示为

$$\hat{y}_{\text{new}} = \frac{\sum_{i=1}^{k} K(x_{\text{new}}, x_{(i)}) y_{(i)}}{\sum_{i=1}^{k} K(x_{\text{new}}, x_{(i)})} \quad\quad (5-17)$$

式中，k 为控制模型灵活性的最近邻点数量，一般来说 k 越大，模型越平滑；$y_{(i)}$ 为点 $x_{(i)}$ 的已知响应；$\hat{y}_{(i)}$ 为 x_{new} 的预测响应；$K(x_{\text{new}}, x_{(i)})$ 为核函数。

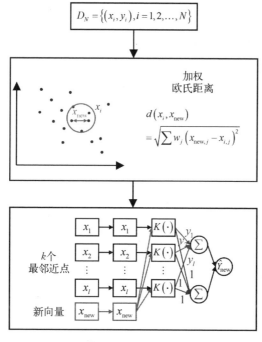

图 5 - 3　K - NN

5.1.4　人工神经网络

人工神经网络（Artificial neural network，ANN）始于使用数学模拟人类大脑的遗传活动，可实现模式识别、优化和预测等任务，是当下最热门的算法之一。一般来说，ANN 由一个输入层、多个隐藏层和一个输出层组成。输入层接收数据并将信息直接传输到隐藏层，隐藏层中的每个神经元进行加权线性组合计算，并通过激活函数将信息传播到下一个隐藏层。上述过程将一直持续，直至预测模型目标输出的输出层。根据网络结构，ANN 算法通常分为传统神经网络和深度学习算法，如图 5 - 4 所示。其中传统的神经网络如前馈神经网络(feed-forward neural network, FFNN)只包含一个隐藏层,而深度学习(deep learning, DL)则使用"deep"这个形容词来描述多个隐藏层的使用。典型的深度学习算法包括递归神经网络(recurrent neural network, RNN),其中上下文单元用于考虑历史老化信息;深层神经网络(deep neural network, DNN),其隐藏层之间是全连接的;卷积神经网络(convolutional neural network, CNN)在隐藏层之前添加了卷积层和池化层以降低输入的维数。

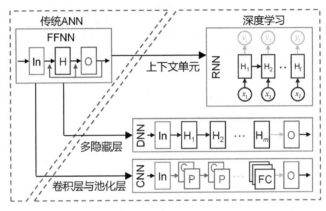

图 5-4　ANN 及其分类

FFNN 的结构如图 5-5 所示。FFNN 将 d 维特征作为输入馈送到输入层,隐藏层的输入则为其内积与偏置和:

$$h_q = g\Big(\sum_{p=1}^{d} x_{i,p}^{\mathrm{In}} w_{pq}^{\mathrm{H}} + b_q\Big),\ q = 1,\ 2,\ \cdots,\ l \qquad (5-18)$$

式中,x_{ip}^{In} 为第 i 个样本的第 p 个特征;w_{pq}^{H} 为连接第 p 个输入神经元和第 q 个隐藏神经元的权值;b_q 为第 q 个隐藏神经元的偏置;l 为隐藏神经元的个数;$g(\cdot)$ 为激活函数,常用的激活函数是线性函数、S 型(Sigmoid)函数、双曲正切函数(tanh)、整流线性单元函数(rectified linear unit, ReLU)和 Leaky ReLU 函数,如表 5-1 所示。进一步地,FFNN 的输出可表示为

$$\hat{y}_i = g\Big(\sum_{q=1}^{l} h_q w_q^{\mathrm{O}}\Big) \qquad (5-19)$$

式中,h_q 为第 q 个神经元的输出;w_q^{O} 为第 q 个隐藏神经元的输出权值。训练 FFNN 的权值方法包括反向传播、遗传算法、粒子群算法和差分进化等。

截至目前最常用和最知名的方法是反向传播。在训练过程中,反向传播算
法可以分为前向阶段和后向阶段两部分。在前向阶段,输入被馈送并通过
网络向前传播,在激活前后更新每个隐藏神经元 h_q 的值。给定网络的输出
后,根据预测输出与测量输出之间的误差计算损失函数,后向阶段计算网
络中每个权值和偏差的损失函数的梯度(该方法的名称为 k 层权值的梯
度,取决于 $k+1$ 层权值的梯度)。给定更新后的梯度,梯度下降算法可按
下式计算:

$$w_{pq}^{H} = w_{pq}^{H} - \alpha \frac{\partial E_w}{\partial w_{pq}^{H}} = w_{pq}^{H} - \alpha \frac{\partial E_w}{\partial \hat{y}_i} \frac{\partial \hat{y}_i}{\partial h_q} \frac{\partial h_q}{\partial w_{pq}^{H}} \qquad (5-20)$$

式中,E_w 为损失函数,常用的损失函数为均方根误差 $E_w = \frac{1}{2}\sum_{i=1}^{N}(y_i - \hat{y}_i)^2$。

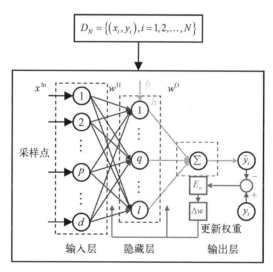

图 5-5　FFNN

表 5-1　神经网络中常见激活函数

激活函数	波形	优点	缺点
Sigmoid $g(u)=\dfrac{1}{1+e^{-u}}$	Sigmoid	最广泛应用的激活函数之一导数总是不为零,使梯度下降训练在每一步都有效	存在梯度消失的问题

激　活　函　数	波　形	优　点	缺　点
tanh $g(u) = \dfrac{e^u - e^{-u}}{e^u + e^{-u}}$	Tanh	适用于梯度下降 零中心输出有助 于提高收敛速度	存在梯度消失的 问题
ReLU $g(u) = \begin{cases} 0, & u \leqslant 0 \\ u, & 其他 \end{cases}$	ReLu	因可以创建稀疏 的解决方案而广 泛应用于深度 学习 与其他函数相比 计算效率更高	当大多数神经元 输出为零时,梯度 不能反向传播。 最终,一部分神 经元变得不活 跃,对任何输入 都只输出零
Leaky ReLU $g(u) = \begin{cases} au, & u \leqslant 0(0 < u < 1) \\ u, & 其他 \end{cases}$	Leaky ReLu	改进了 ReLU 的 神经元"死亡" 问题	与 ReLU 相比, 不会创建稀疏的 解决方案

　　基于梯度下降的方法存在速度较慢和参数容易陷入局部最优的隐患,为了解决这一问题,一种极限学习机方法(extreme learning machine, ELM)被提出,ELM 不需要迭代网络参数优化,在随机选择输入权值和隐藏层偏置后,只估计输出权值。输出层的权重估计相当于线性模型的权重估计,因此可以很容易地根据广义穆尔-彭罗斯(Moore-Penrose)逆操作确定。因此,估计 ELM 的权值比传统的学习方法要快得多,而且计算量更少。然而,由于 ELM 方法包含较少的可训练权值,如果 BP 可找到全局最优,ELM 方法的精度将总是低于 BP - FFNN。如图 5 - 6 所示,ELM 的输出可表示为

$$\hat{y}_i = \sum_{q=1}^{l} g\Big(\sum_{p=1}^{d} x_{i,p}^{In} w_{pq}^{H} + b_q \Big) \beta_q, \ i = 1, 2, \cdots, N \qquad (5-21)$$

也可改写为

$$Y = g(WX^{T} + b)\beta \qquad (5-22)$$

式中,Y 为给定输入矩阵 X 的输出向量;W 为随机化输入权重矩阵;b 为隐藏节点的偏置;$g(\cdot)$ 为激活函数;β 为输出权重向量。其中,β 的最优解析解可表示为

$$\beta = H^{+}Y = (H^{T}H)^{-1}H^{T}Y \qquad (5-23)$$

式中,$H = g(WX^{T} + b)$;H^{+} 为隐藏输出矩阵 H 的 Moore - Penrose 广义逆。

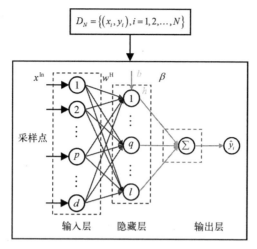

图 5 - 6　ELM

5.1.5　深度学习

深度学习是基于人工神经网络的机器学习算法的一个分支,其中"深度"一词来源于神经网络中多个隐藏层的使用,常见的深度学习算法包括深度神经网络(deep neural network, DNN)、卷积神经网络(convolutional neural network, CNN)和循环神经网络(recurrent neural network, RNN)。其中 DNN 是 FFNN 的直接扩展,如图 5 - 7 所示。其包含多个隐藏层,信息通过由一个或多个激活函数激活的隐藏层传递。

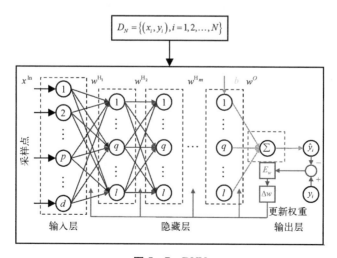

图 5 - 7　DNN

CNN 的结构如图 5-8 所示。具有 2D 输入的 CNN 包含一个或多个卷积层和池化层、全连接层和输出层。不同于全连接层,卷积层中的每个输出都只与部分输入相连。这种稀疏连通性是通过在输入空间上滑动滤波(即权重矩阵)来实现的,滤波器与输入子集之间的计算过程称为"卷积"。如图 5-9 所示,在卷积计算中需要考虑滑动滤波的步长,以步长为 1 为例。假设 Filter $= (f_{i,j}) \in R^{F \times F}$ 表示滤波矩阵,卷积运算可表示为

$$o_{\text{co}\,p,\,q} = \sum_{i=1}^{F} \sum_{j=1}^{F} f_{i,\,j} x_{i+p-1,\,j+q-1} \qquad (5-24)$$

式中,$o_{\text{co}\,p,\,q}$ 构成特征映射,即卷积的输出矩阵。卷积层将输入空间映射到特征空间,池化层通过总结特征映射上给定窗口中呈现的特征,进一步减小特征映射的大小。池化输出可以计算为

$$o_{\text{pool}\,p,\,q} = \text{pool}((o_{p+i-1,\,q+j-1})_{i,\,j \in 1,\,2,\,\cdots,\,l}) \qquad (5-25)$$

式中,l 和 pool($\cdot$)表示窗口大小和池化函数,其中常用的池化函数为平均池化和最大池化。顾名思义,窗口中元素的平均值和最大值将分别用于输出。进一步地,通过激活函数将非线性引入池化层的输出,CNN 中常用的激活函数为 ReLU 函数。CNN 的优势在于,由于卷积层和池化层的存在,CNN 方法可以自动从原始数据中提取和选择特征,这省去了人工选取特征的步骤。

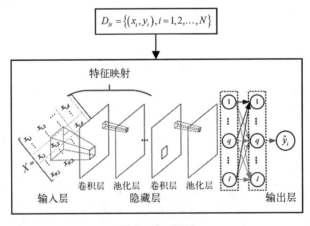

图 5-8　CNN

RNN 的结构来源于 FFNN,与 FFNN 不同的是,RNN 有一个额外的上下文单元用于存储历史信息。因此,一些隐藏层的输出被反馈到前一层的输

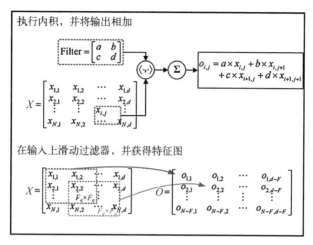

图 5-9 卷积计算过程

入中。这使得 RNN 模型非常强大,能够处理序列数据。RNN 可用于动态系统的状态预测,因此也可用于电池退化的长期预测。Elman NN 是基本的 RNN 结构,如图 5-10 所示。

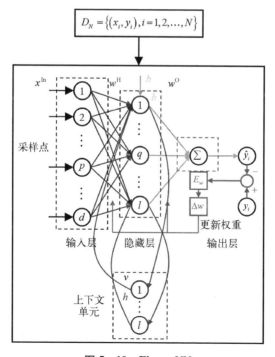

图 5-10 Elman NN

上下文单元接收隐藏层的输出值并直接存储这些值。在每个时间步长 k 处,输入的 $x(k)$ 与存储在上下文单元中的先前值 $h(k-1)$ 一起决定了当前隐藏层的输出,如下:

$$h_q(k) = g\Big(\sum_{p=1}^{d} \big[x_{i,p}^{\text{In}}(k) w_{pq}^{\text{H}}(k) + h_p(k-1) v_p(k-1) \big] + b_q \Big) , \quad q = 1, 2, \cdots, l$$

$$(5-26)$$

式中,k 为当前时间步长,$x_{i,p}^{\text{In}}$ 为第 i 个样本点的第 p 个特征,w_{pq}^{H} 为连接输入神经元和隐藏神经元的权值,v_p 为连接上下文单元和隐藏神经元的权值,b_p 为偏置,$g(\cdot)$ 为激活函数。一般来说,上述权值也可使用反向传播方法进行优化。

在建模依赖时间的行为时,RNN 比 FFNN 有明显的优势,因为对先前状态的依赖直接包含在网络中。因此,在预测电池未来的状态时,需要考虑电池在训练点之前的行为,这与 FFNN、SVM 和 KNN 回归不同。此外,对于长时间序列和复杂隐藏层,长期依赖问题会导致 RNN 在反向传播过程中梯度消失和爆炸。为了解决这些问题,长短期记忆(long short-term memory,LSTM)被提出。在 LSTM 中,门控循环单元用于控制梯度信息的传播。与基本的 Elman 神经网络不同,LSTM 层使用三个门精心设计上下文单元,分别为输入门、遗忘门和输出门,如图 5-11 所示。门是激活函数的组合,决定哪些信息应该通过上下文单元。基于当前输入 $x(t)$ 和上一个隐藏层的输出 $h(t-1)$,新的内部状态向量为

$$\tilde{c}(t) = \tanh(W_c[x(t), h(t-1)] + bc) \qquad (5-27)$$

当更新内部状态时,输入门 $i(t)$ 决定将哪些新信息存储在内部状态中,遗忘门 $f(t)$ 则用于丢弃先前的冗余信息,其计算方法如下:

$$\begin{cases} i(t) = \sigma(W_i[x(t), h(t-1)] + b_i) \\ f(t) = \sigma(W_f[x(t), h(t-1)] + b_f) \end{cases} \qquad (5-28)$$

通过上式,当前状态更新为

$$C(t) = f(t)C(t-1) + i(t)\tilde{C}(t) \qquad (5-29)$$

最终,输出门计算新的输出和隐藏层,具体为

$$\begin{cases} o(t) = \sigma(W_o[x(t), h(t-1)] + b_o) \\ h(t) = o(t) \times \tanh(C(t)) \end{cases} \qquad (5-30)$$

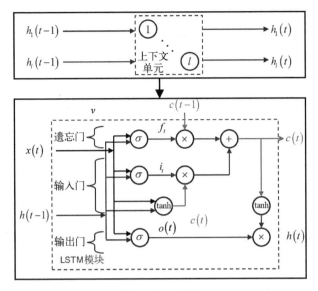

图 5-11　LSTM

5.1.6　高斯过程回归

与其他回归方法需要详细的参数进行建模的方式不同,高斯过程回归(Gaussian process regression, GPR)采用基于概率的方法训练样本数据,GPR 模型由均值函数和协方差函数确定,并利用贝叶斯推理得到后验概率的假设。而基于高斯分布的概念,GPR 分布可以拓展至无限维度。

定义 $D = (X, y)$ 为训练集,其中 X 为输入,y 为输出。X 由 N 个 D 维输入向量组成,具体为 $X = \{x_1^D, x_2^D, \cdots, x_N^D\}$,其多变量高斯分布定义为 $f(x)$,均值函数为 $m(x)$,协方差函数为 $k_f(x, x')$。$f(x)$ 的特性可由 $m(x)$ 和 $k_f(x, x')$ 充分描述,具体关系为

$$\begin{cases} m(x) = E[f(x)] \\ k_f(x, x') = E[(m(x) - f(x))(m(x') - f(x'))] \end{cases} \quad (5-31)$$

对应的输出向量为 $y = \{y_1, y_2, \cdots\cdots, y_N\}$。假设存在一个潜在函数 $f(\cdot)$ 可以将输入向量 X 映射至输出向量 y,表述为

$$y = f(X) + \varepsilon \quad (5-32)$$

式中,ε 为方差为 σ^2 的零均值高斯噪声,$\varepsilon \sim n(0, \sigma^2)$。对于不同输入序列数据,噪声向量 $\varepsilon = \{\varepsilon_1, \varepsilon_2, \cdots, \varepsilon_N\}$ 形成一个独立的同分布序列。

对于 GPR 算法,核函数 $k_f(x, x')$ 起着重要的作用,因为它可以获得潜在函数性质的先验假设。以平方指数(squared exponential, SE)协方差函数为例,核函数定义为

$$k_f(x, x') = \sigma_f^2 \exp\left[\frac{-(x - x')^2}{2l^2}\right] \qquad (5-33)$$

当每个输入向量都包含 D 维特征时,式(5-33)改写为

$$k_f(x_i, x_j) = \sigma_f^2 \exp\left[-\frac{1}{2}\sum_{d=1}^{D}\frac{(x_i^d - x_j^d)^2}{l_d^2}\right] \qquad (5-34)$$

式中,x_i^d 和 x_j^d 分别表示输入向量 x_i 和 x_j 的第 d 个特征。σ_f 和 l_d 形成超参数矩阵 $\theta = [\sigma_f, l_1, l_2, \cdots, l_d]^{\mathrm{T}}$。具体来说,$\sigma_f$ 用于控制潜在函数的变化,l_d 用于确定输入变量与输出目标之间的重要程度。通常,参数值越小表示输入向量越重要,对应的输出越重要。将噪声协方差矩阵加入上式,有

$$k(x_i, x_j) = k_f(x_i, x_j) + \sigma_n^2 I \qquad (5-35)$$

式中,I 是 N 维单位矩阵。考虑输入向量 X 和潜在函数 $f(\cdot)$,输出向量 y 的分布可表示为

$$p(y \mid f, X) = N(f, \sigma_n^2 I) \qquad (5-36)$$

y 的边际分布为

$$p(y \mid X) = \int p(y \mid f, X)p(f \mid X)\mathrm{d}f = N(0, K + \sigma_n^2 I) \qquad (5-37)$$

式中,K 为核矩阵,$p(f \mid X)$ 的分布可解释为 $n(0, K)$。y 的边际对数似然可以表示为

$$\ln p(y \mid X, \Theta) = -\frac{1}{2}y^{\mathrm{T}}(K + \sigma_n^2 I)y - \frac{1}{2}|K + \sigma_n^2 I| - \frac{n}{2}\ln 2\pi$$

$$(5-38)$$

使用梯度法对超参数进行优化,通过对边际对数似然函数求导求出目标函数的最大值,具体过程为

$$\begin{cases} \dfrac{\partial\ln p(y \mid X, \Theta)}{\partial\theta_i} = -\dfrac{1}{2}\mathrm{tr}\left(\varphi^{-1}\dfrac{\partial\varphi}{\partial\theta_i}\right) + \dfrac{1}{2}y^{\mathrm{T}}\varphi^{-1}\dfrac{\partial\varphi}{\partial\theta_i}\varphi^{-1}y \\ \varphi = K + \sigma_n^2 I \end{cases} \qquad (5-39)$$

式中, θ_i 是超参数 Θ 中的一个元素。值得注意的是,上述计算过程中涉及矩阵 φ 的求逆,这是一个耗时的过程。因此,需要考虑对成百上千的训练数据集进行 *GPR* 的简单实现。通过稀疏近似,使用一个小的有代表性的子集来训练数据集来处理 *GPR*。否则,目标函数一般是求解超参数的非凸函数,因此,梯度法可能收敛于局部最优。针对这一问题,采用不同的初始点进行梯度优化,选择边际对数似然的最大结果。在确定最终超参数时,该模型可用于预测测试数据集。推导出训练输出 y 与测试输出 y^* 的联合先验分布,表示为

$$p(y, y^* \mid X, x^*, \Theta) = N\left(\begin{bmatrix}0\\0\end{bmatrix}, \begin{bmatrix}\varphi & k^*\\(k^*)^{\mathrm{T}} & k^{**}+\sigma_n^2\end{bmatrix}\right) \quad (5-40)$$

式中, x^* 为输入训练的新数据集,核函数 k^* 和 k^{**} 分别表示为 $k^* = [k(x_1, x^*), \cdots, (x_n, x^*)]^{\mathrm{T}}$ 和 $k^{**} = k_f(x^*, x^*)$, GPR 的主要任务是通过计算 $p(y^* \mid x, y, x^*)$ 的分布来预测输出数据 y^* 的后验分布,表示为

$$p(y^* \mid x, y, x^*) = N(y^* \mid \bar{y}^*, \mathrm{cov}(y^*)) \quad (5-41)$$

式中,预测分布的均值 $\bar{y}^*$ 和协方差 $\mathrm{cov}(y^*)$ 表示为

$$\begin{cases}\bar{y}^* = (k^*)^{\mathrm{T}}\varphi^{-1}y\\\mathrm{cov}(y^*) = \sigma_n^2 + k^{**} - (k^*)^{\mathrm{T}}\varphi^{-1}k^*\end{cases} \quad (5-42)$$

至此完整的 GPR 建模过程已完成,输出均值 $\bar{y}^*$ 将作为有效估计结果,此外 $\mathrm{cov}(y^*)$ 将作为估计输出的可靠性度量。

5.2　AI 助力电极和电池制造

开发和改进电池电极制造工艺的驱动力在于不断提高能量密度和降低成本以满足日益增长的消费需求,而这取决于是否能够提高电极活性材料的体积比和厚度。目前锂离子电池电极通常是将电极成分与溶剂混合在一起,形成颗粒悬浮液(浆料)并将其涂覆在金属集流体(负极为铜,正极为铝),这之后进一步将其干燥和压缩至所需厚度/孔隙率来制造。在压延、干燥和将电极切割至所需匹配的电池形状(软包、圆柱或方形)后,其将被封装至电池外壳中,在严格的干燥和控温环境下添加电解液。最终在经过化成

(一般为低倍率的充放电)之后,电池的最终特性得以确定。

电极与电池制造中存在许多可以优化的复杂工艺,包括:电极和浆料配方;活性材料、添加剂和溶剂的化学性质;粉末预混合和浆料混合的时间与速度;涂布速度与间隙;蒸发时间和温度;压延压力及使用的机械类型等。由于制造工艺及其背后的基础物理基础知识难以全方位描述,电极与电池工艺的优化变得更加复杂。由 AI 辅助的材料发现和优化已经开始影响电池材料中关键结构-性能关系开发的理论计算、实验分析等环节,基于物理机理的模拟数据、实验数据或对两者的结合利用,ML 方法可助力查找相对大量变量之间的复杂非线性关系,这最终有助于对具有相似特性的材料进行分类或预测新材料的目标特性。人工智能助力材料设计与合成是一个快速发展的领域,诸如电池界面基因组(Battery Interface Genome,BIG)和材料加速平台(Materials Acceleration Platform,MAP)等概念已经展现出了在电池高性能界面工程和逆向设计中光明的应用前景[204]。AI 助力电极材料设计存在正向预测和逆向搜索两种模式。在 AI 的视角下,电极材料合成的任何一个转换过程都可视为黑盒,AI 算法凭借强大的非线性映射能力,预测期望性能并指导材料设计与合成。

AI 是促进对单个制造工艺或整个制造工艺链理解和优化的宝贵工具,在对煅烧温度和时间、正极材料含量、初级颗粒尺寸、涂层材料、洗涤条件、合成方法、锂和过渡金属来源量化的基础上,AI 算法可以实现对电极初始容量、循环寿命和库仑效率等期望性能的预测,并识别影响期望性能变化的关键因素,逆向指导加工条件或材料比例的设计以优化材料合成工艺使期望性能提升,达到收益最大化[205, 206]。

为了最大限度发挥 AI 在电池制造中的潜力,电池制造行业面临着巨大转型挑战:① 赋予整个制造链实时测量的能力;② 工业环境的数字孪生化;③ 打通连接机器、操作员和数据管理系统的通信壁垒;④ 存储、清理和分析工业链全阶段数据。

5.3 AI 助力电极结构和材料表征

随着先进仪器和软件的不断发展,时间、能量和空间分辨率的提高以及数据采集速度的加快,已经可以实现通过原位方式研究合成反应、电池运行或经历滥用时所涉及的机制,尤其是在一些大型工厂中。在先进传感与操作设备加持下,实验过程通常会产生大量的数据集,包括数以十计或百计甚至更多的光谱和模式数据。丰富的数据样本使得传统的逐点或频谱到频谱的分析方式变得低效甚至不可行,而以 CNN 为代表的 AI 算法对图像数据的强大处理能力使得研究人员可以构建数据驱动的框架来自动化管理所获取的大数据。

光谱技术[如 X 射线吸收光谱(X-ray absorption spectroscopy, XAS)]可以确定电活性化合物中氧化还原元素的氧化态,还能提供有关被测元素局部环境的信息,然而传统分析方法仅限于对目标光谱与一些众所周知参考化合物的比较,从某种意义上来说,光谱技术获取的数据利用率仍处于较低的水平。诸如 CNN、分类器等具有图像处理能力的 AI 算法具有改善这一缺陷的前景,在对光谱技术的深度理解和对光谱数据的全方位分析下,AI 可以辅助识别多种阳离子和给定金属的配位数和配位基序[207]。

衍射图样技术[如 X 射线吸收光谱(X-ray diffraction, XRD)和中子粉末衍射(neutron powder diffraction, NPD)]通常使用峰位置、强度和最大半峰值来分析,研究人员可通过借助诸如晶体学开放数据库(Crystallography Open Database, COD)[208]或无机晶体结构数据库(Inorganic Crystal Structures Database, ICSD)[209]等数据库,从 XRD 图样中识别分析样品中的晶体相。然而电子衍射分析通常在许多单晶上重复进行,且需要研究人员手工分析,这无疑是耗时且费力的。而 CNN 等算法具有从少量透射电子显微镜(transmission electron microscope, TEM)图像和电子衍射图中可靠分类晶体结构[210]、准确识别复杂多相无机样品中的组成相[211]和从粉末 XRD 图样中识别复杂多相混合物的能力[212]。在一定程度上,其简化了衍射图样分析工作,并拓展了分析结果的可能性。

多孔电极的复杂微观结构与其电化学性能有着强相关关系,X 射线断层扫描提供了对微观结构特性进行空间分析,从不均匀性出发分析衰减、失效的途径。对于电池电极的衰减和失效,小尺度的颗粒裂纹可能导致更严重的后果甚至失控,因此微观结构图像数据的分析不仅限于发现裂纹,从广泛的扫描结果中发现细微的碎裂以及分析更容易出现破裂的颗粒至关重要,这对于当前仍主要以目视检查为主的结构分析来说耗时且烦琐,甚至存在漏检的可能。基于深度学习的计算机视觉方法具有快速处理图像数据的能力,一次扫描结果可以提供多种颗粒破损形式供给 AI 算法学习并且整合容易被目视检查忽略的细节,提供快速且准确的裂纹颗粒检测途径[213],具有良好的前景。

5.4 AI 助力电池诊断和预测

开发高精度的电池全生命周期模型是增加应用场景和实现早期故障预测的前提,AI 的崛起提供了一种在不深入考虑电化学机理的前提下结合高精度模拟和低计算成本的途径。在构建合适且足够完整的数据集后,通常使用 k 倍交叉验证法将数据集按一定比例划分为训练集、测试集和验证集对 AI 算法进行训练以学习数据特征来实现对目标输出的估计、预测。

5.4.1 AI 助力 SOC 估计

SOC 估计涉及从电池组收集数据,其中包括电压、电流、电池温度、电池充电和放电倍率信息以及相对于特定操作序列的时间戳的功率等信息。通过这些参数,智能 BMS 可以决定如何在不平衡充电和放电曲线下平衡电池,控制热失控以防止电池过热,并管理其运行中的任何故障。AI 算法可以嵌入到智能 BMS 中以监视电池的所有这些参数,并帮助估计 SOC。在本地算力不足的情况下,该先进系统还可用于将数据从边缘传输到云端,在云端实现数据处理和 SOC 估计并将数据更新到本地内存中。

从数据本身来看,SOC 是一组随时间和操作条件而快速变化的状态量,对此 AI 算法提供了两种 SOC 估计的学习范式:① 对于一个确定的工作场景,例如已知其使用环境为某固定的充/放电倍率、固定或可变的 DOD,以及相对恒定的环境温度等,可以以其工作环境矩阵 $X_{ope} = [\text{C-rate}, \text{DOD}, \text{Temp}\cdots]$ 为中心对 X_{ope} 中的任意元素进行变化来构建对目标场景学习的训练集对 AI 算法进行训练使其学习电池在特定场景下的特性以实现 SOC 估计;② 对于一个多变的工作场景(通常指电池的工作电流或温度频繁发生改变),可以以其历史工作数据为学习对象,使 AI 算法理解和模拟在动态场景下电池的特性以实现 SOC 估计。对于这两种范式,通常以电池在每一时刻的工作电压、工作电流、温度为电池的输入,对应时刻的 SOC 为输出来构建训练集,对于已训练好的 AI 算法模型,其应用时输入可为目标估计时刻的工作电压、工作电流和温度等相关参数。

应用案例

对于处于动态工况场景的电池,其电流和电压波动较大。为了降低对

SOC 估计的干扰,采用融合 ECM 的双层 ANN 对其进行估计,其执行方式为:

（1）假设在相邻时刻内电池的 OCV 保持不变,即 $\dfrac{\mathrm{dOCV}}{\mathrm{d}t} = 0$;

（2）对 ECM 中所有微分项进行差分处理,假设 $\dfrac{\mathrm{d}x}{\mathrm{d}t} = \dfrac{x_k - x_{k-1}}{\Delta t}$;

（3）将假设（1）与假设（2）代入 Thevenin 模型中,得到电池端电压与工作电流的差分递推式为

$$U_{t,k} = \mathrm{OCV} - (R_0 + R_\mathrm{p})I_{t,k} - \tau R_\mathrm{p} \frac{I_{t,k} - I_{t,k-1}}{\Delta t} - \tau \frac{U_{t,k} - U_{t,k-1}}{\Delta t}$$

$$(5-43)$$

（4）采用基于 KF 的方法根据式进行参数辨识,并提取辨识所得的动态 OCV;

（5）基于辨识所得的 OCV,使用 ANN 构建其与 SOC 间的非线性映射关系。

如图 5-12 所示为使用所构建的双层 ANN 对某三元电池 SOC 估计的结果,其中训练集为 25℃时在动态应力测试（dynamic stress test, DST）和城市驾驶测试（UDDS）工况下测试所得数据。为了验证所建立的模型在不同工况、不同温度下的适应性,以 25℃时在联邦城市驾驶测试（federal urban driving schedule, FUDS）工况下测试所得的数据、5℃时在 DST、FUDS 和 UDDS 工况下测试所得的数据作为测试集。在使用双层 ANN 进行 SOC 估计时,在每一次估计时还纳入了上一时刻所得的 SOC 估计值以强化模型的性能。表 5-2 总结了所建立的双层 ANN 在不同工况和不同温度下的估计误差,其中 MAE 不超过 1.242 4%,RMSE 不超过 1.548 0%,均展现出了良好的估计性能。

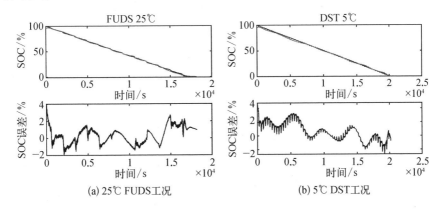

(a) 25℃ FUDS工况　　　　　　(b) 5℃ DST工况

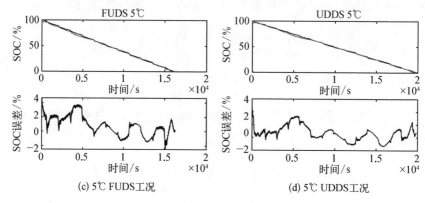

(c) 5℃ FUDS工况　　　　　　　(d) 5℃ UDDS工况

图 5 - 12　SOC 估计结果

表 5 - 2　误差统计

工况	25℃ FUDS	5℃ DST	5℃ FUDS	5℃ UDDS
MAE/%	0.845 4	1.150 2	1.242 4	0.976 0
RMSE/%	1.027 4	1.463 4	1.548 0	0.673 0

5.4.2　AI 助力 SOH 估计

　　用于 SOH 估计和预测的数据驱动方法由于其灵活性和无模型的优势而越来越受到学术界和工业界的关注。由于电池容量或功率的衰减是一个长期的过程，从数据层面来说，可用于 SOH 估计的数据类型、数量远超 SOC 估计。电池充、放电过程的电压、电流、温度和时间等数据随其老化存在规律性变化，目前从电池的循环数据中以差分、统计和几何手段等获取老化特征，以数据驱动算法建立由老化特征向 SOH 的映射已成为 AI 辅助 SOH 估计的主要手段。

　　差分方法是一种非破坏性的电池表征手段，可用于电池老化特征筛选。常见的差分方法包括容量增量（incremental capacity，IC）、差分电压（Differential voltage，DV）方法。

　　通过足够小的时间间隔计算电池容量的变化与端电压的变化微分可以获取 IC 信息，反之可以获取 DV 信息。两者将充电/放电曲线中的电压平台转换为 IC 曲线中清晰可辨的峰值和 DV 曲线中的谷值。DV 曲线中的峰值（相对于电池容量绘制）表示电极中的相变，而 IC 曲线中的峰值（相对于电池电压绘制)表示相平衡的位置。曲线中的每个峰都有独有的特征,例如强度和位置,反映了电池中特定的电化学过程。两者都可以提供老化信息,但有一个显著差异:IC 曲线反映的是电池电压,它可以直接指示电池状态。相反,DV 曲线反映的电池容量,它是随着电池退化而变化的辅助指标,并且在老化过程中存在失去作为 SOH 参考的可靠性。通过计算、观察和分析整个老化过程中 IC/DV 曲线中每个峰的演变,可以区分电池的老化机制。通常在计算 ID/DV 的时候选择使用小倍率(1/25 C)充放电的数据,因为 DV 曲线中的峰谷值更加明显,并且小电流的极化对 IC 曲线的影响较小。根据其定义,IC 与 DV 的计算方式可分为等时间间隔(equal time interval, ETI)和等电压间隔(equal voltage interval, EVI)两种,以 IC 的计算为例,其计算方式如下:

$$
\begin{cases}
\text{EVI:} \ \text{IC} = \dfrac{\mathrm{d}Q}{\mathrm{d}V} \approx \dfrac{\Delta Q}{\Delta V} = \dfrac{Q_2 - Q_1}{\Delta V} \\[3mm]
\text{ETI:} \ \text{IC} = \dfrac{\mathrm{d}Q}{\mathrm{d}V} \approx \dfrac{\Delta Q}{\Delta V} = \dfrac{I\Delta t}{V_2 - V_1}
\end{cases}
\tag{5-44}
$$

式中,ΔV 与 Δt 表示设定的电压和时间间隔,Q_2、Q_1、V_2 和 V_1 则分别表示设定的电压、时间间隔前后的容量与电压值。IC 与 DV 在原理上适用于任何一种材料体系的锂离子电池,然而对于具有较长电压平台的电池(如正极为 $LiFePO_4$ 或 $LiMn_2O_4$)一旦 $\mathrm{d}V$ 接近零,通过两点数值微分进行数据处理就会出现问题,从而产生无限斜率的结果。一般来说,微分曲线对采样水平、电池性能变化和测量噪声非常敏感。因此,平滑 IC 与 DV 曲线是 SOH 分析的第一步也是最重要的一步,而这可以通过移动平均、高斯滤波器和 SavitzkyGolay 滤波器等滤波技术来实现。

　　然而,使用小倍率充放电数据获取 IC 和 DV 存在一定局限性,小倍率充放电数据需要很长的时间来获取,一次 1/25 C 的充电或放电需要 25 h 才能完成,这导致其实时性较差。此外,采用 ETI 和 EVI 计算 IC 和 DV 时存在电压/时间间隔的选取问题,过小的间隔会在数值微分计算时引入过多的噪声,过大的间隔会使曲线变形,难以分析以及获取老化特征。因此也可以通过 KF 等递推算法建立状态方程进行计算,以 IC 为例,如下。

　　建立 IC 的状态方程:

$$
x_{\text{IC}, k} = x_{\text{IC}, k-1} + w_k
\tag{5-45}
$$

　　转换 IC 与 ΔQ、ΔV 的关系:

$$\Delta Q = \Delta V \times IC \qquad (5-46)$$

将式(5-46)扩展为积分形式,有

$$\int_{k-l/2}^{k+l/2} I dt = (V_{k+l/2} - V_{k-l/2}) \times x_{IC,\,k} + v_k \qquad (5-47)$$

将式(5-45)作为状态方程,式(5-47)作为观测方程可以对 IC 进行递推求解,在上述公式中: $x_{IC,\,k}$ 表示 k 时刻的 IC 估计值;w_k 为零均值,方差为 Q 的高斯白噪声;l 为迭代计算 IC 的窗口;v_k 为零均值,方差为 R 的高斯白噪声。

图 5-13 所示为对某 LCO 电池的 1 C 充电数据使用 ETI、EVI 和 KF 方法计算所得的 IC 曲线,其基本采样时间为 1 s。其中图 5-13(a)中 ETI 的时间间隔分别为 30 s、90 s 和 150 s;图 5-13(b)中 EVI 的电压间隔分别为 1 mV、10 mV 和 30 mV;图 5-13(c)中 IC 迭代计算步长分别为 20、100 和 500。可见对于 ETI 和 EVI 方法,所选的时间或电压间隔过小时,所提取的 IC

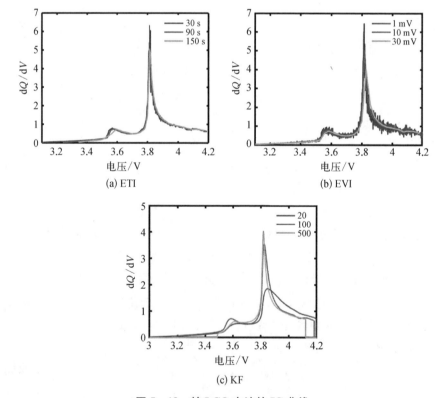

图 5-13 某 LCO 电池的 IC 曲线

曲线将存在较大的噪声,难以准确识别出与电池老化有关的 IC 曲线特征。适当增大间隔可使 IC 曲线平滑,然而间隔过大将造成 IC 曲线原本的峰信息发生偏差或丢失。因此对于此类方法需要选取合适的间隔以达到曲线平滑和信息保持的折中,对于基本采样时间为 1 s 的电池充电数据,在使用计算 IC 曲线时,ETI 方法时间间隔为 90 s、EVI 方法电压间隔为 10 mV 时是比较合适的。对于 KF 方法,由于其自身具有良好的滤波效果,即使采用的计算步长较小,计算所得的 IC 曲线也较为平滑。然而使用过小或过大的计算步长时 IC 曲线失真导致部分峰信息丢失,可用的老化信息随之减少。因此对于基本采样时间为 1 s 的电池充电数据,在使用 KF 方法计算 IC 曲线时计算步长选择 100 是较为合适的。此外,由图 5 - 13 可知选择合适的时间、电压间隔和计算步长时,三种方法计算所得的 IC 曲线趋势一致,仅峰值有一定区别,这是不同的计算原则导致的。因此使用 IC 曲线提取老化特征以进行 SOH 估计时,应当根据精度需求、计算资源和成本选择合适的 IC 计算方法。

图 5 - 14 所示为由恒流充电数据计算得到的四种常用锂离子电池从 SOH 为 100% 衰减至 80% 的 IC 曲线,可见由于电池化学性质不同,电池的 IC 曲线形状不同:从峰值来看,磷酸铁锂电池由于具有明显的电压平台,其 IC 峰值的数量级明显大于 LCO 电池与三元体系电池;从峰的数量来看,LCO 电池的峰数量明显少于另外三种电池。尽管如此,伴随着电池的老化程度加深(图中表现为循环次数的增加)各类型电池的 IC 曲线表现出类似的演变,即整体曲线右移,峰的峰值会减小甚至导致峰消失。因此若使用 IC 峰值进行老化特征的开发,需要确保所使用的峰在电池全生命周期存在,而这也在一定程度上增加了这一工作的困难。

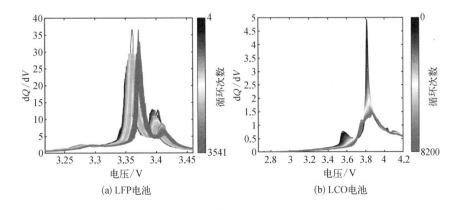

(a) LFP电池　　　　　　　　　(b) LCO电池

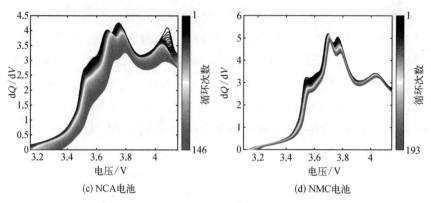

(c) NCA电池　　　　　　　(d) NMC电池

图 5 - 14　IC 曲线

图 5 - 15 所示为四种常用锂离子电池从 SOH 为 100% 衰减至 80% 的恒流充电 $Q\text{-}V$ 曲线,其基本采样时间为 1 s。可见随着电池的老化程度加深,充电曲线均表现出充电时长减少,充电容量减少,以及电压平台抬升的趋势。因此直接以电池的充电曲线统计特性为特征也可实现对电池 SOH 的映射。

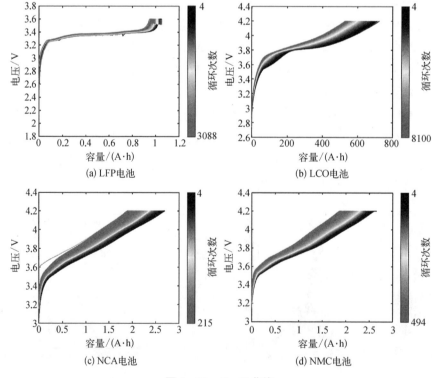

(a) LFP电池　　　　　　　(b) LCO电池

(c) NCA电池　　　　　　　(d) NMC电池

图 5 - 15　$Q\text{-}V$ 曲线

通常,可采取最大值、最小值、均值、方差、偏度和峰度等统计值来表征电池充电曲线随 SOH 变化而展现出的形貌变化,具体定义为

$$X_{\max} = \max\{x_1, x_2, \cdots, x_n\} \tag{5-48}$$

$$X_{\min} = \min\{x_1, x_2, \cdots, x_n\} \tag{5-49}$$

$$X_{\mathrm{mea}} = \frac{1}{n} \sum_{i=1}^{n} x_i \tag{5-50}$$

$$X_{\mathrm{var}} = \frac{1}{n-1} \sum_{i=1}^{n} (x_i - \bar{x})^2 \tag{5-51}$$

$$X_{\mathrm{ske}} = \frac{1}{n} \sum_{i=1}^{n} \left(\frac{x_i - X_{\mathrm{mea}}}{X_{\mathrm{var}}} \right)^3 \tag{5-52}$$

$$X_{\mathrm{kur}} = \frac{1}{n} \sum_{i=1}^{n} \left(\frac{x_i - X_{\mathrm{mea}}}{X_{\mathrm{var}}} \right)^4 - 3 \tag{5-53}$$

式中,$X_{\max}$、$X_{\min}$、X_{mea}、X_{var}、X_{ske} 和 X_{kur} 分别表示样本的最大值、最小值、均值、方差、偏度以及峰度。由于实际使用中电池通常是在局部电压范围内工作,很少能获取完整覆盖充、放电截止电压的工作数据,需要考虑从片段数据中来获取上述特征值。在选择片段数据的对应电压窗口时,当前已有研究中通常会选择能够覆盖 IC 曲线峰值的电压窗口,这是因为一方面 IC 峰值反映了电池内部相变的信息,这样的电压窗口在一定程度上携带了足够的电化学信息,丰富了 SOH 估计模型的可解释性;另一方面,IC 峰值对应了充电电压曲线的平台部分,由图 5-15 可知当电池发生老化时,电压平台将发生明显的抬高,以及横向的移动,这样的电压窗口更有利于获取与电池寿命呈高度相关的统计特征,使 SOH 估计模型更加精确。

除上述常见统计特征外,基于电压的时间统计信息也是 SOH 估计中常见的老化特征,通常其被定义为等电压间隔的充电时窗。具体来说,对于给定采样步长 ΔU 和给定电压范围的数据 $[U_1, U_2, \cdots, U_k]$,电压数据可被重采样为 $[U_1, U_1 + \Delta U, U_1 + 2\Delta U, \cdots, U_1 + n\Delta U]$,同时可得到时间向量 $k = [U_{T_1}, U_{T_2}, \cdots, U_{T_n}]$,其中 $n = \left[\dfrac{U_k - U_1}{\Delta U} \right]$,以及时窗特征 $F_T = T_{U_k} - T_{U_1}$。

应用案例

以牛津大学的老化数据集为例,该数据集共含 8 块 LCO 电池,其中各电池

均在倍率为 2 C 的 CCCV 充电协议和模拟驾驶循环放电协议下进行老化循环，每 100 次循环之后进行一次倍率为 1 C 的容量测试，以及倍率为 0.05 C 的准静态 OCV 测试。8 块电池的容量衰减曲线如图 5-16 所示，可见即使电池的材料体系、规格和运行工况相同，但由于电池内部复杂的电化学反应使各电池的容量衰减路径存在不一致，这也给电池的 SOH 估计带来了一定挑战。

图 5-17 所示为该数据集中电池 1（标记为 Bat1）的 $Q-V$ 曲线以及 IC 曲线，在电池老化过程中，$Q-V$ 曲线与 IC 曲线均显示出了规律性的变化。其中IC 曲线的两个峰出现了明显的峰值减小以及峰位置的位移，由于第一峰在

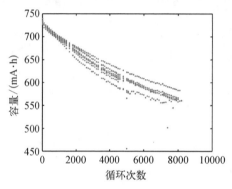

图 5-16　电池容量衰减曲线

寿命末期消失，因此此处选择基于IC 曲线的第二峰进行特征的提取。以第二峰为基准，提取其峰值以及峰位置作为差分特征，标记为 IC_{Peak} 以及 IC_{PL}。进一步地，在统计特征方面提取 $[3.8, 3.9]V$ 内的充电时长，并标记为 TIEV；提取 $[3.8, 3.9]V$ 内 IC 曲线的均值、方差、偏度以及峰度，分别标记为 IC_{mea}、IC_{var}、IC_{ske} 和 IC_{kur}。

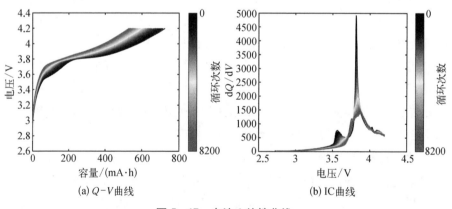

(a) $Q-V$ 曲线　　　　　　　　(b) IC曲线

图 5-17　电池 1 特性曲线

如图 5-18 所示为所提取的 7 个老化特征与电池容量之间的皮尔逊相关系数，皮尔逊相关系数用于度量两个变量之间的相关程度，其值介于 -1 与 1 之间，绝对值越接近 1，说明两个变量之间的相关性越好。通常，可以认为皮尔逊相关系数大于 0.6 时，两个变量之间具有很强的相关性。可见除峰度

IC_{kur} 外,其余特征与电池老化之间均呈现强相关,因此可以使用这些特征进行 SOH 估计的模型建立。

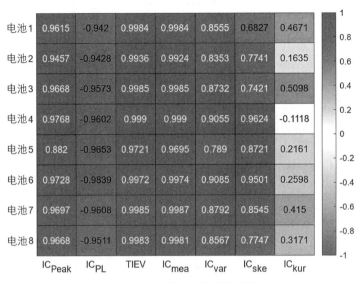

图 5 - 18　特征相关系数矩阵

以电池 1~4 的老化数据构建训练集对 GPR 模型进行训练,其中输入矩阵定义为 $X = [IC_{Peak}, IC_{PL}, TIEV, IC_{mea}, IC_{var}, IC_{ske}]^T$,输出矩阵定义为 $Y = [Q_d]$,其中 Q_d 为电池放电容量。对 X 进行归一化处理后输入至 GPR 算法中,得到训练好的 SOH 估计模型。使用电池 5~8 的老化数据作为测试集,经由电池 1~4 数据确定的归一化原则处理后输入至 GPR 模型得到 SOH 估计值(此处以电池的容量作为指标展示)。电池 5~8 的容量估计结果及误差如图 5 - 19 所示,其中子图(a)、(b)、(c)和(d)分别对应电池 5~8。可见除电池 5 的最后一次循环容量估计误差较大之外,其余容量估计误差均在 ±10 mA·h 之内。为了进一步评估 GPR 模型的估计效果,使用 MAE 和 RMSE 量化其性能,定义为

$$\begin{cases} MAE = \dfrac{1}{N} \sum_{i=1}^{N} |y_i - y_i^*| \\ RMSE = \sqrt{\dfrac{1}{n} \sum_{i=1}^{N} (y_i - y_i^*)^2} \end{cases} \quad (5-54)$$

式中,y_i 为真实值;y_i^* 为估计值;N 为样本总量。

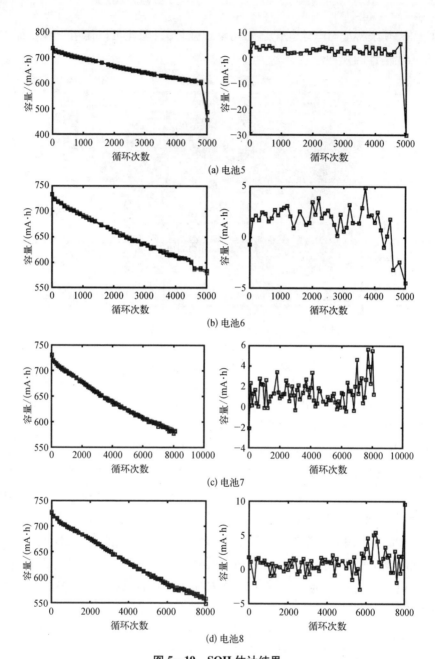

图 5-19 SOH 估计结果

电池 5~8 的 MAE 分别为 2.129 6 mA·h、1.618 7 mA·h、1.404 5 mA·h 和 1.135 6 mA·h,RMSE 分别为 4.942 4 mA·h、2.348 1 mA·h、1.881 4 mA·h 和 2.251 7 mA·h,这体现了 GPR 模型在 SOH 估计方面的高精度。此外由于

使用不同电池的老化数据对电池的还体现了在使用所提取的特征进行模型构建时,可以适应由不同电池的容量衰减不一致带来的 SOH 估计挑战。

5.4.3　AI 助力 RUL 预测

如前所述,电池的寿命终止(end of life,EOL)被定义为标称容量减少 20%～30%。可以推断,退役的锂离子可能不适合电动汽车应用,然而,在电力需求和放电深度方面,电池在一些低要求的应用如并网应用中仍然有大量的可用容量。这些退役电池的再利用被称为二次寿命电池。锂离子电池的第二生命周期被认为是高度经济和环保的。基于 AI 的分类算法,可将第二生命周期锂离子电池的 RUL 分类为"长 RUL"或"短 RUL"类;基于 AI 的回归算法,可在电池的寿命前中期甚至早期对其 RUL 作出精细至具体的循环次数预测,这对于电池使用的长期使用规划具有积极意义。2019 年,麻省理工学院的 Richard D. Braatz 教授课题组和伯克利国家实验室 William C. Chueh 教授课题组合作在 *Nature Energy* 上发表了一项开创性的基于 AI 的 RUL 预测工作[214],该项工作展示电池的寿命和其容量-电压[即 $Q(V)$]函数之间存在高度相关性,基于前 100 次循环的数据,他们仅以 $Q(V)$ 曲线的方差实现了平均百分比误差为 15% 的 RUL 预测,而在使用前 5 次循环数据对电池的寿命进行分类时,精度可达 88.8%。上述结果说明,即使使用的数据没有显著物理意义,AI 算法仍能根据其与电池老化状态之间的相关性准确追踪寿命轨迹。

寿命预测主要有两种形式,一种为 EOL 的预测,即直接将寿命或 RUL 作为目标,获得基于特征的机器学习或无特征的深度学习方法;另一种则为电池老化轨迹的预测,在 AI 视角下主要以序列预测进行。

基于特征的 EOL 预测的主要思想是首先从原始工作曲线中提取一些特征,然后通过机器学习算法拟合这些特征与电池寿命之间的映射关系。一般来说,基于电压、电流、内阻、容量和温度的特征是最常用的提取方法。然而所提取的特征通常是多维的,其中一些特征与电池寿命的相关性很差,而另一些特征与其他特征的冗余度很高,需要借助滤波、封装和融合等手段组合出最优的特征子集。值得注意的是,适用于 SOH 估计的常见算法同样适用于基于特征的 EOL 预测,这说明二者的估计过程是相似的,不同之处在于,用于 SOH 估计的特征是在每个循环中从一个电池的数据中提取的,而用于 EOL 预测的特征是在多个早期循环中从大量电池中提取的。换句话说,SOH 估计是映射每个周期的特征与 SOH 之间的关系,而 EOL 预测是映射一种电池在相似工作条件下老化的特征与 EOL 之间的关系。基于深度学习的 EOL 预测试图基于深度神经网络,如深度 CNN,从原始数据中自动提取特征。除了特征工程和机器学习算法之外,其他步骤与基于特征的预测相似,这些算法被深度学习过程所取代。这可以看作是端到端预测框架,其直接学习原始数据并自动预测目标。

基于特征和深度学习的方法可基于非常早期老化阶段的数据得到令人满意的 EOL 预测结果,但其无法获取不同老化阶段下具体的衰减模式,所获得的信息仍然缺乏。因此,退化预测试图预测未来的退化轨迹曲线,为电池 PHM 提供更多的信息。如图 5-16 所示,电池的退化轨迹曲线具有较强的连续关系,这使得基于序列预测的电池退化轨迹预测成为可能,进一步地,这种预测可被分为序列到点的迭代过程和序列到序列的预测。这两种预测模式的基准都在于重构电池的容量值,形成输入输出序列,而主要思想则在于利用衰减过程的顺序变化特性,结合 AI 算法来映射输入和输出序列之间的关系。最后,对于未来曲线的预测,序列到点的预测采用迭代法,序列到序列的预测框架采用单次预测。而由于在实际应用中容量值难以实时测量,通常会在序列预测中加入容量估计,即 SOH 估计。

应用案例

以基于 LSTM 的 RUL 预测为例,其建模方法与流程如下。

1. 健康因子预测

1) 短期一步预测

通过对锂离子电池未来 L 个循环周期的预测,达到可以短时间内判断是否需要更换电池,而且短时预测的精度相对要求较高,保证了电池及时更换与维修,安全稳定地运行。通过选取从第 1 个到第 L 个循环周期的健康因子作为输入,选取第 $L+1$ 个到第 $2L$ 个循环周期的健康因子作为输出,按顺序将输入输出依次递推 1 个循环周期构建数据集。由于 LSTM 神经网络对数值大小比较敏感,所以首先进行归一化,将所有数据换算到 0 和 1 之间,预测结束后,再进行反归一化,得到预测结果的真实值。

将 LSTM 网络的输入、输出的序列长度都设为 L 个。隐含层共两层 LSTM 层,第一层输出维度是 128,第二层输出维度是 256。将第 1 个到第 L 个循环周期的健康因子序列作为模型输入,将第 $L+1$ 到第 $2L$ 个循环周期的健康因子作为模型输出,模型训练误差采用均方根误差,训练过程中使模型预测值与真实值的均方根误差最小,通过 Adam 优化算法来不断更新神经网络的权重。最终构建起第 1 个到第 L 个循环周期与第 $L+1$ 个循环周期到第 $2L$ 个循环周期两个健康因子序列关系的 LSTM 模型,实现通过输入第 1 个到第 L 个循环周期的健康因子,即可得到第 $L+1$ 到第 $2L$ 个循环周期的健康因子预测值,即对未来 L 个循环周期实现短期一步预测。

2) 长期多步迭代预测

通过选取从第 1 个到第 L 个循环周期的健康因子作为输入,选取第 $L+1$ 个循环周期的健康因子作为输出,按顺序将输入输出依次递推 1 个循环周期构建数据集。由于 LSTM 神经网络对数值大小比较敏感,所以首先进行归一化,将所有数据换算到 0 和 1 之间,预测结束后,再进行反归一化,得到预测结果的真实值。

将 LSTM 网络的输入序列长度设为 L 个,输出的序列长度设为 1 个,隐含层共两层 LSTM 层,第一层输出维度是 128,第二层输出维度是 256。将第 1 个到第 L 个循环周期的健康因子序列作为模型输入,将第 $L+1$ 个循环周期的健康因子作为模型输出,模型训练误差采用均方根误差,训练过程中使模型预测值与真实值的均方根误差最小,通过 Adam 优化算法来不断更新神经网络的权重。最终构建起第 1 个到第 L 个循环周期与第 $L+1$ 个循环周期两个健康因子序列关系的 LSTM 模型,实现通过输入第 1 个到第 L 个循环周期的健康因子,即可得到第 $L+1$ 个循环周期的健康因子预测值。

选取训练集健康因子序列的最后 L 个数据输入训练好的 LSTM 模型得到第 $L+1$ 个输出,将其作为预测的第一个值。然后将划窗向前移动一步,将预测的第一个值加入划窗构成 L 个数据预测下一个值,依此类推,通过这种多步迭代划窗的方式进行预测,得到未来循环周期的健康因子预测值,从而实现锂电池健康因子的长期多步迭代预测。基于 LSTM 的锂离子电池健康因子预测流程图如图 5-20 所示。

基于所预测的健康因子,进一步进行基于回声状态网络(echo state

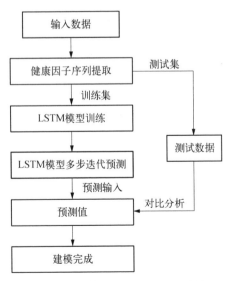

图 5-20　基于 LSTM 的锂电池健康因子预测流程图

network，ESN)的 RUL 预测。其中 ESN 为 RNN 的另一种架构，其主要思想是通过输入信号驱动随机且固定的递归神经网络，从而在储藏层的每个神经元感应出非线性响应的信号，通过这些感应出的信号训练出输出的线性组合。ESN 的系统方程为

$$x(k+1) = f[Wx(k)] + W^{in}u(k+1) + W^{fb}y(k) \qquad (5-55)$$

式中，$x(k)$ 是 N 维储藏层状态，f 通常为 Sigmoid 函数或 tanh 函数，W 为 $N×N$ 维储藏层权重，W^{in} 为 $N×K$ 维输入权重，$u(k)$ 为 K 维输入信号，W^{fb} 是 $N×L$ 维输出反馈矩阵，$y(k)$ 是 L 维输出信号。如果不需要输出的反馈，则 W^{fb} 一般为 0。此时系统在 n 时刻总的状态可以用输入状态和储藏层状态的联合形式表示：

$$z(k) = [x(k); u(k)] \qquad (5-56)$$

ESN 的观测方程为

$$y(k) = g[W_{out}z(k)] \qquad (5-57)$$

式中，g 为激活函数，通常为 Sigmoid 函数或恒等函数。W_{out} 为 $L×(K+N)$ 维的输出权重矩阵。在 ESN 的实际非线性建模中，为了使其在验证集上达到更好的效果，可以采用正则化的方法在线性回归的输出权重上加上正则：

$$W^{out} = (R + \alpha^2 I)^{-1}P \qquad (5-58)$$

式中，R 为储藏层状态的相关矩阵，P 是状态与希望输出的互相关矩阵，α^2 为非负数，数值越大平滑效果越强。I 为单位矩阵。同时也可以在储层的状态方程上加入噪声 $v(k)$，如下式所示：

$$x(k+1) = f[Wx(k)] + W^{in}u(k+1) + W^{fb}y(k) + v(k) \qquad (5-59)$$

基于 ESN 的电池容量与健康因子关系建模流程为：

(1) 选取从起始点开始一定时间间隔的电压，求取电压差构建健康因子序列；

(2) 将提取的健康因子序列划分出训练的序列数据以及验证的序列数据，ESN 的模型参数共有四个，储备池处理单元个数 N、谱半径 SR、储备池输入伸缩尺度 IS 以及输入单元位移 IF，将健康因子序列作为输入信号 $u(k)$ 输入回声状态网络，容量序列作为输出 $y(k)$，通过逻辑回归算法训练回声状态网络的输出权重矩阵 W_{out}，使回声状态网络输出的容量估计与容量

真实值相差最小,通过交叉验证的方法优化四个参数值,使输出结果达到最优的状态;

(3) 将测试数据的健康因子输入模型,得到电池容量估计值。

2. 寿命预测

1) 短期预测

以美国航天局提供的 NASA 锂离子电池 B5、B18 的老化数据为例,针对其观测数据,在前期、中期、后期不同阶段进行基于健康因子的 RUL 预测以验证算法的有效性。将电池 B5 的 168 个周期的数据按前期($T_1 = 80$)、中期($T_2 = 90$)、后期($T_3 = 112$)分别分为训练集和验证集,对 B18 的 132 个周期的数据按前期($T_1 = 67$)、中期($T_2 = 77$)、后期($T_3 = 87$)分别分为训练集和验证集,取输入长度 $L = 5$ 构建数据集。电池 B5、B18 的不同阶段数据通过 LSTM 算法短期一步预测的健康因子曲线汇总如图 5-21 所示。其中红色曲线为健康因子的真实值;黄色曲线为通过前期积累的 T_1 个数据建模后,对未来周期的健康因子预测值;蓝色曲线为通过中期积累的 T_2 个数据建模后,对未来周期的健康因子预测值;绿色曲线为通过后期积累的 T_3 个数据建模后,对未来周期的健康因子预测值。

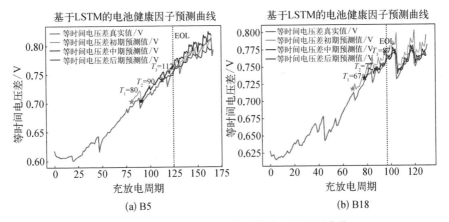

图 5-21 基于 LSTM 的电池健康因子预测曲线

将不同阶段电池数据通过 LSTM 算法短期一步预测的健康因子值,输入基于 ESN 的健康因子与容量的关系模型,得到容量预测值,结果如图 5-22 所示。

电池不同阶段短期一步预测的 RUL 误差如表 5-3 所示。可见越接近 B18 组电池的寿命失效周期,预测精度越高。在 B5 电池上由于在失效周期

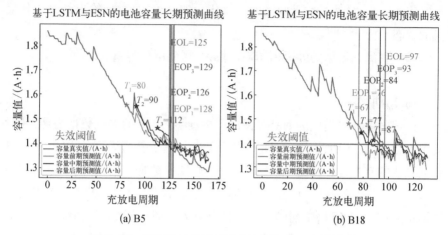

图 5-22　基于 LSTM 与 ESN 的电池 RUL 预测曲线

表 5-3　基于 LSTM 与 ESN 的电池 RUL 预测误差

预测起始点	电池寿命失效周期	电池寿命预测失效周期	绝对误差	相对误差
		B5		
前期($T_1 = 80$)	125	128	3	0.024
中期($T_2 = 90$)	125	126	1	0.008
后期($T_3 = 112$)	125	129	4	0.032
		B18		
前期($T_1 = 67$)	97	76	21	0.216
中期($T_2 = 77$)	97	84	13	0.134
后期($T_3 = 87$)	97	93	4	0.041

附近容量的再生现象产生了数据波动,导致后期的预测精度相对前期和中期精度不高。

　　2)长期预测

　　同短期预测中的数据进行分割,以长期多步迭代预测的步骤进行基于 LSTM 算法与 ESN 算法的建模及预测验证。基于 LSTM 的电池健康因子预测结果如图 5-23 所示,基于 ESN 的 RUL 预测结果如图 5-24 所示,不同阶段长期多步迭代预测的 RUL 误差如表 5-4 所示,可见模型的整体预测精度较高,在不同的电池组数据上也表现出很好的适应性。而且在前期、中期及后期不同阶段上越接近电池的寿命失效周期,预测精度越高。

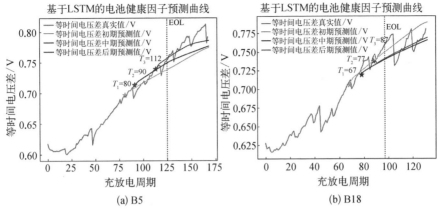

(a) B5　　　　　　　　　　　　(b) B18

图 5‑23　基于 LSTM 的电池健康因子预测曲线

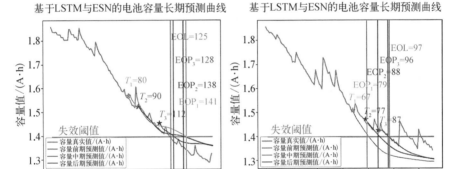

(a) B5　　　　　　　　　　　　(b) B18

图 5‑24　基于 LSTM 与 ESN 的电池 RUL 预测曲线

表 5‑4　基于 LSTM 与 ESN 的电池 RUL 预测误差

预测起始点	电池寿命失效周期	电池寿命预测失效周期	绝对误差	相对误差
		B5		
前期($T_1 = 80$)	125	141	16	0.128
中期($T_2 = 90$)	125	138	13	0.104
后期($T_3 = 112$)	125	128	3	0.024
		B18		
前期($T_1 = 67$)	97	82	18	0.118
中期($T_2 = 77$)	97	87	9	0.092
后期($T_3 = 87$)	97	95	1	0.01

第6章 电化学储能典型应用及政策支撑

随着可再生能源在电力系统中渗透率的逐年增加,电力系统惯性将大幅减弱,随之而来的电压和频率稳定问题对电力系统安全稳定可靠运行造成极大影响,电力系统的安全保障需求越来越高[215]。然而传统机组响应速度慢,调频能力有限,其自身的旋转机械器件固有特性也存在影响电网安全与电能品质的隐患[216]。相比之下电化学储能技术具有充放电灵活、响应速度快、能量密度高和转换密度高等优点[217],在电力系统安全保障方面具有极佳的应用前景。其中锂离子电池具有能量密度高、环境友好的优点,近几年来在电力系统应用中得到了极大的发展,如表6-1所示。

表 6-1 锂离子电池储能技术在电力系统中的应用[217]

年份	地 点	规 模	应用场景	储能技术主要作用
2018	西藏自治区山南市乃东区	20 MW/5 MW·h	发电侧	光伏发电并网
2018	江苏省苏州市	2 MW/10 WM·h	用户侧	缓解电网夏季用电高峰压力,参与电网需求响应,为协鑫光伏科技公司提供应急电源,提高供电可靠性
2018	广东省深圳市	5 MW/10 WM·h	电网侧	缓解电网建设困难区域的供电受限,提高供电可靠性、安全性
2019	青海省共和县、乌兰县	55 MW/110 WM·h	发电侧	满足电站调频需求,进一步提升电网友好性,增加电站收入
2019	江苏省江阴市	17 MW/38.7 MW·h	用户侧	进行容量费用管理,降低企业的最高用电功率;为企业稳定供电,降低用能成本
2019	湖南省长沙市㮾梨街道	60 MW/120 MW·h	电网侧	缓解长沙局部地区高峰期供电压力,提升新能源供电稳定性
2020	广东省佛山市	20 MW/10 MW·h	发电侧	增强电网调度灵活性、支撑电网安全稳定运行

续　表

年份	地点	规模	应用场景	储能技术主要作用
2020	广东省广州市	2 MW/4 MW·h	用户侧	调峰,进一步提高电网运行灵活性,提升区域供电可靠性
2020	福建省晋江市	30 MW/108 MW·h	电网侧	调峰/调频、提高变电站负载率,提升区域电网利用效率

6.1　调频

目前中国的调频电源主要为火电机组和水电机组等传统电源。火电机组在调频应用中主要受到蓄热值和爬坡速率的限制,导致调频量与理论值不匹配且与调频指令之间存在延迟、反向及偏差等问题;因防洪和蓄水需要,水电机组在汛期和枯水期均无法参与调频,可提供的调频容量低。此外,传统机组均由具有惯性的旋转机械器件组成,一方面其将一次能源转换成电能需经历一系列过程,因此转换所需时长与电网调频期望响应速度存在不匹配问题;一方面旋转器件在长期调频任务下会加剧设备磨损,增加燃料费用,废物排放和热备用容量[218, 219]。当可再生能源大量并网后,电力系统的惯性将进一步下降,仅依靠传统机组将无法满足电网的调频需求。相比之下,美国西北太平洋国家实验室的报告显示储能技术的快速响应特性使其在调频性能上数倍于传统机组,如表 6-2 所示。

表 6-2　储能技术与传统机组调频能力比较

机组类型	发电设备爬坡能力/(%/min)	电网的短时爬坡能力/(MW/min)	相应发电设备总功率需求/MW	储能功率/MW	储能对传统电源的替代效果
水电机组	30	10	33.33	20	1.67
燃气机组	20	10	50.00	20	2.50
燃煤机组	2	10	500.00	20	25.00

目前储能参与电力系统一次调频的方式主要是在 PCS 的控制下模拟同步发电机的响应特性进行频率支援,包括虚拟惯性控制与虚拟下垂控制[220]。

虚拟惯性控制模式下,储能系统在系统频率波动时短时间内释放或吸收能量来阻止系统的频率波动,这与传统发电机旋转惯量储存的动能类似。当电池储能系统采用虚拟惯性控制方式参与调频时,储能系统动态模型如图 6-1 所示。

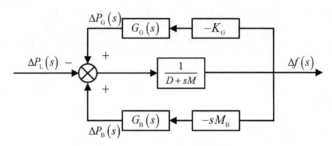

图 6-1　虚拟惯性控制调频动态模型

图 6-1 中,$\Delta P_L(s)$ 为负荷扰动;D 为系统阻尼系数;M 为旋转惯量;$\Delta P_G(s)$ 为传统机组动作深度;$G_B(s)$ 为电池储能系统传递函数模型;$\Delta f(s)$ 为系统频率偏差;K_G 为传统机组单位调节功率;$G_G(s)$ 为传统机组传递函数模型;$\Delta P_B(s)$ 为电池储能系统动作深度;M_B 为电池储能系统虚拟惯性系数。

系统频率偏差可表示为

$$\Delta f(s) = \frac{-\Delta P_L(s)}{D + sM + K_G \Delta P_G(s) + sM_B \Delta P_B(s)} \tag{6-1}$$

进一步可得系统初始频率偏差和稳态频率偏差为

$$\begin{cases} \Delta f_0 = \lim_{s \to \infty} s \cdot [s \cdot \Delta f(s)] = \dfrac{-\Delta P_L}{M + M_B} \\[3mm] \Delta f_s = \lim_{s \to 0} s \cdot \Delta f(s) = \dfrac{-\Delta P_L}{D + K_G} \end{cases} \tag{6-2}$$

不难看出,电池储能的单位调节功率越大,系统初始频率偏差越小,但其并不会影响系统的稳态频率偏差。当电池储能采用虚拟惯性控制方式参与调频时,其在调频服务的后续阶段将逐渐退出,对系统频率偏差的改善不起作用。

虚拟下垂控制模式下,电池储能系统模拟机组的下垂特性参与电网的一次调频,其原理如图 6-2 所示。在调频死区时,储能系统中电池不工作,处于搁置状态;当负荷减少或发电机组的有功输出增加导致系统频率

偏差超过 Δf 时,电池持续充电以吸收多余的电能,抑制电网频率上升;当负荷增加或发电机组有功输出减少导致系统频率偏差超过$-\Delta f$时,电池持续放电以释放能量,抑制电网频率的下降。当电池系统采用虚拟下垂控制方式参与调频时,储能系统动态模型如图 6 - 3 所示。

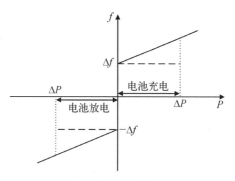

图 6 - 2　虚拟下垂控制原理

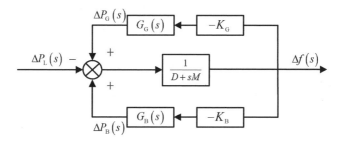

图 6 - 3　虚拟下垂控制调频动态模型

图 6 - 3 中,K_B为电池储能系统单位调节功率。

系统频率偏差可表示为

$$\Delta f(s) = \frac{-\Delta P_L}{D + sM + K_G \Delta P_G(s) + K_B \Delta P_B(s)} \qquad (6-3)$$

进一步可得系统初始频率偏差和稳态频率偏差为

$$
\begin{cases}
\Delta f_0 = \lim_{s \to \infty} s \cdot [s \cdot \Delta f(s)] = \dfrac{-\Delta P_L}{M} \\[3mm]
\Delta f_s = \lim_{s \to 0} s \cdot \Delta f(s) = \dfrac{-\Delta P_L}{D + K_G + K_B}
\end{cases}
\qquad (6-4)
$$

采用虚拟下垂控制时,系统频率偏差将只受负荷扰动和系统惯性时间常数影响。与虚拟惯性控制模式不同,虚拟下垂控制模式下电池储能将不会对初始频率偏差产生影响,其主要影响系统稳态频率偏差,电池储能单位调节功率越大,系统频率稳态偏差越小。

当电池储能系统参与电力系统二次调频时,其基本控制方式为区域控制误差(area control error, ACE)控制方式和区域控制需求(area regulation requirement, ARR)控制方式[221, 222]。电池储能系统通过分担一定的信号来参与二次调频,其等同于一个主调频机组,由自动发电控制(automatic generation control, AGC)方式在各机组间进行响应功率的分配与控制。

当电池储能系统以区域误差控制方式参与二次调频时,其调频模型如图 6-4 所示。

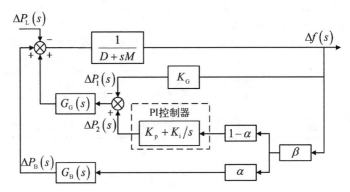

图 6-4　ACE 控制下的储能系统参与二次调频动态模型

图 6-4 中,α 与 $1-\alpha$ 分别为电池储能系统和传统电源机组在二次调频中的参与度;β 为频率偏差参数;K_p 和 K_i 分别为 PI 环节的比例参数和积分参数;$\Delta P_1(s)$ 和 $\Delta P_2(s)$ 分别为传统机组参与一次调频和二次调频的出力。

系统频率偏差可表示为

$$\Delta f(s) = \frac{-\Delta P_L}{sM + D + \beta\left[(1-\alpha)(K_p + K_i/s)G_G(s) + \alpha G_B(s)\right]} \quad (6-5)$$

进一步可得基于 ACE 控制下的二次调频灵敏度系数为

$$S_{ACE} = \frac{\mathrm{d}\Delta f(s)/\Delta f(s)}{\mathrm{d}\alpha/\alpha} = \frac{\alpha\beta\Delta f(s)}{\Delta P_L(s)}\left[G_B(s) - (K_p + K_i/s)G_G(s)\right] \quad (6-6)$$

在 ACE 控制下的二次调频为开环控制,控制信号不需经过 PI 控制器,具有快速性,可与电池储能系统响应速度快有较好的结合,有利于频率快速回到稳态。

当电池储能系统以 ARR 控制方式参与二次调频时,其调频模型为如图 6-5 所示。

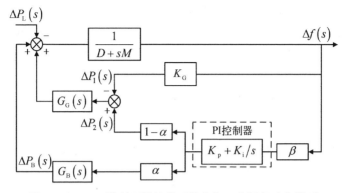

图 6 - 5　ARR 控制下的储能系统参与二次调频动态模型

系统频率偏差可表示为

$$\Delta f(s) = \frac{-\Delta P_{\mathrm{L}}(s)}{sM + D + \beta(K_{\mathrm{p}} + K_{\mathrm{i}}/s)\left[(1-\alpha)G_{\mathrm{G}}(s) + \alpha G_{\mathrm{B}}(s)\right]} \quad (6-7)$$

进一步可得基于 ARR 控制下的二次调频灵敏度系数为

$$S_{\mathrm{ARR}} = \frac{\mathrm{d}\Delta f(s)/\Delta f(s)}{\mathrm{d}\alpha/\alpha} = \frac{\alpha\beta\left[G_{\mathrm{B}}(s) - G_{\mathrm{G}}(s)\right]}{\Delta P_{\mathrm{L}}}(K_{\mathrm{p}} + K_{\mathrm{i}}/s)\Delta f(s) \quad (6-8)$$

在 ARR 模式下,由于控制信号在分配之前需经历比例积分环节,控制指令的响应存在一定延时,但该模式具有持续响应的特点,能够改善稳态频率偏差。

6.2　可再生能源消纳

储能技术具有在可再生能源富余时吸收其发出的多余能量、在可再生能源间歇时释放先前存储的能量的能力,可有效对可再生能源发出电量进行时间与空间的转移。可再生能源的消纳空间由多方面因素决定,包括系统负荷、区域外送功率以及系统调节能力下限[223]。

对于不含储能的系统,其在某一时刻的最大可再生能源消纳能力为

$$P_{\mathrm{r}}^{\max}(t) = P_{\mathrm{l}}(t) + P_{\mathrm{f}}^{\mathrm{out}}(t) - \sum_{i=1}^{n} P_{i}^{\min} \quad (6-9)$$

式中,$P_{\mathrm{r}}^{\max}(t)$ 为 t 时刻可再生能源的最大可消纳量;$P_{\mathrm{l}}(t)$ 为 t 时刻的系统负

荷需求;$P_f^{out}(t)$ 为 t 时刻的系统传输功率;$P_t^{min}(t)$ 为 t 时刻机组的最小发电量。

为了保证系统满足负荷任意时刻的需求,要求在不改变机组开关机状态下,所有机组的最大出力之和大于系统负荷与传输功率之和,且需要有一定的余量:

$$\sum_{i=1}^{n} P_i^{max} \geq \max\left[P_1(t) + P_f^{out}(t) \right] + P_{re} \tag{6-10}$$

式中,P_i^{max} 为机组 i 的最大发电量;P_{re} 为系统的余量。

结合以上两式可以发现,系统对可再生能源的可消纳量受到机组出力的影响,当机组最小出力之和越小,可再生能源消纳空间越大。然而系统中开机运行的机组数量过少时,将难以满足日常的负荷和传输需求。当系统接入电池储能后,系统对于可再生能源的可消纳能力以及系统余量将变为

$$P_r^{max}(t) = P_1(t) + P_f^{out}(t) - \sum_{i=1}^{n} P_i^{min} + P_B^{cha, max} \tag{6-11}$$

$$\sum_{i=1}^{n} P_i^{max} + P_B^{dis, max} \geq \max\left[P_1(t) + P_f^{out}(t) \right] + P_{re} \tag{6-12}$$

式中,$P_B^{cha, max}$ 为电池储能系统的最大充电功率;$P_B^{dis, max}$ 为电池储能系统的最大放电功率。电池储能系统的接入一方面使系统可再生能源发电量的消纳能力提升,一方面保证了系统对日常负荷和传输功率需求的匹配。

6.3 电能质量改善

配电网线路 R/X(电阻与电抗的比值)较大,电压对有功功率变化较为敏感,而由于光伏输出功率较高,容易造成配电网电压越限,这也是目前限制分布式光伏电压容量和渗透率的主要因素之一[224]。传统无功调节方法动态调节速度慢,响应时间长,无法适应由风光出力不确定造成的电网电压越限问题。从根本上来说,减少可再生能源在配电网中接入或限制其出力是减少电压越限最直接的方法,但这与实现"双碳"目标下的能源转型相悖。电化学储能技术具有有功、无功四象限快速调节能力,可辅助解决配电网中的电压越限问题,其基本原理为在电网电压越限时,控制储能进行充放电从而实现电压调控[225, 226]。基于储能的电压控制方式可分为集中控制和就地控制

两种。集中控制模式下,系统中具有相似电气特性的节点被划分为同一集群,控制目标由整个系统转换为各集群,并根据集群中的节点相互协作特性分配对应控制策略,对节点进行控制[226]。其对于区域间的通信能力、设备间的协调能力有较高的需求,数据传输的延时、数据处理过程的繁杂性和风险性使得对电压波动的监测、感知以及对功率波动抑制的快速性受到一定抑制。就地控制模式下,对本地各节点电压进行独立监测,基于观测信息对本地设备进行调用控制。虽然这一模式所面对的数据压力小,时效性好,但由于缺少了设备间的信息交互,将无法发挥设备间的协调调控优势[227]。

由于电网故障、不平衡负荷的接入,电力系统会出现三相不平衡问题,三相电压或电流中包含负序、零序分量,使三相电压或电流的波形不再为正弦波,或三相之间的相位差不再为 120°。对于电力系统的三相不平衡度,IEEE 标准、中国国标规定其不能超过 2%,短时不可超过 4%,因其会造成电网网损增大、影响逆变器控制、影响系统继电保护甚至造成敏感负荷的寿命衰减等问题。储能凭借其快速的有功/无功调节能力逐渐成为解决三相不平衡问题的有效方法。以中国低压配电网采用的三相四线制接线方式为例,储能设备可以单相和三相的形式接入各相与中性线之间,对某一接入相进行充放电以实现三相独立调节[228]。但受到充放电功率平衡的限制,储能在对三相不平衡进行调节时吸收/释放的功率也需要在另一时刻进行释放/吸收,这导致储能对三相不平衡的改善效果存在一定极限,而非随储能容量配置无限增长。

在大容量负荷投切、雷击、台风等恶劣天气作用下,电力系统中节点供电电压会出现快速下降。工业领域中大部分敏感设备在电压暂降影响下将停止工作,将对生产时间、产品和设备造成不同程度的损失。由于电压暂降出现的频率高、危害大,已被逐渐认为是用电设备安全稳定运行中危害性最大的电能质量问题[229]。电压暂降问题治理方案可从供给侧和用户侧两个方面进行分类。供给侧方面,在线路中增加避雷针、避雷线和绝缘子数量,以及加强电网保护机制可从一定程度上减轻由自然灾害造成的电压暂降严重程度,但仍无法完全避免电压暂降的发生。作为拥有快速充放电切换能力的电能设备,储能已经在用户侧电压暂降治理中得到了较为广泛的应用。基于储能的电压暂降治理模式下,在电网正常时储能设备常处于待机或浮充状态,负载则由电网电压供电;当检测到电网发生电压暂降时,隔离开关将断开负载与电网的连接,改为储能装置通过逆变器向负载输出供电[230]。

电力系统中,高频电力电子器件和非线性器件的引入将造成谐波分量的增加,使得电流的有效值增大,线路的网损增加;变压器在谐波的影响下存在损坏、保护误动作、拒动作的问题;各类精密仪器、设备在谐波影响下则将无法正常工作,存在检测失效、生产中断的风险。有源电力滤波器(active power filter, APF)是目前电力系统中谐波治理所用的较为先进的技术。在检测到负载电流中的谐波分量后,APF通过一定的控制策略驱动功率开关管发出与谐波分量大小相等、极性相反的电流对系统电流进行补偿,从而消除谐波的影响。APF的缺陷在于其只能在两个象限内运行,无法对系统提供有功支撑;另外在工作时需要从系统中吸收有功功率以维持开关损耗,有造成自身直流侧电容电压波动甚至自身损坏的风险[231]。电池储能具有四象限运行能力,将其加入APF的直流侧可以稳定APF的直流侧电压,扩大APF运行范围的同时还可以向系统提供有功和无功支撑。另一方面,储能也可以在PCS的调控下单独为系统提供谐波治理功能。与APF工作原理相同,在电力系统基波下储能提供基本充放电功能,在检测到谐波分量后,储能系统充当虚拟谐波电阻的角色,由PCS控制储能输出与谐波幅值相同、相位相反的谐波电流实现对谐波功率的吸收和对谐波电压的抑制[232]。

6.4 抑制可再生能源出力波动

高比例可再生能源新型电力系统中以风力发电和光伏发电为主,前者在天气与地理的影响下,风向、风速呈现出不规则变化;后者除昼夜影响外,由天气导致的光照时长及强度变化也呈现不规则特性,这导致了风/光出力的随机性、波动性与间歇性。随着可再生能源的渗透率逐年增长,风/光出力波动将对电力系统的安全与稳定运行带来更加严峻的挑战,风/光并网难度加大,电能质量严重下降。

由于风电和光伏的随机性,其出力波动可能发生在任何时刻,而对于风/光资源变化的预测难以精确到秒级,这要求其出力辅助系统具有灵活充放电和快速响应的能力,显然储能系统可以匹配这一需求。

基于储能的风光出力平滑基本原理为:在风光出力尖峰时,储能吸收功率;在风光出力低谷时,储能释放功率,以此使风光出力的曲线变得平滑[233]。在此模式下,注入电网的功率符合下式:

$$P_\text{g} = P_\text{W/P} + P_\text{BESS} \qquad (6-13)$$

式中,P_g 为注入电网的总功率;$P_\text{W/P}$ 为风电和光伏输出的功率;P_BESS 为电池储能系统的充放电功率。

不难看出,根据风光输出功率的变化调节储能系统的输出功率即可实现对其出力波动的抑制。由风力发电典型工况的频谱分析可知,风电功率大部分处于低频段,中频段和高频段较少。其中高频段为 1 Hz 以上,中频段为 0.01~1 Hz,低频段为 0.01 Hz 以下[234]。风电功率中的高频分量可以被风力机的转子吸收,对电网影响的主要来源为中频和低频分量。中低频分量功率变化较大,存在短时间内对电网的严重冲击风险,虽然电网中的 AGC 响应速度在一定程度上可以匹配低频分量的变化,但受到传统发电机组的爬坡速率和电力系统容量备用等多重限制,中低频分量对电网的影响不可忽视,利用 BESS 的快速响应和持续充放电能力则可有效应对风光出力中各频段波动对电网的冲击。

随着风光装机容量增加,为了进一步提高风电、光伏发电的可靠性和降低对电网的影响,各国相继制定了风光波动率的标准,如表 6-3 所示。

表 6-3　各国风电波动标准[235, 236]

国　家	波　动　标　准		
中　国	装机容量<30 MW 10 min 有功功率变化最大限值 10 MW 1 min 有功功率变化最大限值 3 MW	装机容量 30~150 MW 10 min 有功功率变化最大限值不超过装机容量/3 1 min 有功功率变化最大限值不超过装机容量/10	装机容量>150 MW 10 min 有功功率变化最大限值 50 MW 1 min 有功功率变化最大限值 15 MW
美　国	1 min 上升波动率<10%装机容量		
加拿大	1 min 小于 10%装机容量		
丹　麦	1 min 小于 5%装机容量;每分钟在 10%~100%可调		
德　国	启动时 1 min 小于 10%装机容量		
英　国	1 min 和 10 min 内均小于 30 MW,且可以分别按照电网实时要求波动率(1~30 MW)运行		
爱尔兰	装机容量<100 MW:1 min 内小于 5%装机容量(在任意 15 min 时段内)	装机容量<200 MW:1 min 内小于 4%装机容量(在任意 15 min 时段内)	装机容量≥200 MW:1 min 内小于 2%装机容量(在任意 15 min 时段内)
南　非	1 min 内小于 50 MW		

6.5 新型交通能源体系

随着能源转型政策推动以及碳减排路径的发散,交通运输业对传统化石能源的依赖性将逐年递减,其能源结构和能源利用方式将从本质上发生变化,而电化学储能的灵活充放电、高响应速度、长循环寿命、高可靠性等特点为交通能源转型提供了十足的技术支撑。自 2020 年以来,研究机构伊维经济研究院联合中国电池产业研究院共同发布了《中国电动船舶行业发展白皮书(2022 年)》,中国国务院办公厅印发了《新能源汽车产业发展规划(2021—2035 年)》,中国航空研究院提出了《电动飞机发展白皮书》,水、陆、空三大交通领域皆正式迈向了能源转型的道路。

6.5.1 电动船舶

随着电力推进技术的进步,储能技术将从辅助负荷供能逐步发展为船舶动力系统的重要组成部分,在满足船舶动力需求的前提下进一步促进船舶碳减排。在混合动力船舶中,由发电装置和储能单元结合的柴油-电力混合推进技术得到了十足的发展,并已被应用于拖船、游艇、渡轮、研究船、军舰和近海船舶。2017 年 11 月,世界上第一艘 2 000 t 级的新能源电力下水,该船采用超级电容+电池的复合储能系统供电,主要使用两个电机驱动直翼全向推进器作为其控制和推进系统,整船电池容量约为 2 400 kW · h。2018 年 6 月加利福尼亚州空气资源委员会(California Air Resources Board, CARB)宣布,在墨西哥湾地区制造了一艘名为"Water Go Round"的 70 ft(约 21.34 m)长的铝制双体船,该船是世界上第一艘使用混合燃料电池系统的船,整船的气态氢容量为 246 kg,可提供约 8.3 WM 的容量,同时具备 100 kW · h 的锂离子电池组作为缓冲容量备用。

目前混合动力船舶的动力系统可根据其功率传输路径分为串联型、并联型和串并联型[237]。

混合动力船舶的串联型动力系统如图 6 - 6 所示,船舶电力系统将所有能源整合到船舶电站中,以全电推进的形式向船舶供能。原动机组驱动同步发电机运行,输出功率经过 AC/DC 后传输到直流母线;储能电池和超级电容器以双向 DC/DC 直接连接到直流母线,在船舶电力系统中起到削峰填谷的作用;燃料电池和太阳能分别通过单向 DC/DC 升压后输入直流母线。直流母线将汇集的相同电压的电能经 DC/AC 逆变器统一为交流电,以驱动推进电机并供电。因使用直流母线收集所有电能,串联型动力系统具有多种工作模式:发电机组工作模式、动力电池工作模式、燃料电池工作模式以及组合电源工作模式。此外串联型动力系统中能量经过二次转换,损耗相对较高,根据动态负载制定理想的控制策略,以最大限度减少所有电源的燃料、排放和维护成本是关键[238]。

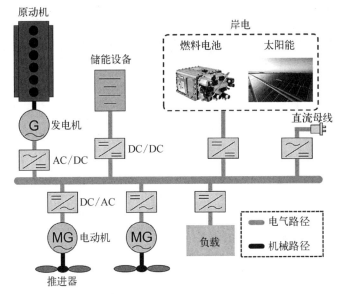

图 6-6　串联型动力系统[237]

　　混合动力船舶的并联型动力系统如图 6-7 所示,是机械推进与电推进的结合。机械推进和电推进通过动力耦合装置并联,因此动力系统可以独立运行于机械推进模式、电推进模式或二者同时工作的耦合模式。在机械推进侧,主引擎可以通过轴将能量传输至传动箱,当主引擎功率充足时,电动机/发电机可以在发电模式下运行,吸收多余的能量并向船舶电网供电;在电推进侧,各类能源通过变流器汇集到直流母线中,由直流母线向电力负载和电动机提供能量,形成多能源混合动力系统。并联型动力系统的鲁棒控制策略对于最大限度地利用各清洁能源至关重要,需要有效实现扭矩分配、主机和负载之间的解耦以及进行各种运行模式之间的高效动态切换。

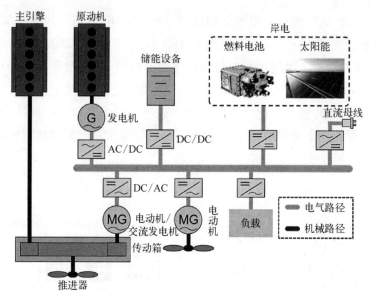

图 6-7　并联型动力系统[237]

串并联型动力系统包括了串联型和并联型系统的主要特征,是二者的组合,如图 6-8 所示。在机械推进侧,由于存在两种耦合装置,机械推进与电推进可以并联运行以驱动螺旋桨,同时主引擎还可以通过耦合装置直接

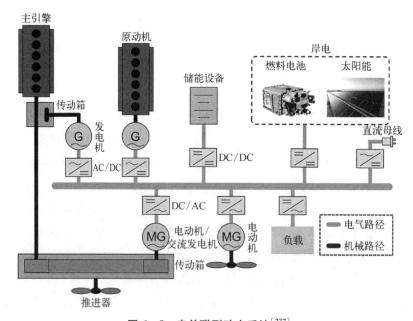

图 6-8　串并联型动力系统[237]

驱动发电机,经 AC/DC 后向直流母线供电;在电推进侧,DC/DC 和 AC/DC 变流器将各种能源汇集到直流母线,进而向电力负载和电动机提供能量。串并联型动力系统结合了串联型动力系统和并联型动力系统的优点,使能量流控制和能耗优化更加灵活,具有更多的操作模式和相对较低的燃油消耗。但其系统结构相对复杂,成本高,因此需要对其控制策略进行优化。串并联型动力系统的基本控制策略为:当功率需求较低时,以串联模式运行;当功率需求较高时,以并联模式运行。

根据英国 IDTechEx 公司对一百多个领域的电动交通工具调查结果,其预测在未来二十年内将部分或完全过渡到电池供电,但对于水上交通工具来说情况则没有那么简单,由于船只对于动力、能源和距离的要求都非常高。目前,电池驱动的全电船舶主要为休闲游艇、近海船舶和远洋船舶上,此类船舶体积小,排水量通常小于 2 000 t,且周期性线路明确(有充电的机会),渡轮则是全电小型船舶的代表,其一种典型电气结构如图 6 - 9 所示,采用 690 V 交流母线供电,可满足千余人的运载需求,以及数十千米的往返里程需求。

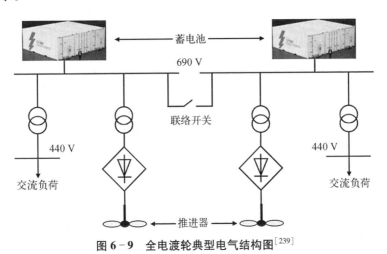

图 6 - 9　全电渡轮典型电气结构图[239]

世界上首艘全电渡轮是由挪威 Norled 公司、西门子公司和挪威 Fjellstrand 造船厂合作生产的安培(Ampere)号渡轮,其上搭载两台罗-罗(Rolls - Royce) Azipull 推进器和两台 450 kW 的电动机,承担整船电能供应的储能系统采用三元锂离子聚合物电池,模块为加拿大考维斯能源公司集成的 AT6500 电池模块。整船储能系统容量约 1 040 kW · h,可以做到真正意义上的零排放。

截至 2021 年,全球运营电动船舶数量已超过 100 艘,船舶动力电池的容量已达 1 000~4 000 kW·h,中国内河纯电动船舶数量已达 20 艘,动力电池容量最大已达 3 000 kW·h,其中电池包含三元锂电池和磷酸铁锂电池,而在 2015 年以后建成的电动船舶以磷酸铁锂电池居多。《中国电动船舶行业发展白皮书(2022 年)》中指出,2026 年中国电动船舶将超过 367 亿元,届时电动船舶领域对锂离子电池的需求量将达到 11.2 GW·h。

储能系统对于全电船舶意义重大,应用范围涵盖短时间尺度至长时间尺度,覆盖高功率密度需求以及高能量需求场景,如图 6-10 所示[239]。由于全电船舶特殊的工作环境,海浪、洋流、风向等随机性变化会造成船舶负荷的波动,船舶电力系统中装载的大量电力电子器件将会在运行期间产生大量谐波,同时还存在锚机等高功率设备,这些因素将对船舶电力系统的电能质量及可靠性带来一定冲击。此外,船舶特殊的工作环境则需要储能系统有连续数小时以上的放电能力。电化学储能设备有充放电灵活、响应速度快的优点,可以实现秒级的充放电切换,具备大功率输出能力,同时兼有长时间放电的能力。与新型电力系统中的辅助功能相同,电化学储能技术在全电船舶上的应用不仅可以满足其动力源的支撑,还可辅助改善船舶电力系统的可靠性及稳定性。

图 6-10 储能系统在全电船舶中的应用场景[239]

6.5.2 电动汽车

电动汽车的发展开始于 19 世纪中期,而 19 世纪的 80 年代和 20 世纪初则是电动汽车的发展最为激烈的几十年。1903 年,纽约市注册的车辆中约有 53%使用蒸汽,27%使用汽油,20%是电动车,到 20 世纪 10 年代,美国的电动汽车保有量已超过 3 000 辆。但大面积的石油发现、高速公路数量增加、亨利·福特创建的汽车大规模生产系统的出现等因素导致汽油价格下降、汽车里程和自主性需求增加以及燃油车的价格下降对电动汽车产业带来了冲击,到了 20 世纪 50 年代后,电动汽车的生产基本都停止了[240]。

20 世纪 60 年代,随着美国环保局的建立和联合国斯德哥尔摩会议的召开,国际社会开始了对环境问题的新政策讨论,在 20 世纪 80 年代则进一步形成了布伦特兰报告以及联合国可持续发展目标。新政策的实施使清洁技术成为市场的主要选择。对于发展中国家,尤其是金砖国家(中国、俄罗斯、巴西、印度和南非)成员,电动汽车成为可持续发展的重要选择。

根据驱动它们的电能和燃料能源的结合,电动汽车可大致分为三类:纯电动汽车(battery electric vehicle,BEV)、插电式混合动力电动汽车(plug-in hybrid electric vehicle,PHEV)和混合动力电动汽车,其基本架构如图 6 - 11 所示。

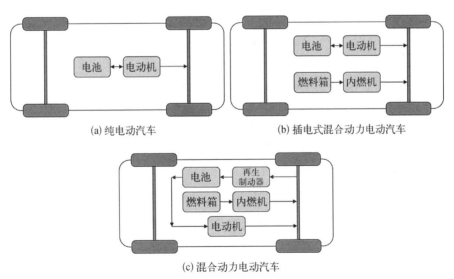

(a) 纯电动汽车　　　　　　(b) 插电式混合动力电动汽车

(c) 混合动力电动汽车

图 6 - 11　电动汽车能源基本架构[241]

BEV 能源架构简单,仅基于一个电动机和电池储能系统,而不需要内燃机,汽车的里程完全取决于电池储能系统的容量。当电池储能系统电量耗尽时,通过接入外部电源进行充电。除此之外,BEV 还可通过再生制动过程为电池储能系统充电,再生制动过程使用车辆的电动机来协助车辆减速,并回收通常被刹车转化为热能的能量。

BEV 的主要优势为：

（1）零尾气排放；

（2）不需化石燃料；

（3）方便在家中充电；

（4）加速时快速且平稳；

（5）整体运行成本低。

BEV 的主要劣势为：

（1）相比于内燃机汽车，其续航里程更短；

（2）相比于内燃机汽车的加油，BEV 的充电时长较长；

（3）比内燃机汽车更贵，但节省燃料的投资回报期只有 2~3 年。

PHEV 在保留内燃机的同时使用了电动机和电池储能系统，其运行方式主要有两种：电量耗尽（charge depleting，CD）模式和电量维持（charge sustaining，CS）模式。在 CD 运行模式下，PHEV 禁用其内燃机，完全从电池中获取驱动汽车的能量，直到达到 SOC 的阈值。在达到最低 SOC 后，PHEV 将切换至 CS 运行模式，由内燃机提供能量来驱动汽车，此时的电池的 SOC 将维持在高于但接近其最低值的状态。而为了提高燃油效率，目前 PHEV 已开发出了第三种运行模式，混合电量（charge blended，CB）模式。这一模式下，电动机和内燃机在一个驾驶周期内被动态和优化地使用，以在最高效的设置下实现更长的运行时间，同时达到整体排放的减少。

PHEV 的主要优势为：

（1）较长的续航里程；

（2）比传统内燃机汽车的油耗低；

（3）污染物排放量较低。

PHEV 的主要劣势为：

（1）无法完全避免环境污染；

（2）与 BEV 相比运营费用昂贵。

HEV 有两个驱动系统，带油箱的内燃机和带电池储能系统的电动机，内燃机和电动机同时为驱动车辆供能。与 PHEV 不同的是，HEV 中电池储能系统无法从公用电网等外部电源充电，其所有能量来源于燃料和车辆的再生制动过程。

HEV 的主要优势为：

（1）相比 BEV 更长的续航里程；

（2）比传统内燃机汽车的油耗低；

（3）比传统内燃机汽车的排放低。

HEV 的主要劣势为：

（1）无法做到零尾气排放；

（2）运行机理较为复杂；

（3）与 BEV 相比运营费用昂贵。

目前储能技术的发展对于电动汽车的储能应用和功能支撑是令人满意的，同时它减少了汽车行业对石油的需求、二氧化碳和温室气体的排放。随着相关技术的变化和发展，电动汽车储能系统的应用逐渐成熟。但其进一步应用及推广仍然存在挑战，如原材料的支撑和适当处置、能源管理、电力电子接口、尺寸、安全措施和成本等[242]。

电动汽车储能系统的设计及技术进展需考虑高等级储能系统材料、合金和溶液制备的优化，以及使用具有高充电容量、高能量和功率密度、良好的充电和放电速率曲线、耐久性、成本和无腐蚀和爆炸的安全运行的储能系统。在目前和未来研究中，以及在开发第三级应用和考虑环境问题时，还需要考虑回收、翻新和再利用废旧储能系统材料。

所有类型的能源都可以根据其自然特性来生产和输送电力，而不考虑效率和电压、电流的最佳供应模式。然而不明确、无组织的电力储存和分配方式可能会降低储能系统的性能、生命周期的持续时间和效率，导致极端的电力损失和滥用、意外的爆炸和损坏，以及限制负载的行为和寿命。电力电子接口用于处理储能系统在存储、供应电力时面对的工况、控制和转换的各种场景，进而优化系统的整体性能、耐久性和效率。电动汽车中的储能系统同样需要电力电子接口，用于电力转换、电力流控制、电力管理控制、电机驱动、能量管理、充电平衡和安全运行。此外，为确保良好、高效、持久和平衡的能源和电力供应，电动汽车储能系统的混合化需要电力电子转换器和电机系统的驱动。现有的电力电子接口系统在尺寸、效率、电流纹波、电压应力、灵活性或成本方面存在缺陷，因此，有必要在电力电子领域进行先进的研究，通过减少损失来优化电力使用和效率。

电动汽车靠电池、燃料电池、超级电容等混合能源的电力运行，储能系统需要在每个驾驶周期后进行充电。能量管理系统（EMS）用于为电动汽车储能系统提供电力，管理车内的储能系统、电力电子器件以及所有可能为汽车充电的能源,包括电网电力、太阳能、氢能、再生制动、热能、振动能、飞轮系统、超导储能系统和其他能源。现代电动汽车系统的设计是为了有效和智能地解决所有能源资源的管理问题,通过 EMS 的方式来解决能源的可用性和需求,可以优化能源经济和效率。

紧凑且高容量的储能系统机械设计和经济的生产方式是未来电动汽车发展中最具挑战性的问题。储能系统的总成本包括材料、包装、功率转换、更换、操作和维护以及劳动力。目前大多数二次电池的单位能量成本较低、功率成本较高,但由于电动汽车的需求,储能系统的成本正随着大规模的生产使用而降低。

6.5.3 电动飞机

在 2016 年的全球二氧化碳排放统计中,航空业的排放占比达到 2.5%,空客公司和波音公司的航空交通预测航空业将保持 4.5%/年的历史增长率持续到 2036 年,这将导致到 2050 年与航空业相关的二氧化碳排放量增加一倍或两倍。航空业的碳减排关键在于减少飞机推进系统在机场和飞行中产生的排放,因此,目前的研究重点在于改进现有的飞机发动机系统,并研究新的燃气涡轮发动机系统。而这一领域采取的最重要的措施之一便是在飞机上使用更多的电能,即发展电动飞机。

1957 年,世界上第 1 架用锌银电池驱动的电动模型飞机试飞成功;1973 年,德国人 Fred Militky 将一架 HB－3 电动滑翔机改成了电动 Militky MB－EI,使用镍镉电池和 10 kW 的直流电机,成功飞行了 12 min;2011 年 10 月,波音 787 客机在主电源和辅助动力电源使用锂离子电池,这是首款在关键技术上使用锂离子电池的民用客机;2014 年 7 月,中国首次采用锂离子电池的全电飞机 RX1E 完成民航局适航科目;2015 年 7 月,空客公司生产搭载锂离子电池的 E－Fan 飞机首飞英吉利海峡;2016 年,NASA 进行了 X－57 全电飞机的研究,X－57 采用全电推进,由尖端的分布式电力推进系统提供 100% 的电力;2019 年 10 月,中国研制的锂离子电池 4 座全电飞机 RX4E 在沈阳机场成功首飞。

电动飞机的技术类型包括多电飞机和全电飞机。多电飞机的机上主要功率为电功率,其采用机电作动器和功率电传技术,以电力驱动替代液压、气压、机械系统和飞机的附件传动机匣,但在多电飞机上蓄电池仅用作备用电源;全电飞机则以电气系统取代液压、气动和机械系统,所有的次级功率均以电的形式进行传输和分配。而在飞机电气化的各种选择中,全电飞机最有可能实现电动飞机的商业化,机种包括垂直起飞/降落(vertical take-off and landing, VTOL)飞机、超轻型(ultra-light aircraft, ULA)飞机、轻型运动(light-sport aircraft, LSA)飞机、轻型(light)飞机和窄体(narrow body, NB)飞机。目前已有的各类型全电飞机研究现状如表 6-4 所示。

表 6-4　全电飞机研究现状[243]

类型	机　型	产　地	座级	航程/ n mile	巡航速 度/kn	状　态
VTOL	ACS Z-300	巴西	2	162	120	Dev
VTOL	Airbus A³ VA·hana Alpha	美国	1	26	110	Dev
VTOL	Airbus A³ VA·hana Beta	美国	2	52	125	Dev
VTOL	Airis Aerospace AirisOnet	百慕大	5	174	152	Dev
VTOL	AMSL Vertiia	澳大利亚	2	162	135	Dev
VTOL	ASX MOBi 2025	美国	4	62	130	Dev
VTOL	ASX MOBi ONE	美国	5	57	130	Dev
VTOL	Aurora eVTOL (unnamed)	美国	2	35	108	Dev
VTOL	AutoFlightX BAT600	德国	2	108	54	Dev
VTOL	Autonomous Flight Y6S	英国	2	70	61	Dev
VTOL	Carter Electric/Hybrid Air Taxi	美国	5	98	152	Dev
VTOL	DeLorean Aerospace DR-7	美国	2	104	130	Dev
VTOL	Dufour Aerospace aEro 2	瑞士	2	65	173	Dev
VTOL	EVA X01	法国	2	162	—	Dev
VTOL	HopFlyt Venturi	美国	4	174	120	Dev
VTOL	JAXA Hornisse Type 2B	日本	2	—	—	Dev
VTOL	Joby S2	美国	2	174	174	Demo(2015)
VTOL	Joby S4	美国	4	—	—	Dev
VTOL	Karem Butterfly	美国	5	73	—	Dev
VTOL	KARI Optionally Piloted PAV	韩国	1	27	108	Dec
VTOL	Kitty Hawk Cora	美国	2	54	96	Dev
VTOL	Lilium Jet	德国	5	162	162	Dev
VTOL	NASA Puffin	美国	1	43	130	Con(2010)
VTOL	NASA VTOL UAM Concept Vehicles	美国	6	75	98, 112	Con(2018)
VTOL	Opener BlackFly	美国	1	22	54	Dev
VTOL	Pipistrel eVTOL (unnamed)	斯洛文尼亚	2	52	130	Dev

类型	机　型	产　地	座级	航程/ n mile	巡航速 度/kn	状　态
VTOL	SKYLYS Aircraft AO	美国	3	81	108	Dev
ULA	APEV Demoichellec	法国	1	13	38	Demo(2012)
ULA	APEV Pouchelec	法国	1	19	38	Demo(2012)
ULA	Electravia BL1E Electra	法国	1	27	49	Demo(2007)
ULA	Lazair eLazair	美国	1	4	38	Demo(2011)
ULA	LSA MC30E Firefly	卢森堡	1	82	89	Demo(2011)
ULA	PC‐Aero Elektra One	德国	1	216	86	Demo(2016)
LSA	ACS LOONG-e	巴西	2	351	118	Dev
LSA	ACS-Itaipu Sora-e	巴西	2	77	103	Demo(2015)
LSA	EAC ElectraFlyer-X	美国	2	174	87	Canc(2012)
LSA	Evektor SportStar EPOS	捷克共和国	2	92	92	Dev
LSA	Liaoning Ruixiang RX1E	中国	2	65	65	Prod
LSA	Liaoning Ruixiang RX1E-A	中国	2	97	59	Prod
LSA	Magnus eFusion	匈牙利	2	97	97	Dev
LSA	Pipistrel Alpha Electro	斯洛文尼亚	2	81	108	Prod
LSA	Pipistrel WATTsUP	斯洛文尼亚	2	81	85	Demo(2014)
LSA	Sonex Electric Sport Aircraft	美国	2	76	115	Dev
LSA	Yuneec E430	美国	2	130	52	Canc(2013)
LSA	Yuneec-Flightstar Espyder E280	美国	1	33	33	Canc(2013)
轻型	AEAC Sun Flyer	美国	2	315	90	Demo(205)
轻型	Airbus E-Fan	法国	1	86	86	Canc(2017)
轻型	Airbus Electric Cri-Cri	法国	1	30	60	Demo(2010)
轻型	Beyond Aviation Electric Cessna 172	美国	2	244	122	Canc(2012)
轻型	Bye Aerospace Sun Flyer 2	美国	2	350	100	Dev
轻型	Bye Aerospace Sun Flyer 4	美国	4	504	120	Dev
轻型	Electravia MC15E Cri-Cri	法国	1	25	100	Demo(2015)
轻型	EXTRA 330LE	德国	2	57	170	Demo(2016)
轻型	Flight of the Century Long-ESA	美国	1	—	—	Demo(2012)
轻型	Hamilton aEro 1	瑞士	1	86	92	Demo(2016)
轻型	IFB-Stuttgart e-Genius	德国	2	243	65	Demo(2015)
轻型	MIT eSTOL	美国	4	100	100	Con(2018)
轻型	NASA X‐57 Maxwell	美国	1	87	152	Dev

续　表

类型	机　　型	产　地	座级	航程/ n mile	巡航速 度/kn	状　态
轻型	Pipistrel Panthera	斯洛文尼亚	2	216	198	Dev
轻型	Pipistrel Taurus G4	斯洛文尼亚	4	243	87	Demo(2011)
轻型	Samad Aerospace e-Starling	英国	7	348	261	Dev
NB	328（Martin Hepperle）	德国	28	109	162	Con(2012)
NB	328-LBME2（Martin Hepperle）	德国	28	786	138	Con(2012)
NB	Airbus VoltAir	德国	68	900	270	Con(2012)
NB	Ampaire TailWind-E	美国	9	100	—	Dev
NB	BHL Ce-Liner	德国	189	900	436	Con(2014)
NB	Electrified ATR 72-500	德国	68	883	241	Con(2012)
NB	Eviation Alice	以色列	9	565	240	Dev
NB	Stanford Aluminum-Air Aircraft	美国	30	1150	287	Con(2016)
NB	Stanford Lithium-Air Aircraft	美国	114	2376	447	Con(2015)
NB	Wright One	美国	150	261	—	Dev

注：Canc 为 cancelled project,意为取消项目;Con 为 conceptual design,意为概念项目;Demo 为 demonstration design,意为演示项目;Dev 为 currently in development,意为研发中;Prod 为 currently in production,意为生产中。

　　全面推进全电飞机的发展,其中最关键的是电池技术,尤其是电池的比能量和比功率,即每单位质量电池可以提供的能量和功率。锂离子电池是最先进的电池类型之一,目前许多小型全电飞机都采用锂离子电池进行供电。受制于比能量(目前锂离子电池可保证安全达到的比能量为 300 W·h/kg[244]),锂离子电池在大型全电飞机上的应用还需进一步发展。相比之下其他体系的电池则在比能量方面具有更大优势,如锂硫电池,其高达 2 567 W·h/kg 的理论比能量使其成为航空应用的有力竞争者。

　　根据化学反应计算所得的航空业中潜在应用电池的理论参数以及锂基电池电芯的比能量分别如表 6-5 和图 6-12 所示。虽然将硅添加至石墨负极可以进一步改善各理论参数,但从中仍可以清晰地看到锂离子电池的局限性。其中,锂空气电池的理论值最高,锂硫电池在放电过程中不会增加重量,是最有希望的选择。这些电池相比于锂离子电池在质量和体积比上都有所改善,但目前的循环寿命不适合于航空业,且技术等级多处于实验室级别。因此在锂硫电池等航空业潜在应用电池的循环寿命、安全性等性能取得重大突破前,锂离子电池将仍是电动飞机能源供给的主要选择。

表 6-5 航空业潜在应用电池的理论参数[243]

电池种类	充放电反应	标称电压/V	正极比容量/(A·h/kg)	比能量/(W·h/kg)	能量密度/(W·h/L)
锂离子电池	$Li_{1-x}C_6 + Li_xMO_2 \rightleftharpoons C_6 + LiMO_2$	3.4~4.1	148~278	396~607	约 1 000
锂金属电池	$Li_{1-x} + Li_xMO_2 \rightleftharpoons LiMO_2$	3.4~4.1	148~278	578~1 054	>1 000
锂硫电池	$2Li + S \rightleftharpoons Li_2S$	2.2	1 167	2 567	2 189
锂空气电池	$2Li + O_2 \rightleftharpoons Li_2O_2$	3.0	1 168	3 505	3 492
锂硒电池	$2Li + Se \rightleftharpoons Li_2Se$	2.0	577	1 155	1 824
铝空气电池	$4Al + 6H_2O + 3O_2 \rightleftharpoons 4Al(OH)_3$	2.71	1 031	2 793	3 147
锌空气电池	$2Zn + O_2 \rightleftharpoons 2ZnO$	1.65	659	1 087	3 736

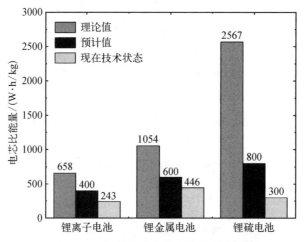

图 6-12 锂基电池电芯比能量对比[243]

6.5.4 电气化铁路

采用电力牵引的铁路被称为电气化铁路。1961 年 8 月宝成(宝鸡至成都)铁路宝鸡至凤州段电气化通车,1975 年 6 月宝成铁路全线电气化通车,成为中国第一条电气化铁路;1980 年底,全国共建成电气化铁路 1 679.6 km;2007 年,在动车组运行的标志下,中国的电气化铁路进入世界先进行列;随着复兴号列车开始运营,中国电气化铁路实现了自主设计建造,并实现时速从 35 km 到 350 km 的飞跃。

　　储能技术在铁路中的应用形式可主要分为两类：固定式和车载式。固定式储能也被称为路边储能，其通常被放置在变电站或轨道边，且该处供电线路有明显的电压波动；车载式储能也被称为移动储能，其被直接安装在列车上[245]。一般来说，固定式储能可以在一个固定位置为多辆列车提供能源，车载式储能只为其所安装的车辆服务，但可以在任何需要能源支撑等服务的地方，而由于车载式储能与车辆一起运行于铁路上，对其尺寸和重量的限制更为严格。根据不同的操作特点和需求，这两类储能应用都较为广泛。另一方面，根据储能技术在铁路系统中的功能还可将其应用分为三类：制动能量回收、线路功率管理以及无轨运行。

　　固定式和车载式储能都可应用于制动能量回收，且其运行机制相同，如图 6-13 所示。当列车制动时，列车上的感应电机起发电机的作用，将动能转化为电能，产生的制动能量被传送到储能系统中存储。一般来说在吸收制动能量时，储能系统工作在充电模式，当储能系统的端电压或 SOC 上升到一定值时，储能系统停止充电，其中注入的能量将存储作为备用。当储能系统将存储的能量输送至牵引列车时，其工作于放电模式，直到端电压或 SOC 下降到设定的阈值。

图 6-13　铁路储能系统运行机制[245]

　　在众多电化学储能设备中，锂离子电池是制动能量回收中应用最为广泛的设备之一。2005 年，神户市交通局在日本西神—山手（Seishin-Yamate）铁路的名谷（Myodani）变电站进行了一次基于锂离子电池的储能系统验证测试，该运行路段在 4 km 内的平均坡度为 2.9%，因此需要一个具有高能量的固定式储能系统；2007 年，一实际储能系统被安装在板宿（Itayado）变电站中，该系统的额定容量是前述验证测试中所用系统的两倍，每年节省的能量超过 310 MW·h；同年，日本的 SWIMO LRV 进行了基于镍氢电池的车载储能系统测试，该储能系统包含 30 个串联的电池，可提供 36 V 的电压以及 200 A·h 的容量，该模块总重 235 kg，在测试的三节车体中重量占比不超过 1%，且实现了 6% 的能源效率提升；2010 年纽约市交通局进行了基于镍氢电池的固定式储能系统测试,该系统由四个模块并联而成,每个模块中有 17 个电芯,该系统总电压为 67 V,总容量和总能量分别为 600 A·h 和 400 kW·h,可实现超过 2.19 倍的能量回收,且 71.4% 的再生能量可被存储作备用;2013 年日本的 HAIJMA 变电站安装了一个基于锂离子电池的固定式储能系统,该系统额定容量为 76.12 kW·h,额定电压为 1 650 V,额定电流为 1 200 A,可以为列车节省 5% 的总牵引力,每年可回收约 400 MW·h 的能量。

当外部能量(如制动回收能量)注入供电线路时会引起线路电压上升,而当电力供应不足以满足牵引负载的需求时线路电压会下降,线路电压的不稳定将会给电力系统带来各种隐患,甚至引发电力系统故障。在铁路系统中,采用储能系统来减少峰值电力需求和吸收多余电力是解决这一问题的主流方案之一。2006 年,西日本铁路公司在新日田(Shin-Hikida)变电站安装了一个基于锂离子电池的固定式储能系统,该系统的初步目的是补偿长滨(Nagahama)和敦贺(Tsuruga)间输电线从 20 kV、60 Hz 交流电源转换为 1.5 kV 直流电源时的短期线电压下降,而除电压补偿外,该系统还实现了 300 kW·h 的日节能;文献[246]提出了一种基于锂离子电池的固定式储能系统,用于减少 3 kV 铁路供电线路的电压跌落和峰值电流,该系统的端电压为 2 000 V,标称容量为 500 kW·h,最大功率为 2 000 kW,在意大利一真实的 3 kV 线路案例仿真研究中,该系统能将峰值电流、电压跌落和损耗分别降低 43.2%、5.26% 和 22.4%;纽约市交通局所建立的基于镍氢电池的固定式储能系统不仅可用于回收制动能量,还可以用于稳定第三轨(供电轨)的电压,在相同负载下,该轨电压跌落值从 118 V 被有效抑制至 63 V;文献[247]给出了一种铁路用的混合储能系统,该系统由超导储能和液流电池共同组成,超导储能用于抑制牵引功率需求的高频波动,液流电池则用于抑制低频波动,仿真结果显示该系统作用下,线路的最大功率波动有效减少 50% 以上。

由于施工条件的困难和城市空间的限制,铁路铺设存在局限和覆盖不全面的问题,列车的无轨自主电力牵引能力则尤其重要。如图 6-14 所示,当列车在外部电源供电(即有轨运行)下运行时,电缆负责为列车牵引系统和辅助设备供电,同时为车载储能系统充电,此外,当列车减速时,车载式储能系统也可通过能量制动回收进行充电;当列车无外部电源供电(即无轨运行)时,储能系统以放电模式运行,为牵引系统和辅助设备供电,当列车回到有轨运行模式时,车载式储能系统将被重新充电。需要注意的是,车载式储能系统必须具有一定的 SOC 水平才能支撑列车在无轨模式下运行,而为了实现较长距离的列车无轨运行和快速地起步、加速,通常要求车载式储能系统具有较高的能量能力和功率能力。

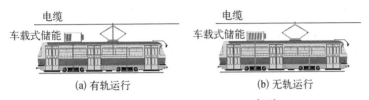

图 6-14 车载式储能运行机制[245]

法国尼斯的阿尔斯通运输公司为其 Citadis 列车车顶配置了基于镍氢电池的车载储能系统,其中包含 408 个串联的镍氢电池,每个电池的额定容量为 34 A·h,额定电压为 1.2 V,该列车能以 30 km/h 的最高速度无轨运行近500 m;2014 年,庞巴迪 Flexity 2 型列车于南京投运,该列车配备基于锂离子电池的车载储能系统,可在运行路线的约 90% 实现无轨运行,最大无轨运行距离达到 1.38 km,而在长距离测试中,更是表现出以 24.7 km/h 的平均速度无轨运行 41.6 km 的优异性能。

目前储能系统在地铁、电车和轻轨等场景的应用已被大范围报道,但受到有效性、经济性的制约,高速铁路系统的电气化及储能应用仍没有商业化的可行性方案[245]。电气化铁路牵引供电系统主要存在以下问题[248]:① 损耗高、电耗大,制动能量回收率有限,自身可再生能源的开发和再利用不够充分;② 牵引系统存在电压波动、谐波和负序等电能质量问题;③ 由供电电源单一造成的应急能力弱、抗干扰能力弱和系统弹性差等问题;④ 牵引系统存在部分无电区域,电气化铁路的高速化、重载化发展严重受限。而随着可再生能源技术的发展,多类型能源之间的互联、互补和微网等概念和技术的提出与发展,使得电气化铁路全面铺开发展的可行性进一步提升。

6.6 新基建

随着智慧能源和新型基础设施建设(新基建)等概念的提出,能源行业转型的路线将出现多样化,而对电力的需求也将大幅度提升。新基建包含5G 基建、大数据中心、人工智能、工业互联网、城际高铁、新能源充电和特高压七大领域,可分为信息基础设施、交通基础设施和电网设施三大类,均对供电系统提出了较高的要求,具有长寿命、高安全性、高效率、低成本、可灵活规划布局、可持续发展的储能技术将成为推动新基建发展的重要组成部分。

2019 年 10 月的全球电信能效峰会上,华为公司发表了"5G 通信电力目标网络白皮书",该白皮书描述了 5G 基站建设对电力系统的需求:一座 5G 基站平均耗电量为 6 kW,满载功耗达到 8 kW。而随着大功率多发射器多接收器天线、移动边缘计算、毫米波和其他新技术的应用,5G 基站的平均能耗将上升至 13.4 kW,满载功率将达到 18.9 kW。目前全国有约 544 万座 4G 基站,考虑到 5G 基站的覆盖面积要小于 4G 基站,实现 4G 基站的全替代需要约 650 座 5G 基站,粗略估计到 2025 年,5G 基站带来的电力负荷将超过53 GW,对电力系统以及配套储能系统均带来巨大挑战。

传统通信基站采用的配套电池为铅酸电池,铅酸电池体积大、重量大、适用温度范围小,已逐渐无法满足 5G 基站的要求。随着电动汽车产业的逐年发展,大量动力电池退役,以磷酸铁锂电池为主。退役后的电池仍有一定的容量水平和循环能力,剩余寿命可达约 6 年,并实现 400~2 000 次的循环[249],相比于全新铅酸电池 3~6 年的使用寿命和 200 次的循环次数仍有较大幅度的提升。磷酸铁锂电池可在−20~55℃的温度范围内工作,可适用于大部分环境的基站电源建设。此外,同样容量/电压规格的磷酸铁锂电池组的重量仅为铅酸电池组的三分之一,占地面积约为三分之二,更有利于大容量基站电源建设。为进一步满足 5G 基站的协同管理以及充分发挥配套储能设备的性能,华为公司推出了 5G Power 智能储能系统,该系统融合了通信技术、电力电子技术、传感技术、高密技术、高效散热技术、AI 技术、云技术以及锂离子电池技术,具有体积小、重量低的优点,具备电压自调整、系统可视化和全网精细管理、基于大数据和 AI 预测的前瞻性运维、网管侧防盗监控、智能削峰/错峰等能力,有效推进了经济高效、快速的 5G 基站部署,且已被沙特、阿联酋和葡萄牙等多个国家的运营商采用。

数据中心是数据传输、计算和存储的中心,在智慧能源、智慧城市等概念不断被提及的今天,海量的交通、电力、医疗、民生等领域数字信息在数据中心汇集,促进了数字经济的飞速发展,同时也带来了巨大的电力负荷。2021 年全中国数据中心总耗电量为 2 166 亿 kW·h,占社会用电量的 2.6%,预计到 2030 年数据中心的年总耗电量将超过 5 915 亿 kW·h,社会用电量占比将超过 5%。由于数据中心的工作特性,其一年 8 760 h 均在不间断工作,其配套不间断电源(uninterruptible power supply,UPS)的性能至关重要。

此外,充分发挥储能设备的优势,将其与数据中心有机结合,最大限度减少能耗,提升电能使用效率(power usage effectiveness, PUE)和促进数据中心的节能发展迫在眉睫。

储能在数据中心的应用可简要分为两类:作为 UPS 和提供辅助服务。传统的 UPS 采用的储能设备为铅酸电池,但其放电的不一致表现容易对用电设备产生不利影响。通常来说,为数据中心设计的 UPS 使用年限需要达到 10~15 年,若采用铅酸电池,则 6~8 年就需要更换一次电池[250]。相比之下,锂离子电池在 10~15 年的使用之后仍能保留 80%以上的容量,在数据中心全生命周期内的运维成本大幅降低。目前全球的各大数字行业巨头已开始采用基于锂离子电池的 UPS,如 Google 公司已将其 UPS 从铅酸电池改为锂离子电池;华为在 2019 年面向全球客户发布了基于智能锂电特性的 FusionPower@ Li-ion1.6 MW 大型数据中心 UPS 供配电解决方案;此外,设在印度的全球的搜索引擎公司、消费公司等的数据中心均已采用施耐德 Galaxy VX UPS+锂离子电池的配置方案[251]。得益于电化学储能技术的充放电灵活、快速性优势,其同样可以参与到局域电网的辅助服务中,如为数据中心的可再生能源供电线路提供平滑输出功能,进而为数据中心提供稳定的电力来源;参与到电力市场调峰、调频等辅助服务,提供数据中心电力可靠性并从电力市场获取相应收益;以备用电源的形式,计划性地在固定时间内恢复部分由市电供应的数据中心,替代市电或柴油发电机备用回路,提高经济性的同时促进碳减排。

电动汽车的发展是实现“双碳”目标的重要一环,而除了发展电动汽车自身储能技术以外,充电桩基础设施的建设也是重中之重。电动汽车的快速充电需求带来了大功率需求,这可能无法得到传统电网的有力支撑。另一方面,大规模电动汽车的充电需求将造成区域电网负荷上升,存在进一步扩大峰谷差距的问题。随着可再生能源分布式发电技术、储能技术以及相应的协调控制技术的发展,以微电网的形式整合可再生能源与电动汽车充电负荷成为解决新基建中新能源汽车充电问题的有效方法。

光储充一体化电动汽车充电站的配置如图 6-15 所示,光伏串、电池储能系统、电动汽车负载和其他负载都通过各自端口的 DC/DC 变流器连接到直流链路,电网则通过双向 AC/DC 整流器连接到直流链路。电池储能系统所连接的 DC/DC 变流器是系统中的另一个双向电力电子接口,允许电池在充电和放电的模式下平稳运行。光伏、电池储能系统和充电桩组成一个微网,利用光伏发电,将电量存储在储能电池中,当需要时,储能电池将电量供给充电桩使用,通过光储充系统,太阳能这种清洁能源就被转移到汽车的动力电池中供车辆行驶使用。

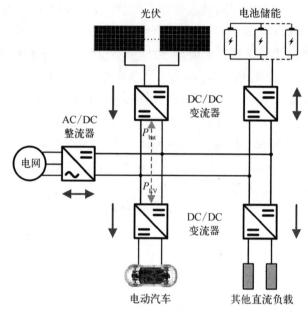

图 6 – 15　光储充一体化电站配置[252]

　　根据需求,光储充一体化电动汽车充电站可实现并网和离网两种运行模式。将光储充一体化电动汽车充电站并入电网,除了接受来自光伏的能量外,储能电池在电价低的时候充电,在电价高的时候放电,降低电动汽车充电成本的同时可以促进削峰填谷,也弥补了太阳能发电不连续性的缺点;当电网断电时,光储充一体化电动汽车充电站则可以采用离网运行模式对电动汽车进行应急充电。

　　由上海国际汽车城(集团)有限公司联合上海航天智慧能源技术有限公司、上海电力大学等多家单位共同推行的全球环境基金"中国新能源汽车和可再生能源综合应用商业化推广"上海示范项目有效促进了包括光储充一体化电动汽车充电站在内的电动汽车和可再生能源融合领域的发展,项目建成 12 个光储充一体化电动汽车充电站,站点涉及校园校区、商务园区、产业园区、港口港区、轨交公交综合服务站、主题公园以及美丽乡村等应用场景,各站点配备光伏装机容量不低于 20 kW,储能容量不低于 60 kW·h,促进了整县(区)分布式光伏工作的实施推进。项目发展期间,实现了可再生能源发电量达 26.7 亿 kW·h,峰谷差存储电量达 1 528 万 kW·h,减少二氧化碳排放量达 13.85 万 t,促进和扩大了新能源汽车与可再生能源的协调发展,有效提升新能源消纳能力,助力"双碳"目标的实现。

受制于能源资源禀赋,中国的煤炭储藏主要在西北,水力资源主要分布在西部地区和长江中上游、黄河上游等地,可再生能源同样广泛分布于西北地区,而中国的人口大多数分布在经济相对发达的中东部和沿海地区,造成电力需求大的地区没有足够的发电资源的问题。为了解决这一问题,中国采取的两个措施分别是输煤和输电。输煤需经过采煤、铁路运输、水路运输等多重步骤,其中还需临时储存,一方面成本较大,一方面与当下的能源转型发展相悖,因此目前亟须发展远距离输电技术以解决电力供应问题。

特高压输电具有输送容量大、线路损耗低、送电距离长和占用土地少的优点,可有效缓解中国能源中心和负荷中心不平衡的问题,同时具有良好的经济效益,数据显示,一条 1 150 kV 的特高压线路可替代 5~6 条 500 kV 线路,或 3 条 750 kV 线路,节省电网造价 10%~15%。交直流特高压受端电网的建立可实现大功率接受区外来电,有助于提升新能源发电的跨区消纳能力。然而随着其输送容量的提升,受端电网出现"直流受电占比增大,系统转动惯量降低"的问题,电网调节能力下降,存在直流闭锁故障的隐患[253]。直流闭锁将在送端和受端产生不良影响,送端系统大量功率盈余将造成电压骤升;受端功率则大量缺失,造成频率不稳定。电池储能系统具有提供百毫秒级紧急功率支撑的能力,在电网安全保障、调峰和调频方面具有一定技术优势,可抑制交流输电线路峰值功率,提高直流输电线路运行功率;在受端电网可实现提升特高压输送通道稳态输送功率,此外还可作为跨区备用源,减少送端火电机组开机以增加可再生能源发电空间。因此,分布式储能系统的建立可有效解决特高压直流闭锁造成的交流输电线路功率高、系统不稳定问题,并进一步提升可再生能源消纳能力,促进可再生能源发电的发展与推广。

6.7　新型电化学储能市场化进程与示范应用

新型电化学储能体系的蓬勃发展为能源转型增添了生机与活力。与此同时,全世界范围正在积极建设各类型电化学储能的示范应用工程以全面推进其市场化应用,主要情况如下。

铅酸电池方面,2022 年 12 月,浙江省"十四五"第一批新型储能示范项目——桐乡市荣翔染整"数智共享"集中式储能项目启动建设,该项目是全省规模最大的用户侧铅碳储能、全省首个用户侧集中式电化学储能项目,建设规模为 30 MW/300 MW·h。2023 年 5 月,江苏长强钢铁用户侧储能电站顺利并网,该项目为用户侧单体最大的铅碳电池储能项目的示范基地,同时也是国内容量最大的采用组串式储能系统的工商业储能电站,项目以预制舱户外布置的形式建设而成,规模达到 25.2 MW/243.3 MW·h,储能时长方面甚至超过了 4~8 h 的全钒氧化还原液流电池,投运后的年放电量高达 5 720 万 kW·h。

液流电池方面,美国能源部太平洋西北国家实验室的研究人员开发了一种新型水基液流电池,其主要使用金属有机配合物铁(Fe)- NTMPA2,由氯化铁(Ⅲ)和次氮基三(甲基膦酸)(NTMPA)组成,在工业上易制成。在 20 mA/cm^2 的电流密度的全电池测试中表现出优异的循环稳定性,在连续一千次充电循环后保持 98.7% 的最大容量,显示出优异的循环稳定性,且具有 96% 的容量利用率、每个循环的最小容量衰减速率为 0.001 3%(1 000 个循环后最小容量衰减 1.3%)、高库仑效率和能量效率分别接近 100% 和 87%。近年来,我国推出了多项液流储能项目:2022 年 1 月,我国首个校园场景的全钒氧化还原液流电池并网示范项目,同时也是陕西省首个全钒氧化还原液流电池储能低碳校园光储充一体化示范工程成功并网,该项目应用光储充一体化解决方案实现"发电-储电-充电"组合闭环,为校园提供 24 h 清洁电力,可实现 4 h 长时储能。2023 年 3 月,我国首个兆瓦级铁-铬液流电池储能示范项目在内蒙古成功试运行,该项目规模为 1 MW/6 MW·h,共安装了 34 台我国自主研发的"容和一号"电池堆和四组储罐组成的储能系统,可以将 6 000 kW·h 电储存 6 h,应用场景覆盖峰谷套利、调频调峰等辅助服务,标志着铁-铬液流电池储能技术迈入兆瓦级应用时代;湖南省麻阳苗族自治县 100 MW/400 MW·h 全钒氧化还原液流电池储能电站项目计划于 2024 年投产,该项目为湖南省第一个全钒氧化还原液流储能电站,直流侧可用容量要达到额定容量、连续储能时长(放电测)4 h、服役年限不低于 20 年、系统循环次数不少于 16 000 次、额定能量效率[PCS 出口计(含辅助能耗)]不低于 70%,同时具备系统调峰、一次调频、快速调压、AGC、自动电压控制(automatic voltage control,AVC)、黑启动等功能。

镍电池方面,2022 年,由能源界著名学者斯坦福大学崔屹教授创办的新型镍氢气电池公司 EnerVenue 与总部位于巴西圣保罗的 Vedanta ESS 公司签署了一份为期三年的供应协议,从 2024 至 2026 年为其部署 525 MW·h 镍氢储能系统,将主要应用于分布式发电、离网站点、商业和工业以及公用事业。在 2024 年两会上,全国人大代表、包钢集团稀土研究院杭州分院副院长闫宏伟指出,虽然镍氢电池由于其重量比能量密度低、成本较高等劣势逐步失去竞争力,但当下储能需求快速增长,应用场景发生巨大变化,重量比能量这一特性不再是限制其应用的主要指标,且其密度高,安全性好,容易与重力储能技术结合建立复合储能体系,可延长电池组件使用周期和提高场地的利用率,镍氢电池在储能领域将面临新的发展机遇。

固态锂电池方面,虽然目前仍未实现完全商业化应用,但近年来国内外已经取得了显著进展。美国全固态电池企业 Solid Power 于 2023 年 10 月在其公告中明确表示公司已生产出首批固态电池样品,并将其交付宝马汽车,正式进入汽车资质认证,同时这些电池也将用于后续宝马的示范项目,并于 2025 年之前推出第一辆基于 Solid Power 固态电池技术的原型车。韩国三星 SDI 公司的全固态试产线于 2023 年 3 月竣工并于 6 月生产出硫化物系全固态电池样品,SDI 公司预计将在 2025 年开发出大型电池生产技术,计划 2027 年在蔚山量产全固态电池。国内电池龙头企业宁德时代则于 2023 年 4 月发布凝聚态电池,同时在专利方面展开全固态电池布局,能量密度已超过 500 W·h/kg。此外,2023 年国内还涌现了多项百亿固态电池项目:2 月,清陶能源动力固态电池产业基地项目一期落地四川省成都市郫都区菁蓉镇,项目规模达 15 GW·h,首条生产线设计产能 1 GW·h;7 月,卫蓝新能源湖州基地二期项目开工,其一期项目已于 6 月底正式向蔚来汽车交付 360 W·h/kg 锂电池电芯,项目二期将建成年产值 20 GW·h 的固态锂电池产线;8 月,富鑫科技集团江西巨电年产 10 GW·h 固态锂电池及电池包(pack)制造生产一期项目在江西赣州龙南开工,项目总规模达 10 GW·h;11 月,山东金启航 20 GW·h 固态电池乐陵生产基地项目正式启动,项目规模达 20 GW·h,将填补德州、山东乃至江北地区储能电池产业空白。

锂硫电池方面,2023 年总部位于美国加州圣何塞的锂硫电池制造商 Lyten 计划在美国和欧洲建立超级工厂,目前,其与合作伙伴汽车巨头斯特兰蒂斯(Stellantis)等已在美国成功融资助力其锂硫电池商业化目标。日本化学领域的领军企业艾迪科公司(ADEKA)在 2023 年 11 月发布了世界上最轻的锂硫蓄电池,当前该公司锂硫电池正极材料的产量为每年约 100 kg,其计划在未来 5 年之内将产量提升至数十吨级,以供应未来无人机配送以及在 2025 年国际博览会(大阪·关西世博会)上飞行汽车的需求。

锂空气电池方面,2023 年美国阿贡实验室(Argonne National Laboratory, ANL)宣布成功将锂空气电池的循环次数提升至 1 000 次,且能量密度为传统锂离子电池的 4 倍,达到 1 200 W·h/kg。美国公用事业厂商 Xcel Energy 计划使用 Form Energy 公司的铁空气电池储能技术在明尼苏达州部署 1 GW·h 的储能项目,该项目与正在建设的 710 MW Sherco Solar 太阳能发电场共址, Form Energy 的铁空气电池储能时长可达 100 h,将有助于解决太阳能发电机和风力发电机在可变电力输出的存储和释放问题,该项目计划于 2024 年底实现商业化。

钠离子电池方面,技术行业领先者英国 Faradion 公司已开发出能量密度超过 140 W·h/kg 的原型电池,并已将钠离子电池技术在电动自行车上实现,该公司与澳大利亚 ICM 公司、印度 Infraprime Logistics Technology(IPLTech)建立合作伙伴关系,为二者生产高能量钠离子电池。中科海纳科技有限公司是国内钠离子电池领军企业,专注于钠离子电池研发与制造,其完成了全球首辆钠离子低速电动汽车示范和首座 100 kW·h 钠离子储能电站示范。 2023 年 12 月,国家能源局发布了新一批新型储能试点示范项目公示,其中包括由国网淮南公司牵头申报的安徽省淮南市山南高新区水系钠离子电池储能示范项目,该项目建设规模达 500 kW/1 MW·h;同时还有国家电投辽宁铁岭共享储能电站项目,该项目装机容量达 200 MW/400 MW·h,将主要服务于东北电网,可实现电力系统调峰、调频、调相、事故备用及黑启动等多种功能,标志钠离子电池储能迈入"百兆瓦"时代。

钠硫电池方面,2019 年,日本 NGK 公司阿拉伯联合酋长国首都阿布扎比部署了共 15 个钠硫电池储能系统,总装机容量达到 108 MW/648 MW·h, 分为 12 个 4 MW 储能系统和 3 个 20 MW 储能系统,该项目主要用于阿布扎比日间的电网负荷平衡,同时在电力中断的情况下可提供长达 6 h 的备用电源。2023 年,巴斯夫固定储能有限公司与韩国 P2G(power-to-gas)技术的领导者 G-Philos 签署了一份钠硫电池的销售协议,用于 P2G 项目、电网和微电网应用,巴斯夫固定储能有限公司将为后者提供总容量为 12 MW·h 的钠硫电池。2024 年 4 月,德国促进可持续物理技术研究会在于斯图加特举行的"投资中国"德国专场推介活动上发布了其全套高性能高安全性固态钠硫电池全自动连续生产工艺,该工艺可使电池能量密度超过 1 000 W·h/kg,目前已完成总体设计,将于 2025 年年底具备量产能力。

　　燃料电池方面,2023 年,源网荷储集团氢储能调峰电站项目正式启动,该项目是兆瓦级的固定式氢燃料电池发电单元和全国首个商业化运营的氢储能电站系统项目。项目上游绿电来源于 400 MW 光伏发电站,调峰电站及共享储能站参与电力市场交易,为白碱滩高新区提供约 3.6 亿 kW·h 绿电(自主调峰),同时提供 21 MW×12 h 的共享储能及电力辅助服务容量。此外,电站还将为当地供暖管网提供 48 万 GJ 零碳热源,打造零碳供暖示范。同年 6 月,挪威清洁能源解决方案供应商 Alma Clean Power 宣布已经成功测试了全球首个 6 kW 直接氨燃料电池系统,该技术能够将氨气直接输送入燃料电池系统,无须在发电前将氨燃料通过能源密集型预处理转化为氢气,而 6 kW 直接氨燃料电池系统是完整的 100 kW SOFC 模块的首个建构模块,此次测试验证了该公司的直接氨燃料电池的系统设计,可提供 61%~67% 的电气效率。

第7章 梯次利用

　　我国的能源、工业、建筑和交通运输是四大重点排放行业,其中交通运输业约占全国碳排放总量的10%[254]。由图7-1(a)可知,交通运输业的碳排放中公路运输占据了主导地位,因此应针对公路运输的电气化改革投入必要的资源。图7-1(b)和图7-1(c)显示,由于当前国内大力发展新能源汽车及其相关技术,电动汽车销量大幅上升,动力电池装机量呈现出同等增幅,而根据目前的政策及形势,这样的增长幅度在未来很长一段时间内将会

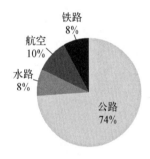

(a) 2019年中国交通领域各子领域碳排放量占比

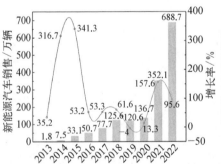

(c) 2013~2022年新能源汽车销量与增长率

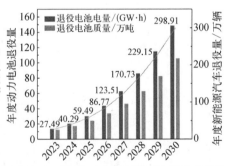

(d) 预测2023~2030年动力电池及新能源汽车退役量

图7-1　我国交通运输电气化进展[255]

注:数据来源:(a)中国交通部门低碳排放措施和路径研究综述;(b)、(c)中国汽车工业协会;(d)中国新能源汽车动力电池回收利用产业协同发展联盟

保持。图 7-1(d)所示为未来新能源汽车退役电池量,根据汽车制造商规定,动力电池可用容量下降至初始状态的 70%~80% 时认为其无法满足电动汽车使用需求。面临即将到来的动力电池"退役潮",考虑到电动汽车使用安全、环境污染和资源再生,以及达到退役标准的动力电池保有一定可用容量,需要发展退役动力电池的梯次利用方法。

梯次利用主要指对从电动汽车上退役下来的动力电池进行分选和重新配组,将在对电池性能相对较低、工况相对温和以及环境较为稳定的场景进行再利用,目前主要场景包括基站备用、储能和充换电等[256]。

自 2010 年起,我国开始颁布退役动力电池梯次利用的相关政策,鼓励对其进行回收和再利用,尤其在今年加快了对梯次利用相关政策的制定,表明了国家对梯次利用的重视与大力推广,相关政策如表 7-1 所示。为了加强退役锂离子电池的梯次利用管理,相关标准的制定正在逐步推进,如表 7-2 所示。可见当前相关政策与标准仍有待进一步完善,退役锂离子电池的梯次利用在一定时间内将面临残值有效评估、快速分选、使用历史追溯、电池类型和规格差异、电池组结构和通信差异等关键问题,相关技术手段亟待投入研究。

表 7-1　国内退役锂离子电池梯次利用相关政策[255]

时　间	发布部门	政　策	主　要　内　容
2012 年 6 月	国务院	《节能与新能源汽车产业发展规划 2012—2020》	加强动力蓄电池梯次利用和回收管理
2016 年 1 月	国家发展改革委、工业和信息化部	《电动汽车动力蓄电池回收利用技术政策(2015 年版)》	废旧动力蓄电池的利用应遵循先梯次利用后再生利用的原则,提高资源利用率
2018 年 1 月	工业和信息化部、科技部、环境保护部(现生态环境部)等 7 个部门	《新能源汽车动力蓄电池回收利用管理暂行办法》	鼓励电池生产企业与综合利用企业合作,在保证安全可控的前提下,按照先梯次利用后再生利用的原则,对废旧动力蓄电池开展多层次、多用途的合理利用
2018 年 7 月	工业和信息化部	《新能源汽车动力蓄电池回收利用溯源管理暂行规定》	对梯次利用电池产品实施溯源管理。规定电池生产、梯次利用企业进行厂商代码申请和编码规则备案,对本企业生产的动力蓄电池或梯次利用电池产品进行编码标识
2020 年 1 月	工业和信息化部	《新能源汽车废旧动力蓄电池综合利用行业规范条件(2019 年本)》	综合利用是指对新能源汽车废旧动力蓄电池进行多层次、多用途的合理利用过程,主要包括梯次利用和再生利用

时　间	发布部门	政　策	主　要　内　容
2021 年 8 月	工业和信息化部、科技部、生态环境部等 5 个部门	《新能源汽车动力蓄电池梯次利用管理办法》	加强新能源汽车动力蓄电池梯次利用管理，提升资源综合利用水平，保障梯次利用电池产品的质量
2021 年 9 月	国家能源局	《新型储能项目管理规范（暂行）》	新建动力电池梯次利用储能项目，必须遵循全生命周期理念，建立电池一致性管理和溯源系统，梯次利用电池均要取得相应资质机构出具的安全评估报告
2023 年 3 月	工信部、市场监管总局	《关于开展新能源汽车动力电池梯次利用产品认证工作的公告》	鼓励有条件的地方加快构建资源循环利用体系，在政府投资工程、重点工程、市政公用工程中使用获证梯次利用产品

表 7-2　退役锂离子电池梯次利用相关标准[257, 258]

标　准　号	标　准　名
GB/T 34013—2017	《电动汽车用动力蓄电池产品规格尺寸》
GB/T 33598—2017	《车用动力电池回收利用 拆解规范》
GB/T 34014—2017	《汽车动力蓄电池编码规则》
GB/T 34015—2017	《车用动力电池回收利用 余能检测》
T/ATCRR 09—2019	《梯次利用锂离子电池 电动自行车用蓄电池》
GB/T 34015.2—2020	《车用动力电池回收利用 梯次利用 第 2 部分：拆卸要求》
GB/T 34015.3—2021	《车用动力电池回收利用 梯次利用 第 3 部分：梯次利用要求》
GB/T 34015.4—2021	《车用动力电池回收利用 梯次利用 第 4 部分：梯次利用产品标识》

7.1　退役电池快速分选方法

车用动力电池通常以电池包的形式退役，其内部众多电池单体存在不同程度的性能衰退，容量与内阻呈现较差不一致性，其中性能最差的单体将对电池包整体性能产生最直接的影响。因此需要对退役电池包进行拆解分选出一致性较好的电池单体，再对其进行重组梯次利用。

通常可采用直接分选方法将电池包拆解后，根据电池的外观、容量、内阻和库仑效率等参数一致性对其进行分类。如图 7-2 所示为退役软包电池的常见目视检测结果，由于电池在服役周期存在过充/放电、极端温度和碰撞、挤压等电、热、力滥用历史,电池单体可能存在破碎、漏液、膨胀和极耳损伤等显著缺陷,此类电池将被首先排除。对外观完好的电池,可综合开展电池的容量测试、脉冲测试、电化学阻抗谱测试和小倍率准稳态电压测试等获取退役电池的相关参数,通过比较退役后一定检测循环内的容量、容量保持率、充放电效率、电压平台、相同 SOC 下的阻抗等参数来选取合适的电池进行重组。

(a) 电池整体

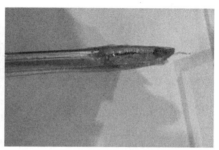

(b) 破碎、漏液

(c) 膨胀

(d) 极耳损伤

图 7-2　退役软包电池目视检测

应用案例

以某品牌 60 A·h 的磷酸铁锂电池为例,对其进行基于内阻和容量的快速分选。

对该批次退役电池内阻进行分析,利用工程学方式进行快速筛选。首先从电池生产厂家的电池生产管理系统中导出电池内阻分布,如图 7-3 所示,该数据受 SOC 影响较小,通过查询,该批次处于出货时新电池的内阻值主要分布在 0.45~0.62 mΩ。

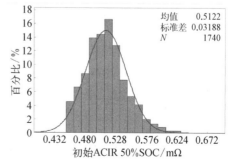

图 7-3　50% SOC 退役电池内阻分布图

相同测试环境中,调节该批量退役电池到不同 SOC 状态(0%、50%、100%),使用内阻仪测量批量退役电芯在不同 SOC 状态下的内阻,并作记录,并对记录的内阻进行正态分布分析,测试方案如下:

在(25±2)℃下,分别按照下列步骤对批量退役电池进行检测:

(1)以 1 C/60 A 电流恒流充电至单体蓄电池电压达到充电终止电压,静置 2 h;

(2)使用内阻仪测量批量退役电芯的内阻,并作记录;

(3)采用 1 C/60 A 恒流放电到电池理论 50%SOC 和 0%SOC 状态,静置 2 h;

(4)使用内阻仪测量批量退役电池的内阻,并作记录;

(5)对记录的内阻进行正态分布分析。

得到 SOC 分别为 100%、50% 和 0% 时的数据分布如图 7-4 所示。可见电池自身交流内阻(alternating current internal resistance, ACIR)值随剩余容量降低逐渐增加,并呈现一定的线性增长趋势,因此,通过该内阻变化趋势图可以对退役动力电池进行快速筛选。

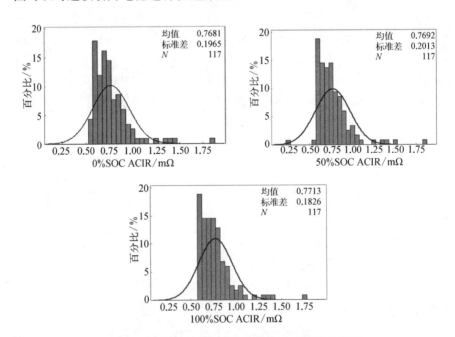

图 7-4 不同 SOC 状态下的退役电池内阻分布图

可见退役动力电池的内阻受电池的 SOC 影响不大,在三种不同 SOC 状态(100%、50% 和 0%),电池的内阻集中分布在 0.6~0.9 mΩ,正态分布的峰值为 0.75 mΩ,相对于图 7 - 3 中新电池的内阻为 0.6 mΩ,整体上随着电池 SOH 的衰减,电池内阻逐渐增加。

以上退役动力电池根据不同剩余容量进行筛选,研究相同运行工况下电池在不同剩余容量不同 SOC 状态下对应的内阻,结果如图 7 - 5 所示。

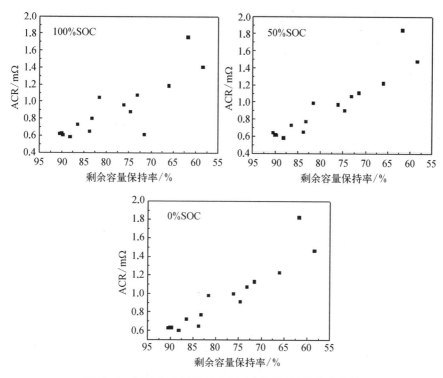

图 7 - 5　退役电池不同剩余容量内阻随 SOC 演变趋势

对该批次退役电池进行容量保持率分析,以工程学的方式进行快速筛选。首先,从电池生产厂家的电池生产管理系统中导出如图 7 - 6 所示的初始容量和退役容量数据,白箱电池的退役容量数据已知,可根据退役容量数据,确定退役容量数据下限,即可知该电池是否可用。

对比该批量动力电池在刚生产下线时的容量分布和退役时的容量分布可知,电池容量出现明显衰减,退役时的电池容量出现明显衰减,且容量分布区间增加。退役时,电芯的容量分布峰值由初始的 62.5 A・h 衰减至 54 A・h。

在 SOH/SOC 状态评估过程中,可以计算出电池的 SOH,依据每个电池的 SOH,可以分别获取电池当前的可放电容量,统计分析电池当前的容量,进行分析对比,统计表如表 7 - 3 所示。

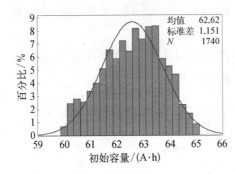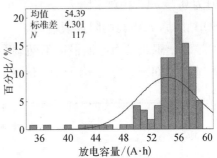

图7-6 新电芯及退役电芯的容量分布

表7-3 不同SOH状态下各电芯数据统计表

电芯	恒流充电容量/ (A·h)	恒压充电容量/ (A·h)	充电恒流比/ %	放电容量/ (A·h)	充放电效率/ %	初始容量保持率/ %	能效/ %
1#	56.76	1.73	97.04	58.37	99.79	97.28	91.66
2#	49.74	5.21	90.52	53.52	97.39	89.20	86.63
3#	52.25	2.77	94.97	54.69	99.40	91.19	91.23
4#	51.31	2.66	95.06	53.66	99.41	89.43	91.12
5#	46.72	2.25	95.41	48.21	98.47	80.35	88.07
6#	42.99	2.73	94.04	44.83	98.05	74.71	86.33
7#	44.09	1.99	95.69	45.85	99.51	76.41	89.02

注: 恒流充电比=恒流充电容量(A·h)/恒流+恒压充电容量(A·h), 能效=放电能量(W·h)/充电能量(W·h)。

根据图7-7中不同SOH下电芯的充放电曲线,计算筛选恒流充电比和能效值,筛选出充电恒流比和能效对比。

通过上述研究可以发现:

(1)退役电池在荷电保持期间OCV变化趋势不同,且不同SOH状态下的OCV出现明显分层,SOH高于80%时,OCV高于低于80%SOH以下的电芯OCV;

(2)采用对电池进行充放电的方式获取电池的电化学性能信息,统计并计算不同初始容量保持率状态下电芯的恒流充电比及能效作为关键信息参数,对7颗电芯进行0.5 C/30 A循环测试,发现恒流充电比和能效较低的2#和6#电芯循环衰减较其他电芯更快,当容量保持率衰减至70%以下后,电芯迅速衰减并导致跳水;

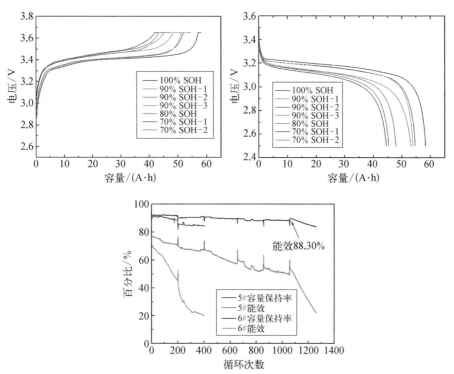

图 7-7 不同 SOH 电芯的电压-充放电容量曲线和循环
"跳水"电芯容量保持率及能效变化曲线

（3）循环衰减较快的 2 颗电芯,在出现"跳水"趋势时刻,电芯 1 C 充放电的能效值为 88.30%,因此,可通过筛选退役动力电池能效高于 88% 的电芯作为梯次利用电芯。

7.2 退役电池残值评估

退役电池梯次利用的核心和关键在于对其剩余寿命的准确预测,其本质是对退役电池的残值进行有效评估,为后续梯次利用提供有效依据[259]。其难点在于,锂离子电池作为一个高度非线性时变的电化学系统,因其复杂多样化的老化机制,即使是同一批次的电池在相同的使用场景下老化,也会因为自放电、内部结构与材料等诸多因素的复杂耦合影响而使彼此之间发生劣化程度上的差异,进而导致退役电池间的不一致性。此外,由于退役电池通常来自电动汽车,其用户使用习惯、现场工作温度、DOD、车辆震动和充电倍率等因素的不一致存在放大退役电池间差异的可能性,使得梯次利用的难度加大。因此,为了有效判定电池包和电芯的残值状态,必须开发出低能耗、高精度的高效残值评估方法,从而有效进行退役电池的梯次利用。

7.2.1　动力电池残值评估前置试验

以某型号磷酸铁锂电池为例,对同一类型几组电池进行不同条件下的循环寿命老化试验以开发高效的残值评估方法。综合考虑电池的应用环境及不同工况,此试验涵盖全生命周期典型的工况,试验方案见表7-4。

表7-4　残值评估测试方案

方案编号	测试方案名称	试　验　方　案
1	不同 DOD 循环充放电	以4 C 倍率,分别对 0%~10%SOC,0%~20%SOC,0%~30% SOC,0%~40%SOC,0%~50%SOC,0%~60%SOC,0%~70% SOC,0%~80%SOC,0%~90%SOC,0%~100%SOC 范围内进行全生命周期老化
2	相同 DOD 间隔区间循环测试	20%DOD 下,分别以 0%~20%SOC,20%~40%SOC,40%~60% SOC,60%~80%SOC,80%~100%SOC 范围内进行全生命周期的老化
3	50%SOC 状态不同 DOD 振幅充放电循环测试	50%SOC 下,分别以±10%DOD,±5%DOD,±2%DOD,±1%DOD 范围内进行全生命周期的老化

对上述不同实验室环境下,进行循环老化寿命试验,并对数据进行处理分析。对获取的电池数据进行处理,分析计算电池的 SOH,以及电池的等效循环累计电量。

7.2.2　动力电池残值评估方案

1. 基于电池放电能量的残值线性模型

三种不同条件下的循环寿命老化试验所得电池的累积放电能量和归一化能量如图7-8所示。可见在发生老化后电池间已呈现出一定程度的不一致性,相同循环条件下的电池,其寿命的不一致导致了累积放电能量的差异化分布。

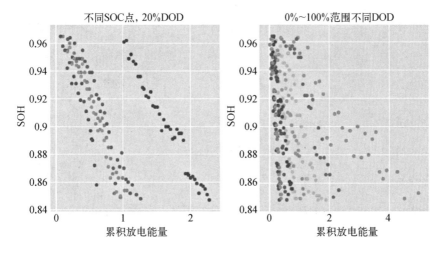

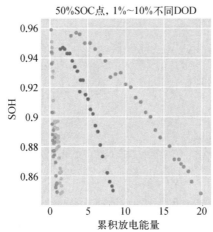

图7-8　三种不同试验测试方案下电池的累积放电能量

对所有电池的累积放电能量进行归一化处理,结果如图7-9所示。可见归一化处理后各电池的放电能量呈现相对一致的走势,且具有较为明显的线性关系。

根据图7-9的结果,假设退役电池残值与其归一化容量的线性关系为

$$RV = aE_{0 \to 1} + b \qquad (7-1)$$

式中,RV 为退役电池的残值;$E_{0 \to 1}$ 为电池的归一化能量;a 和 b 为待拟合参数。基于不同条件下的循环寿命老化试验所得电池的归一化能量,可得拟合结果如图7-10所示。其中 $a = -0.124\,2, b = 0.966\,2$,拟合优度 $R = 0.981\,0$,说明该线性模型可以较为准确地模拟归一化总放电能量与退役电池残值之间的关系。

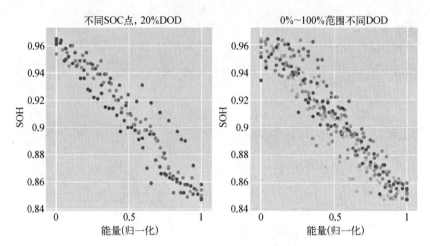

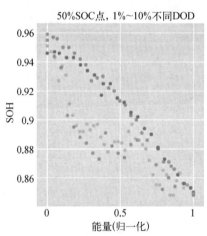

图7-9　三种不同试验测试方案下电池的归一化放电能量

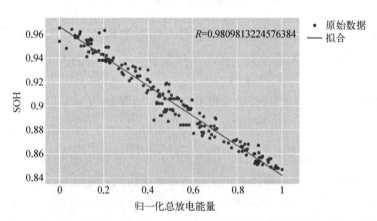

图7-10　三种不同试验测试方案综合归一化总放电总能量线性拟合结果

2. 不同 DOD 循环充放电结果分析

以电池放空为起点,进行不同 DOD 条件下的循环充放电测试(即方案 1),分析测试数据得出,残值与归一化能量趋势较明显。采用线性模型进行残值与归一化总放电能量的关系拟合,结果如图 7 - 11 所示,拟合优度 $R = 0.965$。

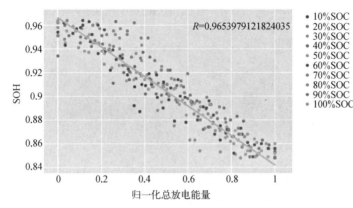

图 7 - 11　不同 DOD 循环归一化总放电能量及线性模型结果

不同 DOD 下,各电池生命周期内总放电能量如表 7 - 5 所示,对其进行 (1/1 000 000) 处理,可得趋势如图 7 - 12 所示。

表 7 - 5　不同 DOD 循环总放电能量统计

SOC	10%	20%	30%	40%	50%
总放电能量/(W·h)	6 482 793	3 127 551	3 064 723	1 863 268	1 516 122

SOC	60%	70%	80%	90%	100%
总放电能量/(W·h)	1 244 928	937 537.1	635 820.8	699 937.8	692 204.6

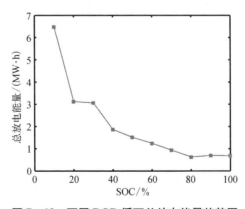

图 7 - 12　不同 DOD 循环总放电能量趋势图

3. 相同 DOD 间隔区间循环结果分析

基于测试方案 2 的电池老化数据进行分析,采用线性模型进行残值与归一化总放电能量的关系拟合,结果如图 7 - 13 所示,拟合优度 $R = 0.978$。

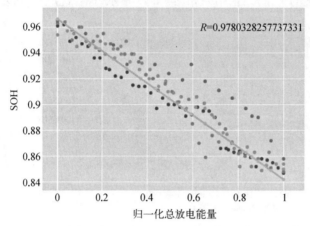

图 7 - 13　相同 DOD 间隔区间循环归一化总放电能量

相同 DOD 间隔区间下,各 SOC 区间循环老化的电池总放电能量如表 7 - 6 所示,对其进行($1/1\,000\,000$)处理,可得趋势如图 7 - 14 所示。

表 7 - 6　相同 DOD 间隔区间循环总放电能量统计

SOC	0%~20%	20%~40%	40%~60%	60%~80%	80%~100%
总放电能量/(W·h)	2 278 042	1 260 786	1 055 651	603 502.5	962 839.1

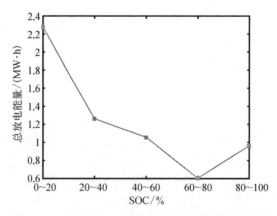

图 7 - 14　相同 DOD 间隔区间循环总放电能量趋势

4. 50%SOC 状态不同 DOD 振幅充放电循环结果分析

基于测试方案 3 的电池老化数据进行分析,采用线性模型进行残值与归一化总放电能量的关系拟合,结果如图 7-15 所示,拟合优度 $R=0.937$。

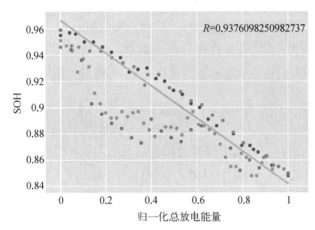

图 7-15 50%SOC 状态不同 DOD 振幅充放电循环归一化总放电能量

50%SOC 状态时,不同 DOD 振幅循环下,各振幅循环老化的电池总放电能量如表 7-7 所示,对其进行(1/1 000 000)处理,可得趋势如图 7-16 所示。

表 7-7 50%SOC 状态不同 DOD 振幅充放电循环总放电能量统计

SOC 振幅	1%	2%	5%	10%
总放电能量/(W·h)	19 873 395	8 296 807	1 634 248	932 482.3

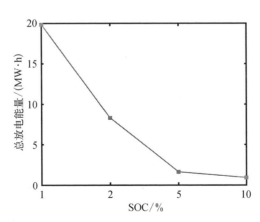

图 7-16 50%SOC 状态不同 DOD 振幅充放电循环总放电能量趋势

7.2.3 电池等效总放电电量评估分析

由上述分析可知,对20%DOD,不同SOC点和50%SOC点下,不同DOD条件下,电池总放电能量的趋势一致。倍率对总放电能量的影响相对较缓和,对此类电池,倍率的影响不大。故只考虑电池SOC和DOD对残值的影响。电池全生命周期内,总放电能量与残值之间成一定线性关系。通过上述分析不同SOC和DOD对总放电能量的变化趋势,可假设关系如下:

$$E_{whole} = f(SOC, DOD) = \left(\frac{k_1}{SOC} + k_2\right)\left(\frac{k_3}{DOD} + k_4\right) \quad (7-2)$$

对不同条件下两个自变量影响因素的拟合结果如图7-17所示。其中拟合参数 k_1、k_2、k_3 和 k_4 的值分别为0.165 2、0.641 6、0.166 2 和 0.570 3。根据

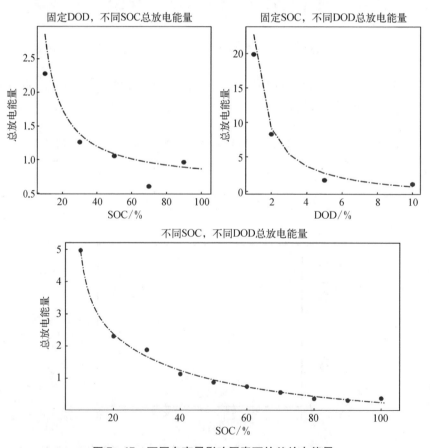

图 7-17 不同自变量影响因素下的总放电能量

该关系公式可计算出对应自变量影响因素条件下的电池总放电能量,其关系为如图 7-18 所示的三维曲面。

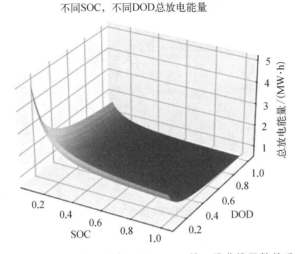

图 7-18　总放电能量与 SOC、DOD 的三维曲线函数关系

7.2.4　残值验证

1. 不同测试条件下的电池残值分析

电池在全生命周期内具有一定放电能量,通过模拟动力电池退役后的累积放电能量与全生命周期内的累积放电能量进行退役动力电池残值评估,电池退役前后的残值数据驱动模型可表示为

$$\begin{cases} RV_1 = \dfrac{E_{whole} - E_{dis1}}{E_{whole}} \\[3mm] RV_2 = \dfrac{RV_1 \times E_{whole} - E_{dis2}}{0.8E_{whole}},\ \text{若 } RV_2 > 1,\ RV_2 = 100\% \end{cases} \qquad (7-3)$$

式中,E_{whole} 为全生命周期内等效累积放电能量;E_{dis1} 为以电池出厂时的崭新状态为起点的等效累积放电能量;E_{dis2} 为以电池退役为起点的等效累积放电能量。

对以上数据驱动模型进行电池残值的实际测试数据进行验证,验证方式如下,输入数据模型相关参数,得到数据模型二维曲线,与实际在不同 DOD 条件下的数据测试曲线进行对比,并分析出数据驱动模型的估算偏差值。

依据不同 DOD 条件下的循环数据建立的上述总放电能量对应电池残值的计算模型输出结果如图 7-19 所示,其中对于 RV_1 和 RV_2 的预测,数据模型与不同 DOD 条件下的整体误差分别保持在 4% 和 3.5% 以内。

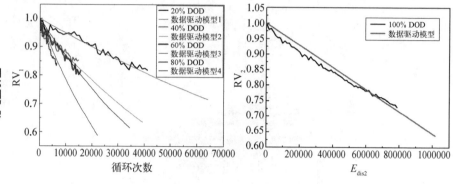

图 7-19 不同 DOD 条件下的模型输出结果

2. 实际工况下电池残值评估

对于获取的实际运行工况,以每日数据为节点,对当日的充放电工况进行数据统计分析,统计方式采用蒙特卡罗方法计算。计算出当天电池的等效 SOC 及 DOD 值,根据确定的 SOC 及 DOD 值计算出电池当日的等效总放电能量衰退值,通过等效总放电能量衰退的累积,作为等效放电电量 E_{dis} 的计算参考值。

具体实施情况为:自每日初始时刻 00:00 开始,到 23:59 时刻结束,记为 $Date_{Time} = 24 h$。对当日采集的数据,先进行数据采样点判断,分析电池在 $Date_{Time}$ 时间内的充放电规律。对 $Date_{Time}$ 时间采样范围,采用蒙特卡罗方法概率计算获取等效 SOC 与 DOD 在落在三维曲面 $f(SOC, DOD)$ 函数中的值,计算实际电池放电 $E_{dis,cal}$,通过对 $E_{dis,cal}/f(SOC, DOD)$ 积分得到 $\Delta E_{dis,equi}$ 以计算出前等效放电能量,进一步计算当天累计的 RV 值,计算流程如图 7-20 所示。

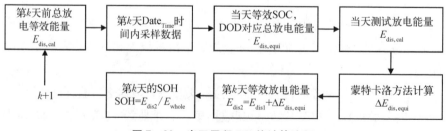

图 7-20 当天累积 RV 值计算流程

3. 样本分析

基于电池在一定时间内运行的工况数据获取 SOC 与时间的样本,对上述原始数据进行 SOC、DOD 样本分类确定。设定此工况之前历史数据中电池累计的等效放电能量为 E_{dis1},选取区间段内 SOC 的极值点,结果如图 7 - 21 所示。

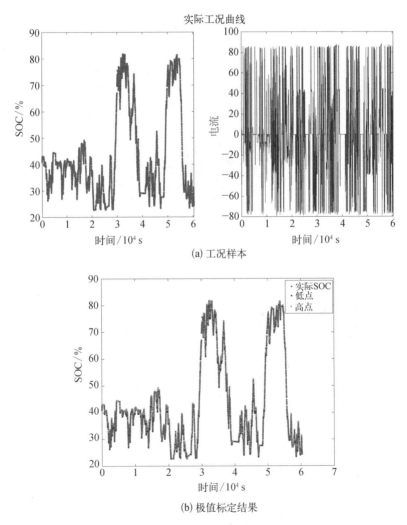

(a) 工况样本

(b) 极值标定结果

图 7 - 21　工况样本及极值标定结果

对原始数据进行数据分析清洗,基于等效累积放电能量进行残值计算,故以 SOC 最低极值点作为当前时刻的 SOC 值,剔除小范围充放电且考虑数据采集误差,主要指波动小于0.2%SOC增量的SOC极值点;对连续放电趋势中断小范围放电的部分,作为连续放电过程处理。

4. 工况下等效放电能量增量计算

将获取的等效DOD与等效SOC点分别代入公式 $f(\text{SOC}, \text{DOD})$ 计算等效总放电能量 $E_{\text{wdis, equi}}$,可得到如图7-22所示的结果。

不同SOC,不同DOD总放电能量
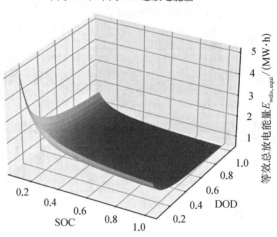

图7-22 等效总放电能量

等效SOC和DOD范围内,实测电池的放电能量 $E_{\text{dis, cal}}$,显示SOC与 $E_{\text{dis, cal}}$ 的曲线。依据蒙特卡罗基本原理,由电池在等效SOC下,实测的放电能量 $E_{\text{dis, cal}}$ 与等效总放电能量 $E_{\text{wdis, equi}}$ 的比值进行累计叠加,计算出 $\text{Date}_{\text{Time}}$ 时间内,等效放电能量的增量 $\Delta E_{\text{dis, equi}}$:

$$\Delta E_{\text{dis, equi}} = \sum \frac{E_{\text{dis, cal}}}{E_{\text{wdis, cal}}} \tag{7-4}$$

5. 工况下对应电池残值评估

通过计算得出 $\Delta E_{\text{dis, equi}} = 1.9343$,则对上述工况,等效放电能量为 1.9343 W·h,与此前计算的累计等效放电能量 E_{dis1} 求和计算出当前情况下电池的累计等效放电能量 E_{dis2},即为退役动力电池梯次利用可用累积放电能量,表示为

$$E_{\text{dis2}} = E_{\text{dis1}} + \Delta E_{\text{dis, equi}} \tag{7-5}$$

7.3　退役动力电池拆解分析

退役动力电池的质量是梯次利用的前提,要求动力电池成组后的外形、安装、动力接口、信号接口以及各种协议、电压等级等都必须统一起来。

2014 年以前生产的动力电池很难实现梯次利用,是因为 2014 年以前生产动力电池工艺水平较低,动力电池的一致性较差,未能大规模批量化生产,生产规范和自动化生产水平都还未得到发展,因而产品品质也较难保障,通常是将退役电池拆解为单体,对电池单体进行容量、内阻等参数进行逐一检测、分选、重组安装集成,导致退役电池利用率低、重组成本高、梯次利用的经济性差,目前已经被废弃。

2015 年以后投运的动力电池由于具备了更为严谨的设计体系以及大规模自动化的生产工艺,生产的动力电池品质有了较大的提升,电动汽车电池相关标准化有助于其梯次利用,保守预计能够进入梯次利用的动力电池容量比例可达 60%~70%。2015 年之后主要采取模组或电池包直接利用、分选重组,然后开展储能系统的集成和工程应用,电池评估、分选重组和系统集成的整体成本比较低,因此已成为目前行业内的主流技术路线。

从技术上来看,退役动力电池梯次利用于电力系统储能是可行的,动力电池梯次利用的经济性随着储能市场的发展及电池梯次利用规模化的应用,将逐渐显现。但是由于退役动力蓄电池电芯的性能参数差异较大,而且动力电池在役时所处环境以及使用情况较复杂,退役后电池间不一致性明显,如果要对退役动力电池进行再利用,有必要对退役动力电池价值进行研究,评估电池之间的一致性,并进行筛选和分组,以便在安全的前提下最大限度地利用退役电池的剩余容量。如何确定简单、合适、可靠并具备一定普适性的分选测试方法和分选评价方法是目前需解决的技术难题之一。

梯次利用回收流程包括三步:① 电池信息收集,主要包括车辆信息、电池信息调研、系统技术协议、检测报告、历史运行数据等信息的收集;② 现场评估;③ 返厂测试,在厂内进行充放电测试,对退役动力电池进行分选,如图 7-23 所示。本节回收了退役磷酸铁锂电池包并对其进行拆解、测试分析。在拆解、测试过程中,了解退役动力电池包性能情况,研究电池健康状态评估方法,形成退役动力电池快速分选装置的分选测试方法和分选评价方法。

电池信息收集　　　　现场评估　　　　返厂测试

图 7-23　梯次利用回收流程

7.3.1　退役动力电池拆解

动力电池退役时,整个电池包或模组从车上拆解下来,不同车型具有不同设计,其电芯类型、模组成组方式及连接方式、内外部结构设计、工艺技术各不相同。意味着不可能用一套拆解流水线适合所有的电池包和内部模组。

(1)在乘用车市场,三元材料体系电池的市场占有率较高,电池系统结构设计总体呈现两个发展趋势:传统的模组化电池包、无模组化电池包。模组化电池包结构简单,也存在少量异型结构,对于规整结构宜采用整包应用,对于异型结构宜采用模块化应用;无模组化电池包适用于整包级梯次利用,后续维护较困难。

(2)纯电动轻卡车主要采用三元材料和磷酸铁锂材料,当前市场磷酸铁锂材料体系电池占有率较高,车型尺寸基本相同、电池包结构差异不大、接口通用性较好,电压一般在 450~600 VDC,电量一般在 60~80 kW·h,宜采用整包应用匹配功率在 20~25 kW。热管理系统有自然风冷、液冷、加热板三种,自然冷却占比约 90%,液冷占比约 10%,加热系统为选配,视车辆使用地区而定,确保电池包在适宜温度范围内运行。

(3)在商用车市场,经过了行业初期的技术发展,电池包性能得到了快速发展,电池包的结构和尺寸也逐步规范化,电池包结构依据 GB/T 34013—2017《电动汽车用动力蓄电池产品规格尺寸》设计,整车由多个小包组成,电池包结构和接口通用性较好,宜采用整包应用。由于商用车多为运营使用,对快速充电的需求较高,充电倍率一般为 1 C~2 C,商用车动力电池采用三元、磷酸铁锂、钛酸锂三种类型,整车电压平台多为 500~700 V,由多个小包串联成组。单个电池包电压为 100~200 V,梯次利用串联集成时,电池分容的难度相对较大,需合理进行各电池包的串联成组。

本节以电动动力中巴车上退役的磷酸铁锂动力电池包为例,对退役动力电池的拆解进行详细说明。退役磷酸铁锂电池包来源于武汉东风扬子江8.2 m 电动动力中巴车,该批电动大巴于 2015 年服役,电池退役时间在 2019

年 Q3 季度~2020 年 Q2 季度。其中 2019 年 Q3 季度已经回收了 6.2 MW·h（标称能量）的电池包,电池 SOH 集中在 75%~85%,还具备较高的梯次利用应用价值。每辆中巴车的电池系统采用模块化设计:电芯-模组-电池包（cell-module-pack）使用的电芯为力神 15.5 A·h 磷酸铁锂（LFP）电芯。

1. 退役动力电池包外观

退役磷酸铁锂电池包如图 7-24 所示,壳体为金属,箱体外形尺寸900 mm×720 mm×380 mm（$L×D×H$）,不包含前面板本地管理单元（local management unit, LMU）和接插件尺寸。

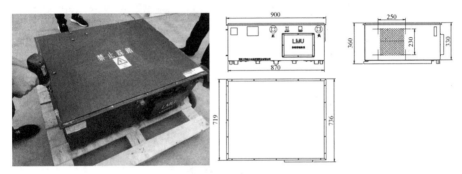

图 7-24　退役磷酸铁锂电池包（单位: mm）

电池包采用托架导轨固定方式,通过螺栓固定;电池包散热方式为强制风冷,在电池包壳体侧面开有进出风口;电池包侧面靠前位置粘贴有标签,记录有产品关键参数。

2. 退役动力电池包拆解结果

退役磷酸铁锂电池包防护等级 IP20,对外接口包括主正、主负高压接口以及采样通信接口。高压接口连接器插座安装在前面板,正极用橙色、负极用蓝色。

对电池包表面的灰尘和污渍进行清洗后,拆开电池包上盖,内部有绝缘板加强绝缘。电池包内一共包含 12 个模组,上下两层布置,每层 6 个模组。每个模组的配置为 6P5S,上下两个模组并联,同层的 6 个模组通过铜排串联。电池包和模组拆解结果如图 7-25 所示。

模组与模组之间采用铜排螺栓固定,最后主正、主负输出采用动力线缆引接至电池包面板。电池包内一共包含有 30 节电压采样,12 个温度采样点,采用圆形冷压端子的负温度系数热敏电阻固定在模组的铜排上进行温度采样。

(a) 电池包

(b) 模组前视图

(c) 模组正视图

图 7 – 25　电池包与模组拆解结果

退役磷酸铁锂电池包采用整包应用,为便于后续退役电池重组,减少工作量,高压接口连接器继续使用,无须更换;因不同厂家 BMS 存在兼容性问题,需将电池包原有 BMS 板卡拆除,对应电压、温度采集线束需重新制作或通过转接线束转接。

3. 电芯拆解结果

退役电池包原厂为武汉力神动力电池系统科技有限公司,使用的电芯为力神 15.5 A·h 磷酸铁锂电芯。电芯拆解结果如图 7 – 26 所示,发现正极较为完好,负极有脱粉现象,内部没有黑斑、析锂、短路等异常情况,可以继续使用。

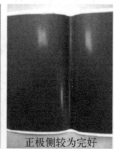
正极侧较为完好

负极侧有脱粉现象

判断电芯内部没有黑斑、析锂、短路等异常,可以继续使用

图 7 – 26　电芯拆解结果

7.3.2 退役动力电池的评估及筛选

由于动力电池在役时所处环境以及使用情况较复杂,退役后电池间不一致性明显,如果要对退役动力电池进行再利用,有必要对退役动力电池价值进行研究,评估电池之间的一致性,并进行筛选和分组,以便在安全的前提下最大限度地利用退役电池的剩余容量。

目前退役的动力电池的价值评估依据历史运行数据的完整程度可分为两大类,包括两种情况:

(1)白箱电池:指退役动力电池全生命周期内的历史数据基本完整,包括了电芯、动力电池集成、车辆运行、电池包维护等各阶段数据资料;

(2)黑箱电池:指退役动力电池全生命周期内的历史数据不完整或完全缺失,需要通过调研或测试等手段判定电池健康状态的退役动力电池。

白箱电池的测试及分选方法如图 7-27 所示,首先利用远程监控及大数据平台高频实时数据,结合自主开发的算法模型,可实时准确估算每颗电芯的健康状态,实现退役电池包剩余价值在线评估,无须测试直接通过长期历史数据判断电池是否可用,节省大量测试成本。白箱电池快速分选方法如下图所示;其次根据电池在车载使用过程中有无过充电、过放电、过热等滥用情况的发生以及退役时是否有鼓胀等问题来判断电池的安全状态;最后依据电池车载阶段充放电过程中的参数变化规律,来预测电池的衰减趋势。这种诊断方法速度快、成本低,对动力电池容量的评估比较准确,同时对电池的剩余寿命预测也很有帮助;但该方法目前在电池内部安全隐患的识别上还不是很有效。

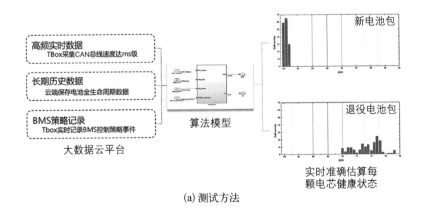

(a) 测试方法

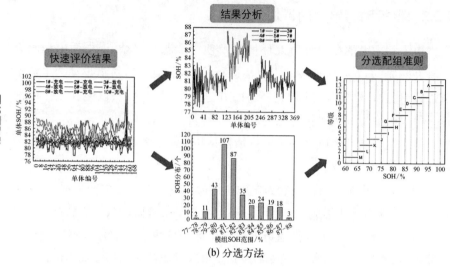

(b) 分选方法

图 7 - 27　白箱电池测试及分选方法

对于只缺失历史运行数据的黑箱电池,首先通过返厂测试进行容量测试和分选,通过完整的充放电测试,记录电池的电压、温度等参量的变化情况,基于 SOH 快速评估技术评估电池包 SOH 状态,判断电池包是否可用,如何再重组,如图 7 - 28 所示。然后对退役动力电池进行抽样,分析电池在滥用条件下的安全性能、测试在合理使用工况下电池的准确剩余寿命,为梯次利用可行性分析提供依据。

对于数据完全缺失的黑箱电池,在进行返厂测试前,需调研技术协议,收集电池包技术信息,并进行跑车试验,收集 3 ~ 5 辆典型车辆数据,确定关键参数后再进行返厂测试,基于 SOH 快速评估技术评估电池包 SOH 状态。

SOH 快速评估技术具有以下特点:① 适应性强,三元电池及磷酸铁锂电池均可评估;② SOC 评估精度高,可达±3%以内;③ 时间短、投入少。

白箱电池基于大数据分析,寿命和容量评估准确度更高、只需对退役电池进行抽检测试,电池筛选成本低、技术资料完善,二次投入少,集成成本低。

黑箱电池由于技术资料缺失,器件匹配困难,BMS 复用可能性较低,存在二次投入,集成成本高。评估模型需要大量数据,电池包常规测试工作量大,成本高。

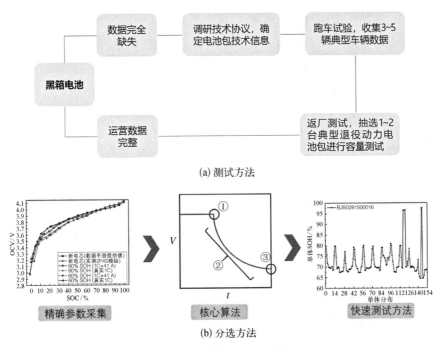

(a) 测试方法

精确参数采集　核心算法　快速测试方法

(b) 分选方法

图 7-28　黑箱电池测试及分选方法

1. 退役电池评估、筛选方法

根据储能锂离子电池系统的退役动力电池特性及梯次利用要求,可使用如图 7-29 所示的评估、筛选方法。

其主要实施过程如下。

(1) 建立储能锂离子电池系统的退役电池筛选的核心参量,包括锂离子电池储能系统分类、电池 SOC 与 SOH。上述核心参量缺一不可。

(2) 确立储能锂离子电池系统的退役电池筛选的核心参量的判断依据。其中,锂离子电池储能系统分类方法包括成组方式、使用电池类型与电池型号。电池类型包括:软包铝塑膜锂电池、方形硬壳锂电池或圆柱硬壳锂电池。电池体系包括:磷酸铁锂电池、镍钴锰三元锂电池、镍钴铝三元锂电池、钛酸锂电池、锰酸锂电池或它们的混合体系。电池的 SOC 与 SOH 可以根据锂离子电池储能系统的运行数据和测试数据获取。

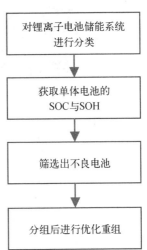

图 7-29　退役动力电池评估、筛选方法

（3）根据已建立的核心参量，筛选出部分不良电池。不良电池判定依据分为外观与实际 SOH。外观不良包括壳体有刮痕、腐蚀、漏液、严重突起或凹痕的电池。实际 SOH 过低的电池也被视为不良，应当筛除。

（4）根据电池的 SOC 与 SOH，分组后进行优化重组，然后投入使用。其中，分组的依据为：电池类型一致、材料体系一致、SOC 与 SOH 分级相近的电池单体，可在一起重组使用。

2. 退役磷酸铁锂动力电池筛选、测试

退役磷酸铁锂动力电池包为黑箱电池，历史运行数据缺失，通过返厂测试进行容量测试和分选，退役磷酸铁锂动力电池包返厂后按照车上系统构成对 6 个电池包成套进行测试，包括：① 外观检验；② 绝缘电阻检测；③ 温度、电压采样；④ 上电测试；⑤ 测试数据分析；⑥ SOC/SOH 分级，如图 7 - 30 所示。

图 7 - 30　电池系统测试

详细测试步骤如下。

1）外观检验

根据电池包检验规程目视确认各电池包外观正常，过滤掉外观有损伤的电池包。

检验合格判定：外壳无破损、变形，正负极标识正确，电池包内外干净、无金属杂质，线束无破损、裸露。

2）绝缘电阻检测

对通过步骤 1）的电池包进行绝缘电阻检测，分别测试电池包总正（$P+$）、总负($P-$)与壳体之间绝缘阻值 R(1 000 VDC,15 s)。

检验合格判定:绝缘电阻 R 不低于 200 MΩ。

3)温度、电压采样

使用上位机检查各电池包温度、电压采样是否正常。

检验合格判定:使用上位机测量电池包各单体电压、温度,要求所有单体电压都能测到,电压范围在要求内;电池包内单体电压最大值与最小值的差值满足要求。

4)上电测试

对电池包进行上电测试并记录相关数据。

上电测试过程:电池包充电至最高 SOC→静置 30 min→放电至最低 SOC→静置 1 h,具体如下:

(1)返厂后,由上位机采集电池包各单体电压;

(2)电池系统按照 0.5 C 充电至最高单体电压 3.65 V,即 SOC 约 100%;或根据主控限功策略,标准充电至最高 SOC,期间由 PCS 采集充电电流;

(3)静置 30 min,上位机记录相关数据;

(4)电池包 0.5 C 放电至单体最低电压 2.5 V,即 SOC 约 0%;

(5)静置 1 h,上位机记录相关数据。

测试过程中需监测动力航插和电芯的采集温度,对温升超过 25℃的需要进行返测。

注:测试完毕后按照 SOH 挑选重组后统一对电池系统反充至 30%SOC 进行储存。

3.退役电池测试评级准则

依据算法对测试数据进行分析后,测算出每一包/每个模组的 SOH、SOC,然后根据 SOH、SOC 值进行分级,SOH、SOC 分级标准如表 7-8 和表 7-9 所示。

表 7-8　SOH 分级标准

SOH 范围/%	模组 SOH 等级	SOH 范围/%	模组 SOH 等级
>99	1	87~90	5
96~99	2	84~87	6
93~96	3	81~84	7
90~93	4	78~81	8

SOH 范围/%	模组 SOH 等级	SOH 范围/%	模组 SOH 等级
75~78	9	66~69	12
72~75	10	63~66	13
69~72	11	60~63	14

表 7 - 9　SOC 分级标准

SOC 范围/%	模组 SOC 等级	SOC 范围/%	模组 SOC 等级
>95	1	45~50	11
90~95	2	40~45	12
85~90	3	35~40	13
80~85	4	30~35	14
75~80	5	25~30	15
70~75	6	20~25	16
65~70	7	15~20	17
60~65	8	10~15	18
55~60	9	5~10	19
50~55	10	0~5	20

退役动力电池包/模组重组准则如下。

（1）退役动力电池包串联组成电池簇时，选用的电池包应为同一电池类型、同一成组方式，同一批次。不同批次电芯、不同类型、不同成组方式电池包禁止混用。

（2）根据项目需求，按照 SOH 相同等级的进行重组后，串联组成电池簇。若需混用，每级可与 SOH 较高一级混用，每次混用的级别不超过 2 个。

（3）按照 SOC 相同等级的进行重组后，串联组成电池簇。如需混用，每级可与 SOC 较高一级混用，每次混用的级别不超过 2 个。

（4）尽量使同一电池包内的模组重组在一起，因为其行驶里程与测试环境相同，通常具有相近的 SOC 与 SOH。

4. 退役磷酸铁锂电池分选重组

根据测试数据计算退役磷酸铁锂电池包电池的 SOH，SOH 分布如图 7 - 31 所示，总体呈现正态分布，其中 SOH 集中在 75%~85%，电池包 SOH≥75% 占比在 80% 以上，具备较高的梯次利用应用价值。

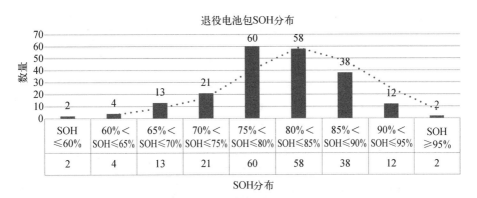

图 7 - 31　退役电池的 SOH 分布

根据项目需求,每套梯次利用电池簇采用 8 套退役电池包串联,成组方式为 12P240S。电池簇采用框架式电池柜结构,保证电池簇内的空气流通,电池包和高压箱依次布置于电池柜,电池包通过限位挡块和销钉固定,高压箱通过 M6 螺栓固定,电池包和高压箱之间动力回路通过前面板的航空插头和动力电缆串联连接,各电池包 BMU 采集电池单体电压和温度通过通信线束上传至高压箱的 BCMS,BCMS 经过数据收集和分析将数据上报给 BEMS,同时接受 BEMS 的控制指令。

根据退役动力电池包/模组重组准则进行配组后,配组方案如表 7 - 10 所示,其中 1#电池簇均选用 SOH 处于 74%～76%区间的电池包;2#电池簇均选用 SOH 处于 75%～78%区间的电池包,SOH 差异满足 SOH 分级误差≤3%。

表 7 - 10　梯次利用电池簇分选重组结果

系统编号	电池包编号	SOH/%
1#电池簇	BWAB0610R00AABU26111_002	74.06
	BWAB0610R00AABU24193_005	74.22
	BWAB0610R00AABT25074_001	74.45
	BWAB0610R00AABU05104_001	74.87
	BWAB0610R00AABU26200_001	75.22
	BWAB0610R00AABU25075_001	75.36
	BWAB0610R00AABT22057_006	75.59
	AWAB0610R00AABT29025_005	75.74
2#电池簇	BWAB0610R00AABU26111_001	75.76
	BWAB0610R00AABU11130_001	75.84

系统编号	电池包编号	SOH/%
2#电池簇	BWAB0610R00AABU11130_005	75.84
	BWAB0610R00AABU19170_001	75.98
	BWAB0610R00AABT22057_002	76.00
	AWAB0610R00AABT29025_006	76.71
	BWAB0610R00AABU12136_001	76.21
	BWAB0610R00AABU19036_001	76.53

对成簇后电池簇再进行容量测试,发现基本结构满足电池包最低 SOH 的测试,测试误差≤5%。

7.3.3　退役动力电池安规、性能测试

退役动力电池除了进行分选测试外,还会对批次的电芯、模组抽样进行安规测试和性能测试,以确定在梯次利用过程中的运行和控制策略。

以退役磷酸铁锂电池包为例,按照 GB/T 36276—2023 进行安规测试、根据企标进行基本性能测试。该批次电池的测试结果如表 7-11 所示,能够满足国标和企标要求。

表 7-11　退役动力电池安规、性能测试结果

序号	测试方法	引用标准	样品编号	检测结果
1	外观检测	企标	全检	良好
2	放电容量	GB/T 31486—2024 6.2.5 和企标	全检	$13.01 \sim 14.05 \ A \cdot h$(额定容量的 83.93%~90.64%)
3	放电容量极差	企标	全检	极差≤$1.04 C_{nom}$(A·h,第 3 次循环)
4	放电能量	GB/T 31486—2024 6.2.5 和企标	全检	$79.54\% \sim 86.53\% E_{nom}$
5	充放电能量极差	企标	全检	充电: 7.37%,放电: 8.34%
6	能量密度	企标	全检	$85.76 \sim 93.30 \ W \cdot h/kg$
7	能量效率	企标	全检	88.59%~89.75%
8	DCR*极差系数	企标	全检	极差≤15.44%(mΩ@1 C,60 s)
9	过充电	GB/T 36276—2023 5.2.3.1	01152019072501	不起火,不爆炸
10	过放电	GB/T 36276—2023 5.2.3.2	01152019072508	不起火,不爆炸
11	短路	GB/T 36276—2023 5.2.3.3	01152019072505	不起火,不爆炸

*DCR 为直流内阻,即 direct current resistance。

7.3.4 寿命测试情况

由于退役动力电池与新电池的状态有较大差异,还需要分析充放电倍率、充放电温度、环境温度等使用条件对电池性能的影响,明确电池在梯次利用阶段的使用边界条件。根据现有退役磷酸铁锂动力电池包回收情况,抽选部分样品进行循环寿命测试,测试和分析情况如下。

1. 高温循环测试

在 55℃ 温箱温度下循环测试,以 1 C 电流恒流充电至 3.65 V 后切换至恒压充电模式,当电流下降至 0.05 C 时充电截止,静置 10 min 后以 1 C 电流恒流放电至 2.5 V,随后静置 10 min;每 100 次循环试验后进行性能标定测试,在 25℃ 下以 0.5 C 电流恒流充电至 3.65 V 后切换至恒压充电模式,当电流下降至 0.05 C 时充电截止,静置 10 min 后以 0.5 C 电流恒流放电至 2.5 V,随后静置 10 min,循环测试结果如图 7 - 32 所示。

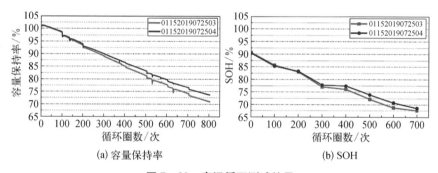

(a) 容量保持率 (b) SOH

图 7 - 32 高温循环测试结果

2. 常温循环测试

在 35℃ 温箱温度下循环测试,以 0.3 C 电流恒流充电至 3.65 V 后切换至恒压充电模式,当电流下降至 0.05 C 时充电截止,静置 10 min 后以 0.3 C 电流恒流放电至 2.5 V,随后静置 10 min,循环测试结果如图 7 - 33 所示。

根据不同温度下的循环测试结果,预测 25~35℃、0.3 C 工况下的循环寿命,SOH 在 75%~60% 范围内循环寿命可达到 1 800 次,SOH 处于 75%~65% 的退役动力电池包满足 1 000 次循环寿命或 3 年的技术要求。

3. 循环测试对比

测试条件:2 个电芯在 55℃ 下,以 1 C 电流在 100%DOD 范围内进行恒

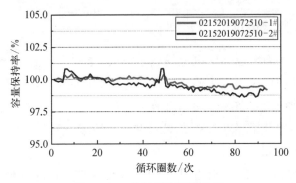

图 7-33　常温循环测试结果

流恒压充电和恒流放电;控制 1 个模组的最高温度为 35℃,以 0.5 C 电流在 100%DOD 范围内进行恒流恒压充电和恒流放电,结果如图 7-34 所示。

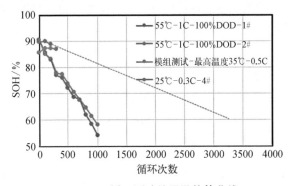

图 7-34　循环测试结果及估算曲线

由循环寿命估算曲线可知,电芯在 55℃下的平均衰减率约为 27.5 次/衰减 1%;电芯容量衰减拐点还未检测到,保守估计可以设定在 60%;模组循环 300 次,衰减率约为 680 次/衰减 1%。

7.3.5　安全风险分析

电池安全性是其工程应用中最重要的关注点,目前电化学储能和电动汽车采用的基本都是锂离子电池,这种电池以有机物为溶剂,即使是新电池,也可能由于制造过程的缺陷或使用不当而发生安全事故。对于退役动力电池,由于其内部枝晶生长、电解液消耗、晶体结构变化、界面阻抗增加等原因,其发生安全事故的风险变大;同时电池在电动汽车阶段的使用环境、工况不同,电池的容量保持率也不一致,这就造成退役动力电池安全事故的诱发因素和薄弱环节与新电池存在差异。因此,针对退役动力电池能否梯次利用,除了考虑电池的梯次利用是否具有经济价值,还要考虑退役动力电池是否能安全地梯次利用。

目前针对退役动力电池安全性评估尚无成熟标准化的方法,在对退役动力电池进行分容筛选时,首先会对电池的外观进行检测,观察是否存在极耳断裂、鼓胀等物理缺陷方法,虽然可以剔除一些具有明显安全问题的电池(如鼓胀电池),但不能有效识别电池内部的安全隐患。退役电池在梯次利用过程中因其内部状态继续劣化,其安全隐患也在持续增加,因此,对于退役动力电池的安全性评估,不能只关注电池当前的安全状态,还应兼顾在梯次利用过程中电池安全状态的变化。

表 7-12 所示为退役动力电池可能存在安全风险、预防措施、探测措施的详细介绍。

表 7-12　退役动力电池安全风险分析

失效点	后　果	预防措施	探 测 措 施	抑制措施
电芯焊接失效	电压采样不准确,影响放电容量和温升异常	测试筛选	(1) 极耳虚焊:表现为电芯内阻增加,可用容量没有明显变化,充放电过程中出现充高放低现象,施加电流时电压较大幅度突变,电流撤除后压差消失;具体电压突变幅度、压差幅度与虚焊程度相关; (2) 焊接断裂:表现为可用容量跳变式下降,试运行期间容量标定可进行识别;投运期间发生焊接断裂会导致突然出现充高放低现象,并且电流撤除后压差缩小不消失;具体压差数值与运行工况相关	预警保护
电芯短板	容量不足	测试筛选	(1) 电芯自身容量不足:表现为充高放低,试运行期间通过容量标定可以定位; (2) 电芯容量跳水:表现为运行期间突然出现充高放低现象,具体现象程度与电芯容量跳水程度相关; (3) 电芯容量异常衰退:电芯容量衰退慢于跳水,但是快于正常衰退,初期表现为充放电电压变化幅度大于其他单体电芯,后期表现为充高放低	预警保护

失效点	后　果	预防措施	探　测　措　施	抑制措施
电芯漏液	容量不足,安全风险	测试筛选	(1) 气体探测预警:气体传感器告警; (2) 容量预警:策略同电芯容量跳水	预警保护 消防抑制
电芯内短	安全风险	测试筛选	(1) 温度预警:运行期间最高温度点数据离群; (2) 充低放低:初期内短导致自放电增大,表现为对应电芯无法充满,系统压差不断增大	预警保护 消防抑制
电芯鼓胀	会导致模组结构失效和一些不可预知的安全风险	测试筛选	电芯故障后会导致结构件损坏,从而导致绝缘问题,可以通过 BMS 绝缘采集识别到	预警保护
电压采样	单电芯不能识别存在安规风险	测试	(1) 单体电压采样异常:通常表现为单体电压跳 0 或跳高压(>5 V); (2) 采集回路失效或从控丢失:固件检测策略	预警保护
温度采样	单电芯不能识别存在安规风险	测试	(1) 温度采样异常:通常表现为温度跳-40℃或跳高温(如 125℃); (2) 采集回路失效或从控丢失:固件检测策略	预警保护
外部短路	安全风险	熔断器	—	—
航插连接	连接处温升高	测试筛选	温度采样进行高温预警	预警保护
安装固定	电池包或模组应用时无法安装	外观全检	—	—
绝缘问题	应用时导致触电风险	测试筛选	系统 BMS 绝缘采集模块监测	—
容量问题	容量差异大导致放电量不能满足项目要求	测试筛选	系统 BMS 的 SOH 分析	—

7.4　梯次利用动力电池包原始设计原则

7.4.1　电动汽车动力电池系统设计调研

调研对象主要为整车企业和具有代表性的电动汽车用户企业,目的是了解现有电动汽车动力电池包的设计、实际使用情况、退役标准、退役时间等,根据动力电池设计的技术路线和特点,总结出梯次利用集成设计应考虑的重点,从而进一步研究相应的设计原则。目前,本研究主要针对集中式梯次利用储能系统展开研究。

1. 乘用车动力电池系统

近来,基于市场对新能源汽车续航里程要求的不断拔高,越来越多的电池厂和整车厂开始从提高电池包能量密度入手。然而,能量密度的提升也意味着成本的增加,因此,高能量密度以及低成本成为两个相对矛盾的追求。

为达到提高能量密度并控制成本的目的,宁德时代提出了无模组动力电池设计[即电芯直接集成到电池包(cell to pack,CTP)],由于省去了电池模组组装的环节,相对于传统的电池包,CTP 电池包体积利用率提高了 15%~20%,电池包零部件数量减少 40%,生产效率提升了 50%,将大幅降低动力电池的制造成本。传统的电池包能量密度平均为 180 W·h/kg,而 CTP 电池包能量密度可达到 200 W·h/kg 以上,因此 CTP 电池包在乘用车市场上得到推广。目前,乘用车动力电池 90%选用三元的材料体系,但迫于补贴退步和降本的压力,无模组结构的动力电池可能成为一种新趋势。

如图 7-35 所示为 2016~2020 年乘用车的总装机量和磷酸铁锂电池的总装机量占比。从趋势上可知,总装机量成比例增长,纯电动乘用车的

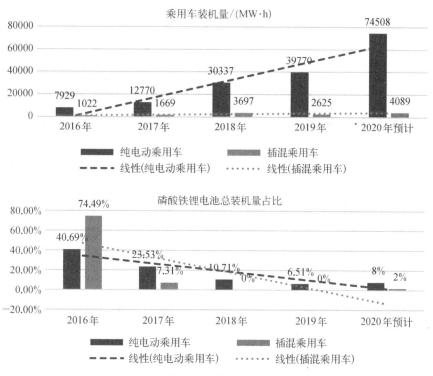

图 7-35 乘用车总装机和磷酸铁锂电池总装机量占比

磷酸铁锂电池占比越来越低,插电混动乘用车车型基本全部采用非磷酸铁锂电池。

1) 结构设计

乘用车动力电池系统结构设计总体呈现两个发展趋势,即传统的模组化电池包和无模组化电池包,相对于梯次利用系统集成而言,模组化电池包既可以模块级也可以整包级梯次利用,筛选和重组较灵活;无模组化电池包适用于整包级梯次利用,电池包能量密度较高,体积较小,电池维护较困难。

a. 有模组结构

传统的乘用车动力电池采用电芯-模组-电池包的架构设计,即先将电芯集成为电池模组,再由电池模组集成为电池包,模组化有四个主要作用:提升组装效率、抑制体积膨胀、监控电芯增加安全性、降低维修成本。从安全性的角度考虑,多层级的设计可靠性更高,从梯次利用集成考虑,有模组设计可进行梯次利用的模组级别应用。由于早期的乘用车电池包外形有差异,甚至存在异形,如 T 字形动力电池包(图 7-36),不利于梯次利用的整包应用,模组级别的梯次利用可以提高梯次利用系统的能量密度,并且有利于容量较低电池单体的筛选和剔除。

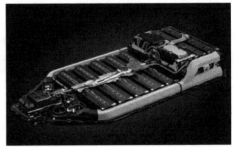

图 7-36　T 字形动力电池包

b. 无模组结构

无模组结构设计,即电芯直接集成到电池包(CTP),高集成动力电池开发平台。随着纯电动乘用车的行业发展,能量密度高、成本降低是各主机厂的研究方向,传统技术是电芯通过一定框架结构构成模组,模组要进行下线检测,然后进行存储,转运。如果电池包与模组不在同一厂区,还需要额外的存储,进货检验,上线检验等流程。这些工序过程都需要投入人力、设备、场地等资源。模组的应用也不得不增加部分额外的零部件,并且模组数量越多,附加零部件就会越多。这些额外增加的零部件都会导致电池包的成本、重量上升。

无模组的设计可以在电池单体能量密度不变的情况下,提高动力电池系统的能量密度和集成成本,已成为纯电动乘用车发展的新方向,但无模组设计由于电芯直接到电池包的集成路线,电池单体出现质量问题后很难售后维护,进行模组级别的梯次利用更难实现,该设计适合整包级别的梯次利用应用,但对电池单体的一致性要求较高,无模组结构电池包如图 7 - 37 所示。

图 7 - 37 无模组结构电池包

2)电气系统设计

2017 年以前的乘用车动力电池包电量一般比较低,一般在 20~30 kW · h,续航里程较低,难以满足用户的使用需求。随着动力电池技术的发展,能量密度不断提高,电量提升到 45~60 kW · h 范围内,受限于动力电池包的体积,提高体积密度将成为乘用车动力电池突破的瓶颈。乘用车电气参数调研情况如表 7 - 13 所示。

表 7 - 13 乘用车电气参数调研表

序号	技 术 参 数	车 型			
		大众 e-golf	日产 leaf	帝豪 EV	华创
1	系统电压/V	323	360	346	316.8
2	系统串并联	3P88S	2P96S	3P95S	3P88S
3	电量/(kW · h)	24.2	24	51.2	48.5
4	电芯材料	NCM	NCM	NCM	NCM
5	电芯容量/(A · h)	25	32.5	50	51 25

乘用车动力电池的系统电压一般在 350 VDC 左右,包内选用电器件一般为 750 V 电压等级,考虑电池包之间容量的差异性,乘用车动力电池适合整包的梯次利用,但由于单包的电量较低,建议采用多包串联组成电池簇,并且采用各电池簇独立充放电的技术路线,避免直流侧并联。

3）热管理系统

目前，乘用车热管理系统主要有自然冷却和液冷两种技术路线，2017 年左右液冷技术进入样机阶段，经过几年的发展，液冷技术已经逐步成熟，并在少部分车型中实现了量产。乘用车液冷热管理系统结构如图 7-38 所示。

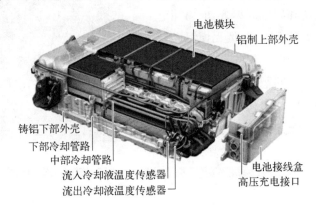

图 7-38　乘用车液冷热管理系统结构

4）小结

随着锂电池技术的发展，乘用车动力电池包的能量密度逐年提高，采用磷酸铁锂材料体系的动力电池包基本已达到能量密度上限，电池包的结构呈现无模组化趋势，电池包的电量最高可达到 100 kW·h，热管理采用液冷方式居多。

乘用车电池包由于早期的单个电池包电量较低，结构形式多样，梯次利用集成难度大。随着乘用车电池包单包电量和能量密度的提高，可采用 DC/DC+DC/AC 的功率变换方式集成储能系统，但总体经济性不高。

2. 轻卡动力电池系统

1）相关政策

2017 年 12 月，交通运输部联合公安部、商务部发布《关于组织开展城市绿色货运配送示范工程的通知》，提出将加大对新能源城市配送车辆的推广力度，加强政策支持并给予通行便利，健全完善加补气、充电等基础设施建设，引导支持城市配送车辆清洁化发展。

2018 年 7 月，国务院印发《打赢蓝天保卫战三年行动计划》，提出加快推进城市建成区新增和更新的公交、环卫、邮政、出租、通勤、轻型物流配送车辆使用新能源或清洁能源汽车，重点区域使用比例要达到 80%。

2020 年 4 月，财政部等四部委发布《关于完善新能源汽车推广应用财政补贴政策的通知》,将新能源国家补贴延长至 2022 年。对于符合要求的城市物流配送新能源车辆,2020 年补贴标准不退坡。

　　由于政策的引导、路权的开放、新能源技术的发展、物流企业的合理运营,运营成本的降低,使得纯电动轻卡在城市配送领域的优势逐渐明显。市场上的主力轻卡技术参数调研结果如表 7 - 14 所示。

表 7 - 14　轻卡技术参数表

	应对市场	3.5t 轻卡、4.5t 轻卡
	电量	50~100 kW·h
轻卡	里程	200~350 km
	能量密度	≥130 W·h/kg
	质保	5 年或 20 万 km
	客户群	吉利、东风、长安、玉柴等

　　经统计,市场上的电动轻卡长度主要集中在 5.995 m 左右,总质量约为 4 500 kg,货厢长约 4.2 m,如图 7 - 39 所示。纯电动轻卡的相关参数见表 7 - 15。

图 7 - 39　纯电轻卡

表 7 - 15　纯电动轻卡信息

序号	车型名称	车身长×宽×高/mm	额定载质量/kg	容积/m³
1	开瑞大象 EV	5 995×2 000×2 990	1 370	17.9
2	恒天-恒远	5 880×2 110×2 880	1 495	15.4
3	轩德 E9	5 995×2 200×3 150	1 390	17.9
4	福田欧马可	5 995×1 900×2 900	1 265	15
5	福田奥铃	5 995×2 050×2 990	1 250	15
6	雅俊凌动轻卡	5 995×2 150×2 930	1 415	16.5
7	吉利远程 E200	5 995×2 100×3 150	1 305	17.8
8	东风凯普特 EV350	5 995×2 100×2 890	1 265	17
9	东风凯普特 EV300	5 995×2 205×2 890	3 215	17
10	解放 J6F	5 998×2 060×2 905	1 305	15.3
11	三环创客	5 995×2 090×3 100	995	16.8
12	江淮帅铃 i5	5 995×2 015×2 900	2 570	15

序号	车 型 名 称	车身长×宽×高/mm	额定载质量/kg	容积/m³
13	江淮帅铃 K340	5 995×2 015×2 975	1 215	15.7
14	比克 Q503	5 995×2 250×3 070	1 355	17.9
15	比亚迪 T5	5 995×2 050×2 950	2 890	17
16	大运 E3	5 990×2 050×2 870	1 560	15.3
17	大运奥普力	5 950×2 000×2 840	1 110	14.9
18	红星 N2	5 995×2 050×2 710	1 370	14.3
19	唐骏 K1	5 997×2 035×2 890	1 215	15
20	玉柴4.2米电动轻卡	5 995×1 980×2 930	1 460	15.4
21	柳汽乘龙 L2	5 998×2 150×3 150	1 330	17.9
22	盛时达 DAT5045	5 995×2 160×2 870	1 000	14.54
23	盛时达 DAT5071	5 995×2 160×2 870	2 955	14.54

2）结构设计

目前,轻卡车型的主机厂较多,以东风、福田等企业的车型为主,受各主机厂选用的动力电池单体型号和电池包集成厂商影响,轻卡的动力电池系统差异较大,尺寸型号没有统一的标准,电池包内部为单层结构和双层结构。轻卡动力电池包虽然尺寸差异较大,但形状较为规整,如图 7－40所示,较适合整包级别的梯次利用,但双层结构的动力电池比单层结构维护更复杂,单层结构更适合梯次利用。

图 7－40　轻卡动力电池包示意图

3）电气系统设计

纯电动轻卡主要采用三元材料和磷酸铁锂材料,从当前的市场占有率来看,采用磷酸铁锂材料的车型占比超过 50%,但受续航里程焦虑的影响,三元材料的车型比例逐渐提高。

该类车型动力电池系统的电压一般在 450~600 VDC 范围,电量一般在60~80 kW·h,适合整包级别梯次利用,匹配功率在 20~25 kW。

4）热管理系统

纯电动轻卡热管理系统主要有自然风冷、液冷、加热板三种,其中,自然冷却的比例占到 90%左右,液冷的比例占到 10%左右,加热系统为选配,主要视车辆的使用地区而定,北方地区冬季温度较低,三元材料的电池包低温性能较好,但磷酸铁锂在低温情况下,充电受限,需要通过外部加热设备来维持电池包的性能。

5)小结

轻卡动力电池包的结构简单,梯次利用成组方便,适合采用 DC/DC +
DCAC 二级功率变化拓扑或者先串联后的 DCAC 单级拓扑的功率变换集成方式,梯次利用的可集成性较好。

3. 商用车动力电池系统

在政策的影响和推动下,纯电动客车在客车市场的占有率逐年提高,市场出货量较稳定,如图 7-41 所示。

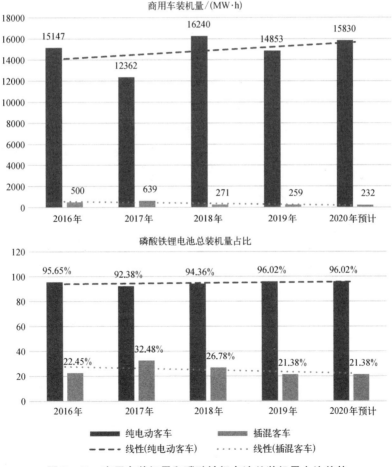

图 7-41　商用车装机量和磷酸铁锂电池总装机量占比趋势

纯电动商用车外观如图 7-42 所示,基本参数如表 7-16 所示。

图 7-42　纯电动商用车

表 7-16　纯电动商用车基本参数

客车、公交车	应对市场	客车、公交车
	电量	180~350 kW·h
	里程	180~350 km
	能量密度	≥155 W·h/kg
	质保	8 年或 80 万 km
	客户群	宇通、吉利、东风等

1) 结构设计

商用车动力电池经过了行业初期的技术发展,电池包性能得到了快速

图 7-43　商用车动力电池包

发展,电池包的结构和尺寸也逐步规范化,如图 7-43 所示。依据国标 GB/T 34013—2017《电动汽车用动力蓄电池产品规格尺寸》的要求,主机厂开始进行标准包的研发,包含 B 包、C 包、D 包三种规格。整车由多个结构不同的小包组成,梯次利用时对结构设计的兼容性要求较高。

2) 电气系统设计

由于商用车多为运营使用,对快速充电的需求较高,充电倍率一般为 1 C~2 C,商用车动力电池采用三元、磷酸铁锂、钛酸锂三种类型,整车电压平台多为 500~700 V,由多个小包串联成组。单个电池包电压为 100~200 V,梯次利用串联集成时,电池分容的难度相对较大,需合理进行各电池包的串联成组。

3) 热管理系统

纯电动商用车热管理系统主要有自然风冷,加热系统为选配,主要视车辆的使用地区而定,北方地区冬季温度较低,三元材料的电池包低温性能较好,但磷酸铁锂在低温情况下,充电受限,需要通过外部加热设备来维持电池包的性能。钛酸锂兼容性较强,但梯次利用的回收成本较高,集成经济性较差。

4)小结

纯电动商用车每年的市场出货量稳定,标准电池包的尺寸和规格较固定,缺点是每辆车可能由多个型号的电池包组成,梯次利用集成需考虑电池包的差异;优点是结构简单,成组多包串联方式,DCAC 单级拓扑的功率变换集成方式。

4. 相关企业调研

1)宝马汽车

宝马 i3 很多领域的技术都为宝马后续的电动汽车开发做了充实的积累和探索,比如整车的轻量化技术、电池系统的模块化技术、热管理技术等。

从动力电池系统角度来看,i3 自 2013 年 11 月份上市以来,共进行了一次升级,即在 2016 年电量由 22 kW·h,提升为 33 kW·h,电量提高 50%,这一次升级,保持了电池包体积、结构不变。

对于 2016 年升级之前的 i3,续航里程在 81 mi(约 130 km)[33 kW·h 电的在 114 mi/(约 183 km)],动力电池总电量为 22 kW·h,容量 60 A·h,总电压 353 V;电池包的总重量约为 235 kg,比能为 93.6 W·h/kg(33 kW·h 电的比能约为 140.4 W·h/kg)。

宝马 i3 使用的电芯为方形铝壳,NCM,由三星 SDI 提供,额定电压在 3.7 V,电压限值区间为 2.8~4.1 VDC,电芯的比能在 120 W·h/kg 以上,电芯的内阻在 0.5 mΩ 左右。i3 电池包共由 8 个模组组成,每个模组有 12 个电芯,共计 96 个电芯,串联,如图 7-44 所示。

宝马 i3 电池包的参考参数如下:

(1)额定电压:3.7 V,电压区间 2.75~4.15 V;

(2)推荐的充电/放电电流:0.33 C(31 A);

(3)循环寿命:80%的深放电循环 3 200 个周期,剩余容量还高达 80%(在 94 A 放电电流下);

(4)最大放电电流:连续 1 C 和峰值 4.3 C(413 A<5 s);

(5)最大的充电电流:连续 0.5 C;

(6)尺寸大小:173 mm×125 mm×45 mm;

(a) 电池系统　　　　　　　(b) 系统结构

图7-44　宝马i3电池系统及其结构

（7）电芯重量：2 kg；

（8）充电温度范围：0~60℃；

（9）放电温度范围：−25~60℃。

2）武汉开沃新能源汽车有限公司

开沃新能源汽车集团是集新能源整车及核心零部件的研发、生产、销售、服务于一体的高新技术企业，是南京市唯一的新能源汽车总部企业。其总部位于南京溧水开发区，占地面积83万 m²，建筑面积70万 m²，总投资100亿元。集团产业布局全国，如深圳、武汉、西安、呼和浩特、徐州、渭南。2017年集团正式进军乘用车市场，商乘并举。

武汉开沃新能源汽车有限公司（简称“武汉开沃”）为开沃新能源汽车有限公司（简称“开沃汽车”），隶属于开沃汽车的全资子公司。项目总投资额51亿元人民币，项目第一、二期为整车制造，投资额为36亿元，其中固定资产投资8.25亿元；项目第三期为核心零部件制造，投资额为15亿元。成立于2016年7月，注册地点位于武汉市汉南区通用及航空产业园区，建设主要从事新能源客车，轻型客车及核心零部件等产品的开发、生产、销售，产品生产过程符合国家环保要求，产品涵盖4~6 m 轻型汽车，6~12 m 城市客车、旅游客车、团体客车、长途客车、CNG 客车、LNG 客车、纯电动客车、混合动力等新能源客车，生产纲领为年产10 000台，产品立足武汉，畅销国内外市场。其车用电池包如图7-45所示，相关参数见表7-17~表7-19。

图 7 - 45　电池包外观及内部

表 7 - 17　车辆及退役电池包信息

车型	电池品牌	电池类型	续驶里程	标称容量/(A·h)	标称电压/V	数量/套	市场大巴保有量/台	未来市场退役电量/(MW·h)
6820	力神	LFP	80%	186	576	30	400	42.85
6124			80%	201.5	576	2	200	23.21
6831	恒宇	NCM	70%	240	576	27	400	55.30
6859	沃特玛	NCM	70%	187	576	66	90	9.69
6117			50%	302.5	556.8	电芯更换	600	101.06

表 7 - 18　电 池 包 信 息

类型	LFP
模组数量	12
成组方式	12P30S/13P30S
额定电量/(kW·h)	17.856/19.344
额定容量/(A·h)	186/201.5
标称电压/V	96
散热方式	强制风冷

表 7 - 19　模 组 信 息

类型	LFP
成组方式	6P5S/7P5S
额定电量/(kW·h)	1.488/1.736

额定容量/(A·h)	93/108.5
标称电压/V	16
电芯连接方式	激光焊接

3）公交公司

武汉市公共交通集团有限责任公司是武汉市人民政府出资组建的国有独资公司。2002 年 6 月,经市委、市政府同意,在原 6 家国有公交企业基础上组建而成。2003 年 4 月 25 日集团公司正式挂牌。

本调研主要针对武汉新能源公交场站,以确定公交汽车回收电池梯次利用解决方案。

（1）公交车辆基本信息如表 7 - 20 所示。

表 7 - 20　公交车辆基本信息

外观参数	
总长/mm	8 080
总宽/mm	2 340
总高/mm	3 000(3 200)
整备质量/kg	6 501
性能参数	
座位数(人)	50 座以上
最高车速/(km/h)	69
电机功率/kW	90
动力电池/(kW·h)	90
底盘配置	
底盘型号	中通 LCK6760REVG
悬架	板簧悬架(少片簧)
前桥	4.2 t
后桥	6.8 t
制动系统	双回路气压制动,断气刹
轮胎	245/70R19.5(铁质轮毂)

（2）车辆使用工况。

要求:包括平均行驶里程、总里程、平均充放电深度,平均充电起始 SOC 等。

（3）车辆使用习惯。

要求:包括常见充放电时段,车辆运行时段,静置时段等;

一个公交场站大约有 20~30 辆电动大巴。

电动大巴的运营情况如下：

① 一天分早班、晚班，1 班电动大巴跑 3 圈，单程 20~30 km；

② 电动大巴的充电时间一般在 10~20 min，高峰期充电时间间隔约 5 min；

③ 电动大巴 SOC 一般不低于 30%，在 40%~50%SOC 时进行充电。时间允许的情况下充满到 100%SOC。

公交场站的运营情况如下：

① 凌晨 12:00~6:00 处于闲置状态，其他时间处于运营状态；

② 电动大巴充电高峰期时间：6:00~10:00，17:00~21:00，共 8 h。

7.4.2 电池历史数据读取通用接口研究

动力电池梯次利用是指当动力电池不能满足现有车辆的能量和功率需求时，根据电池退役时的性能衰减情况，将动力电池应用到自身能满足要求的其他领域，最大化地利用动力电池的剩余价值，即通过在不同领域的利用，实现动力电池在传递过程中的动态报废。退役电池在退役前的循环使用过程中，内部结构会发生一定程度的老化，如涂覆在集流体两侧用于参加电化学反应的活性物质会从集流体上脱落、集流体也会因为过度充电等异常充放电工况溶解、电解液会在电池内部发生副反应产生气体导致电池鼓包以及极片层离等。即使是同一批次的退役电池，各退役电池内部发生不同程度的老化，在电化学性能方面表现为不同程度的容量衰减和内阻增加等，导致剩余容量和内阻不一致等。另外，由于退役电池单体无法满足容量和功率要求，退役电池梯次利用时仍需要筛选成组使用。

与新电池不同的是，在缺少各单体历史数据的情况下，退役电池剩余容量未知且离散性强，单体性能参数差异大。如果通过逐一开展容量测试获取退役电池的剩余容量，将存在耗时长问题。更进一步地，由于内部结构老化的差异，即使剩余容量接近的退役电池，重组后的模组或电池包在充放电使用过程中，其中各个单体的容量衰减情况也存在一定的差异，这将导致整个模组或电池包能量利用率下降，甚至引发安全问题。因此，有效地获取动力电池的历史数据，根据历史数据对退役电池进行快速检测分选，有助于动力电池产业绿色健康发展，具有较高的实用价值。

1. 电池历史数据获取方式

电动汽车动力电池作为一个独立的、可移动的能量载体，其安全性和健康状态的检测分析取决于直采的数据,数据来源于整车的电池管理系统,其主要任务是保证电池系统在安全的电压、电流、温度范围内运行,并预防个别电芯早期损坏、在异常情况下采取干预措施;并根据环境温度、电池状态及车辆需求,决定电池的充放电功率,尽可能延长电池的使用寿命;提供车辆控制电池系统所需要的状态信息等。针对纯电动汽车,电池管理系统不仅能够正确监测使用过程中消耗的电池能量,而且能够预测电池的剩余电量,并根据汽车的当前行驶工况,预测汽车的续驶里程,这样可减轻驾驶员的心理焦虑,避免出现半路抛锚。

如图7-46所示,电池管理系统的数据可以通过通信终端设备上传到云平台,实现大数据的存储和分析,国家为监管运营车辆,已建立了新能源汽车国家监测与管理平台,目前,国家平台的数据采集频率为分钟级,数据的内容较少,对于分析电池的剩余容量作用有限。有些企业也建立了自己的云平台,用于监控和预警自营车辆,数据一般为秒级,可以存储到车辆本地的内存单元,该方式受限于本地内存卡的容量,存储的数据往往不多,一般为前半小时的数据。还可以在利用充电桩充电时,记录充电过程的动力电池关键数据,如最高/最低单体电压、最高/最低单体温度、充电功率、充电电流、充电电量等。以上三种方式是直接获取动力电池数据的有效途径。

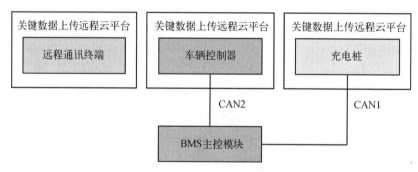

图7-46 动力电池数据存储方式

为加强新能源汽车的数据规范和分析,新能源汽车国家监测与管理中心、新能源汽车制造商、零部件供应商、互联网应用服务商、科研机构、相关社团组织自愿组成了全国性、联合性、非营利性的社会组织"新能源汽车国家大数据联盟(National Big Data Alliance of New Energy Vehicles,以下简称联盟或"NDANEV")"。联盟接受业务主管单位工业和信息化部的业务指导和监督管理。联盟秘书处所在地为新能源汽车国家监测与管理中心(北京理工大学电动车辆国家工程实验室)。

联盟正式成立于 2017 年 7 月 18 日,主要发起单位为北京理工大学、一汽、长安、上汽、宇通、中车电动、北汽以及中国汽车工业协会、中国汽车工程学会、中国汽车技术研究中心、中国汽车工程研究院股份有限公司、交通运输部科学研究院、长安大学等。截止至 2020 年 12 月底,联盟成员单位共192 家,其中,副理事长单位 32 家,理事单位 38 家,普通会员单位 122 家。覆盖了全国汽车领域的行业组织、整车企业、零部件企业、科研机构、基础设施建设企业等上下游相关单位。

联盟遵守《中华人民共和国宪法》及相关法律法规,贯彻执行国家新能源汽车大数据发展与应用的方针、政策。联盟定位为新能源汽车大数据共享的纽带和桥梁,致力于统筹整合、开发利用新能源汽车数据资源,建立大数据研发基金,切实推动新能源汽车大数据挖掘分析工作,为政府、企业、公众提供高品质数据服务。

2. 车载远程监控终端数据接口

1) 国外汽车远程监控终端现状

国外汽车监控系统发展早于国内,早期用于传统汽车上。早在 1990 年美国天宝(Trimble)公司将全球定位系统(Global Positioning System, GPS)与卫星通信技术结合开发出了车辆定位系统 V - Track,使得控制中心可以获得长途运输卡车的位置信息,方便业务监控与展开营救。1994 年美国的Navsys 公司首次将 GPS 与蜂窝移动通信结合开发出了 TIDGET 系统,当车辆遇到突发情况时可以通过蜂窝移动网络自动向监控中心报警,根据 GPS 定位获得汽车位置后方便展开帮助服务。

随着移动通信技术的发展,如今已迈入 5G 时代,信息传输速率大幅提高。汽车总线技术的发展也使得单一总线上可容纳的信息单元越来越多。移动通信技术与汽车的结合可称为 Telematics,它是远距离通信的电信(Telecommunication)和信息科学(Informatics)的合成词,最早由通用公司提出这个概念,现在 Telematics 常常指应用无线通信技术的车载电脑系统。1995 年通用旗下的全资子公司安吉星(OnStar)开始研发车辆远程服务系统,并于 1997 年首次运用于北美凯迪拉克的一些车型。当汽车在行驶当中出现故障时,车载系统通过无线通信网络连接服务中心,服务中心可以进行远程车辆诊断。汽车上装置的微控制器系统记录主要车况信息,可为维修人员提供准确的故障位置和原因。在 2005 年 9 月份北美遭遇两大飓风袭击时,OnStar 系统也在这个灾难天气中为很多用户提供了救援等帮助,降低了许多不必要的损失。如今随着产品的迭代和服务的提升,仅在北美 OnStar 系统服务的用户已经超过 700 万。

Telematics 在传统汽车领域的应用更多的是侧重于道路救援、媒体娱乐、导航定位等服务。新能源汽车生产企业在初期的性能分析、策略优化等环节需要采集大量的车辆实时运行参数,传统的人工采集效率低下,测试环节繁杂,已经无法满足需求。美国福特汽车公司于 2010 年开发了一套远程监控系统应用于 Focus 电动版汽车和 TransitConnect 电动汽车上,对动力电池组的运行状况进行实时监控,同时也可以根据数据的反馈对已制定的控制策略进行优化调整。另外可以通过空中程序更新的方式对电池管理系统进行远程升级。

2) 国内电动汽车远程监控系统现状

国内相关研究起步较晚,但是发展很快。早期国内的车辆远程监控系统主要应用在 GPS 导航和跟踪上,而对于更有价值的车辆状态信息进行分析处理没有得到及时跟进。随着新能源汽车的技术发展和市场普及,国家也对相应企业和市场进行规范管理,2009 年工信部出台了新能源汽车企业及产品准入条例。如今国内运营的多数电动汽车都安装了相应的远程监控系统,并且取得了一定的成效。

清华大学金振华等为满足燃料电池汽车道路考核试验设计了一种基于 GPRS 的远程监控系统,通过采集 GPS 数据和控制器局域网(controller area network, CAN)接口的燃料电池、蓄电池和整车控制器等参数远程传输到服务器检测软件中,在燃料电池车道路考核试验中得到了成功应用。同济大学张新丰等论述了传统 C/S 模型的缺点,设计了一种基于 B/S 模型的新能源汽车远程监控系统,能够面对大规模的实时运行参数监控,在上海世博会期间为新能源养护基地车辆的安全运营发挥了重要作用。江苏大学陈眺等设计了一种用于标定新能源汽车出厂参数的远程通信系统,通过 4G LTE 模块实现了电控单元与云平台之间的数据交换,把电控单元采集的车身数据实时、准确地传输到云平台。

随着电子技术和通信技术的发展,纯电动车监控终端越来越多地采用了高性能的芯片和模块,车载数据的实时处理能力得到很大提高。

通过对国内外电动车监控体系的发展调查分析可以发现,电动车的远程监控体系伴随着电动车技术的发展同样在更新。电动车远程监控技术已经趋于成熟,主要完成电动汽车运行车况数据(电池系统、电机系统及控制器等)

的采集、存储与远程传输。主要存在的问题是各家厂商的监控项目不一致、通信协议及性能指标各有差异,不便于国家统一进行评估和检测。同时,提高监控系统数据采集、传输的效率和安全性也是可以改进的一个方向。

3）历史数据监测相关标准

针对电动汽车历史数据的应用,国家于2016年发布了推荐性标准GB/T 32960《电动汽车远程服务与管理系统技术规范》。该标准要求建立国家、政府、企业三级新能源汽车监测平台,实现数据的实时采集与传输。该标准从检测体系架构与功能说明、车载终端功能要求与技术条件、平台与终端间的通信协议与数据格式等三个方面,对电动汽车历史数据管理作出了系统性的技术规范。

根据GB/T 32960以及相关政策法规,新能源汽车监测平台的体系架构如图7-47所示。按照企业是第一责任主体的思路,构建新能源汽车监测平台的体系架构。所有数据均按照直接上传到企业平台,然后转发到公共平台的技术方式。公共平台内亦按照平台交换协议,逐级上报。

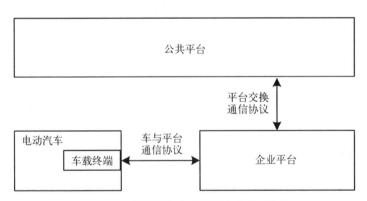

图7-47 新能源汽车监测平台的体系架构

a. 总则

GB/T 32960.1—2016规定了电动汽车远程服务与管理系统的系统结构和一般要求。该系统由公共平台、企业平台和车载终端组成,对电动汽车信息进行采集、处理和管理,为联网用户提供信息服务。公共平台由国家、地方政府或其指定机构建立,对管辖范围内电动汽车进行数据采集和统一管理。企业平台由整车企业自建或委托第三方技术单位,对服务范围内的电动汽车和用户进行管理,并提供安全运营服务与管理的平台。车载终端是安装在电动汽车上,采集及保存整车及系统部件的关键状态参数并发送到平台的装置或系统。

电动汽车远程服务与管理系统要求公共平台对企业平台提供的车辆信息进行管理，提供监管服务，并向车辆管理、质量监督等部门提供相关信息。

企业平台与车载终端进行通信，应具备车辆故障监控和安全报警的功能，根据可能对车辆造成的安全隐患严重程度，对故障和报警进行分级管理，不同级别设置相应的处置措施。企业平台应定期将故障和报警的处理措施、处理进度和结果上报至公共平台。

公共平台从企业平台获取车辆行驶、充电等运行数据，进行监管和相关数据分析。平台之间应具备数据交换的功能，平台数据交互通信协议按照 GB/T 32960.3—2016 的要求执行。整车企业应具备提供动力蓄电池单体电池电压和各个电池包探针温度数据的能力，确保故障相关数据的完备。

b. 车载终端

GB/T 32960.2—2016 提出了集成式、单体式两种形式的车载终端，规定了车载终端的功能要求、性能要求以及相应的试验方法。该技术规范要求存储在车载终端内的数据及车载终端与企业平台传输过程中的数据是可加密的，加密数据应具有完整性、准确性和不可否认性。

根据该标准，车载终端应具有下述功能。

a）时间和日期

（a）车载终端应提供时间和日期。时间应精确到秒，日期应精确到日；

（b）与标准时间相比时间误差要求 24 h 内±5 s。

b）数据采集

车载终端应按照 GB/T 32960.3—2016 中公共平台需要的实时数据进行采集，实时数据采集频次不应低于 1 次/s。

c）数据存储

（a）正常运行时，实时数据存储时间间隔不超过 30 s，出现 GB/T 32960.3—2016 中规定的 3 级报警时，实时数据存储时间间隔不超过 1 s，实时数据存储位置为车载终端内部存储介质；

（b）车载终端内部存储介质应满足至少 7 d 的实时数据存储，并具有自动循环覆盖的功能，所存储的数据掉电不丢失；

（c）车载终端应满足 GB/T 32960.3—2016 中要求的数据传输、数据补发等功能；

（d）车载终端应在设备失电后，仍可独立运行，将外部供电断开前 10 min

的数据上传到企业平台。

d）数据传输

（a）车载终端应具备将采集到的实时数据发送到企业平台的功能；

（b）车载终端上传到企业平台实时数据的传输时间间隔及数据种类应符合 GB/T 32960.3—2016 的相关要求。

e）数据补发

当通信异常时,车载终端应将采集的实时数据存储到本地存储介质中,等待通信恢复正常后进行实时数据的补发,补发数据及方式应符合 GB/T 32960.3—2016 的相关要求。

f）注册和激活

车载终端应具有支持远程方式在企业平台上注册、激活功能。

g）独立运行

车载终端在外部供电异常断开后,仍可以独立运行,且至少保障外部供电断开前 10 min 的数据上传到企业平台。

h）远程控制

车载终端宜有自检、远程查询、远程参数设置和远程升级等功能。

性能要求及试验方法上,车载终端应满足 GB/T 17619—1998《机动车电子电器组件的电磁辐射抗扰性限值和测量方法》、GB/T 18655—2025《车辆、船和内燃机 无线电骚扰特性 用于保护车载接收机的限值和测量方法》、GB/T 19951—2019《道路车辆 静电放电产生的电骚扰试验方法》、GB/T 28046《道路车辆 电气及电子设备的环境条件和试验》等标准的相关规定。具体内容如下。

a）电气适应性能

（a）启动时间:

车载终端从加电运行到实现实时数据采集的时间不超过 120 s。

（b）工作电压范围:

车载终端工作电压范围应满足表 7 - 21 要求。

表 7 - 21　工作电压范围

直流供电系统/V	最低工作电压/V	最高工作电压/V
12	9	16
24	18	32

（c）过电压性能：

车载终端过电压性能应符合 GB/T 28046.2—2019 中 4.3 的要求。

（d）供电电压缓降和缓升性能：

车载终端供电电压缓降和缓升性能应符合 GB/T 28046.2—2019 中 4.5 的要求。

（e）反向电压性能：

车载终端反向电压性能应符合 GB/T 28046.2—2019 中 4.7 的第 2 种情况的要求。

b）环境适应性能

（a）工作温度范围：

在车辆主电源供电情况下，工作温度范围：-30~70℃。

（b）贮存温度范围：

贮存温度范围：-40~85℃。

（c）耐机械振动性能：

车载终端耐机械振动性能应符合 GB/T 28046.3—2011 中 4.1 的要求。

（d）耐机械冲击性能：

车载终端耐机械冲击性能根据车载终端的安装位置应符合 GB/T 28046.3—2011 中 4.2 的要求。

（e）外壳防护性能：

车载终端外壳防护等级根据 GB/T 28046.4—2011 表 A.1 进行选择，试验后车载终端所有功能应处于 GB/T 28046.4—2011 定义的 A 级。

（f）低温性能：

车载终端低温贮存和运行性能应符合 GB/T 28046.4—2011 中 5.1.1 的要求。

（g）高温性能：

车载终端高温贮存和运行性能应符合 GB/T 28046.4—2011 中 5.1.2 的要求。

（h）温度梯度性能：

车载终端温度梯度性能应符合 GB/T 28046.4—2011 中 5.2 的要求。

（i）湿热循环性能：

车载终端湿热循环性能应符合 GB/T 28046.4—2011 中 5.6 试验 1 的要求。

c）电磁兼容性能

（a）沿电源线的电瞬态传导抗扰度。

沿电源线的电瞬态传导抗扰度试验脉冲严酷程度应符合 GB/T 21437.2—2021 表 A.1 或表 A.2 中Ⅲ级的要求。车载终端所有功能应符合 GB/T 34660—2017 表 7 的规定。

（b）耦合电瞬态发射抗扰度。

耦合电瞬态发射抗扰度试验脉冲严酷程度应符合 GB/T 21437.3—2021 表 B.1 或表 B.2 中Ⅲ级的要求。试验中、试验后车载终端所有功能应处于 GB/T 28046.1—2011 定义的 A 级。

（c）辐射抗扰度。

辐射抗扰度限值应符合 GB 34660—2017 中 4.7：ESA 对电磁辐射的抗扰性能要求，其中 20~400 MHz 频率范围内使用大电流注入法为 60 mA，400~2 000 MHz 频率范围内使用电波暗室法为 30 V/m。试验中、试验后车载终端所有功能处于 GB/T 28046.1—2011 定义的 A 级。

（d）静电放电抗扰度。

静电放电抗扰度限值应符合 GB/T 19951—2019 表 C.1 中接触放电±6 kV 和表 C.2 空气放电±15 kV 的要求。车载终端所有功能应满足 GB/T 28046.1—2011 定义的 C 级。

（e）辐射发射和传导发射性能。

无线电辐射发射和传导发射限值应符合 GB/T 18655—2025 第 6 章电压法表 5 或表 7 的等级 3 要求。

d）可靠性能

车载终端使用寿命应不低于 5 年。

c. 平台与终端间的通信协议与数据格式

GB/T 32960.3—2016 规定了电动汽车远程服务与管理系统中协议结构、通信连接、数据包结构与定义、数据单元格式与定义，适用于电动汽车远程服务与管理系统中平台间的通信，以及车载终端至平台的数据传输。

根据该标准，电动汽车远程服务与管理系统设计有如下要求：

a）一般要求

协议结构以 TCP/IP 网络控制协议作为底层通信承载协议，如图 7-48 所示。

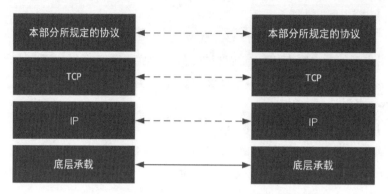

图 7 - 48　电动汽车远程服务与管理系统通信协议栈

b) 通信连接

（a）连接建立。

客户端平台向服务端平台发起通信连接请求,当通信链路连接建立后,

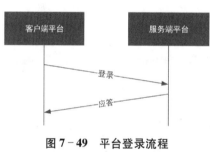

图 7 - 49　平台登录流程

客户端平台应自动向服务端平台发送登录信息进行身份识别,服务端平台应对接收到的数据进行校验;校验正确时,服务端平台应返回成功应答;校验错误时,服务端平台应存储错误数据记录并通知客户端平台。登录流程如图 7 - 49 所示。

客户端平台应在接收到服务端平台的应答指令后完成本次登录传输;客户端平台在规定时间内未收到应答指令,应每间隔 1 min 重新进行登录;若连续重复 3 次登录无应答,应间隔 30 min 后,继续重新链接,并把链接成功前存储的未成功发送的数据重新上报,重复登录间隔时间可以设置。

（b）信息传输。

客户端平台登录成功后,应向服务端平台上报电动汽车的实时信息,实时信息上报流程如图 7 - 50 所示。

当客户端平台向服务端平台上报信息时,服务端平台应对接收到的数据进行校验。当校验正确时,服务端平台作正确应答;当校验错误时,服务

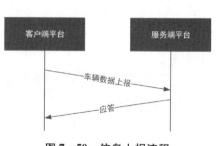

图 7 - 50　信息上报流程

端平台作错误应答。服务端平台的应答信息错误时,客户端应重发车辆的本条实时信息,应每间隔 1 min 重新发送 1 次,失败 3 次后不再发送。

客户端平台向服务端平台上报信息时,收集下列数据:驱动电机数据、整车数据、燃料电池数据、发动机数据、车辆位置数据、极值数据、报警数据进行拼装后上报。平台交换数据和用户自定义数据存在时,还应完成平台交换数据和用户自定义数据的上报。

客户端平台向服务端平台上报信息的时间周期应可调整。车辆信息上报的时间周期最大应不超过 30 s;当车辆出现表 7 - 34 的 3 级报警时,应上报故障发生时间点前后 30 s 的数据且信息采样周期不大于 1 s,其中故障发生前数据应以补发的形式进行传输。

当终端发送数据为加密状态时,客户端平台应先进行数据解密,并重新加密后发送至服务端平台,如平台间传输无加密需求则无须重新加密。

(c) 统计信息上报。

统计信息应以 FTP、HTTP 或 HTTPS 方式传输到服务端平台。

(d) 连接断开。

服务端平台应根据以下情况断开与客户端平台的会话连接:

—TCP 连接中断。

客户端平台应根据以下情况断开与服务端平台的会话连接:

—TCP 连接中断;

—TCP 连接正常,达到重新发送次数后仍未收到应答。

(e) 补发机制。

当数据通信链路异常时,客户端平台应将实时上报数据进行本地存储。在数据通信链路恢复正常后,在发送实时上报数据的空闲时间完成补发存储的上报数据。补发的上报数据应为 7 日内通信链路异常期间存储的数据,数据格式与实时上报数据相同,并标识为补发信息上报(0x03)。

c) 数据包结构和定义

(a) 数据说明。

数据类型:协议中传输的数据类型见表 7 - 22。

传输规则:协议应采用大端模式的网络字节序来传递字和双字。

(b) 数据包结构。

一个完整的数据包应由起始符、命令单元、识别码、数据加密方式、数据单元长度、数据单元和校验 码组成,数据包结构和定义见表 7 - 23。

表 7-22 数 据 类 型

数据类型	描 述 及 要 求
BYTE	无符号单字节整型(字节,8 位)
WORD	无符号双字节整型(字,16 位)
DWORD	无符号四字节整型(双字,32 位)
BYTE[n]	n 字节
STRING	ASCII 字符码,若无数据则放一个 0 终结符,编码表示见 GB/T 1988—1998 所述;含汉字时,采用区位码编码,占用 2 个字节,编码表示见 GB 18030—2022 所述

表 7-23 数据包结构及定义

起始字节	定 义		数据类型	描 述 及 要 求
0	起始符		STRING	固定为 ASCII 字符'##',用"0x23,0x23"表示
2	命令单元	命令标识	BYTE	见后文命令单元
3		应答标志	BYTE	
4	唯一识别码		STRING	当传输车辆数据时,应使用车辆 VIN,其字码应符合 GB 16735—2019 的规定;如传输其他数据,则使用唯一自定义编码
21	数据单元加密方式		BYTE	0x01:数据不加密;0x02:数据经过 RSA 算法加密;0x031 数据经过 AES128 位算法加密;"0xFE"表示异常,"0xFF"表示无效,其他预留
22	数据单元长度		WORD	
24	数据单元		—	
倒数第 1 位	校验码		BYTE	

(c)命令单元。

命令标识:命令标识应是发起方的唯一标识,命令标识定义见表 7-24。

表 7-24 命令标识定义

编 码	定 义	方 向
0x01	车辆登录	上行
0x02	实时信息上报	上行
0x03	补发信息上报	上行
0x04	车辆退出登录	上行
0x05	平台登录	上行

续　表

编　码	定　义	方　向
0x06	平台退出登录	上行
0x07～0x08	终端数据预留	上行
0x09～0x7F	上行数据系统预留	上行
0x80～0x82	终端数据预留	下行
0x83～0xBF	下行数据系统预留	下行
0xC0～0xFE	平台交换自定义数据	自定义

应答标志:

命令的主动发起方应答标志为 0xFE,表示此包为命令包,当应答标志不是 0xFE 时,被动接收方应不应答。当命令的被动接收方应答标志不是 0xFE 时,此包表示为应答包。

当服务端发送应答时,应变更应答标志,保留报文时间,删除其余报文内容,并重新计算校验位。应答标志定义见表 7-25。

表 7-25　应答标志定义

编　码	定　义	说　明
0x01	成功	接收到的信息正确
0x02	错误	设置未成功
0x03	VIN 重复	VIN 重复错误
0xFE	命令	表示数据包为命令包,而非应答包

时间:时间均应采用北京时间,时间定义见表 7-26。

表 7-26　时　间　定　义

数据表示内容	长度/字节	数据类型	有效值范围
年	1	BYTE	0～99
月	1	BYTE	1～12
日	1	BYTE	1～31
小时	1	BYTE	0～23
分钟	1	BYTE	0～59
秒	1	BYTE	0～59

d）数据单元格式和定义

（a）车辆登录。

车辆登录数据格式和定义见表 7-27。

表 7-27　车辆登录数据格式和定义

数据表示内容	长度/字节	数据类型	描　述　及　要　求
数据采集时间	6	BYTE[6]	时间定义见表 7-26
登录流水号	2	WORD	车载终端每登录一次，登录流水号自动加1，从1开始循环累加，最大值为65531，循环周期为天
ICCID	20	STRING	SIM 卡 ICCID 号（ICCID 应为终端从 SIM 卡获取的值，不应人为填写或修改）
可充电储能子系统数	1	BYTE	可充电储能子系统数 n，有效值范围：0~250
可充电储能系统编码长度	1	BYTE	可充电储能系统编码长度 m，有效范围：0~50，"0"表示不上传该编码
可充电储能系统编码	$n \times m$	STRING	可充电储能系统编码宜为终端从车辆获取的值

注：可充电储能子系统指当车辆存在多套可充电储能系统混合使用时，每套可充电储能系统为一个可充电储能子系统。

（b）实时信息上报。

实时信息上报数据格式和定义见表 7-28。

表 7-28　实时信息上报数据格式和定义

数据表示内容	长度/字节	数据类型	描　述　及　要　求
数据采集时间	6	BYTE[6]	时间定义见表 7-26
信息类型标志(1)	1	BYTE	信息类型标志定义见表 7-29
信息体(1)	—	—	根据信息类型不同，长度和数据类型不同
…	—	—	…
信息类型标志(n)	1	BYTE	信息类型标志定义见表 7-29
信息体(n)	—	—	根据信息类型不同，长度和数据类型不同

信息类型标志：信息类型标志定义见表 7-29。

表 7-29　信息类型标志定义

类型编码	说　明	备　注
0x01	整车数据	
0x02	驱动电机数据	

续　表

类型编码	说　　明	备　　注
0x03	燃料电池数据	
0x04	发动机数据	
0x05	车辆位置数据	
0x06	极值数据	
0x07	报警数据	
0x08～0x09	终端数据预留	
0x0A～0x2F	平台交换协议自定义数据	
0x30～0x7F	预留	
0x80～0xFE	用户自定义	

信息体：整车数据格式和定义见表 7-30。

表 7-30　整车数据格式和定义

数据表示内容	长度/字节	数据类型	描 述 及 要 求
车辆状态	1	BYTE	0x01：车辆启动状态；0x02：熄火；0x03：其他状态；"0xFE"表示异常，"0xFF"表示无效
充电状态	1	BYTE	0x01：停车充电；0x02：行驶充电；0x03：未充电状态；0x04：充电完成，"0xFE"表示异常，"0xFF"表示无效
运行模式	1	BYTE	0x01：纯电；0x02：混动；0x03：燃油；"0xFE"表示异常；"0xFF"表示无效
车速	2	WORD	有效值范围：0～2 200（表示 0～220 km/h），最小计量单元：0.1 km/h，"0xFF,0xFE"表示异常，"0xFF,0xFF"表示无效
累计里程	4	DWORD	有效值范围：0～9 999 999（表示 0～999 999.9 km），最小计量单元：0.1 km，"0xFF,0xFE"表示异常，"0xFF,0xFF"表示无效
总电压	2	WORD	有效值范围：0～10 000（表示 0～1 000 V），最小计量单元：0.1 V，"0xFF,0xFE"表示异常，"0xFF,0xFF"表示无效
总电流	2	WORD	有效值范围：0～20 000（偏移量 1 000 A，表示 -1 000～1 000 A），最小计量单元：0.1 A，"0xFF,0xFE"表示异常，"0xFF,0xFF"表示无效
SOC	1	BYTE	有效值范围：0～100（表示 0%～100%），最小计量单元：1%，"0xFE"表示异常，"0xFF"表示无效
DCDC 状态	1	BYTE	0x01：工作；0x02：断开，"0xFE"表示异常，"0xFF"表示无效
绝缘电阻	2	WORD	有效值范围：0～60 000（表示 0～60 000 kΩ），最小计量单元：1 kΩ
预留	2	WORD	预留位

车辆位置数据格式和定义与状态位定义见表 7-31 和表 7-32。

表 7-31 车辆位置数据格式和定义

数据表示内容	长度/字节	数据类型	描 述 及 要 求
定位状态	1	BYTE	状态位定义见表 7-32
经度	4	DWORD	以度为单位的纬度值乘以 10^6，精确到 10^{-6} 度

表 7-32 状 态 位 定 义

位	状　　　态
0	0：有效定位；1：无效定位（当数据通信正常，而不能获取定位信息时，发送最后一次有效定位信息，并将定位状态置为无效）
1	0：北纬；1：南纬
2	0：东经；1：西经
3~7	保留

极值数据格式和定义见表 7-33。

表 7-33 极值数据格式和定义

数据表示内容	长度/字节	数据类型	描 述 及 要 求
最高电压电池子系统号	1	BYTE	有效值范围：1~250，"0xFE"表示异常，"0xFF"表示无效
最高电压电池单体代号	1	BYTE	有效值范围：1~250，"0xFE"表示异常，"0xFF"表示无效
电池单体电压最高值	2	WORD	有效值范围：0~15 000（表示 0~15 V），最小计量单元：0.001 V，"0xFF，0xFE"表示异常，"0xFF，0xFF"表示无效
最低电压电池子系统号	1	BYTE	有效值范围：1~250，"0xFE"表示异常，"0xFF"表示无效
最低电压电池单体代号	1	BYTE	有效值范围：1~250，"0xFE"表示异常，"0xFF"表示无效
电池单体电压最低值	2	WORD	有效值范围：0~15 000（表示 0~15 V），最小计量单元：0.001 V，"0xFF，0xFE"表示异常，"0xFF，0xFF"表示无效
最高温度子系统号	1	BYTE	有效值范围：1~250，"0xFE"表示异常，"0xFF"表示无效
最高温度探针序号	1	BYTE	有效值范围：1~250，"0xFE"表示异常，"0xFF"表示无效

数据表示内容	长度/字节	数据类型	描 述 及 要 求
最高温度值	1	BYTE	有效值范围：0~250（数值偏移量40℃，表示-40~210℃），最小计量单元：1℃，"0xFE"表示异常，"0xFF"表示无效
最低温度子系统号	1	BYTE	有效值范围：1~250，"0xFE"表示异常，"0xFF"表示无效
最低温度探针序号	1	BYTE	有效值范围：1~250，"0xFE"表示异常，"0xFF"表示无效
最低温度值	1	BYTE	有效值范围：0~250（数值偏移量40℃，表示-40~210℃），最小计量单元：1℃，"0xFE"表示异常，"0xFF"表示无效

报警数据格式和定义见表7-34。

表 7-34　报警数据格式和定义

数据表示内容	长度/字节	数据类型	描 述 及 要 求
最高报警等级	1	BYTE	为当前发生的故障中的最高等级值，有效值范围：0~3，"0"表示无故障；"1"表示1级故障，指代不影响车辆正常行驶的故障；"2"表示2级故障，指代影响车辆性能，需驾驶员限制行驶的故障；"3"表示3级故障，为最高级别故障，指代驾驶员应立即停车处理或请求救援的故障；具体等级对应的故障内容由厂商自行定义；"0xFE"表示异常，"0xFF"表示无效
通用报警标志	4	DWORD	通用报警标志位定义见表7-35
可充电储能装置故障总数 N_1	1	BYTE	N_1个可充电储能装置故障，有效值范围：0~252，"0xFE"表示异常，"0xFF"表示无效
可充电储能装置故障代码列表	4×N	DWORD	扩展性数据，由厂商自行定义，可充电储能装置故障个数等于可充电储能装置故障总数 N_1
驱动电机故障总数 N_2	1	BYTE	N_2个驱动电机故障，有效值范围：0~252，"0xFE"表示异常，"0xFF"表示无效
驱动电机故障代码列表	4×N_2	DWORD	厂商自行定义，驱动电机故障个数等于驱动电机故障总数 N_2
发动机故障总数 N_3	1	BYTE	N_3个驱动电机故障，有效值范围：0~252，"0xFE"表示异常，"0xFF"表示无效
发动机故障列表	4×N_3	DWORD	厂商自行定义，发动机故障个数等于驱动电机故障总数 N_3
其他故障总数 N_4	1	BYTE	N_4个其他故障，有效值范围：0~252，"0xFE"表示异常，"0xFF"表示无效
其他故障代码列表	4×N_4	DWORD	厂商自行定义，故障个数等于故障总数 N_4

通用报警标志位定义见表 7 – 35。

表 7 – 35　通用报警标志位定义

位	定　义	处 理 说 明
0	1：温度差异报警；0：正常	标志维持到报警条件解除
1	1：电池高温报警；0：正常	标志维持到报警条件解除
2	1：车载储能装置类型过压报警；0：正常	标志维持到报警条件解除
3	1：车载储能装置类型欠压报警；0：正常	标志维持到报警条件解除
4	1：SOC 低报警；0：正常	标志维持到报警条件解除
5	1：电池单体过压报警；0：正常	标志维持到报警条件解除
6	1：电池单体欠压报警；0：正常	标志维持到报警条件解除
7	1：SOC 过高报警；0：正常	标志维持到报警条件解除
8	1：SOC 跳变报警；0：正常	标志维持到报警条件解除
9	1：可充电储能系统不匹配报警；0：正常	标志维持到报警条件解除
10	1：电池单体一致性差报警；0：正常	标志维持到报警条件解除
11	1：绝缘报警；0：正常	标志维持到报警条件解除
12	1：DC – DC 温度报警；0：正常	标志维持到报警条件解除
13	1：制动系统报警；0：正常	标志维持到报警条件解除
14	1：DCDC 状态报警；0：正常	标志维持到报警条件解除
15	1：驱动电机控制器温度报警；0：正常	标志维持到报警条件解除
16	1：高压互锁状态报警；0：正常	标志维持到报警条件解除
17	1：驱动电机温度报警；0：正常	标志维持到报警条件解除
18	1：车载储能装置类型过充；0：正常	标志维持到报警条件解除
19～31	预留	标志维持到报警条件解除

d. 新能源汽车监测体系

目前,包括海博思创在内的众多企业均建立起电动汽车运行数据管理的企业平台,如北京理工新源信息科技有限公司的新能源汽车国家监测与管理平台,武汉英泰斯特电子技术有限公司的车辆远程服务管理平台,北汽新能源的新能源汽车运行服务与管理平台,南通鸿鹄信息技术有限公司的新能源汽车运行管理信息化平台等。

新能源汽车国家监测体系采用国家平台、地方平台、企业平台三级监管架构设计,如图 7 – 51 所示。

国家平台对全国新能源汽车推广应用和安全工作负监管责任,通过国家平台监督检查企业平台、地方平台运行情况。地方平台对公共服务领域的新能源汽车安全负监管责任,通过地方平台接收企业平台转发的实时数据,掌握公共服务领域新能源汽车运行状态。生产企业对其生产的全部新

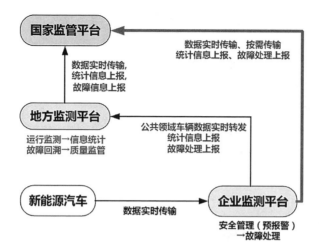

图 7-51　新能源汽车国家监测体系架构

能源汽车安全问题负总责,通过企业平台,对其产品实现 100% 的实时监测,并对发现的风险及时采取措施予以控制。

国家监管平台接收地方平台、企业平台发送的车辆实时动态数据及车辆历史动态数据。数据接入前提是完成车辆静态数据接入和审核,数据的完整性、一致性、准确性、稳定性在校验合格后才允许将数据正式接入国家平台数据库。

4）远程监控车载终端设计与研究

海博思创针对纯电动汽车研发了 RMS301-JK01 远程监控车载终端,实现了动力电池数据上传到国家平台和企业自有云平台,具体设计方案如下:

RMS301-JK01 是一款完全符合国标 GB/T 32960 要求的远程监控车载终端产品。它通过 CAN 总线与整车控制器、电池管理系统、充电机实时通信,获取整车、电池、充电等相关数据,通过 GPS 获取车辆位置信息,通过蓝牙实现自动换电功能。最终通过无线传输方式将所有数据发送给后台服务中心,实现远程监控车辆的目的。

（1）支持提供时间和日期。时间精确到秒,日期精确到日。与标准时间相比时间误差 24 h 内 ±5 s;

（2）支持按照 GB/T 32960.3—2016 中公共平台需要的实时数据进行采集,实时数据的采集频次不低于 1 次/s;

（3）支持至少 7 d 的内部数据存储;内部存储介质存储满时,支持内部存储数据的自动覆盖功能;

（4）支持完整保存断电前保存在内部介质中的数据不丢失;

（5）支持上传到企业平台的数据传输时间间隔及数据种类符合 GB/T 32960.3—2016 的相关要求；

（6）支持当通信异常时，将采集的实时数据存储到本地存储介质，等待通信恢复正常后进行实时数据的补发，补发数据及方式符合 GB/T 32960.3—2016 的相关要求；

（7）支持远程方式在企业平台上注册、激活功能；

（8）支持自检、远程查询、远程参数设置和远程升级等功能。

a. 技术参数

RMS301－JK01 技术参数见表 7－36。

表 7－36　RMS301－JK01 远程监控车载终端技术参数

参 数 种 类	最小值	额定值	最大值	单位
供电电源				
系统供电电压	9	12/24	32	V
工作环境				
温度	−30	25	70	℃
唤醒功能				
IG 信号唤醒功能		Y		
快充(A+)信号唤醒功能		Y		
RTC 唤醒功能		Y		
CAN 通信规格				
CAN 通道数		2		路
数据传输速率		250	500	Kb/s
日志存储				
存储容量	1			Gb
存储数据量大小	7			日
定位功能				
定位模块		GPS		
无线通信				
LTE		4G		
IP 等级		IP50		
功耗				
12 V 系统	<2		<12	W
24 V 系统	<2		<12	W
休眠				
电流			<200	μA
标准要求				
GB/T 32960		符合要求		

b. 应用说明

a）安装尺寸

图 7-52 所示为产品示意图,其中 J1 为低压连接器,GNSS 为 GPS 天线接口,LTE 为 4G 天线接口。

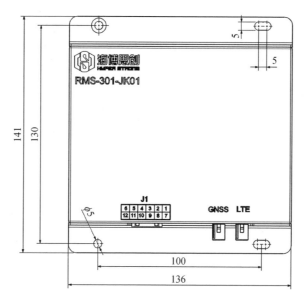

图 7-52　产品外形尺寸(单位: mm)

b）接口及引脚说明

图 7-53 和表 7-37 所示为引脚视图及其具体定义。

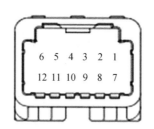

图 7-53　1318772-2 引脚入视图

表 7-37　接口引脚定义

引脚号	引脚名称	引脚描述
1	CAN0L	内部通信 CAN 低
7	CAN0H	内部通信 CAN 高

引脚号	引脚名称	引脚描述
2	CAN2L	整车通信 CAN 低
8	CAN2H	整车通信 CAN 高
4,5,11	VINGND	电源地
6	A+	充电硬线唤醒输入
10	IG	整车硬件唤醒输入
12	VIN+	电源输入

c）电气原理参考图

RMS301-JK01 产品与整车电气连接推荐应用如图 7-54 所示。VIN+ 电源输入接口,连接车辆常火。Key 为 IG 点火信号,用于车辆启动时唤醒监控终端,A+为充电机硬件唤醒信号(可接充电机 12 V/24 V 低压供电电源正信号),用于充电时唤醒监控终端。

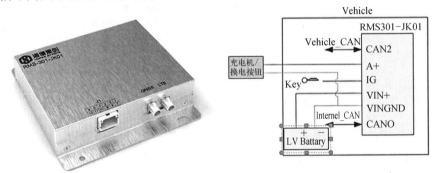

图 7-54 RMS301-JK01 远程监控车载终端产品及其连接图

CAN2 连接整车 CAN 网络;CAN0 连接 BMS 内部通信 CAN 网络。VINGND 可以连接 VIN+的参考地、IG 信号参考地、A+信号参考地。

3. 车载电池管理系统数据接口

电池管理系统(BMS)作为纯电动汽车的关键技术对于整车的性能有着至关重要的作用,是纯电动汽车控制系统的核心部分。主要负责实现对电动汽车动力电池组信息的采集、保护和实时控制,达到提高动力电池组安全性、使用寿命和续航能力的效果。电池管理系统采集模块通过采集电路获得电池组电压、电流、温度等数据,控制模块对数据进行分析获得电池组荷电状态、剩余电量、充放电状态等,并根据其实时状态变化做出相应的处理。使得电池组始终保持在最佳工作状态,从而最大程度地发挥动力电池组的性能满足用户的需求。

1）动力电池管理系统国内外研究现状

电池管理系统作为电动汽车的关键技术对于其性能提高和安全保护有着至关重要的意义,因此世界各国包括中国在内有很多的团队都在致力于电动汽车动力电池管理系统的研发和应用,至今也都取得了很多令人欣喜的成果。

a. 电池管理系统国外研究现状

国外对于电池管理系统的研究已经有很多年的历史,如今也都取得了不错的成果,其中以德、美、日最为突出。

德国在汽车制造业一直独树一帜。BOSCH 集团开发的 CAN 总线通信协议使得机车内部系统之间的通信更加方便数据交换更加便捷,如今已经得到了非常广泛的应用。CAN 总线技术为电动汽车电池管理系统的研究提供了极大的便利,极大地推动了电动汽车的应用和发展。奔驰公司推出的 Smart 纯电动汽车应用了高性能的锂电池动力电池组和电池管理系统,最高车速、加速度、续航里程均有了显著提高,受到了很多年轻用户的青睐。凯撒斯劳滕工业大学研发的电动汽车电池管理系统采用了分布式管理结构,也受到了广泛认可。与此同时,德国大众、奔驰、宝马等汽车公司都在加紧对电池管理系统的研发和实验工作。

美国通用汽车公司推出了多款纯电动车型,其动力系统无论是稳定性还是安全性在纯电动汽车领域都处于领先。其中 Voltec 动力系统续航能力强、动力强劲;福特公司率先设计出可用于家庭电源充电的车型;在 SOC 的估算方面,美国提出的模糊逻辑预测和新型卡尔曼滤波算法都大大提高了 SOC 估算精度。

日本在电动汽车领域同样拥有着悠久的历史。作为美国通用强有力的竞争对手,日本丰田公司十几年前便积极投入电池管理系统的研发当中。早在 1997 年便成功推出了混合动力汽车 PRIUS Hybrid。三菱和松下都紧随其后最新推出的电动车型都搭载先进的电池管理系统作为卖点。

综合来说,国外对于电动汽车动力电池管理系统的研究起步早、发展快,已经积累了多年的经验。而且,最重要的是已经在市场的检验中生存了下来。他们的产品各具特色、功能齐全,无论是实用性还是稳定性都在稳步提高。但是毫无疑问的是,未来的电池管理系统技术仍然有很大的发展空间和良好的发展前景。

b. 电池管理系统国内研究现状

随着国内社会经济的发展,国内的汽车保有量连年飙升,交通拥堵、能源短缺、环境污染等问题也随之而来。近年来国家对电动汽车的推广力度越来越大,多次强调新能源技术的发展前景。国内电池管理系统相关技术虽然起步较晚,但是在社会各界的共同努力之下也取得了可观的成果。

国内很多高校和研究所都在致力于电池管理系统的研究,为电池管理系统的发展做出巨大贡献。2011 年,天津大学针对电池组的均衡问题,设计了一种基于储能电感的双向无损均衡控制系统,采用储能电感作为中间媒介进行能量的双向转移,使得均衡效率得以大大提高。2011 年,东华大学研发了一款无线电池管理系统,采用无线传感器网络发出 ZigBee 信号来观察电池信息,使得电池管理系统的功耗更低,体积更小,扩展性更高。2015 年武汉大学设计一款基于 STM32 的分布式电池管理系统,该系统大大提高了数据处理速率,同时又具有安全保护、能源管理以及信息管理等功能。

国产汽车品牌江淮、奇瑞、比亚迪等均推出了自主研发的电动汽车车型,积累了许多宝贵的经验,为以后国产纯电动汽车的全面推广打下了坚实基础。其中,比亚迪推出的全新纯电动汽车 E6 搭载全新的动力电池及电池管理系统,续航里程由 300 km 增加到 400 km。在科研方面,北京交通大学和天津大学分别提出了基于神经网络和模糊逻辑的新方法进行 SOC 估算,经过不断试验和改进,估算精度获得了明显提高。上海交通大学和重庆大学都研发出了针对镍氢电池的电池管理系统。

总体而言,随着政府的扶持和国内各界的努力,新能源汽车在国内得到了很好的推广,也涌现了一批专业的电池管理系统生产厂家。但是,不得不承认我们的技术相较于国外还有很长的路要走。

2) 动力电池管理系统的基本功能

电池管理系统的研发设计都从安全和功能两方面的需求进行考虑,即既要保证电动汽车安全运行又要使电动汽车的性能更加优越。因此,电池管理系统要具备以下几项基本功能。

a. 电池状态数据采集

电池状态的数据采集是电池管理系统实施控制策略的依据,也是电池 SOC 估算的基础。采集的数据一般包括对电池单体的电压、电池箱的温度和电池组的整体电压和电流,通过这些数据信息的采集来了解电池的工作状态。

b. 电池荷电状态(SOC)的估算

精准估算电池 SOC 是电池管理系统的必不可少的功能,就是要实时掌握电动电池的剩余电量,以便驾驶员能够作出合理的安排,另外,电池 SOC 也是实现其他功能的重要参数。电池 SOC 的估算要以总电压、电流为输入量,结合相应算法来实现。

c. 电池安全保护

电池安全保护无疑是电动汽车 BMS 首要的、最重要的功能,电池安全保护通常包括过流保护,过充过放保护以及过温保护等。电池充放电过程中,工作电流超过安全值就应该采取相应的安全保护措施,以防出现电流过大的情况,还要限制电池过度充电和过度放电,以防对电池造成不可逆转的损坏。另外,由于电池为化学产品,充放电过程会产生大量热量,当温度过高时,要采取措施限制温度过高。

d. 电池均衡管理

电动汽车电池组一般都由几百节电池单体组成,各单体由于制造和使用条件的不同,使得其特性之间存在差异。这些差异会严重影响电池组的使用,使得电池组容量和寿命都会大大降低。因此,电池管理系统要对电池组进行均衡管理,最大限度地降低电池组不一致性带来的危害,充分发挥电池组的性能。

e. 电池信息管理

电池信息管理包括电池信息显示、内外信息交互和历史信息存储。为了方便驾驶员了解整车的运行状况,电池管理系统通过电子控制单元(electronic control unit, ECU)及时显示电池组的使用状况;电池管理系统除了内部的信息交互之外,还需要与电动汽车的其他系统通过 CAN 总线进行信息交互;历史信息存储并非必不可少的功能,先进的电池管理系统往往考虑此项功能,方便分析电池运行状态以便能及时排除故障。

3) 动力电池管理系统的通信接口设计

a. 主控板整体结构

主控板的整体结构如图 7-55 所示,主控板要进行总电压和电流采集、充放电控制管理、温度的控制以及与电动汽车其他系统的通信等,这就给主控板微控制器单元(microcontroller unit, MCU)的功能提出了较高的要求。本书选用了 ST 公司开发的 STM32F 103RCT6 芯片,该芯片有 64 个引脚,具有多种通信方式和高速的数据处理能力,能够适应电动汽车恶劣的环境,也

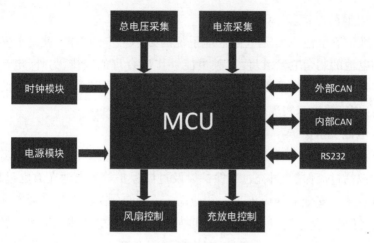

图 7-55　主控板整体结构

能够满足要求,且保留一定的裕度。

b. 单元板整体结构

单元板整体结构如图 7-56 所示,单元板主要负责电池单体电压的采集、电池组温度的采集以及根据主控板的均衡指令启动均衡电路。本书设计的单元板可以完成 8 节串联电池单体的检测管理,同时设置 4 路温度检测,单元板与主控板之间的信息交互通过内部 CAN 总线进行。相对主控板来说,单元板的功能较少,可以选用 ST 公司开发 STM32F 103 C6T6,该芯片有 48 个引脚,能够自动控制 8 节电池的选通和关断,同时具有很强的数据处理能力,且价格相对低廉,适合用于数量较多的单元板。

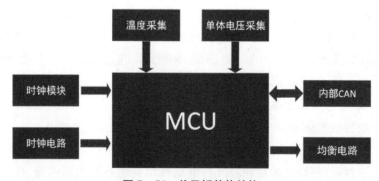

图 7-56　单元板整体结构

c. 数据通信

电池管理系统的通信主要分为 CAN 总线通信和串行 RS232 通信两部

分,CAN 总线通信又分为内部 CAN 通信和外部 CAN 通信,内部 CAN 通信负责主控板和单元板的信息交互,外部 CAN 通信负责主控板 MCU 与整车控制器、电机控制器、充电机等设备的信息交互;串行 RS232 通信负责主控板与显示系统以及其他终端系统之间的通信。

　　CAN 总线是一种能够支持分布式控制或实时控制的串行通信网络,具有通信速率高、易实现、性价比高、抗干扰能力强等特点,因而广泛用于汽车领域。CAN 通信电路如图 7 - 57 所示,选用 ISO1050 作为 CAN 隔离芯片,ISO1050 是一款将隔离通道与 CAN 收发器集成在一个封装内的隔离型 CAN 总线收发器,符合 ISO 11898 标准的技术规范。另外,ISO1050 可以减少 PCB 的设计面积,为总线提供差分接收和发射能量,也不需考虑插入隔离器的问题。ISO1050 采用了 5 V 的工作电压,同时为了增大发送数据端 TXD 的电流,增加了一个上拉电阻。

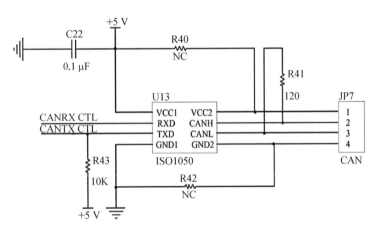

图 7 - 57　CAN 通信接口电路

　　d. RS232 通信接口电路

　　RS232 是目前主流的串行通信接口之一,数据传输速率能达到 20 000 b/s,广泛用于计算机串行接口外设的连接。RS232 与 ECU 连接时,标准 RS232 的逻辑电平与 ECU 的串口不同,还需要进行逻辑电平转换。采用逻辑电平转换芯片 MAX232 进行电平转换,可以将 MCU 输出的逻辑(transistor-transistor logic, TTL)电平转换成 PC 机能接收的 232 电平,需要+5 V 的单电源供电。RS232 通信电路如图 7 - 58 所示,整个电路只用到了收发线和地线,同时为了避免共模噪声干扰,增加了高速光耦隔离芯片 6N137。

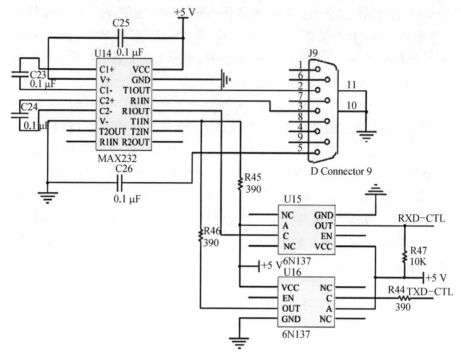

图 7-58　通信接口电路

7.5　考虑动力电池全生命周期的原始设计原则分析

7.5.1　国内外现状

目前国际上动力电池的尺寸规格还没有统一,相关的讨论还在继续。虽然国际电工委员会(International Electrotechnical Commission, IEC)组织制定了国际标准 ISO/IEC PAS 16898:2012《电动汽车用二次锂离子电池外形尺寸》,其中规定了 62 种尺寸规格的各类动力电池单体,但标准在世界范围内并没有得到有效的执行,其原因在于 ISO/IEC PAS 16898:2012 标准是一个公共协商标准,是对之前各大型动力电池生产企业所生产动力电池尺寸规格的罗列,并没有经过归纳、提炼和合并,因而标准中所列的尺寸规格繁多且重复,不满足动力电池尺寸系列要求,因而对产业的指导性不强。

德国汽车工业协会(Verband der Automobilindustrie, VDA)根据汽车安装的要求,出台 VDA 尺寸规格,这是欧洲汽车企业最早对动力电池尺寸规格的规范,早期国内许多企业按照这个规范要求生产动力电池,或者以这个规范为基础调整某个规格的动力电池尺寸。但欧洲并没有大规模生产动力电池,对动力电池制造的理解也不够,导致这个规范没有得到进一步推进,指导性和适用性渐渐消失。大众推出电动汽车 MEB 平台(模块化电动工具),按照 MEB 平台的要求提出 3 个模组规格,动力电池模组竖直放置,模组高度(也称"动力电池宽度")为 108 mm,长度分别为 355 mm、390 mm、590 mm,动力电池的厚度根据制造能力和电池的性能选择,不作统一要求。MEB 平台大范围缩减了动力电池尺寸规格的数量,符合现阶段动力汽车发展的要求,因此大众公司旗下所有电动汽车的品牌和车型都将采用同样的电池模块标准进行设计和采购,降低生产成本,提高动力电池质量和开发设计效率。将动力电池尺寸规格缩减至最小,是目前全球汽车巨头关于对动力电池尺寸规格统一的要求,也是动力电池发展的一个趋势。

据统计,我国目前现有 140 多家动力电池生产企业,绝大部分电池企业在动力电池的尺寸规格方面都没有太多的"自主选择权",一般是根据整车制造企业的订单需求来开发相应尺寸规格的动力电池,个别电池企业生产的电池尺寸规格竟然多达六十余种。由于没有明确统一的尺寸规格,即使是在同一家动力电池生产企业,同一客户的不同车型所用的动力电池的尺寸、外形等也各不相同,目前已通过工业和信息化部发布的《新能源汽车推广应用推荐车型目录》的动力电池产品超过上千种,几乎每款动力汽车的电池包规格尺寸都不一样,造成了我国动力电池型号繁杂、产量分散的无序状态,导致了大量的资源浪费,同时也给电池企业带来沉重的负担。

为规范国内动力电池尺寸规格,2016 年工业和信息化部向全国发出动力电池尺寸规格国家标准制定的征求意见,并由中国汽车技术研究中心、比亚迪汽车工业有限公司、宁德时代新能源股份有限公司、合肥国轩高科动力能源股份公司、天津力神电池股份有限公司等单位共同起草国家标准 GB/T 34013—2017《电动汽车用动力蓄电池产品规格尺寸》,标准于 2017 年 7 月正式发布,对圆柱形电池、方形电池、软包电池共规定了 145 种规格尺寸。

国家标准 GB/T 34013—2017《电动汽车用动力蓄电池产品规格尺寸》未得到有效执行的主要原因有以下几点。

(1)国标规定的尺寸规格主要代表的是部分电池企业现有的动力电池

产品的尺寸规格,同时标准为推荐性标准,不是强制性标准,其他电池企业完全可以不按标准执行。

(2)动力电池尺寸规格以新能源汽车公司(电池使用方)的意志为主,电池使用方根据自己开发的产品来确定动力电池的尺寸规格,这个过程就会导致过多的"非标"产品出现。

(3)改变企业现有电池的尺寸规格,将涉及电池的制造工艺、制造设备、生产流程等各方面的改变,多数动力电池企业还需调整产线,小则简单调整,大则另上新线。

(4)电动电池及相关产业发展日新月异,国家标准制定周期较长,决定了标准的滞后性,标准中规定的动力电池尺寸规格不能满足动力电池现有技术发展的需要。

动力电池是电动汽车的核心部件之一,动力电池的尺寸大小和质量轻重对整车布置、电池形状、电池容量等都有很大影响。目前,市面上的动力电池产品尺寸、形状、容量、电压规格各异,通用性、互换性较差,对电动汽车制造企业来说,在给整车匹配、采购动力电池时增加了难度,对于电池制造企业来说,尺寸规格过于烦琐阻碍了动力电池大规模标准化生产,不利于生产成本的降低。因此,动力电池尺寸规格不统一会对包括上下游产业在内的整个动力电池产业链造成巨大的影响。

7.5.2 政策层面

政府相关部门牵头,引导行业上下游企业广泛参与,不应仅限于电池企业,应包括新能源汽车企业、电池制造设备企业、电池材料及电池零部件企业、第三方检测机构、电池回收企业、电池研究机构、公共服务平台等整个动力电池产业链有关的单位,从动力电池全生命周期的角度考虑车上、车下的集成通用性,只有广泛地汇集各方意见才能制定出符合我国动力电池现状的标准,引领动力电池行业的发展。

7.5.3 结构设计原则

(1)纯电动乘用车,根据车型不同,建议电池包规格型号控制在12~15个,外部尺寸、安装位置和形式、结构形式固定,液冷结构对外接口位置固定,包内规格可定制化设计;

(2)纯电动轻卡和商用车车型,推行标准电池包,以便于整包梯次利用

为原则,减少梯次利用阶段集成的难度;

(3)部件标准,引导动力电池包固定位置、安装形式和连接标准件的统一,方便梯次利用整包级别和级别应用的安装和固定。

7.5.4 电气设计原则

(1)明确电池包内电器件和线束的使用寿命要求,满足梯次利用阶段电气件和线束的复用;

(2)规范连接器的接口形式,降低车企或零部件供应商由于企业问题带来的互换性问题。

7.5.5 热管理设计原则

由于梯次利用储能系统运行的环境较好,运行工况 0.2P(即标准充放电功率的 0.2 倍)左右,建议采用自然风冷或主动强制风冷的方式,液冷系统由于需单独配置冷却机组,非大倍率应用工况,不建议采用液冷方式。

规范电池包内温度点采集的数量,可以按照成组方式配置采集比例,BMS 硬件采集接口采取通用设计。

7.5.6 电池管理系统

(1)规范电池管理系统(BMS)硬件接口定义,方便梯次利用的接口匹配设计;

(2)BMS 通信协议的规范和统一,BMS 应具备恒功率运行和适应储能应用的启停运行的工作时序流程,形成动力电池包,适应储能的国标充放电协议;

(3)BMS 的车辆功能安全功能具备关闭接口,避免车企功能安全策略不开放的问题。

7.5.7 动力电池数据溯源

建议充电桩试行动力电池剩余容量估算方法,补充 GB/T 27930—2023《电动汽车非车载传导式充电机与电池管理系统之间的通信协议》字段,在充电过程中实时评估电池包健康状态,并将数据上传至新能源汽车监测平台,为动力电池梯次利用提供基本依据。

7.6 梯次利用项目案例

7.6.1 项目基本情况

梯次利用储能系统项目如图 7-59 所示。

图 7-59 梯次利用储能系统项目

储能系统规模：385 kW/1 452 kW·h，集装箱式，自供电。

项目建设周期：2 个月。

项目于 2019 年成功并网，按照湖北省峰谷电价参与调峰，每天两次充电，两次放电，节约业主需量电费。为使梯次利用储能系统收益最大化，选择 1 天内"谷→峰"和"平→峰"两次电价差值较大时段分别进行充放电如图 7-60 所示。

该工业区 2016~2018 年用电系统功率为 300~1 600 kW，2016~2018 年购电量约 193 万 kW·h/年，其中峰电时段购电量约 79 万 kW·h/年，使用储能系统可带来较大的价值。工业区主变压器容量 1 600 kW，白天满负荷运行的功率约 1 200 kW，夜间功率为 240 kW。梯次利用储能系统接入后，储能发电可以在用电系统就地消纳，同时主变压器具备夜间为储能系统充电的能力。

385 kW/1 452 kW·h 梯次利用集装箱储能系统由 11 套 4P216S 的三元电池簇，空调、储能变流器、交流汇流柜等组成。为保证不同 SOH 电池簇的

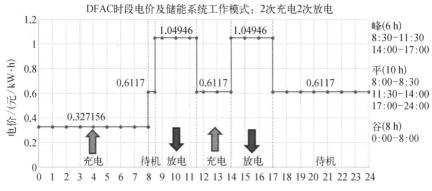

图 7 - 60　梯次利用储能系统充放电工况

电量能够充分利用,电池系统的 PCS 采用组串式设计,每套电池簇通过直流动力线缆接入 AC/DC 模块直流侧,AC/DC 模块交流侧汇流后通过交流进线柜接入工业区 400 V 配电电网完成并网,梯次利用储能系统电气原理图如图 7 - 61 所示。

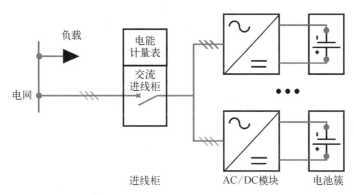

图 7 - 61　梯次利用储能系统电气原理图

电池系统按照电芯-电池模块-电池簇多层级设计,每套电池簇包含 18 个电池模块及 1 台高压箱,电池模块成组方式为 4P12S,由 6 个 4P2S 的电池模组串联组成,模组通过螺栓固定在电池模块结构件底架上,配置绝缘板保证电池单体和底架的绝缘性,模组之间通过铜排进行串联。

梯次利用储能系统成组方式如表 7 - 38 所示。

表7-38 梯次利用储能系统成组方式

电池模块

序号	类 型	电 池 模 块
1	成组方式	4P12S
2	额定电量/(kW·h)	7.34
3	额定容量/(A·h)	164
4	标称电压/V	44.76
5	电压范围/V	36~49.08
6	外形尺寸 $W \times D \times H$/mm	657.5×402×173
7	能量密度/(W·h/L)	137
8	重量/(kg)	61

电池簇

序号	类 型	电 池 簇
1	插箱数	18
2	成组方式	4P216S
3	额定电量/(kW·h)	132.13
4	额定容量/(A·h)	164
5	标称电压/V	805.68
6	电压范围/V	648~883.44
7	外形尺寸 $W \times D \times H$/mm	1 600×600×2 200
8	能力密度/(W·h/L)	112

储能系统

序号	类 型	储 能 系 统
1	成组方式	4P216S×11
2	额定电量/(kW·h)	1452
3	额定容量/(A·h)	164
4	标称电压/V	805.68
5	额定充放电功率/kW	420
6	外形尺寸 $W \times D \times H$/mm	12 192×2 438×2 896
7	能量密度/(W·h/L)	18.42

储能变流器

序号	类 型	储 能 变 流 器
1	PCS	模块化
2	AC/DC 模块额定功率/kW	35

储能变流器		
序号	类　型	储能变流器
3	AC/DC 模块数量	11 套
4	直流侧电压范围/V	600~900
5	交流侧电压/V	380
6	AC/DC 模块充放电效率	

7.6.2　性能测试情况

1. 容量效率测试

单簇 30 kW 充放电测试,AC 侧总充电能量为 889 kW·h,放电能量为 810 kW·h。计算系统能量转换效率为: 91.11%≥90%。各电池簇充放电数据如表 7-39 所示。

表 7-39　充放电测试结果

电池簇	SOH/%	充放电能量		充电末端			放电末端			50%SOC		静态压差		温　度		
		充电电量/(kW·h)	放电电量/(kW·h)	最低电压/V	最高电压/V	最大压差/V	最低电压/V	最高电压/V	最大压差/V	充电压差/V	放电压差/V	SOC/%	压差/V	最低温度/℃	最高温度/℃	最大温差/℃
1	61	66.8	65.07	4.061	4.15	0.089	3.384	3.62	0.236	82	66	30	62	28	32	4
2	98	109.4	84.35	4.117	4.142	0.025	3.455	3.538	0.083	32	35	44	11	28	31	3
3	90	102.15	103.04	4.102	4.14	0.038	3.454	3.538	0.084	40	35	54	16	28	31	3
4	63	65.6	61.01	4.068	4.147	0.079	3.385	3.629	0.244	81	63	67	54	28	32	4
5	62	65.76	65.58	4.1	4.148	0.048	3.384	3.601	0.217	66	53	42	38	29	32	3
6	59	63.3	66.36	4.084	4.151	0.067	3.384	3.599	0.215	66	54	69	42	30	33	3
7	61	56.71	58.68	4.048	4.145	0.097	3.384	3.649	0.265	94	77	62	72	29	32	3
8	56	59.45	55.51	4.067	4.146	0.079	3.387	3.666	0.279	117	89	68	64	29	31	2
9	61	70.65	66.42	4.115	4.146	0.031	3.387	3.58	0.193	33	35	68	19	31	33	2
10	57	63.51	59.28	4.101	4.146	0.045	3.386	3.577	0.191	41	38	65	29	30	33	3
11	58	62.59	62.38	4.087	4.15	0.063	3.384	3.612	0.228	73	48	42	45	29	32	3

2. 一致性测试

从测试数据可知,由于各电池簇 SOH 不同,单簇充放电能量存在差异,50%SOC 动态压差≤150 mV 满足要求;电池最高运行温度≤35℃ 满足要求,单簇电池温差≤3℃,集装箱电池温差≤5℃。图 7-62 为其中一套电池簇的压差曲线和充放电能量曲线。

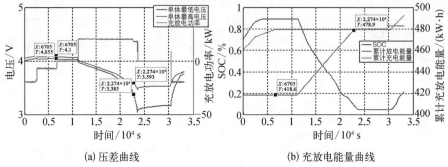

(a) 压差曲线　　　　　　　　(b) 充放电能量曲线

图 7 - 62　电池簇测试结果

测试结果说明该集装箱式梯次利用储能系统性能参数良好,满足使用条件。

7.6.3　系统运行情况

系统从 2020/01/01 负荷装置安装完成后,开始进行试运行,运行状况良好,运行功率曲线见图 7 - 63。

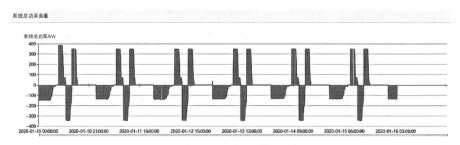

图 7 - 63　运行功率曲线

统计 2020.01/05 ~ 2020.01.22 峰谷平充电电量数据如表 7 - 40,根据峰谷平电价计算累计电费收益为 9 436 元。

表 7 - 40　峰谷平充电电量统计(单位: 元)

| 时间段 | 2020/1/5 | | 2020/1/22 | | 统计/(kW·h) |
	充电/(kW·h)	放电/(kW·h)	充电/(kW·h)	放电/(kW·h)	
峰 段	70	3 960	306	23 860	19 900
谷 段	1 682	0	12 472	68	10 790
平 段	2 792	0	15 564	0	12 772

7.7　梯次利用技术发展趋势

7.7.1　梯次利用集成应用现阶段的问题

通过调研市场上不同车型动力电池系统的技术参数和占有率,与各主机厂进行技术交流,结合梯次利用储能项目实践,梯次利用集成应用的现阶段技术问题可总结为:

(1) 现阶段,退役动力电池的剩余容量较低,剩余循环寿命很难保证储能项目的经济性和回收期;

(2) 动力电池回收的运输成本较高,分散式的回收不利于成本控制,需要密集布置回收网点,集中运输,降低运输成本;

(3) 退役动力电池筛选测试的工作量较大,测试成本较高,需要提高动力电池数据的透明度,保证数据的采集精度和频率,提高数据质量,从而构建数据分析模型,简化测试和筛选流程;

(4) 整包级别梯次利用的运维成本较高,在退役动力电池一致性较差的情况下,模块级别应用较合适,但电池包内原有电器件和结构件无法复用,产生新增集成成本。

7.7.2　梯次利用技术发展趋势

能源转型和"双碳"目标迫在眉睫,电力脱碳和运输部门的电气化被认为是最有希望的解决方案,作为电动汽车和电力储能的核心,锂离子电池储能技术将在很长一段时间占据市场主导地位。在巨大的保有量和无法避免的老化之下,退役锂离子电池的梯次利用技术亟待突破,同时其巨大市场需求和发展前景也值得大力发展,我国目前正处于相关政策标准不断制定、完善和相关产业链升级完善并举的过程中,更多退役电池的梯次利用场景正在被规划和探索,以期优化其盈利模式。在技术层面上,退役锂离子电池的快速准确筛选和重组是保证梯次利用安全性和经济性的关键。具体来说,未来梯次利用技术的发展趋势可总结如下。

(1) 优化数据溯源。目前梯次利用回收的电池大都缺乏历史数据,使退役电池的健康度诊断、回收和二次利用评估存在挑战。然而考虑到商业隐私等因素,退役电池的全生命周期运行数据收集存在困难,国家、企业和个人应致力于建立完整、清晰和具有隐私保障的退役电池数据管理平台,在相关政策和标准约束下对当前在役电池的运行数据实行规范化管理。此外,对退役电池的拆解、分类和性能评估等数据进行有效收集和管理,改善退役电池的利用率。

(2)快速检测和残值评估。梯次利用项目成功开展的关键在于筛选出一致性和安全性较好的退役电池进行重组,而退役电池的性能检测方法是促成梯次利用的核心。考虑到检测过程中充放电过程可能造成退役电池的容量进一步衰减,短时、小 SOC 范围的检测方法至关重要。此外,基于历史数据和小样本检测数据的容量估计、分选和寿命预测模型的开发也需要得到重视,其将保证退役电池重组后在目标场景的可靠性。

(3)电芯及电池包的规范化制造。当前市面上商业化的电池存在尺寸和成组方式的多样化,规范化的电芯及电池包制造可促进退役电池拆解和重组的经济性,同时避免拆解和重组过程中对电池造成的潜在机械性伤害,有效降低梯次利用项目的设计、制造和管理,以及总体应用成本。

第8章 电化学储能标准体系

标准体系建设有助于在储能装置生产、系统应用和电站维护等环节统一制度要求，对促进储能行业发展具有积极意义。2018 年，国家能源局发布了《关于加强储能技术标准化工作的实施方案》，旨在建立储能标准化协调工作机制、建设储能标准体系、推动储能标准化示范和推进储能标准国际化。2023 年，国家标准化管理委员会与国家能源局印发《新型储能标准体系建设指南》，要求按照新型储能电站的建设逻辑，综合不同的功能要求、产品和技术类型、各子系统间的关联性，将新型储能标准体系框架分为基础通用、规划设计、设备试验、施工验收、并网运行、检修监测、运行维护、安全应急八个方面，到 2025 年逐步构建适应技术创新趋势、满足产业发展需求、对标国际先进水平的新型储能标准体系。

8.1 国际标准

国际储能标准制定机构主要包括国际电工委员会（IEC）、电力与电子工程师协会（IEEE）、美国保险商试验所（Underwriter Laboratories Inc，UL）、美国消防协会（National Fire Protection Association，NFPA）、德国技术监督会（Technischer Überwachungs Verein，TÜV）韩国技术监督署（Korea Agency for Technology and Standards，KATS）、日本工业标准调查会（Japanese Industrial Standards Committee，JISC）、日本电气用品安全和环境技术实验所（Japan Electrical Safety & Environment Technology Laboratories，JET）、澳大利亚国际标准公司（Standards Australia International Limited，SAIL）、欧洲联盟指令（Conformité Européene，CE）、加拿大标准协会（Canadian Standards Association，CSA）和德国电气工程师协会（Verband Deutscher Elektrotechniker，VDE）。

8.1.1 IEC 标准

IEC 62933-1《电能存储(EES)系统 第 1 部分：词汇》定义了适用于电储能系统中包括机组参数、测试方法、规划、安装、安全和环境问题所需的术语，以促进不同储能技术的电储能系统中属于标准化。IEC 62933-2-1《电能存储(EES)系统 第 2-1 部分：单元参数和测试方法 总规范》详细定义了电储能系统的性能，以及用于评估电储能系统性能的各项参数及其测试方法。IEC TS 62933-2-2《电能存储(EES)系统 第 2-2 部分：单元参数和试验方法 应用和性能试验》针对储能功率型应用、能量型应用及备用电源应用等 3 类应用需求，细化了每一类中的典型应用场景，定义了对应的性能测试指标、测试方法以及典型场景储能系统测试工作周期曲线。IEC TR 62933-2-200《电能存储(EES)系统 第 2-200 部分：单元参数和试验方法 带光伏的电动汽车充电站中电能存储(EES)系统的案例研究》中报告了 20 kV 以下的光储充系统研究案例，该系统通过在各种可用的操作模式下运行而显示出优异的性能，如调峰、功率平滑、负载跟踪、使用时间价格套利和辅助服务，基于电储能系统的运行特性总结推荐了一般工作周期，并包含典型项目案例中电储能系统的运营分析、PV-EES-EV 充电站的概览、EES 系统运行模式的总结和建议。IEC TS 62933-3-1《电能存储(EES)系统 第 3-1 部分：电能存储系统的规划和性能评估 通用规范》针对电储能的评估和验证流程进行了规范，明确了测试方法、验证标准和评估指南，其中包括电储能系统的必要功能和能力、测试项目和性能评估方法、监测和获取电储能系统运行参数的要求以及交换所需的系统信息和控制能力。IEC TS 62933-3-2《电能存储(EES)系统 第 3-2 部分：电能存储系统的规划和性能评估 电力密集型和可再生能源集成相关应用的附加要求》提供了电储能系统的电力密集型和可再生能源集成相关应用的要求，其中相关应用包括频率调节/支撑、电网电压支撑、电压暂降缓解，要求包括电网集成、性能指标、规模和规划、运行和控制、监测和维护。IEC TS 62933-3-3《电能存储(EES)系统第 3-3 部分：电能存储系统的规划和性能评估 能量密集型和备用电源应用的附加要求》提供了当电储能系统设计、控制和运行用于能源密集型、孤岛电网和备用电源应用时的要求、指南和参考。IEC TS 62933-4-1《电能存储(EES)系统 第 4-1 部分：环境问题指南 一般规范》描述了 EES 系统在正常和非正常运行条件下的环境问题的原则和方法，并提出了解决 EES 系统的环境影响,包括对人类的长期影响的指导方针。IEC 62933 - 4 - 2《电能存储(EES)系统 第 4 - 2 部分: 环境问题指南 电化学存储系统中电池失效对环境影响的评估》根据电池储能系统中使用的主流电池的电解质类型分为水系、非水系和固体三类,并基于此分类,规定了评估和报告系统内电池(或液流电池)故障所致环境影响的要求。IEC 62933 - 4 - 3《电能存储(EES)系统 第 4 - 3 部分: 根据环境条件和位置类型确定的电池储能系统(BESS)防护要求》讨论了典型环境因素如闪电、地震活动、水、空气、植物、动物和人类等对电池储能系统中电力、通信连接及其连接点的影响,其中涉及影响源发生原因、影响事件链及最终对电池储能系统的影响,并给出了预防或减轻该影响的措施。IEC 62933 - 4 - 4《电能存储(EES)系统 第 4 - 4 部分: 带重复使用电池的电池储能系统(BESS)的环境要求》描述了以梯次利用电池构成电池储能系统时的环境问题,并提供了电池储能系统中梯次利用电池的设计到拆卸全生命周期阶段识别和预防环境问题的细节和要求。IEC TS 62933 - 5 - 1《电能存储(EES)系统 第 5 - 1 部分: 电网集成 EES 系统的安全考虑 一般规范》规定了适用于与电网集成的电储能系统的安全考虑因素(如危险识别、风险评估、风险缓解),并提供了促进电网集成应用中任何类型或规模的电能存储系统安全应用和使用的标准。IEC 62933 - 5 - 2《电能存储(EES)系统 第 5 - 2 部分: 电网集成 EES 系统的安全要求电化学系统》规定了电池储能系统从设计到退役的全生命周期中的安全方面,以及在适当的情况下,与使用电化学存储子系统的电网连接储能系统的环境和生物相关的安全事项,并规定了"电化学"储能系统作为一个"系统"的安全要求,以降低子系统之间的相互作用而导致的电化学储能系统危险造成的伤害或损坏风险。IEC 62933 - 5 - 3《电能存储(EES)系统 第 5 - 3 部分: 电网集成 EES 系统的安全要求 电化学系统的非计划修改》提供了对 BESS 进行计划外修改时涉及的重新设计、安装、调试、运行和维护阶段的安全要求、注意事项和程序,包括储能容量的调整、储能子系统电化学成分、设计和制造商的调整、使用非原始设备制造商零件的子系统组件调整、操作模式的调整、安装地点的调整以及使用梯次利用电池导致的子系统的调整。IEC 62933 - 5 - 4《电能存储(EES)系统 第 5 - 4 部分: 电网集成 EES 系统的安全测试方法和程序 锂离子电池系统》主要描述了使用基于锂离子电池的子系统的并网储能系统的安全测试方法和程序,同时提供了测试方法和程序,以验证主要基于 IEC TS 62933 - 5 - 1 和 IEC 62933 - 5 - 2 的基于锂离子电池的子系统的使用引起的安全问题。

8.1.2　IEEE 标准

IEEE 2030.2《IEEE 与电力基础设施集成的储能系统互操作性指南》概述了 EES 在电网中应用、集成等互操作性,详细描述了电池、飞轮、压缩空气储能、抽水蓄能等储能技术及其在电力系统中的集成应用,强调了储能系统与电网之间的通信标准、数据交换格式和系统接口等互操作性需求,设定了储能系统在电力系统中包括效率、可靠性和响应时间等的性能标准,并提供了性能及可靠性的测试评估方法。IEEE 2030.2.1《IIEEE 固定式和移动式电池储能系统以及与电力系统集成的应用的设计、运行和维护指南》介绍了电池储能系统的工程问题,确定了电池储能系统的关键技术参数、工程方法和应用实践要求,以及电池储能系统的操作和维护,提供了用于电力系统的固定或移动电池储能系统的连接(包括分布式能源互联)、设计、运行和维护的替代方案,其中电池储能系统载体包括但不限于铅酸电池、锂离子电池、液流电池和钠硫电池。IEEE 2030.3《IEEE 电力系统用电能存储设备和系统的标准试验程序》提供了储能系统并网测试的流程与方法,包括考虑温度、SOC、转换效率、响应时间和爬坡率等的形式试验,考虑并联设备绝缘、同步试验、连续运行试验和异常条件测试后重新连接等的产品试验,考虑运行环境、接地和隔离装置等的安装评估,以及考虑一般要求、校准与检查和现场补充型式试验和生产试验等的调试试验。IEEE 2836《IEEE 充电站电能存储(EES)系统与光伏(PV)结合的性能测试推荐规程》侧重于电压等级为 10 kV 及以下的光伏储能充电站应用场景中的电储能系统性能测试,根据系统运行的典型周期对储能容量、往返效率、响应时间、爬坡速率和参考信号追踪等关键性能指标的测试方法和程序。

8.1.3　其他标准

UL 9540《储能系统和设备调查大纲》规定了储能系统及其配套设备和控制系统在设计、制造和装配过程中的安全要求,涵盖对系统的电气部分、电池部分、机械部分、热管理部分、火灾防护部分等多个方面的安全需求。UL 9540A《评估电池储能系统中热失控火灾蔓延的试验方法标准》为电池系统热失控扩散评估测试方法,其将测试流程分为电芯、模组、电池包和集装箱/站房四个层级,记录和分析电储能的起火特性,评估不同层级热失控的特性和传播倾向,可有效评估消防防火是否有效。UL 1642《锂电池标准》规定了锂电池单体、电池组和电池系统的安全性能测试方法、测试要求和测试结果的评定标准,试验内容包括模拟高空、热循环、加热、冲击、加速度和震动等。UL 2054《家用和商用电池标准》规定了电池的设计、外壳、绝缘材料、电极、分隔膜等关键组件的构造及材料,规定了容量、电气特性、充放电效率、内阻等性能测试,不同温度环境下的安全性和稳定性测试,以及短路测试、过充测试、过放测试和振动测试等一系列安全性测试。UL 1974《重新利用电池的评估标准》规定了对曾用于电动汽车或其他应用的电池包、模组和电芯的分类和分级方法,电池健康状况识别方法和梯次利用可行性评估方法。NFPA 855《固定式储能系统安装标准》包含了对基于储能系统所使用的储能技术,安装技术的设置,安装的系统大小和隔离间距以及现有的灭火和控制系统的要求,此外还对电池退役以及退役电池的回收储存等消防要求作了规定。TÜV SÜD PPP 59034A《家庭储能系统技术标准》提出了对新能源储能系统(renewable energy storage system,RESS)的电气安全、并网符合性和储能电池的安全要求。TÜV SÜD PPP 59044A《大型储能系统技术标准》对大型储能系统及其集装箱基础、电池系统、暖通系统、照明系统、PCS、监控管理系统、电气装置/成套设备、气体报警系统、安防系统、消防系统、门禁系统等子系统提出技术要求,同时重点关注电池热失控蔓延测试、BMS 安全评估功能、消防系统安全评估、应急通道和门禁系统的测试评估。

8.2　国内标准

自 2010 年起,中国电力企业联合会、国家电网公司开始着手储能相关标准的编制[260]。

8.2.1　国家标准

截至目前国内已颁布多项储能相关国家标准。GB/T 43522—2023《电力储能用锂离子电池监造导则》规定了电力储能用锂离子电池的原材料及部件、生产工艺、成品质量检验、标准、包装、运输和贮存等方面的监造要求。GB/T 36276—2023《电力储能用锂离子电池》规定了电力储能用锂离子电池的外观、尺寸和质量、电性能、环境适应性、耐久性、安全性等要求及相应试验方法。GB/T 34120—2023《电化学储能系统储能变流器技术要求》规定了电化学储能系统中输出交流电压在 35 kV 及以下并离网用储能变流器的分类和编码、正常工作条件、外观、基本功能、电气性能、安全、环境适应性、电磁兼容、试验检测、标志、包装、运输、贮存等相关要求。GB/T 34133—2023《储能变流器检测技术规程》规定了电化学储能变流器的检测条件、检测装置、外观检查、通信功能检查、保护功能检测、电气性能检测、安全性能检测、环境适应性检测、电磁兼容性检测、标识、包装检测等要求。GB/T 34131—2023《电力储能用电池管理系统》规定了电力储能用 BMS 的数据采集、通信、报警和保护、控制、能量状态估算、均衡、绝缘电阻检测、绝缘耐压电气适应性、电磁兼容等要求及相应试验方法。GB/T 42313—2023《电力储能系统术语》规定了电力储能系统分类、技术要求、设计与安装、运行、环境影响与安全等方面的术语。GB/T 43526—2023《用户侧电化学储能系统接入配电网技术规定》规定了 100 kW 及以上且储能时间不低于 15 min 的用户侧电化学储能系统并网的电网适应性、功率控制、继电保护、通信与自动化、电能计量、安全与环境控制、并网检测等技术要求。GB/T 36558—2023《电力系统电化学储能系统通用技术条件》规定了电力系统电化学储能系统、储能设备的功能及性能要求。GB/T 36545—2023《移动式电化学储能系统技术规范》规定了移动式电化学储能系统的分类与架构、基本要求、电气性能、试验检测、标志、贮存、运输和文件以及运行维护等要求。GB/T 42716—2023《电化学储能电站建模导则》规定了适用于电力系统潮流计算、机电暂态仿真、中长期动态仿真和电磁暂态仿真的电化学储能电站模型建立的基本原则和要求。GB/T 42717—2023《电化学储能电站并网性能评价方法》规定了 10 kV 以上电压等级的电化学储能电站并网性能评价的总体要求、评价项目与内容和评价结论的技术要求,描述了储能电站并网设备性能、储能电站功能、储能电站并网性能的评价方法。GB/T 42726—2023《电化学储能电站监控系统技术规范》规定了电化学储能电站监控系统正常工作条件、系统结构、系统功能、系统性能、检测试验、标志、包装、运输与贮存要求。GB/T 42318—2023《电化学储能电站环境影响评价导则》规定了电化学储能电站概况、现状调查与评价、影响预测与评价、保护措施、管理与监测计划及评价结论。GB/T 42317—2023《电化学储能电站应急演练规程》规定了电化学储能电站生产安全事故应急演练计划编制、工作准备、过程实施、评估总结和持续改进的要求。GB/T 42315—2023《电化学储能电站检修规程》规定了 500 kW 或 500 kW·h 及以上电化学储能电站单元电池系统、储能变流器、储能监控系统、输变电设备接入以及辅助设施检修的项目、周期、方法和质量要求。GB/T 42316—2023《分布式储能集中监控系统技术规范》规定了 35 kV 及以下接入电网的新建、改(扩)建的分布式储能电站分布式储能集中监控系统的总体要求、系统架构、功能要求、安全防护、性能指标、运行环境要求及试验检测等内容。GB/T 42314—2023《电化学储能电站危险源辨识技术导则》规定了电化学储能电站危险源辨识的内容和危险性等级划分的要求,描述了危险源辨识的方法。GB/T 42312—2023《电化学储能电站生产安全应急预案编制导则》规定了电化学储能电站生产安全应急预案编制工作程序和综合应急预案、专项应急预案与现场处置方案编制的技术要求。GB/T 42288—2022《电化学储能电站安全规程》规定了电化学储能电站设备设施安全技术要求、运行、维护、检修、试验等方面的安全要求。GB/T 40090—2021《储能电站运行维护规程》规定了额定功率不小于 500 kW 且额定能量不小于 500 kW·h 的电化学储能电站的运行控制、巡视检查、维护、异常运行及故障处理等技术要求。GB/T 36547—2024《电化学储能系统接入电网技术规定》规定了接入 380 V 及以上电压等级电网的电化学储能系统接入电网在电能质量、启动和停机、功率控制、电网异常响应、保护与安全自动装置、通信与自动化、电能计量、接地与安全、并网测试等方面应遵循的技术要求。GB/T 36548—2024《电化学储能系统接入电网测试规范》规定了接入 380 V 及以上电压等级电网的电化学储能系统接入电网的测试条件、设备、项目、方法和步骤等。GB/T 36549—2018《电化学储能电站运行指标及评价》规定了额定功率不小于 100 kW 且持续时间不小于 15 min 的并离网型电化学储能电站运行效果评价的主要技术指标和评价方法的基本要求。GB/T 42737—2023《电化学储能电站调试规程》规定了电化学储能电站分系统、整站联合调试的技术要求。GB/T 43462—2023《电化学储能黑启动技术导则》规定了电化学储能黑启动的技术条件、黑启动准备、自启动、启动发电设备、恢复变电站供电的要求。GB/T 51437—2021《风光储联合发电站设计标准》规定了发电装机容量为 10 MW 及以上的并网新建、改(扩)建风力发电、光伏发电、电化学储能联合发电站考虑风能资源、太阳能资源和电网接入条件的设计规范。

8.2.2　行业标准及其他标准

国内相关储能行业标准的制定主要由国家能源局开展,目前相关标准涉及电化学储能系统的设备、运行控制、检测等方面,如表 8 - 1 所示。

表 8 - 1　电力储能行业标准

编　号	标　准　名　称
DL/T 1815—2018	电化学储能电站设备可靠性评价规程
DL/T 1816—2018	电化学储能电站标识系统编码导则
NB/T 42089—2016	电化学储能电站功率变化系统技术规范
NB/T 42090—2016	电化学储能电站监控系统技术规范
NB/T 42091—2016	电化学储能电站用锂离子电池技术规范
DL/T 1989—2019	电化学储能电站用锂离子电池技术规范
NB/T 33014—2014	电化学储能系统接入配电网运行控制规范
NB/T 33015—2014	电化学储能系统接入配电网技术规定
NB/T 33016—2014	电化学储能系统接入配电网测试规范
DL/T 2080—2020	电力储能用超级电容器
DL/T 2081—2020	电力储能用超级电容器试验规程
DL/T 2082—2020	电化学储能系统溯源编码规范
DL/T 5810—2020	电化学储能电站接入电网设计规范
DL/T 5816—2020	分布式电化学储能系统接入配电网设计规范
DL/T 2313—2021	参与辅助调频的电厂侧储能系统并网管理规范
DL/T 2314—2021	电厂侧储能系统调度运行管理规范
DL/T 2315—2021	电厂侧储能系统调度运行管理规范
DL/T 2316—2021	电力储能用锂离子梯次利用动力电池再退役技术条件
T/CES 096—2022	飞轮储能系统电网接入测试规范

此外,相关地标也完善了电化学储能在电力系统中的应用规范,DL/T 5810《电化学储能电站接入电网设计规范》规定了 35 kV 及以上电压等级接入公共电网的新建、改(扩)建电化学储能电站的考虑建设规模、工程特点、发展规划和电网条件的设计规范。DB31/T 744《智能电网储能系统并网装置测试技术规范》规定了连接到额定电压 10 kV 及以下配电网系统的储能系统并网装置工作性能的测试条件、测试内容和测试方法。DB31/T 114.1~7《智能电网储能系统性能测试技术规范》规定了智能电网储能系统削峰填谷、风电出力平滑、频率调节、光伏出力平滑、风电能源稳定、电压暂降治理、微电网孤网运行应用场景下的典型工作周期、应用性能测试内容和测试方法。

第9章 电力新范式：虚拟电厂

9.1 虚拟电厂

2011 年日本大地震对依赖集中式大型发电厂的传统能源供应结构造成了破坏性的冲击，使人们开始考虑其可靠性和安全性。随着可再生能源发电在新型电力系统中的高比例渗透，新型电力系统的发电存在越来越多的波动性和不确定性。同时随着电动汽车保有量的提升，以及越来越多样化用电负荷的接入，电力负荷的随机性使配电网的峰谷差进一步扩大，在原有的"发-输-配-用"电力输送模式下其调控难度将越来越大。传统电网或微电网对可再生能源发电系统整合时，将面临如下问题[261]。

通常，大多数风力发电、光伏发电和水力发电系统都部署在远离负荷中心的地方，电力传输距离远、成本高，如上所述的可再生能源发电系统过发电量存在过剩情况，得不到充分利用：

（1）可再生能源发电系统的不确定性导致其在并网时会引发电力系统的功率不平衡和频率偏差，受限于财政和技术缺陷，传统电力系统和微网对可再生能源的并网冲击改善能力有限；

（2）负荷侧可再生能源发电系统的集成提高了需求负荷的不可预测性，这将造成配电网络中的功率流不稳定；

（3）分布式可再生能源发电系统与配电部门的高度集成、用户向电网注入过剩本地电力以及电动汽车的接入使得过去的标准集中控制范式难以处理潮流变化；

（4）光伏和风电分布式电源由于规模较小、间歇性不确定性和随机性等特点，难以轻松参与到市场化重构的电力系统中。

为了实现新型电力系统的有效整体运行，有必要通过主动配电系统中的一些集成策略来开发新的能量和能源管理系统。在大量的已有研究中，虚拟电厂（vitural power plant，VPP）被认为是分布式能源管理中最有效和最有前途的方法。

VPP 的概念源于 1997 年 Awerbuch 和 Preston 提出的虚拟公共设施框架[262, 263]。该框架基于公共设施之间的灵活合作，通过私有资产的虚拟化共享为客户提供高性能的电力服务。而在已有的研究中，对于 VPP 的定义呈现多样化：欧盟的柔性电力网络与集成能源解决方案（Flexible Electricity Network to Integrated e Xpected energy solution，FENIX）项目[264]中将其定义为大规模分布式电源接入电网后通过关键传输机制作为配电网和输电网的控制源；欧盟的虚拟燃料电池电厂（Virtual Fuel Cell Power Plant，VFCPP）项目[265]中将其定义为一个互联的分布式住宅型微型热电联产微网。此外，VPP 也被定义为智能电力系统[266]，它可以根据弹性电价为家居型热电联产机组和如风机、热泵和储能设备等分布式电源提供电能；或是使用先进通信技术和能量管理系统将传统发电机组、分布式发电系统、储能设备和可控负荷等集合起来，根据其运行状态进行调控，并可与外部其他系统进行交易或提供辅助服务的发电厂[267, 268]。总的来说，VPP 可以定义为将传统发电机组、可再生能源发电系统、储能装置和远程控制的柔性负载组装起来参与电力市场或提供电力的系统，其有统一的虚拟控制中心，可对系统内多种能源进行调度[269, 270]。VPP 与传统电厂（conventional power plant，CPP）的区别如表 9 - 1 所示。

表 9 - 1　CPP 与 VPP 的区别[271]

CPP	VPP
CPP 主要是火力发电机组的集合，提供稳定和可控的输出，支持削峰填谷和调频	VPP 是分布式能源、储能系统和负荷的集合，在电力系统中作为一个可调度单位，在电力市场中作为一个独立的交易方
CPP 的分布通常受到化石能源资源禀赋限制，工厂、负荷之间的能量传输损失较高	VPP 中包含众多可再生能源发电系统
CPP 中的装机量和机组数量通常是固定的	VPP 可聚集大量分布式能源，具有包容性
CPP 的可控性较好，但响应速度较慢	VPP 具有更灵活的调节率和更快的反应时间，但同时其不确定性较高

9.2　VPP 的结构

VPP 的主要结构包括分布式能源、储能系统以及信息和通信系统[272]，如图 9-1 所示。

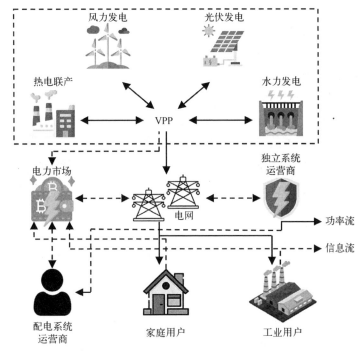

图 9-1 VPP 的结构[271]

9.2.1 分布式能源

一个 VPP 单元一般集成多种类型的能源体,其中包括连接到网络的分布式发电机组或可控负载。根据其调度能力和发电来源的类型,VPP 中的分布式能源可分为可再生能源和常规能源。

1. 可再生能源

光伏发电:由于集中式光伏发电的调度通常由独立的系统运营商来完成,因此 VPP 中的光伏发电通常指小规模的光伏发电系统,如住宅屋顶光伏发电系统。

水力发电:大型水力发电厂由于需要满足负荷调度中心的需求而直接连接到输电网,根据调度中心的发电计划工作。相比之下小型水力发电厂对于中央电网的供应并不像大型发电厂那样重要,因此当这些小型水力发电厂没有参与到调度中心的发电计划时,其可被轻松地集中到 VPP 中,并提供负荷转移和削峰填谷等辅助服务。

风力发电：风力发电机组的可控性仅限于规模较小、容量较低的发电单元。因此小规模的风力发电机组在用户侧是可行的，并可受 VPP 调度和调控，同时不影响整个电力系统的运行。

2. 常规能源

热电联产：热电联产从发现化石燃料以来便一直是发电的主要选择，现在乃至未来很长一段时间其也将是电力系统中的主要电力来源。不可避免的，在冬季和恶劣天气下可再生能源发电机组的发电量将受到影响，存在无法跟上电力消费需求的可能，因此 VPP 中也需要对热电联产发电进行集成。

基于燃料的分布式发电机组：如柴油发电机、生物质能和燃料电池发电机，它们可以向电网提供辅助电力，但通常按需运行，而不是一直开启。

9.2.2 储能系统

储能系统是 VPP 中的重要组成部分，其可在不可调度的发电源高占用性的情况下作为能量缓冲器。储能系统利用和储存额外的非高峰期的发电能量，并在高峰期需要满足多余的负荷时进行调度。同时，它还有助于在每日调度期间对光伏阵列和风电机组的输出功率进行优化再分配。按照能源供应来源，储能设备分类为压缩空气储能、液压泵储能、电池（电化学）储能、超级电容储能、超导磁能储能和飞轮储能。

9.2.3 信息和通信系统

能量管理系统是 VPP 中信息和通信系统的中央枢纽，其涉及各种信息传输和中继系统，保证了信息和数据在 VPP 中可以以双向的形式传输。为了保证 VPP 的有效运行，能量管理系统需要有如下功能：管理 VPP 当前的状态以及对其各组件的部署、评估各可再生能源的输出功率、负荷的管理和预测、VPP 中各组件之间功率流的协调以及对分布式发电系统、储能系统和可控负荷的调度。同时，能量管理系统的运行以如下目标为基准：损失最小化；环境污染最小化；能源生产成本最小化；利润最大化；电压曲线改善；电能质量提升。信息和通信系统的其他主要组成部分包括远程终端单元、智能电子设备、配电调度中心以及监控和数据采集模块。

9.2.4 能量管理系统

EMS 是 VPP 的技术核心，它是 VPP 建立一个强大和可持续的能源数据管理系统的关键因素。EMS 可以收集、存储和分析来自其远程监控下各类型设备的运行数据,以计算出电力生产商和消费者的最优运行计划表。因此,VPP 可以通过智能 EMS 实现其内外所有电力活动的沟通、协调和控制[268]。在 VPP 中,EMS 的主要任务是预测各分布式能源的输出功率、预测可控负荷、协调 VPP 各组件间的功率流以及管理分布式发电机组、储能和用能单元。其总体的运行目标为:

(1) 降低能源生产成本;

(2) 减少配电网或输电网中的电力损失;

(3) 减少温室效应;

(4) 提高能源的利润率;

(5) 提高电能质量。

9.3　VPP 的框架

VPP 是一个由信息和通信系统将大量需求侧响应、储能系统和可控负载联结而成的大型系统。其控制能源的供给端,并将不同的分布式能源整合到一个集群的、互联的运行系统中。因此,VPP 可以单一配电网的运行模型,通过提供辅助服务和以电能质量为导向的服务积极参与电力市场。而为了具备上述功能,VPP 中必须包括如下系统:① 信息和通信系统;② 用户场所配备的智能电表和智能控制设备;③ VPP 能量输出的预测工具;④ 控制和监控系统[272, 273]。如上所述的 VPP 运行框架如图 9 - 2 所示。根据分布式能源和储能系统的特征及其运行特点,VPP 可分为商业性 VPP(commecial VPP, CVPP)和技术型 VPP(technical VPP, TVPP)。

9.3.1　CVPP

CVPP 的主要目的是经济优化,包括成本、能源交换的优化收入、将经济学范例与智能电网服务相结合并给出投标报价表等内容[273]。CVPP 从电力市场的经济和财务角度出发来优化 VPP 系统[274, 275]。它将每一个分布式能源视为一个单独的商业个体,根据其可提供的电力输出和单价来考虑其任务部署。同时,CVPP 在分布式能源和消费者之间执行双边合同,以确保能源交换的最大利润。CVPP 将上述信息转发至 TVPP,由 TVPP 计算能源在

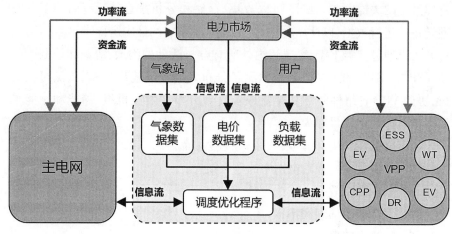

图 9 - 2　VPP 运行框架[271]

各边的利用情况,以便在技术操作过程中提供相应、适当的补贴。CVPP 的明显作用在于,一些小规模的、原本无法直接参与电力招投标市场的分布式能源可通过 CVPP 参与到其中。

CVPP 允许系统部署以下服务:① 为小规模分布式能源提供参与电力市场的便利;② 发电调度和日常优化;③ 停电期间的需求响应管理;④ 基于天气预报和需求状况的发电和使用预测;⑤ 提交各分布式能源的工作时间表、运行成本和维护操作;⑥ 向输电系统操作单元和配电系统操作单元提供服务;⑦ 管理电力交易;⑧ 基于经济参数和输出指标的可再生能源优先出力顺序估计;⑨ 确定整体发电情况,以验证电力系统的安全性;⑩ VPP 全面参与电力市场;⑪ 基于客户需求的发电调度预测。

为了实现上述功能,CVPP 需要与各单元的协调交互,具体方式为:

(1)分布式能源:CVPP 作为发电和用电单元之间的桥梁,其利用和预测各分布式能源的总功率,并将有用信息传递至 TVPP;

(2)平衡责任方(balance responsible party, BRP):BRP 使发电量/耗电量对 TVPP 可用;

(3)输电/配电系统操作员:负责维护输电和配电网络的瞬时供应和消费平衡;

(4)TVPP:根据 CVPP 传输的信息,优化 VPP 自身以及在中央电网中的运作模式。

总的来说,CVPP 的运营重点在于优化其内各组件的生产和电力需求来参与电力市场。

9.3.2 TVPP

TVPP 将同一地理区域的分布式能源整合在一起,处理其中复杂的计算、优化能量存储分配和相关的技术应用程序。同时,TVPP 还重点关注VPP 运行中的财务问题,并实时监控和提供故障检测方案[273]。

TVPP 为其中的分布式能源单元提供如下服务:

(1) 使各分布式能源单元对输电系统操作单元和配电系统操作单元可见;

(2) 将各分布式能源单元纳入系统管理;

(3) 允许各分布式能源单元向外提供辅助服务;

(4) 汇总各分布式能源单元的技术参数,如功率爬坡限制和容量限制等静态参数以及运行状态、功率输出、储能系统 SOC 和故障情况等动态参数;

(5) 在 VPP 运行期间管理各分布式能源的实时运行状态,以维持内部功率平衡;

(6) 每个调度周期结束后,计算各分布式能源的功率,并将总能量利用量输出至 CVPP,以重新分配和计算利润。

除上述针对分布式能源单元的服务外,TVPP 还提供如下服务:

(1) 提供 VPP 系统的平衡和管理,以及辅助服务市场的便利;

(2) 监控 VPP 内各组件的实时工作状态以评估其历史荷载;

(3) 将历史统计数据以表格形式进行资产管理;

(4) 故障检测和定位;

(5) 项目组合的统计分析和优化;

(6) 使维护操作便捷化;

(7) 对系统内各组件进行分类和分级。

而为了实现如上所述的服务功能,TVPP 需要从 CVPP 中接收有关分布式能源和可控负荷的如下有关信息:

(1) 每个分布式能源单元的最大容量计划出力;

(2) 需求和供应的预测值;

(3) 各分布式能源和负载的部署情况;

(4) 储能系统的规模和部署情况;

(5) 日内可控负荷的控制策略。

总的来说,TVPP 的工作重点在于控制系统的电压和频率水平,向输电网运营商提供辅助服务,以提高电力供应的质量。

9.4 VPP 的控制方法

根据 VPP 的运行策略和规划,其内部控制方式可以分为集中控制、分布式控制和综合控制三种。

集中控制方式下,VPP 掌握着最终控制权,并作为控制协调中心来调控所有分布式能源单元。这一控制策略的效果很大程度决定于通信网络、数据监测和物联网技术的性能,这些性能的好坏直接关系到成本、可靠性和安全性的优化效果。而优化调度模式后 VPP 可以对分布式能源进行更好的整合,使其在电力市场中以更好的形式参与,这也使 VPP 成为竞争激烈的电力市场中的价格调节器。然而,集中控制方式下,VPP 中心在数据分析、数据处理以及最优解和决策的优化方面面临着巨大的负担,各组件有众多的变量需要考虑管理,这加剧了计算难度。因此 VPP 的集中控制方式在一定范围内受到计算效率的限制。

分布式控制方式下,VPP 被划分为两个独立的层级:由 VPP 操作的中央通信层和发电方操作的独立子系统层。这一控制方式可以在独立子系统中通过调度能源资源来实现个体利润最大化的目标。VPP 的主要工作内容则是在相关的各子系统之间提供信息通信服务。与集中控制方式不同,此控制方式下的所有能源在其所属子系统的分布式控制策略下参与到市场竞价中。因此,相比之下为优化决策和管理而进行的大量数据分析带来的计算负担在子系统层面上得到了极大地缓解

综合控制方式下,VPP 同样被划分为两个层级,顶层控制中心负责高层控制,本地控制中心则负责低层控制。顶层控制中心对各本地控制中心统一负责管理,并将整体的任务分解并分配到各本地控制中心;本地控制中心则管理本地的有限个分布式能源、储能系统等发用电单元,在接收到来自顶层控制中心的任务后定制本地每个发用电单元的具体执行方案。相比集中控制方式,此方式同样可以改善算力负担问题,并受到更少的计算效率限制。

9.5　VPP 中的不确定性

随着分布式能源、储能系统和需求响应并网数量的增加,电力系统的不确定性逐渐加大,电网的安全和稳定也将面临更大的挑战。在此情景下,作为上述单元的统一调度和管理源,VPP 也将面临各种不确定性所带来的挑战。因此,有必要识别和以适当方法描述 VPP 中存在的不确定性,以解决其可能带来的问题[276]。

9.5.1　可再生能源的不确定性

为了使 VPP 的运作过程保持稳定,在其设计、构建过程中必须充分考虑各种可再生能源的特性。可再生能源的不确定性主要体现在风能和太阳能的时变特性上,但目前对可再生能源功率输出的预测精度仍不尽如人意,对风能和太阳能的输出预测误差甚至达到 20% 和 30%[277]。其中风力发电的不确定性主要由风速的随机性造成,而风速又受到地理位置和环境气候变化的影响。太阳能发电的不确定性主要由太阳辐射的变化造成,太阳能辐射具有季节性变化的特点,而日内变化则受到云层变化和天气突变的影响。当可再生能源的装机容量增加时,输出功率的随机性受到上述因素的影响而增加,其将对电网的安全、稳定和经济性产生不利的影响。从能源厂商的角度来说,这种特殊的影响在于其可以通过提高能源规模和容量来逐步减少输电线路的数量,从而达到降低成本的目的;从消费者的角度来说,可再生能源发出的电价相比于传统能源要便宜。另外,由于可再生能源可以在主网停电的情况下单独运行,为负载供电,这从另一角度提高了电力系统的可靠性。

9.5.2　市场价格的不确定性

在各类型能源系统的全生命周期中,其市场价格并不是一成不变的,如电力价格、天然气价格和石油价格,其会随着能源市场、气候状况和各地政策的改变而发生变化。此外,市场价格还受到输电网络、需求弹性和供应能力的影响,因此其与实体商品不同,具有强波动性的特点。根据美国能源部的报告,其国内电价波动最高时曾达到 359.8%[278]。这种程度的波动无疑会给供能方和消费方都带来巨大的损失。

9.5.3 负荷的不确定性

VPP 中的负荷由两个部分构成,即确定负荷和随机负荷。确定负荷的一大特点是在时间和地理方面的重复性,例如工业负荷和商业楼宇的空调负荷等。随机负荷则在时间和地理上具有随机分布的特点,例如电动汽车充电桩的接入。总的来说,负荷需求主要受两方面影响:一是负荷自身的季节性变化的波动特性;二是消费者的用电习惯、经济情况变化、生产活动和突发紧急情况等。这些特点使得负荷的不确定性增加[270]。因此,VPP 需要依靠一定的测量和估计方法来获取对随机负荷的预测,以实现合理的资源分配和调控。同时,VPP 也会采取一定的激励政策来引导用户改变他们的用电方式,使其积极参与到智能配电中。

9.5.4 对 VPP 中不确定性的建模

通过建模来模拟和分析 VPP 中不确定性对其的影响,是降低 VPP 总运营成本、提高其可靠性的有效方法。

概率模型是分析不确定性的一种经典方法,其关键在于获取影响不确定性因系数的特征[279]。在对 VPP 中的不确定因素建模时,概率密度函数(probability density function, PDF)中的正态分布 PDF、韦伯分布 PDF、均匀分布 PDF 和指数(对数)分布 PDF 方法常被用于识别其输入的参数。例如,可以使用韦伯分布 PDF 对风速的不确定性建模,其模型化表达为[280]

$$\mathrm{PDF}_v = \left(\frac{k}{c}\right)\left(\frac{v}{c}\right)^{k-1} \exp\left[-\left(\frac{v}{c}\right)^k\right] \tag{9-1}$$

式中,k 为形状参数;c 为韦伯分布 PDF 的比例系数;v 为所建模区域的风速。

正态分布 PDF 则可以用于描述电力市场价格的不确定性,其模型化表达为[281]

$$f(x) = \frac{1}{\sigma\sqrt{2\pi}} \exp\left[-\frac{(x-\mu)^2}{2\sigma^2}\right] \tag{9-2}$$

式中,x 为电力市场价格;μ 为位置参数;σ 为规模参数。

9.6　VPP 的运营规划

VPP 的最佳运营规划和设计是一个设定目标、准则以及向用户提供具有成本效益的电力的策略的过程，良好的运营规划可以避免不必要和无计划的电力中断、网络故障、损耗，并节省运营资源[282, 283]。VPP 运营规划的目的是阐述和评估该技术在技术上和经济上的可行性，以预估 VPP 的最低建设成本和最高收益。VPP 的最佳规划通常需要考虑技术和商业两方面的因素或指标，其中技术因素包括设备容量、线路负荷、配电网运行中的损耗及管理、电力平衡、电压曲线和资产监管；商业指标则包括系统总运行成本的最小化、稳定性和可靠性的最大化以及传输损耗的最小化。

9.6.1　VPP 的规划目标

VPP 的规划目标总体上可以分为三个类别。

1. 经济（商业）目标

（1）运行成本最小化；

（2）电力网络损耗最小化；

（3）系统净利润最大化。

2. 技术目标

（1）系统可靠性最大化；

（2）改善电压质量；

（3）集成式维护与支持服务。

3. 环境目标

（1）二氧化碳排放量最小化；

（2）电力系统中可再生能源渗透率最大化；

（3）可再生能源补贴最大化。

9.6.2　VPP 的优化

为实现如 9.1 节中所述的规划目标，包括降低能源生产成本、平衡供需、降低可再生能源波动情况下的生产损失、减少传输损失和提高电动汽车的供电可用性等优化技术是必要的。VPP 的优化旨在使其运行功能最大化和降低能源生产的总成本,总体来说,其优化技术可分为两类:结构优化和运行优化[284]。而由于 VPP 的结构优化受到既定电力系统的限制,即其内发电机组、储能和用能单元的大小和位置已定,本节内容将针对 VPP 的运行优化进行展开。

对 VPP 的运行优化可以是多样化的。风电和光伏发电的波动性和随机性会影响发电机组的运行状况,影响 VPP 的出力稳定性,造成 VPP 的经济性不佳,因此考虑风、光出力的不确定性将有助于从出力稳定性和经济性对 VPP 实现优化;进一步地,将煤电、风电和光伏发电的外部环境成本纳入 VPP 的经济调度优化中,将使 VPP 在最优经济运行的基础上达到环保的效果。VPP 机组中存在排放二氧化碳的机组,其不利于双碳目标的实现,因此 VPP 的运行优化中可将电转气设备和二氧化碳捕集设备整合进系统中,在保证经济性的前提下可实现降碳的目标。风光出力的不确定性会导致"弃风""弃光"问题,在日前调度层依据风光日前预测出力建立日前优化调度模型,时前调度层根据风光时前预测出力建立时前调度修正模型,同时将经济效益目标从运行效益最大化调整至运行成本最小化,有助于新能源发电量的就地消纳,促进可再生能源渗透率增长。

随着"双碳"目标下相关政策的推行,可再生能源发电机组将成为 VPP 中重要的组件,针对可再生能源发电波动与消纳的解决方案将是 VPP 运行优化的重点发展方向。而在线性优化求解算法、混合整数线性规划求解算法、启发式算法等方法的发展下,VPP 的多目标全局最优解求解将成为可能。

9.7 VPP 与电力市场

目前,世界上多数国家的电力市场已经开始向自由化和开放竞争转变。其好处在于可以提高电力公司的经济效率和降低电力供应的最终价格。此外,当下电力市场已趋成熟化,其中包含日前市场、远期和期货市场等,有利于分散电力市场中电力买卖的价格风险。然而随着新型电力系统的构建,大量可再生能源的引入将造成发电计划的偏差和电价的波动,这意味着电力市场需要更多的平衡机制。

VPP 可以以实现各种目标和策略为导向来调整其参与电力监管市场的投标策略[285, 286]。如图 9-3 所示为 VPP 的电力市场机制,其可以在其中发挥价格协调的作用,但由于其同时又兼有购买者的身份,其本身不会对市场的汇

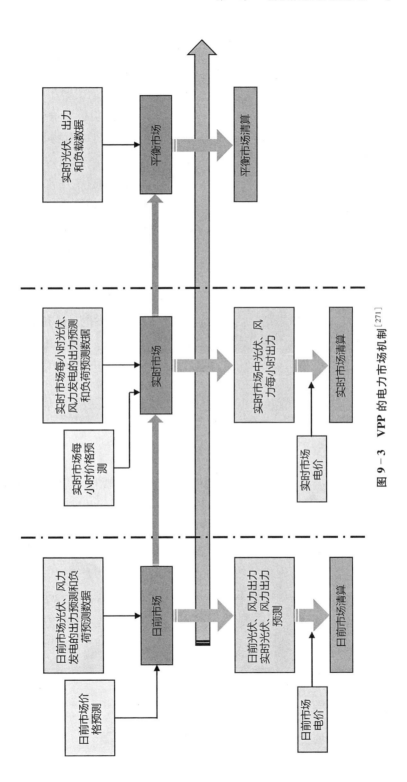

图 9 - 3　VPP 的电力市场机制[271]

率造成影响。从时间维度上来说,其电力市场运行机制共包含三个阶段。

日前市场:在日前市场中,客户可以在封闭式的拍卖市场内购买或售出未来 24 h 内的能源。其中每个分布式发电机组将其发电数据记录并上传至 EMS,由 EMS 和 VPP 中的其他单元联合对市场中每个机组的竞标电量进行汇总,同时预测实时市场中与市场结算价有关的竞标电量。在日前市场关闭,和市场实体清算结束后,VPP 则根据当天的市场结算价格计算成本、收入和利润率。

实时市场:实时市场中的竞价每小时开始一次,同时市场价每小时结算一次。在此运行阶段,风力和光伏的出力预测相对准确,同时每个分布式发电机组的日前竞标价格也是可获取的。VPP 根据实时市场中的最新预测价格,在实时市场中进行投标选择。当实时市场关闭后,VPP 根据实时市场的价格计算收入和成本。

平衡市场:在实时市场关闭后,平衡市场开启,以平衡由风力和光伏发电产生的不确定性。这一阶段结束后,各分布式发电厂的总发电量已知。对于总竞标电力和实际可观测电力输出之间的不足,VPP 对其进行平衡。其具体原则为以比实时市场清算价格更高的价格购买电力,或以比其更低的价格出售电力。

9.8 VPP 与电动汽车

VPP 中,电动汽车与其他组件相比有着不同的特点。第一,电动汽车是移动的,不能时刻都被整合到 VPP 的运行调度中;第二,电动汽车在 VPP 中既是能源的消费者也是能源的生产者;第三,电动汽车不作为电网侧或电源侧的投资成本;最后,电动汽车因受车主意愿、电价和激励政策等影响在参与 VPP 时有较大的不确定性,但其也因此具有较高的灵活性。

VPP 中的电动汽车包括 BEV、PHEV 和燃料电池汽车(fuel cell electric vehicle,FCEV),他们的特性和在 VPP 中所扮演的角色如表 9-2 所示。

表 9-2　VPP 中不同电动汽车的特性[287]

特　性	BEV	PHEV	FCEV
在 VPP 中的角色	发电单元 灵活负荷	发电单元 灵活负荷	发电单元

续　表

特　性	BEV	PHEV	FCEV
电力供应能力	受电池容量约束	受电池容量约束	不受约束
电池	容量大	容量小	燃料电池
	衰减快	衰减快	无明显影响
碳排放	零排放	低排放	零排放
成本因素	电池价格	电池价格	电池价格
	市电价格	市电价格	市电价格
		汽油价格	燃料价格
应用程度	广泛使用	逐渐普及	测试阶段

据统计,大多数电动汽车每天的停泊时长达到 22 h,这意味着在这段时间内可将其视为一种闲置的能源资产[288]。当电动汽车的保有量达到一定程度后,其总容量也将达到一定规模,在此情景下可将其视为 VPP 中电网和可再生能源发电系统的缓冲器。因此,可以将电动汽车和各类分布式能源整合在一起建立 VPP(EV‐VPP),以减少大规模电动汽车并网带来的负面影响,达到稳定可再生能源发电机组出力波动、为电网提供辅助服务和减少碳排放的目的,同时还可以提高系统的经济效益。

电动汽车的大量接入会引起电网负荷的变化,使其波动性、随机性增加,峰谷差增大,对于 BEV 和 PHEV 的整合可参考如下两种方式[289]。

(1) 将 EV‐VPP 整合至电力供应商或其他相关责任方,以提供调频服务,以及提高供电可靠性和发电商的储备能力。在这种整合模式下,EV‐VPP 在各工作阶段都向其他同样被整合至系统内的单元反馈其预期的能源需求和其剩余的电量信息,而是否充电,或是否参与辅助服务市场由上述的系统内其他单元来决定。

(2) EV‐VPP 以独立的参与者身份被纳入电网,从电网购买电力用于电动汽车充电,并在辅助服务市场提供支撑电网稳定的辅助服务。该模式下电动汽车的参与电力网络活动的动作不受电网内其他参与者的影响,而是在相关策略的引导下来购买能源和参与辅助服务,以实现能源平衡。但相对地,此整合模式下 VPP 的控制策略将变得更加复杂。

在智能充电装置和车联网技术发展之下,一定程度上来说电动汽车的充电习惯和出行时间都是可掌控和预测的。在此情景下,VPP 对外既可以显示出能源供给者的特征,即与充电桩连接的车辆越多,VPP 的可用容量越高;又可以对外显示出能源消耗者的特征,即处于充电状态的车辆也越多,VPP 的用电负荷越高。在此基础上,有如下关系:当 VPP 中电动汽车大部分已完成充电,但仍与充电桩相连时,VPP 的用电负荷低,可用容量高;当 VPP 中电动汽车大部分已完成充电,并已开始出行任务,VPP 的用电负荷低,可用容量低;当大部分电动汽车结束出行任务,并接入充电桩开始充电,VPP 的用电负荷增长,同时可用容量也增长;而随着电动汽车逐渐完成充电,VPP 将回到低用电负荷、高可用容量的状态。在一定的政策激励下,EV‐VPP 的用电负荷-可用容量特性可用于风力、光伏发电的出力波动平滑中。例如,将其与风电场或光伏发电系统部署在一起,在掌握 VPP 中风、光机组出力特性的前提下,引导区域内电动汽车用户改变充电习惯,将与智能充电设备相连的电动汽车纳入功率调节系统中,可以有效提高可再生能源发电机组的稳定性,同时降低电力成本,以及降低系统整体的二氧化碳排放量[290]。

在集中式发电到分布式发电的结构转变和对环境日益关注的双重影响下,电力系统中热电联产机组的利用率逐渐增加[291]。与电动汽车类似,热电联产机组也同时具有电力生产者和消费者的特性。热电联产机组通常在热负荷的控制下运行,即系统主要在夜间和冬季运行。而当电力负荷较低时,热电联产机组将产生多余的电力输出,所以其会以低收入或零收入的方式出售大量的电力。考虑到电动汽车大多在白天出行,夜间充电,因此可以将两者整合到 VPP 中,以热电联产机组产生的电力为电动汽车充电提供能量来源,从而使系统经济效益提升。

作为一个整合了电动汽车的 VPP,其主要目标是管理电动汽车,最大化降低其大量接入对电网产生的影响。总的来说,在不同整合模式下,EV‐VPP 可以实现各种功能,如利用电动汽车的灵活储能特性来平衡电网、提高可再生能源利用率以及结合热电联产机组为电网提供更多辅助服务,并从经济性等方面获取好处,如表 9‐3 所示。

表 9‐3 VPP 中电动汽车不同整合模式的特点[287]

特 性	整 合 模 式		
	仅电动汽车	电动汽车+可再生能源	电动汽车+热电联产机组
目 标	管理电动汽车	管理电动汽车	管理电动汽车
	平衡电网功率	协助可再生能源入网	提高电网运行和调度的灵活性

特　性	整　合　模　式		
	仅电动汽车	电动汽车+可再生能源	电动汽车+热电联产机组
结　构	电动汽车作为核心系统组减少,结构简单	电动汽车作为支撑较少受到空间和地理因素的影响	两者并行结构灵活,可扩展性强
经济性	电动车和电网的运营成本得到降低	电动车和电网的运营成本得到降低可再生能源发电的利润得到增加	电动车和电网的运营成本得到降低热电联产运营成本得到降低
效　率	电网整体能源效率得到提高	电网整体能源效率得到提高可再生能源利用率最大化	电网整体能源效率得到提高热电联产发电利用率最大化

9.9　VPP 案例分析

9.9.1　欧盟 FENIX 项目

欧盟的 FENIX 项目诞生于 2005 年的最后一个季度,其首要目标是应对分布式能源集成的挑战,通过概念化、制造和展示技术和商业架构组织以及提出框架,使分布式发电单元成为未来电力网络的独立解决方案。整体目标则是为欧盟电网网络形成一个具有成本效益、安全和可持续的供应系统。FENIX 项目包含三个主要的部分: FENIX BOX 服务器、分布式管理系统服务器中的 TVPP 服务器以及 CVPP 服务器。其开发和运行已在西班牙的 Iberdrola(IBD)(南部方案)和英国的 Électricité de France Energy(EDF 能源)(北部方案)的实际装置中得到验证。

北部方案以 CVPP 运行模式为主,其架构中各种分布式能源被分散代理,通过分布式能源接口向 VPP 传递其当前状态和运行数据,由 VPP 汇总后,形成竞标曲线,参与到电力市场竞争与交易中。

南部方案则同时具有 TVPP 和 CVPP 的特性,其拥有聚合分布式能源参与日前电力市场交易、提供辅助服务和维持电网输配电稳定的功能。基于 TVPP 的技术特性,该方案通过本地 SCADA 汇集各组件的实时信息和状态,以确定系统运行的潮流稳定;基于 CVPP 技术特性,该方案聚合分布式能源并统一分配操控各分布式能源的发电计划,以提高系统整体经济性和稳定性。

9.9.2 EDISON VPP

EDISON VPP 是一个将电动汽车与风能、光伏和小型火力发电厂等分布式能源整合在一起的 VPP 项目。该项目位于丹麦大陆东部的博恩霍尔姆（Bornholm），由欧盟主导，EcoGrid 等大型企业参与共建。该项目的主旨是将电动汽车作为分布式能源进行整合，并提供一定的峰值负荷平衡能力。同时，该项目的设计架构具有开放和模块化的特性，允许在对系统进行较小改动的前提下聚集其他种类的分布式能源，以维持负荷和供应能力。在独立型架构中，该 VPP 可直接参与电力市场，实现内部电力平衡；在整合型架构中，该 VPP 则市场中其他参与者提供辅助服务以提升电动汽车的利用效率，并从中获取经济收益。

9.9.3 欧盟 TWENTIES 项目

TWENTIES 项目由西班牙的 Red Eléctrica de España 公司主导，在欧盟的资助下于 2010 年 4 月启动。其主旨是利用创新工具和综合能源解决方案在电网中大量渗透风能和其他可再生能源的输电系统运行，推进 2020 年及以后更多的陆上风电和海上风电在电力系统中的集成。在该项目中，VPP 依靠智能控制对分布式发电机组、储能系统和可再生能源系统和工业负荷进行整合，并提供电压控制和储备等辅助服务。

9.9.4 AutoBidder 平台

AutoBidder 是特斯拉于 2017 年推出的具有实时交易和控制能效的 VPP 平台。AutoBidder 可以自动调度特斯拉生态系统内的电动汽车、电池、光伏设备等组件，甚至电网中的部分能源和电力，以实现资源的高效配置和商业利益的最大化。AutoBidder 不仅是一个分布式数据库，也是一个算力平台。它可以与能源产品进行双向通信，将能源产品承载的信息和计算数据互联共享，并根据内部算法数据库计算发送或接收指令的优先级，实现源荷的相互统一调动。目前，AutoBidder 已经在澳大利亚南部的霍恩斯代尔电力储备站（Hornsdale Power Reserve，HPR）成功运行，其通过市场竞标，增加了竞争，推动了能源价格的下降。

9.9.5 国内案例及展望

自 2005 年以来,江苏和广东率先开展了虚拟电厂的研究和推进。2016 年 6 月,江苏初步建成了大规模源网荷友好互动系统,该系统通过电源、电网及负荷三者之间的交互,对于保障电力系统功率动态平衡、提升电网运行安全等具有重要意义。在 2016 年,该系统在夏季用电高峰期为特高压直流 2 160 万 kW 满功率输送时的电网安全稳定运行提供了有力支撑。

上海市作为全国最先进行 VPP 项目建设的城市之一,已经以工商业建筑和电动汽车为主体分别在黄浦区和嘉定区进行了 VPP 项目建设。截至 2021 年,上海的可再生能源(风电、光伏)装机容量占比达到约 40%,发电结构与欧盟国家类似;上海的人口密集,负荷密集,但本地资源禀赋不足,外来电比例高;国家的"新基建"项目在上海快速发展,商业楼宇、分布式能源、5G 通信基站等灵活负荷增长迅猛;此外,上海的电动汽车保有量占全国的 9%,保有量规模达全国第一,已充分具备规模化 VPP 的孵化环境。在未来,上海的分布式能源将更加丰富,可控负荷将更具规模。在此基础上,应全面开展可调控资源的排查和规划,依托大数据技术收集、掌握灵活负荷的时空分布特征,积极推进面向用户行为的用电激励政策,建立能源、负荷部组件灵活可调,计量、控制系统智慧智能、市场机制有序完善的 VPP 运营环境。

9.10 VPP 的政策指引与支撑

当前我国 VPP 处于邀约型向市场型过渡阶段。其中邀约型阶段在没有电力市场的情况下由政府部门或调度机构牵头组织,各个聚合商参与共同完成邀约、响应和激励流程,面向需求侧响应寻求获利;市场型阶段的虚拟电厂聚合商以类似于实体电厂的模式参与电力市场,同时以系统运行机构为主体的邀约型模式共存,面向电力现货市场、辅助服务市场和容量市场寻求获利。此外,还存在跨空间自主调度型的 VPP,随着 VPP 聚合的资源种类越来越多、数量越来越大、空间越来越广,可将其统称为"虚拟电厂系统",其中包含可调负荷、储能和分布式能源等资源,也包含由上述资源在整合而成的微网和局域能源互联网等微系统,面向电力现货市场、辅助服务市场和容量市场寻求获利,与市场型不同的是,更先进信息技术的参与将强化其参与各交易市场的力度。

自 2023 年 6 月国家能源局发布《新型电力系统发展蓝皮书》以来,我国新型电力系统建设进入全面启动和加速推进的重要阶段。《蓝皮书》提出:"柔性灵活"是新型电力系统四大基本特征之一,是构建新型电力系统的重要支撑,随着分布式电源、多元负荷和储能的广泛应用,大量用户侧主体兼具发电和用电双重属性,终端负荷特性由传统的刚性、纯消费型,向柔性、生产与消费兼具型转变,源网荷储灵活互动和需求侧响应能力不断提升。蓝皮书提出新型电力系统转型加速期(当前~2030 年)用户侧目标之一为电力消费新模式不断涌现,分散化需求响应资源进一步整合,用户侧灵活调节和响应能力提升至 5%以上,促进新能源就近就地开发利用和高效消纳。显然,VPP 将是这一目标的强有力支撑。自 2021 年以来我国不断发布支持VPP 建设各项政策,如表 9-4 所示。各省市也积极出台虚拟电厂收益相关政策以激励其发展,如表 9-5 所示。

表 9-4　VPP 政策支撑(国家层面)

发布时间	政策文件	政策内容
2021 年 3 月	《关于推进电力源网荷储一体化和多能互补发展的指导意见》	国家发展改革委、国家能源局联合发布,指出依托"云大物移智链"等技术,进一步加强源网荷储多向互动,通过虚拟电厂等一体化聚合模式,参与电力中长期辅助服务、现货等市场交易,为系统提供调节支撑能力
2021 年 7 月	《关于加快推动新兴储能发展的指导意见》	鼓励聚合利用不间断电源、电动车、用户侧储能等分散式储能设施。依托大数据、云计算、人工智能、区块链等技术,结合体制机制综合创新,探索智慧能源、虚拟电厂等多种商业模式
2022 年 1 月	《"十四五"现代能源体系规划》	开展工业可调节负荷、楼宇空调负荷、大数据中心负荷、用户侧储能、新能源汽车与电网(vehicle-to-grid,V2G)能量互动等各类资源聚合的虚拟电厂示范
2022 年 3 月	《2022 年能源工作指导意见》	健全峰时电价、峰谷电价,支持用户侧储能多元化发展,充分挖掘需求侧潜力,引导电力用户参与虚拟电厂、移峰填谷、需求响应
2022 年 8 月	《科技支撑碳达峰碳中和实施方案》	建立一批适用于分布式能源的"源-网-荷-储-数"综合虚拟电厂
2022 年 11 月	《电力现货市场基本规则(征求意见稿)》	推动储能、分布式发电、负荷聚合商、虚拟电厂和新能源微电网等新兴市场主体参与交易

续　表

发布时间	政 策 文 件	政 策 内 容
2023 年 3 月	《国家能源局关于加快推进能源数字化智能化发展的若干意见》	推动柔性负荷智能管理、虚拟电厂优化运营、分层分区精准匹配需求响应资源等,提升绿色用能多渠道智能互动水平
2023 年 5 月	《电力需求侧管理办法(征求意见稿)》	建立和完善需求侧资源与电力运行调节的衔接机制,逐步将需求侧资源以虚拟电厂等方式纳入电力平衡,提高电力系统的灵活性。重点推进新型储能、虚拟电厂、车网互动、微电网等技术的创新和应用
2023 年 5 月	《电力负荷管理办法(征求意见稿)》	各级电力运行主管部门应指导电网企业统筹推进本地区新型电力负荷管理系统建设,制定负荷资源接入年度目标,逐步实现 10 千伏及以上高压用户全覆盖。负荷聚合商、虚拟电厂应接入新型电力负荷管理系统。到 2025 年,各省需求响应能力达到最大用电负荷的 3%~5%,其中年度最大用电负荷峰谷差率超过 40% 的省份达到 5% 或以上。到 2030 年,形成规模化的实时需求响应能力,结合辅助服务市场、电能量市场交易可实现电网区域内可调节资源共享互济

表 9-5　我国各省市需求响应政策

省份	时　间	文件名称	主 要 内 容
湖北	2021 年 6 月	《湖北省电力需求响应实施方案(试行)》	日前响应:每天不多于 2 次,每次持续时间不低于 1 小时,每日累计时间不超过 4 小时。响应补贴标准最高为 20 元/千瓦。 日内响应:每天不多于 2 次,每次持续时间不低于 1 小时,每日累计时间不超过 4 小时。响应补贴标准最高为 25 元/千瓦
广西	2021 年 12 月	《广西电力市场化需求响应实施方案(试行)》	暂定响应价格上限为 2.5 元/千瓦时(注:少用 1 度电最多可获得 2.5 元补偿),电力用户月度分摊需求响应市场损益上限为 0.01 元/千瓦时(注:月度分摊电费上限为 0.01 元/千瓦时)
重庆	2022 年 4 月	《2022 年重庆电网需求响应实施方案(试行)》	削峰响应:工业用户为 10 元/千瓦/次,商业、移动通信基站、用户侧备用电源、数据中心、电动汽车充换电站、冻库等用户为 15 元/千瓦/次; 填谷响应:1 元/千瓦/次
广东	2022 年 4 月	《广东省市场化需求响应实施细则(试行)》	日前邀约:申报价格上限为 3.5 元/kW·h,虚拟电厂申报可响应容量下限 0.3 MW; 可中断负荷:申报价格上限为 5 元/kW·h,虚拟电厂申报可响应容量下限 0.3 MW

续 表

省份	时 间	文 件 名 称	主 要 内 容
山东	2022年6月	《2022年全省电力可中断负荷需求响应工作方案》	紧急型需求响应：容量补偿：第一档不超过2元/千瓦·月，第二档不超过3元/千瓦·月，第三档不超过4元/千瓦·月。电能量补偿：根据实际响应量和现货市场价格确定。经济性需求响应：无容量补偿，电能量补偿：根据实际响应量和现货市场价格确定
四川	2023年4月	《关于四川电网试行需求侧市场化响应电价政策有关事项的通知》	需求侧市场化响应以每小时可响应容量为交易标的，需求响应价格的上下限暂定为3元/千瓦时和0元/千瓦时，后期可视市场运行情况调整
云南	2023年4月	《2023年云南省电力需求响应方案》	实时响应补贴：全年统一2.5元/千瓦时，每天不多于3次，每次不超过3小时。削峰类：0~5元/千瓦时；填谷类：0~1元/千瓦时
湖南	2023年6月	《海南省2023年电力需求响应实施方案(试行)》	在日前邀约模式下，市场主体通过"报量报价"方式，竞价参与市场出清，依据出清结果执行响应并获得相应补偿，补偿标准为每度电0.3元。在日内紧急响应模式下，市场主体只需要"报量"并执行响应，即可获得固定补偿每度电0.3元

　　尽管前景广阔，虚拟电厂的全面落地仍面临诸多难题。目前国内各地区电力市场建设进程不一，新型电力系统建设力度和进程有所差异，虚拟电厂应用场景不尽相同，政策补贴尺度有别，当下虚拟电厂仍缺乏专项政策明确参与主体、建设、运营、监管、设计、交易等关键问题。此外，随着分布式新能源、电动汽车和分布式储能的快速发展，需要不断探索虚拟电厂的管理体系和技术架构以适应新型电力系统的特性。2023年2月，《虚拟电厂管理规范》《虚拟电厂资源配置与评估技术规范》两项国家标准获批立项，标志着我国虚拟电厂建设将有国家统一管理规范。此工作由全国电力需求侧管理标准化技术委员会，分别由国网浙江电力和国网上海电力牵头，国调中心、南网总调及部分行业领先单位共同参与编制。其中，《虚拟电厂资源配置与评估技术规范》规定了虚拟电厂接入电力系统运行应遵循的一般原则和技术管理要求，如图9-4所示，包括电网运行对虚拟电厂申请并网程序和条件、虚拟电厂并网与接入、虚拟电厂调度运行、虚拟电厂运行安全规定等，适用

于通过 110 kV 及以下电压等级接入电网的虚拟电厂。在未来，更多政策和技术管理要求、规范等文件将进一步明确虚拟电厂的功能定位、发展路线和边界，促进虚拟电厂技术辅助新型电力系统发展。

第一章	范围
第二章	规范性引用文件
第三章	术语和定义
第四章	总则
第五章 规划设计	虚拟电厂规划的基本原则；虚拟电厂规划的基本流程；虚拟电厂规划方案评估；虚拟电厂规划步骤
第六章 建设管理	虚拟电厂建设许可；虚拟电厂建设管理；虚拟电厂技术支持系统建设管理
第七章 认证管理	虚拟电厂测试认证组织管理；虚拟电厂测试认证工作范围和内容；虚拟电厂测试认证技术要求
第八章 运行管理	虚拟电厂运行基本原则；虚拟电厂调度运行基本原则；虚拟电厂需求响应运行管理；虚拟电厂技术支持系统检修管理
第九章 市场注册	虚拟电厂注册条件；虚拟电厂注册过程；虚拟电厂注册内容；虚拟电厂变更管理
第十章 并网运行	虚拟电厂并网运行管理的一般要求；虚拟电厂并网准入的一般要求；虚拟电厂并网运行技术要求；虚拟电厂并网运行数据交互要求；虚拟电厂并网运行系统安全要求；虚拟电厂并网运行网络安全要求；虚拟电厂并网运行事故演练要求
第十一章 运营管理	虚拟电厂运营模式；虚拟电厂交易管理；虚拟电厂结算管理；虚拟电厂辅助服务补偿
第十二章 退出管理	虚拟电厂退出方式；虚拟电厂退出机制

图 9-4 《虚拟电厂资源配置与评估技术规范》编制框架

参 考 文 献

[1] Zhou S, Tong Q, Pan X Z, et al. Research on low-carbon energy transformation of China necessary to achieve the Paris agreement goals: A global perspective[J]. Energy Economics, 2021, 95: 105137.

[2] 张文华,闫庆友,何钢,等.气候变化约束下中国电力系统低碳转型路径及策略 [J].气候变化研究进展,2021,17(1): 18 - 26.

[3] Li J F, Ma Z Y, Zhang Y X, et al. Analysis on energy demand and CO_2 emissions in China following the energy production and consumption revolution strategy and China dream target[J]. Advances in Climate Change Research, 2018, 9(1): 16 - 26.

[4] Fath J P, Alsheimer L, Storch M, et al. The influence of the anode overhang effect on the capacity of lithium-ion cells — a 0D-modeling approach[J]. Journal of Energy Storage, 2020, 29: 101344.

[5] Jiang K J, He C M, Xu X Y, et al. Transition scenarios of power generation in China under global 2℃ and 1.5℃ targets[J]. Global Energy Interconnection, 2018, 1(4): 477 - 486.

[6] Copley R J, Cumming D, Wu Y, et al. Measurements and modelling of the response of an ultrasonic pulse to a lithium-ion battery as a precursor for state of charge estimation [J]. Journal of Energy Storage, 2021, 36: 102406.

[7] Rifkin J. The third industrial revolution: How lateral power is transforming energy, the economy, and the world[J]. Civil Engineering, 2012, 82(1): 74 - 75.

[8] 朱晟,彭怡婷,闵宇霖,等.电化学储能材料及储能技术研究进展[J].化工进展, 2021,40(9): 4837 - 4852.

[9] Zimmerman A H. Self-discharge losses in lithium-ion cells[J]. IEEE Aerospace and Electronic Systems Magazine, 2004, 19(2): 19 - 24.

[10] Wang J, Liu P, Hicks-Garner J, et al. Cycle-life model for graphite-LiFePO$_4$ cells[J]. Journal of Power Sources, 2011, 196(8): 3942 - 3948.

[11] 魏孟.异常工况下磷酸铁锂电池状态估计及寿命预测方法研究[D].西安:长安大 学,2023.

[12] Chen Y, Wang T Y, Tian H, et al. Advances in lithium — sulfur batteries: From academic research to commercial viability[J]. Advanced Materials, 2021, 33(29): 2003666.

[13] Ji X L, Lee K T, Nazar L F. A highly ordered nanostructured carbon — sulphur cathode for lithium — sulphur batteries[J]. Nature Materials, 2009, 8(6): 500 - 506.

[14] Qin S Y, Zhu X H, Jiang Y, et al. Growth of self-textured Ga^{3+}-substituted $Li_7La_3Zr_2O_{12}$ ceramics by solid state reaction and their significant enhancement in ionic conductivity [J]. Applied Physics Letters, 2018, 112(11): 113901.

[15] Dong Y H, Zhang Z C, Alvarez A, et al. Potential jumps at transport bottlenecks cause instability of nominally ionic solid electrolytes in electrochemical cells [J]. Acta Materialia, 2020, 199: 264 - 277.

[16] Wang S F, Xu H H, Li W D, et al. Interfacial chemistry in solid-state batteries: Formation of interphase and its consequences[J]. Journal of the American Chemical Society, 2018, 140(1): 250 - 257.

[17] Illbeigi M, Fazlali A, Kazazi M, et al. Effect of simultaneous addition of aluminum and chromium on the lithium ionic conductivity of $LiGe_2(PO_4)_3$ NASICON-type glass-ceramics[J]. Solid State Ionics, 2016, 289: 180 - 187.

[18] Sakuda A, Hayashi A, Takigawa Y, et al. Evaluation of elastic modulus of $Li_2S-P_2S_5$ glassy solid electrolyte by ultrasonic sound velocity measurement and compression test [J]. Journal of the Ceramic Society of Japan, 2013, 121(1419): 946 - 949.

[19] Deiseroth H J, Kong S T, Eckert H, et al. Li_6PS_5X: A class of crystalline Li-rich solids with an unusually high Li^+ mobility[J]. Angewandte Chemie, 2008, 120(4): 767 - 770.

[20] Kato Y, Hori S, Saito T, et al. High-power all-solid-state batteries using sulfide superionic conductors[J]. Nature Energy, 2016, 1(4): 16030.

[21] Chen R S, Li Q H, Yu X Q, et al. Approaching practically accessible solid-state batteries: Stability issues related to solid electrolytes and interfaces[J]. Chemical Review, 2020, 120(14): 6820 - 6877.

[22] Zhang J J, Zhao J H, Yue L P, et al. Safety-reinforced poly(propylene carbonate)-based all-solid-state polymer electrolyte for ambient-temperature solid polymer lithium batteries[J]. Advanced Energy Materials, 2015, 5(24): 1501082.

[23] Liu J, Yuan H, Liu H, et al. Unlocking the failure mechanism of solid state lithium metal batteries[J]. Advanced Energy Materials, 2021, 12(4): 2100748.

[24] Dunn B, Kamath H, Tarascon J M. Electrical energy storage for the grid: A battery of choices[J]. Science, 2011, 334(6058): 928 - 935.

[25] Kumar D, Rajouria S K, Kuhar S B, et al. Progress and prospects of sodium-sulfur batteries: A review[J]. Solid State Ionics, 2017, 312: 8 - 16.

[26] Park C W, Ahn J H, Ryu H S, et al. Room-temperature solid-state sodium/sulfur battery[J]. Electrochemical and Solid-State Letters, 2006, 9(3): A123.

[27] Wang Y J, Zhang Y J, Cheng H Y, et al. Research progress toward room temperature sodium sulfur batteries: A review[J]. Molecules, 2021, 26(6): 1535.

[28] 谢清水,汪依依,夏丽,等.镁离子电池的工作原理与关键材料[J].2024,31(1):

1 – 27.

[29] Aurbach D, Lu Z, Schechter A, et al. Prototype systems for rechargeable magnesium batteries[J]. Nature, 2000, 407(6805): 724 – 727.

[30] Yoo H D, Liang Y, Dong H, et al. Fast kinetics of magnesium monochloride cations in interlayer-expanded titanium disulfide for magnesium rechargeable batteries[J]. Nature Communications, 2017, 8(1): 339.

[31] Dong H, Tutusaus O, Liang Y L, et al. High-power Mg batteries enabled by heterogeneous enolization redox chemistry and weakly coordinating electrolytes[J]. Nature Energy, 2020, 5(12): 1043 – 1050.

[32] Son S B, Gao T, Harvey S P, et al. An artificial interphase enables reversible magnesium chemistry in carbonate electrolytes[J]. Nature Chemistry, 2018, 10(5): 532 – 539.

[33] Mizrahi O, Amir N, Pollak E, et al. Electrolyte solutions with a wide electrochemical window for rechargeable magnesium batteries[J]. Journal of the Electrochemical Society, 2007, 155(2): A103.

[34] Hou S, Ji X, Gaskell K, et al. Solvation sheath reorganization enables divalent metal batteries with fast interfacial charge transfer kinetics[J]. Science, 2021, 374(6564): 172 – 178.

[35] Zhou X J, Tian J, HU J L, et al. High rate magnesium — sulfur battery with improved cyclability based on metal — organic framework derivative carbon host[J]. Advanced Materials, 2018, 30(7): 1704166.

[36] Wang Y R, Liu Z T, Wang C X, et al. Highly branched VS_4 nanodendrites with 1D atomic-chain structure as a promising cathode material for long-cycling magnesium batteries[J]. Advanced Materials, 2018, 30(32): 1802563.

[37] Ren W, Wu D, NuLi Y, et al. An efficient bulky $Mg[B(Otfe)_4]_2$ electrolyte and its derivatively general design strategy for rechargeable magnesium batteries[J]. ACS Energy Letters, 2021, 6(9): 3212 – 3220.

[38] Ge X S, Song F C, Du A B, et al. Robust self-standing single-ion polymer electrolytes enabling high-safety magnesium batteries at elevated temperature[J]. Advanced Energy Materials, 2022, 12(31): 2201464.

[39] Mao M L, Fan X R, Xie W, et al. The proof-of-concept of anode-free rechargeable Mg batteries[J]. Advanced Science, 2023, 10(14): 2207563.

[40] Shen Y L, Wang Y J, Miao Y C, et al. High-energy interlayer-expanded copper sulfide cathode material in non-corrosive electrolyte for rechargeable magnesium batteries[J]. Advanced Materials, 2020, 32(4): 1905524.

[41] Reddygunta K K R, Kumar B D. Moving toward hig-energy rechargeable Mg batteries: Status and challenges[J]. International Journal of Energy Research, 2022, 46(15): 22285 – 22313.

[42] Mo L E, Huang Y, Wang Y F, et al. Electrochemically induced phase transformation in vanadium oxide boosts Zn – ion intercalation[J]. ACS Nano, 2023, 18(1): 1172 – 1180.

［43］ 周世彬,解胜利,王淼,等.水系锌离子电池正极材料的研究进展[J].电池,2025, 55(2)：376 - 381.

［44］ Wang Y X, Wei S Q, Qi Z H, et al. Intercalant-induced V t_{2g} orbital occupation in vanadium oxide cathode toward fast-charging aqueous zinc-ion batteries[J]. Proceedings of the National Academy of Sciences, 2023, 120(13)：e2217208120.

［45］ Jia X X, Liu C F, Neale Z G, et al. Active materials for aqueous zinc ion batteries： Synthesis, crystal structure, morphology, and electrochemistry[J]. Chemical Reviews, 2020, 120(15)：7795 - 7866.

［46］ 吴忠,胡文彬.未来绿色储能:金属空气电池[N].光明日报,2023 - 10 - 26(16).

［47］ Tang Q M, Zhang Y L, Xu N S, et al. Demonstration of 10+ hour energy storage with $\phi 1''$ laboratory size solid oxide iron — air batteries[J]. Energy and Environmental Science, 2022, 15(11)：4659 - 4671.

［48］ Zhong X W, Shao Y F, Chen B, et al. Rechargeable zinc — air batteries with an ultralarge discharge capacity per cycle and an ultralong cycle life[J]. Advanced Materials, 2023, 35(30)：2301952.

［49］ Luo M C, Zhao Z L, Zhang Y L, et al. PdMo bimetallene for oxygen reduction catalysis [J]. Nature, 2019, 574(7776)：81 - 85.

［50］ Chen L, Ding Y H, Wang H, M et al. Online estimating state of health of lithium-ion batteries using hierarchical extreme learning machine [J]. IEEE Transactions on Transportation Electrification, 2022, 8(1)：965 - 975.

［51］ Leung P, Li X H, Ponce de León C, et al. Progress in redox flow batteries, remaining challenges and their applications in energy storage[J]. RSC Advances, 2012, 2(27)： 10125 - 10156.

［52］ 江杉.针对全钒液流电池三种失效模式的模拟分析[D].大连:大连理工大学,2019.

［53］ Cho J, Jeong S, Kim Y. Commercial and research battery technologies for electrical energy storage applications[J]. Progress in Energy and Combustion Science, 2015, 48：84 - 101.

［54］ Huskinson B, Marshak M P, Suh C, et al. A metal-free organic-inorganic aqueous flow battery[J]. Nature, 2014, 505(7482)：195 - 198.

［55］ 潘光胜,顾钟凡,罗恩博,等.新型电力系统背景下的电制氢技术分析与展望[J]. 电力系统自动化,2023,47(10)：1 - 13.

［56］ 颜祥洲.可再生能源电解制氢技术及催化剂的研究进展[J].化工管理,2022(23)： 77 - 79.

［57］ Schmidt O, Gambhir A, Staffell I, et al. Future cost and performance of water electrolysis：An expert elicitation study[J]. International Journal of Hydrogen Energy, 2017, 42(52)：30470 - 30492.

［58］ David M, Ocampo-Martínez C, Sánchez-Peña R. Advances in alkaline water electrolyzers： A review[J]. Journal of Energy Storage, 2019, 23：392 - 403.

[59] 张正,宋凌珺.电解水制氢技术:进展、挑战与未来展望[J].工程科学学报,2025, 47(2):282-295.

[60] 陈彬,谢和平,刘涛,等.碳中和背景下先进制氢原理与技术研究进展[J].工程科 学与技术,2022,54(1):106-116.

[61] 刘玮,万燕鸣,熊亚林,等.碳中和目标下电解水制氢关键技术及价格平准化分析 [J].电工技术学报,2022,37(11):2888-2896.

[62] Aminudin M A, Kamarudin S K, LIM B H, et al. An overview: Current progress on hydrogen fuel cell vehicles [J]. International Journal of Hydrogen Energy, 2023, 48(11):4371-4388.

[63] Sun X D, Li Y S. Understanding mass and charge transports to create anion-ionomer-free high-performance alkaline direct formate fuel cells [J]. International Journal of Hydrogen Energy, 2019, 44(14):7538-7543.

[64] 卓昱杭,张蔚喆,罗奕翔,等.高温碱性电解制氢与碱性燃料电池发电研究进展 [J].燃料化学学报(中英文),2025,53(2):231-248.

[65] 丁明,陈忠,苏建徽,等.可再生能源发电中的电池储能系统综述[J].电力系统自 动化,2013,37(1):19-25,102.

[66] 黄凯.锂离子电池成组应用技术及性能状态参数估计策略研究[D].天津:河北工 业大学,2016.

[67] Miyatake S, Susuki Y, Hikihara T, et al. Discharge characteristics of multicell lithium-ion battery with nonuniform cells[J]. Journal of Power Sources, 2013, 241:736-743.

[68] 慈松,张从佳,刘宝昌,等.动态可重构电池储能技术:原理与应用[J].储能科学与 技术,2023,12(11):3445-3455.

[69] 慈松,周杨林,王红军,等.基于可重构电池网络的数字储能系统建模与运行控 制——基站储能应用案例研究[J].全球能源互联网,2021,4(5):427-435.

[70] 王子毅,朱承治,周杨林,等.基于动态可重构电池网络的 OCV-SOC 在线估计 [J].中国电机工程学报,2022,42(8):2919-2929.

[71] 叶筱,蒋克勇,孙瑞松,等.电化学储能变换器拓扑与控制策略综述[J].节能, 2020,39(7):148-158.

[72] 许海平.大功率双向 DC-DC 变换器拓扑结构及其分析理论研究[D].北京:中国 科学院电工研究所,2005.

[73] 凌志斌,黄中,田凯.大容量电池储能系统技术现状与发展[J].供用电,2018, 35(9):3-8,21.

[74] Maharjan L, Yamagishi T, Akagi H. Active-power control of individual converter cells for a battery energy storage system based on a multilevel cascade PWM converter[J]. IEEE Transactions on Power Electronics, 2012, 27(3):1099-1107.

[75] Xia F, Wang K A, Chen J J. State-of-health prediction for lithium-ion batteries based on complete ensemble empirical mode decomposition with adaptive noise-gate recurrent unit fusion model[J]. Energy Technology, 2022, 10(4):2100767.

[76] Soong T, Lehn P W. Evaluation of emerging modular multilevel converters for BESS

applications[J]. IEEE Transactions on Power Delivery, 2014, 29(5): 2086-2094.

[77] 国轩高科.关于北京国轩福威斯光储充技术有限公司火灾事故的说明[OL].(2021-04-17) [2025-06-12]. https://www.gotion.com.cn/news/announcementinfos/573.html.

[78] Cai L, Meng J H, Stroe D I, et al. Multiobjective optimization of data-driven model for lithium-ion battery SOH estimation with short-term feature[J]. IEEE Transactions on Power Electronics, 2020, 35(11): 11855-11864.

[79] Dai H F, Jiang B, Hu X S, et al. Advanced battery management strategies for a sustainable energy future: Multilayer design concepts and research trends [J]. Renewable and Sustainable Energy Reviews, 2021, 138: 110480.

[80] Shrivastava P, Soon T K, Idris M Y I B, et al. Overview of model-based online state-of-charge estimation using Kalman filter family for lithium-ion batteries[J]. Renewable and Sustainable Energy Reviews, 2019, 113: 109233.

[81] Meng J H, Luo G Z, Ricco M, et al. Overview of lithium-ion battery modeling methods for state-of-charge estimation in electrical vehicles[J]. Applied Science, 2018, 8(5): 659.

[82] Newman J, Tiedemann W. Porous-electrode theory with battery applications[J]. AIChE Journal, 1975, 21(1): 25-41.

[83] Han X B, Ouyang M G, Lu L G, et al. Simplification of physics-based electrochemical model for lithium ion battery on electric vehicle. Part Ⅰ: Diffusion simplification and single particle model[J]. Journal of Power Sources, 2015, 278: 802-813.

[84] Hu X S, Li S B, Peng H. A comparative study of equivalent circuit models for Li-ion batteries[J]. Journal of Power Sources, 2012, 198: 359-367.

[85] Bloom I, Cole B W, Sohn J J, et al. An accelerated calendar and cycle life study of Li-ion cells[J]. Journal of Power Sources, 2001, 101(2): 238-247.

[86] Pang X X, Zhong S, Wang Y L, et al. A review on the prediction of health state and serving life of lithium-ion batteries[J]. The Chemical Reccord, 2022, 22(10): e202200131.

[87] 杨杰,王婷,杜春雨,等.锂离子电池模型研究综述[J].储能科学与技术,2019, 8(1): 58-64.

[88] Doyle M, Fuller T F, Newman J. Modeling of galvanostatic charge and discharge of the lithium/polymer/insertion cell [J]. Journal of the Electrochemical Society, 1993, 140(6): 1526.

[89] Romero-Becerril A, Alvarez-Icaza L. Comparison of discretization methods applied to the single-particle model of lithium-ion batteries[J]. Journal of Power Sources, 2011, 196(23): 10267-10279.

[90] Luo W L, Lyu C, Wang L X, et al. A new extension of physics-based single particle model for higher charge-discharge rates[J]. Journal of Power Sources, 2013, 241: 295-310.

[91] Ramadesigan V, Boovaragavan V, Pirkle Jr. J C , et al. Efficient reformulation of solid-phase diffusion in physics-based lithium-ion battery models[J]. Journal of The Electrochemical Society, 2010, 157(7): A854.

[92] Zhang Q, White R E. Comparison of approximate solution methods for the solid phase diffusion equation in a porous electrode model[J]. Journal of power sources, 2007, 165(2): 880-886.

[93] US Department of Energy. PNGV battery test manual, Revision 3[M]. Washington D. C.: US Department of Energy, 2001.

[94] 郭玉威.基于 GNL 模型自适应无迹卡尔曼滤波的电池荷电状态估计[D].北京: 华北电力大学(北京),2019.

[95] U.S. Department of Energy. Battery test manual for plug-in hybrid electric vehicles: INL/EXT-07-12536[S]. Idaho: Idaho National Laboratory, 1997.

[96] 郭向伟.电动汽车电池荷电状态估计及均衡技术研究[D].广州: 华南理工大学,2016.

[97] 裴磊.基于平衡电压的电动汽车锂离子电池状态估计方法研究[D].哈尔滨: 哈尔滨工业大学,2016.

[98] 郭宝甫,张鹏,王卫星,等.基于 OCV-SOC 曲线簇的磷酸铁锂电池 SOC 估算研究[J].电源技术,2019,43(7): 1125-1128,1139.

[99] Wu S L, Chen H C, Tsai M Y, et al. AC impedance based online state-of-charge estimation for Li-ion battery [C]. Xiamen: 2017 International Conference on Information, Communication and Engineering (ICICE), 2017.

[100] Shrivastava P, Soon T K, Idris M Y I B, et al. Overview of model-based online state-of-charge estimation using Kalman filter family for lithium-ion batteries[J]. Renewable and Sustainable Energy Reviews, 2019, 113: 109223.

[101] 付诗意,吕桃林,闵凡奇,等.电动汽车用锂离子电池 SOC 估算方法综述[J].储能科学与技术,2021,10(3): 1127-1136.

[102] Ding F, Chen T W. Performance analysis of multi-innovation gradient type identification methods[J]. Automatica, 2007, 43(1): 1-14.

[103] 丁锋.系统辨识(6): 多新息辨识理论与方法[J].南京信息工程大学学报(自然科学版),2012,4(1): 1-28.

[104] Berecibar M, Gandiaga I, Villarreal I, et al. Critical review of state of health estimation methods of Li-ion batteries for real applications [J]. Renewable and Sustainable Energy Reviews, 2016, 56: 572-587.

[105] Matsuda T, Ando K, Myojin M, et al. Investigation of the influence of temperature on the degradation mechanism of commercial nickel manganese cobalt oxide-type lithium-ion cells during long-term cycle tests[J]. Journal of Energy Storage, 2019, 21: 665-671.

[106] Pelletier S, Jabali O, Laporte G, et al. Battery degradation and behaviour for electric vehicles: Review and numerical analyses of several models[J]. Transportation Research

Part B：Methodological, 2017, 103：158 – 187.

[107] Prasad G K, Rahn C D. Model based identification of aging parameters in lithium ion batteries[J]. Journal of power sources, 2013, 232：79 – 85.

[108] 吴磊,吕桃林,陈启忠,等.电化学阻抗谱测量与应用研究综述[J].电源技术, 2021,45(9)：1227 – 1230.

[109] 曾霞.基于分数阶模型的动力锂离子电池多状态估计[D].重庆：重庆大学,2021.

[110] De Falco P, Di Noia L P, Rizzo R. State of health prediction of lithium-ion batteries using accelerated degradation test data[J]. IEEE Transactions on Industry Applications, 2021, 57(6)：6483 – 6493.

[111] Chaoui H, Ibe-Ekeocha C C. State of charge and state of health estimation for lithium batteries using recurrent neural networks[J]. IEEE Transactions on Vehicular Technology, 2017, 66(10)：8773 – 8783.

[112] Hu X S, Feng F, Liu K L, et al. State estimation for advanced battery management：Key challenges and future trends[J]. Renewable and Sustainable Energy Reviews, 2019, 114：109334.

[113] Raijmakers L H J, Danilov D L, Eichel R A, et al. A review on various temperature-indication methods for Li-ion batteries[J]. Applied Energy, 2019, 240：918 – 945.

[114] Ren H, Jia L, Dang C, et al. An electrochemical-thermal coupling model for heat generation analysis of prismatic lithium battery[J]. Journal of Energy Storage, 2022, 50：104277.

[115] Mei W X, Duan Q L, Zhao C P, et al. Three-dimensional layered electrochemical-thermal model for a lithium-ion pouch cell Part Ⅱ. The effect of units number on the performance under adiabatic condition during the discharge[J]. International Journal of Heat and Mass Transfer, 2020, 148：119082.

[116] Lagnoni M, Nicolella C, Bertei A. Survey and sensitivity analysis of critical parameters in lithium-ion battery thermo-electrochemical modeling [J]. Electrochimica Acta, 2021, 394：139098.

[117] Hashemzadeh P, Désilets M, Lacroix M, et al. Investigation of the P2D and of the modified single-particle models for predicting the nonlinear behavior of Li-ion batteries [J]. Journal of Energy Storage, 2022, 52：104909.

[118] Lyu P, Huo Y T, Qu Z G, et al. Investigation on the thermal behavior of Ni-rich NMC lithium ion battery for energy storage[J]. Applied Thermal Engineering, 2020, 166：114749.

[119] Lamorgese A, Mauri R, Tellini B. Electrochemical-thermal P2D aging model of a $LiCoO_2$/graphite cell：Capacity fade simulations [J]. Journal of Energy Storage, 2018, 20：289 – 297.

[120] Gu W B, Wang C Y. Thermal-electrochemical modeling of battery systems [J]. Journal of The Electrochemical Society, 2000, 147(8)：2910.

[121] Samba A, Omar N, Gualous H, et al. Impact of tab location on large format lithium-

ion pouch cell based on fully coupled tree-dimensional electrochemical-thermal modeling[J]. Electrochimica Acta, 2014, 147: 319-329.

[122] Liang J L, Gan Y H, Song W F, et al. Thermal-Electrochemical simulation of electrochemical characteristics and temperature difference for a battery module under two-stage fast charging[J]. Journal of Energy Storage, 2020, 29: 101307.

[123] Li J, Cheng Y, Ai L H, et al. 3D simulation on the internal distributed properties of lithium-ion battery with planar tabbed configuration[J]. Journal of Power Sources, 2015, 293: 993-1005.

[124] Jiang F M, Peng P, Sun Y Q. Thermal analyses of LiFePO$_4$/graphite battery discharge processes[J]. Journal of Power Sources, 2013, 243: 181-194.

[125] Safari M, Morcrette M, Teyssot A, et al. Multimodal physics-based aging model for life prediction of Li-ion batteries [J]. Journal of the Electrochemical Society, 2008, 156(3): A145.

[126] Chen J, Rui X Y, Hsu H J, et al. Thermal runaway modeling of LiNi$_{0.6}$Mn$_{0.2}$Co$_{0.2}$O$_2$/graphite batteries under different states of charge[J]. Journal of Energy Storage, 2022, 49: 104090.

[127] Tian J Q, Wang Y J, Chen Z H. An improved single particle model for lithium-ion batteries based on main stress factor compensation[J]. Journal of Cleaner Production, 2021, 278: 123456.

[128] He W, Williard N, Osterman M, et al. Prognostics of lithium-ion batteries based on Dempster-Shafer theory and the Bayesian Monte Carlo method[J]. Journal of Power Sources, 2011, 196(23): 10314-10321.

[129] Bowkett M, Thanapalan K, Stockley T, et al. Design and implementation of an optimal battery management system for hybrid electric vehicles[C]. 19th International Conference on Automation and Computing, 2013.

[130] Müller V, Kaiser R, Poller S, et al. Introduction and application of formation methods based on serial-connected lithium-ion battery cells[J]. Journal of Energy Storage, 2017, 14: 56-61.

[131] Gao Z C, Chin C S, Toh W D, et al. State-of-charge estimation and active cell pack balancing design of lithium battery power system for smart electric vehicle[J]. Journal of Advanced Transportation, 2017: 6510747.

[132] Omariba Z B, Zhang L J, Sun D B. Review of battery cell balancing methodologies for optimizing battery pack performance in electric vehicles[J]. IEEE Access, 2019, 7: 129335-129352.

[133] Chen Y, Liu X, Fathy H K, et al. A graph-theoretic framework for analyzing the speeds and efficiencies of battery pack equalization circuits[J]. International Journal of Electrical Power & Energy Systems, 2018, 98: 85-99.

[134] Daowd M, Omar N, Bossche P V D, et al. Passive and active battery balancing comparison based on MATLAB simulation[C]. Chicago: 2011 IEEE Vehicle Power

and Propulsion Conference, 2011.

[135] Gallardo-Lozano J, Romero-Cadaval E, Milanes-Montero M I, et al. A novel active battery equalization control with on-line unhealthy cell detection and cell change decision[J]. Journal of Power Sources, 2015, 299: 356 - 370.

[136] Siddique A R M, Mahmud S, Heyst B V. A comprehensive review on a passive (phase change materials) and an active (thermoelectric cooler) battery thermal management system and their limitations[J]. Journal of Power Sources, 2018, 401: 224 - 237.

[137] Sun J, Yang P, Lu R, et al. LiFePO$_4$ optimal operation temperature range analysis for EV/HEV[C]. Shanghai: International Conference on Intelligent Computing for Sustainable Energy and Environment & International Conference on Life System Modeling and Simulation.

[138] Liu H Q, Wei Z B, He W D, et al. Thermal issues about Li-ion batteries and recent progress in battery thermal management systems: A review[J]. Energy conversion and management, 2017, 150: 304 - 330.

[139] Ji Y, Wang C Y. Heating strategies for Li-ion batteries operated from subzero temperatures[J]. Electrochimica Acta, 2013, 107: 664 - 674.

[140] Park S, Jang D S, Lee D C, et al. Simulation on cooling performance characteristics of a refrigerant-cooled active thermal management system for lithium ion batteries[J]. International Journal of Heat and Mass Transfer, 2019, 135: 131 - 141.

[141] Wu W X, Wang S F, Wu W, et al. A critical review of battery thermal performance and liquid based battery thermal management[J]. Energy Conversion and Management, 2019, 182: 262 - 281.

[142] Al-Hallaj S, Kizilel R, Lateef A, et al. Passive thermal management using phase change material (PCM) for EV and HEV Li-ion batteries[C]. Chicago: 2005 IEEE Vehicle Power and Propulsion Conference, 2005.

[143] Zhang X, Liu C, Rao Z. Experimental investigation on thermal management performance of electric vehicle power battery using composite phase change material[J]. Journal of Cleaner Production, 2018, 201: 916 - 924.

[144] Wang Q S, Mao B B, Stoliarov S I, et al. A review of lithium ion battery failure mechanisms and fire prevention strategies[J]. Progress in Energy and Combustion Science, 2019, 73: 95 - 131.

[145] 纪常伟, 王兵, 汪硕峰, 等. 车用锂离子电池热安全问题研究综述[J]. 2020, 46(6): 630 - 644.

[146] Tian H X, Qin P L, Li K, et al. A review of the state of health for lithium-ion batteries: Research status and suggestions[J]. Journal of Cleaner Production, 2020, 261: 120813.

[147] Che Y L, Hu X S, Lin X K, et al. Health prognostics for lithium-ion batteries: mechanisms, methods, and prospects[J]. Energy & Environmental Science, 2023, 16(2): 338 - 371.

[148] Wang L N, Menakath A, Han F D, et al. Identifying the components of the solid-electrolyte interphase in Li-ion batteries[J]. Nature Chemistry, 2019, 11(9): 789-796.

[149] Agubra V, Fergus J W. The formation and stability of the solid electrolyte interface on the graphite anode[J]. Journal of Power Sources, 2014, 268: 153-162.

[150] Agubra V, Fergus J. Lithium ion battery anode aging mechanisms[J]. Materials 2013, 6(4): 1310-1325.

[151] Edström K, Gustafsson T, Thomas J O. The cathode-electrolyte interface in the Li-ion battery[J]. Electrochimica Acta, 2004, 50(2-3): 397-403.

[152] Pop V, Bergveld H J, Regtien P P L, et al. Battery aging and its influence on the electromotive force[J]. Journal of the Electrochemical Society, 2007, 154(8): A744-A750.

[153] Zhang X Y, Winget B, Doeff M, et al. Corrosion of aluminum current collectors in lithium-ion batteries with electrolytes containing $LiPF_6$[J]. Journal of the Electrochemical Society, 2005, 152(11): B448.

[154] Birkl C R, Roberts M R, McTurk E, et al. Degradation diagnostics for lithium ion cells[J]. Journal of Power Sources, 2017, 341: 373-386.

[155] Huang W S, Feng X N, Han X B, et al. Questions and answers relating to lithium-ion battery safety issues[J]. Cell Reports Physical Science, 2021, 2(1): 100285.

[156] 洪琰,周龙,张俊,等.锂离子电池充放电机械压力特性研究[J].机械工程学报, 2022,58(20): 410-420.

[157] 山彤欣,王震坡,洪吉超,等.新能源汽车动力电池"机械滥用-热失控"及其安全防控技术综述[J].机械工程学报,2022,58(14): 252-275.

[158] 刘首彤,黄沛丰,白中浩.锂离子电池机械滥用失效机理及仿真模型研究进展[J].汽车工程,2022,44(4): 465-475,559.

[159] 周洋捷,王震坡,洪吉超,等.新能源汽车动力电池"过充电-热失控"安全防控技术研究综述[J].机械工程学报,2022,58(10): 112-135.

[160] Chen Y Q, Kang Y Q, Zhao Y, et al. A review of lithium-ion battery safety concerns: The issues, strategies, and testing standards[J]. Journal of Energy Chemistry, 2021, 59(8): 83-99.

[161] Ouyang D X, Chen M Y, Liu J H, et al. Investigation of a commercial lithium-ion battery under overcharge/over-discharge failure conditions[J]. RSC Advances, 2018, 8(58): 33414-33424.

[162] Larsson F, Mellander B E. Abuse by external heating, overcharge and short circuiting of commercial lithium-ion battery cells[J]. Journal of the Electrochemical Society, 2014, 161(10): A1611.

[163] Kriston A, Pfrang A, Döring H, et al. External short circuit performance of graphite-$LiNi_{1/3}Co_{1/3}Mn_{1/3}O_2$ and graphite-$LiNi_{0.8}Co_{0.15}Al_{0.05}O_2$ cells at different external resistances [J]. Journal of Power Sources, 2017, 361: 170-181.

[164] Wang Z, Yang H, Li Y, et al. Thermal runaway and fire behaviors of large-scale lithium ion batteries with different heating methods[J]. Journal of Hazardous Materials, 2019, 379: 120730.

[165] Feng X N, Ouyang M G, Liu X, et al. Thermal runaway mechanism of lithium ion battery for electric vehicles: A review[J]. Energy storage materials, 2018, 10: 246 – 267.

[166] Richard M N, Dahn J R. Accelerating rate calorimetry study on the thermal stability of lithium intercalated graphite in electrolyte. I. Experimental[J]. Journal of The Electrochemical Society, 1999, 146(6): 2068.

[167] Wang Q, Sun J, Yao X, et al. Thermal stability of LiPF6/EC+DEC electrolyte with charged electrodes for lithium ion batteries[J]. Thermochimica Acta, 2005, 437(1): 12 – 16.

[168] Zhou M J, Zhao L W, Okada S, et al. Quantitative studies on the influence of $LiPF_6$ on the thermal stability of graphite with electrolyte [J]. Journal of the Electrochemical Society, 2011, 159(1): A44.

[169] Arai H, Tsuda M, Saito K, et al. Thermal reactions between delithiated lithium nickelate and electrolyte solutions[J]. Journal of the Electrochemical Society, 2002, 149(4): A401.

[170] 陈玉红.锂离子电池 $LiCo_{1/3}Ni_{1/3}Mn_{1/3}O_2$ 正极材料及安全性的研究[D].天津: 天津大学,2007.

[171] Wang Q S, Sun J H, Chen C H. Thermal stability of delithiated $LiMn_2O_4$ with electrolyte for lithium-ion batteries[J]. Journal of the Electrochemical Society, 2007, 154(4): A263.

[172] Jiang J, Dahn J R. ARC studies of the thermal stability of three different cathode materials: $LiCoO_2$; $Li[Ni_{0.1}Co_{0.8}Mn_{0.1}]O_2$; and $LiFePO_4$, in $LiPF_6$ and LiBoB EC/DEC electrolytes[J]. Electrochemistry Communications, 2004, 6(1): 39 – 43.

[173] Biensan P, Simon B, Pérès J P, et al. On safety of lithium-ion cells[J]. Journal of Power Sources, 1999, (81 – 82): 906 – 912.

[174] Harris S J, Timmons A, Pitz W J. A combustion chemistry analysis of carbonate solvents used in Li-ion batteries[J]. Journal of Power Sources, 2009, 193(2): 855 – 858.

[175] Coman P T, Rayman S, White R E. A lumped model of venting during thermal runaway in a cylindrical lithium cobalt oxide lithium-ion cell[J]. Journal of Power Sources, 2016, 307: 56 – 62.

[176] Coman P T, Darcy E C, Veje C T, et al. Modelling Li-ion cell thermal runaway triggered by an internal short circuit device using an efficiency factor and Arrhenius formulations[J]. Journal of the Electrochemical Society, 2017, 164(4): A587.

[177] Wang H Y, Tang A D, Huang K L. Oxygen evolution in overcharged $Li_xNi_{1/3}Co_{1/3}Mn_{1/3}O_2$ electrode and its thermal analysis kinetics[J]. Chinese Journal of Chemistry, 2011,

29(8): 1583 – 1588.

[178] Chen W C, Wang Y W, Shu C M. Adiabatic calorimetry test of the reaction kinetics and self-heating model for 18650 Li-ion cells in various states of charge[J]. Journal of Power Sources, 2016, 318: 200 – 209.

[179] Heiskanen S K, Kim J J, Lucht B L. Generation and evolution of the solid electrolyte interphase of lithium-ion batteries[J]. Joule, 2019, 3(10): 2322 – 2333.

[180] Wang H Y, Tang A D, Wang K L. Thermal behavior investigation of LiNi$_{1/3}$Co$_{1/3}$Mn$_{1/3}$O$_2$-based Li-ion battery under overcharged test[J]. Chinese Journal of Chemistry, 2011, 29(1): 27 – 32.

[181] Aurbach D. Review of selected electrode – solution interactions which determine the performance of Li and Li ion batteries[J]. Journal of Power Sources, 2000, 89(2): 206 – 218.

[182] 李渊, 闫志国, 赵小红. 化工过程本质安全化技术研究进展[J]. Hans Journal of Chemical Engineering and Technology, 2021, 11: 11.

[183] 李晋, 王青松, 孔得朋, 等. 锂离子电池储能安全评价研究进展[J]. 储能科学与技术, 2023, 12(7): 2282 – 2301.

[184] Smarsly K, Law K H. Decentralized fault detection and isolation in wireless structural health monitoring systems using analytical redundancy[J]. Advances in Engineering Software, 2014, 73: 1 – 10.

[185] Hu X S, Zhang K, Liu K L, et al. Advanced fault diagnosis for lithium-ion battery systems: A review of fault mechanisms, fault features, and diagnosis procedures[J]. IEEE Industrial Electronics Magazine, 2020, 14(3): 65 – 91.

[186] Lombardi W, Zarudniev M, Lesecq S, et al. Sensors fault diagnosis for a BMS[C]. Strasbourg: 2014 European Control Conference (ECC), 2014.

[187] Liu Z, Ahmed q, Rizzoni G, et al. Fault detection and isolation for lithium-ion battery system using structural analysis and sequential residual generation[C]. San Antonio: 2014 Dynamic Systems and Control Conference (DSCC), 2014.

[188] Xia B, Shang Y L, Nguyen T, et al. A correlation based fault detection method for short circuits in battery packs[J]. Journal of Power Sources, 2017, 337: 1 – 10.

[189] Feng X, He X, Lu L, et al. Analysis on the fault features for internal short circuit detection using an electrochemical-thermal coupled model[J]. Journal of the Electrochemical Society, 2018, 165(2): A155.

[190] Ouyang M, Zhang M, Feng X, et al. Internal short circuit detection for battery pack using equivalent parameter and consistency method[J]. Journal of Power Sources, 2015, 294: 272 – 283.

[191] Hong J C, Wang Z P, Liu P. Big-data-based thermal runaway prognosis of battery systems for electric vehicles[J]. Energier, 2017, 10(7): 919.

[192] Seo M, Goh T, Park M, et al. Detection of internal short circuit in lithium ion battery using model-based switching model method[J]. Energies, 2017, 10(1): 76.

[193] Dey S, Biron Z A, Tatipamula S, et al. Model-based real-time thermal fault diagnosis of Lithium-ion batteries[J]. Control Engineering Practice, 2016, 56: 37-48.

[194] Chen W, Chen W T, Saif M, et al. Simultaneous fault isolation and estimation of lithium-ion batteries via synthesized design of luenberger and learning observers[J]. IEEE Transactions on Control Systems Technology, 2014, 22(1): 290-298.

[195] Wang Z P, Hong J C, Liu P, et al. Voltage fault diagnosis and prognosis of battery systems based on entropy and Z-score for electric vehicles[J]. Applied energy, 2017, 196: 289-302.

[196] Xiong J, Banvait H, Li L, et al. Failure detection for over-discharged Li-ion batteries [C]. Greenville: 2012 IEEE International Electric Vehicle Conference, 2012.

[197] Zhang L, Duan Q L, Liu Y J, et al. Experimental investigation of water spray on suppressing lithium-ion battery fires[J]. Fire Safety Journal, 2021, 120: 103117.

[198] Sebastian R. A review of fire mitigation methods for Li-ion battery energy storage system[J]. Process Safety Progress, 2022, 41(3): 426-429.

[199] Lombardo T, Duquesnoy M, El-Bouysidy H, et al. Artificial intelligence applied to battery research: Hype or reality? [J]. Chemical Reviews, 2022, 122(12): 10899-10969.

[200] Finegan D. Battery failure databank[EB/OL]. (2025-03-06)[2025-06-14]. https://www.nrel.gov/transportation/battery-failure.html.

[201] Sandia National Laboratories. Battery archive[EB/OL]. (2021-11-18)[2025-06-14]. https://www.batteryarchive.org/index.html.

[202] Vapnik V. The support vector method of function estimation [M]. Boston: Springer US, 1998.

[203] Kuhn H W, tucker A W. Nonlinear programming[M]//Giorgi G, Kjeldsen T H. Traces and emergence of nonlinear programming. Basel: Springer Basel, 2014.

[204] Bhowmik A, Castelli I E, Garcia-Lastra J M, et al. A perspective on inverse design of battery interphases using multi-scale modelling, experiments and generative deep learning[J]. Energy Storage Materials, 2019, 21: 446-456.

[205] Min K, Choi B, Park K, et al. Machine learning assisted optimization of electrochemical properties for Ni-rich cathode materials[J]. Scientific Reports, 2018, 8(1): 15778.

[206] Kireeva N, Pervov V S. Materials informatics screening of Li-rich layered oxide cathode materials with enhanced characteristics using synthesis data[J]. Batteries & Supercaps, 2020, 3(5): 427-438.

[207] Zheng C, Chen C, Chen Y, et al. Random forest models for accurate identification of coordination environments from X-ray absorption near-edge structure[J]. Patterns, 2020, 1(2): 100013.

[208] International Union of Crystallography. Crystallography open database [EB/OL]. (2025-06-11)[2025-06-14]. https://www.crystallography.net/cod/.

[209] FIZ Karlsruhe. ICSD: The world's largest database for completely identified inorganic

crystal structures［EB/OL］.（2025 - 06 - 01）［2025 - 06 - 14］. https://icsd. products.fiz-karlsruhe.de/.

［210］ Aguiar J A, Gong M L, Unocic R R, et al. Decoding crystallography from high-resolution electron imaging and diffraction datasets with deep learning［J］. Science Advances, 2019, 5(10): eaaw1949.

［211］ Lee J W, Park W B, Lee J H, et al. A deep-learning technique for phase identification in multiphase inorganic compounds using synthetic XRD powder patterns［J］. Nature communications, 2020, 11(1): 86.

［212］ Szymanski N J, Bartel C J, Zeng Y, et al. Probabilistic deep learning approach to automate the interpretation of multi-phase diffraction spectra［J］. Chemistry of Materials, 2021, 33(11): 4204 - 4215.

［213］ Badmos O, Kopp A, Bernthaler T, et al. Image-based defect detection in lithium-ion battery electrode using convolutional neural networks［J］. Journal of Intelligent Manufacturing, 2020, 31: 885 - 897.

［214］ Severson K A, Attia P M, Jin N, et al. Data-driven prediction of battery cycle life before capacity degradation［J］. Nature Energy, 2019, 4(5): 383 - 391.

［215］ Maugeri L. The age of oil: What they don't want you to know about the world's most controversial resource［M］. New York: Lyons Press, 2005.

［216］ 李欣然,黄际元,陈远扬,等.大规模储能电源参与电网调频研究综述［J］.电力系统保护与控制,2016,44(7): 145 - 153.

［217］ 赖春艳,陈宏,倪嘉茜,等.锂离子电池储能技术在电力能源中的应用模式与发展趋势［J］.上海电力大学学报,2021,37(4): 380 - 384.

［218］ Hong S, Kang M, Jeong H, et al. State of health estimation for lithium-ion batteries using long-term recurrent convolutional network［J］. Journal of Power Sources, 2024, 609: 234680.

［219］ Wang P, Fan L F, Cheng Z. A joint state of health and remaining useful life estimation approach for lithium-ion batteries based on health factor parameter［J］. Proceedings of the Chinese Society of Electrical Engineering, 2022, 42(4): 1523 - 1533.

［220］ 黄际元.储能电池参与电网调频的优化配置及控制策略研究［D］.长沙:湖南大学,2015.

［221］ Pourmousavi S A, Nehrir M H. Introducing dynamic demand response in the LFC model［J］. IEEE Transactions on Power Systems, 2014, 29(4): 1562 - 1572.

［222］ 于琳琳,常青青,孟高军,等.基于区域偏差控制和荷电状态分区的电池储能参与二次调频控制策略［J］.热力发电,2021,50(8): 157 - 163.

［223］ 罗晓乐,宋洋,徐翔,等.计及新能源消纳的储能容量优化配置研究［J］.电气开关,2022,60(2): 19 - 24, 29.

［224］ Shayani R A, de Oliveira M A G. Photovoltaic generation penetration limits in radial distribution systems［J］. IEEE Transactions on Power Systems, 2011, 26(3): 1625 - 1631.

[225] Gabash A, Li P. Active-reactive optimal power flow in distribution networks with embedded generation and battery storage[J]. IEEE Transactions on Power Systems, 2012, 27(4): 2026-2035.

[226] 李翠萍,东哲民,李军徽,等.配电网分布式储能集群调压控制策略[J].电力系统自动化,2021,45(4):133-141.

[227] 张强,吴雅楠,葛乐.考虑全局优化的储能最优就地电压控制策略[J].电器与能效管理技术,2020,(10):90-97.

[228] Gong Q R, Wang P, Cheng Z. An encoder-decoder model based on deep learning for state of health estimation of lithium-ion battery[J]. Journal of Energy Storage, 2022, 46: 103804.

[229] 李建林,袁晓冬,郁正纲,等.利用储能系统提升电网电能质量研究综述[J].电力系统自动化,2019,43(8):15-24.

[230] 徐志毅.储能变流器电压暂降控制策略研究[D].北京:北方工业大学,2021.

[231] 严凯.基于储能型APF的微电网电能质量综合治理研究[D].西安:西安理工大学,2021.

[232] Mawonou K S R, Eddahech A, Dumur D, et al. State-of-health estimators coupled to a random forest approach for lithium-ion battery aging factor ranking[J]. Journal of Power Sources, 2021, 484: 229154.

[233] Li X J, Hui D, Lai X K. Battery energy storage station (BESS)-based smoothing control of photovoltaic (PV) and wind power generation fluctuations[J]. IEEE Transactions on Sustainable Energy, 2013, 4(2): 464-473.

[234] Chrenko D, Montejano M F, Vaidya S, et al. Aging study of in-use lithium-ion battery packs to predict end of life using black box model[J]. Applied Sci-Basel, 2022, 12(13): 6557.

[235] Fox B, Bryans L, Flynn D, et al. Wind power integration: Connection and system operational aspects[M]. London: The Institution of Engineering and Technology, 2007.

[236] Liu F, Liu X Y, Su W X, et al. An online state of health estimation method based on battery management system monitoring data[J]. International Journal of Energy Research, 2020, 44(8): 6338-6349.

[237] Yuan Y P, Wang J X, Yan X P, et al. A review of multi-energy hybrid power system for ships[J]. Renewable and Sustainable Energy Reviews, 2020, 132: 110081.

[238] Geertsma R D, Negenborn R R, Visser K, et al. Design and control of hybrid power and propulsion systems for smart ships: A review of developments[J]. Applied Energy, 2017, 194: 30-54.

[239] Daowd M, Omar N, Van Den Bossche P, et al. Passive and active battery balancing comparison based on MATLAB simulation[C]. Chicago: 2011 IEEE Vehicle Power and Propulsion Conference, 2011.

[240] Høyer K G. The history of alternative fuels in transportation: The case of electric and

hybrid cars[J]. Utilities Policy, 2008, 16(2): 63-71.

[241] Khalid M R, Khan I A, Hameed S, et al. A comprehensive review on structural topologies, power levels, energy storage systems, and standards for electric vehicle charging stations and their impacts on grid[J]. IEEE Access, 2021, 9: 128069-128094.

[242] Hannan M A, Hoque M M, Mohamed A, et al. Review of energy storage systems for electric vehicle applications: Issues and challenges[J]. Renewable and Sustainable Energy Reviews, 2017, 69: 771-789.

[243] Gnadt A R, Speth R L, Sabnis J S, et al. Technical and environmental assessment of all-electric 180-passenger commercial aircraft[J]. Progress in Aerospace Sciences, 2019, 105: 1-30.

[244] 谢松,巩译泽,李明浩.锂离子电池在民用航空领域中应用的进展[J].电池, 2020,50(4): 388-392.

[245] Qin W, Lv H C, Liu C L, et al. Remaining useful life prediction for lithium-ion batteries using particle filter and artificial neural network[J]. Industrial Management & Data Systems, 2020, 120(2): 312-328.

[246] Lamedica R, Ruvio A, Galdi V, et al. Application of battery auxiliary substations in 3kV railway systems[C]. Naples: 2015 AEIT International Annual Conference (AEIT), 2015.

[247] Suzuki S, Baba J, Shutoh K, et al. Effective application of superconducting magnetic energy storage (SMES) to load leveling for high speed transportation system[J]. IEEE Transactions on Applied Superconductivity, 2004, 14(2): 713-716.

[248] 胡海涛,葛银波,黄毅,等.电气化铁路"源—网—车—储"一体化供电技术[J].中国电机工程学报,2022,42(12):4374-4391.

[249] 龚戈勇,丁远.梯次电池在5G基站建设中的应用探讨[J].信息技术与信息化, 2019(1): 131-133.

[250] 白磊.探讨锂电池在数据中心的应用[J].现代电视技术,2020(3): 138-141.

[251] 梁汉东,吴劲松,廖霄,等.新基建形势下能源与数据中心发展探讨[J].智能建筑电气技术,2021,15(1): 20-23.

[252] Badawy M O, Sozer Y. Power flow management of a grid tied PV-battery system for electric vehicles charging[J]. IEEE Transactions on Industry Applications, 2017, 53(2): 1347-1357.

[253] 杨军峰,郑晓雨,惠东,等.储能提升特高压交直流输电能力与提供跨区备用研究[J].储能科学与技术,2019,8(2): 399-407.

[254] 刘志强.加快形成绿色低碳运输方式[N].人民日报,2022-01-04(7).

[255] 黄检炊,曾桂生,刘春力,等.退役锂离子动力电池梯次利用政策、挑战及研究进展[J].南昌航空大学学报: 自然科学版,2023,37(9): 1-11.

[256] Zhao G J, Wu W L, Qiu W B, et al. Secondary use of PHEV and EV lithium-ion batteries in stationary applications as energy storage system[J]. Advanced Materials

Research, 2012, 528: 202-205.

[257] 肖武坤,张辉.中国废旧车用锂离子电池回收利用概况[J].电源技术,2020, 44(8): 1217-1222.

[258] 王彩娟,朱相欢.车用动力电池回收利用国家标准解读[J].电池工业,2020, 24(4): 211-215.

[259] 刘嘉,晏裕康,雷治国.锂离子动力电池寿命预测的研究进展[J].电源技术, 2022,46(2): 127-129.

[260] 汪奂伶,侯朝勇,贾学翠,等.电化学储能系统标准对比分析[J].2016,5(4): 583-589.

[261] Wang X Y, Liu Z, Zhang H, et al. A review on virtual power plant concept, application and challenges[C]. Chengdu: Proceedings of the 2019 IEEE Innovative Smart Grid Technologies-Asia (ISGT Asia), 2019.

[262] Morais H, Kadar P, Cardoso M, et al. VPP operating in the isolated grid[C]. Pittsburgh: 2008 IEEE Power and Energy Society General Meeting-Conversion and Delivery of Electrical Energy in the 21st Century, 2008.

[263] Awerbuch S, Preston A. The virtual utility: Accounting, technology & competitive aspects of the emerging industry[M]. Berlin: Springer Science & Business Media, 2012.

[264] Corera J M. Integrated project FENIX — What is it all about[J]. Contract, 2005, 30: 2009.

[265] Roossien B, Hommelberg M, Warmer C, et al. Virtual power plant field experiment using 10 micro-CHP units at consumer premises[C]. CIRED Seminar 2008: SmartGrids for Distribution, 2008.

[266] Kok J K, Warmer C J, Kamphuis I G. PowerMatcher: Multiagent control in the electricity infrastructure[C]. Utrecht: 4th International Conference on Autonomous Agents and Multi agent Systems, 2005.

[267] Saboori H, Mohammadi M, Taghe R. Virtual power plant (VPP), definition, concept, components and types[C]. Wuhan: 2011 Asia-Pacific Power and Energy Engineering Conference, 2011.

[268] Pudjianto D, Ramsay C, Strbac G. Virtual power plant and system integration of distributed energy resources[J]. IET Renewable Power Generation, 2007, 1(1): 10-16.

[269] 魏向向,杨德昌,叶斌.能源互联网中虚拟电厂的运行模式及启示[J].电力建设, 2016,37(4): 1-9.

[270] Roozbehani M M, Heydarian-Forushani E, Hasanzadeh S, et al. Virtual power plant operational strategies: Models, markets, optimization, challenges, and opportunities [J]. Sustainability, 2022, 14(19): 12486.

[271] Panda S, Mohanty S, Rout P K, et al. A conceptual review on transformation of micro-grid to virtual power plant Issues, modeling, solutions, and future prospects

[J]. International Journal of Energy Research, 2022, 46(6): 7021 – 7054.

[272] Zhang G, Jiang C W, Wang X. Comprehensive review on structure and operation of virtual power plant in electrical system[J]. IET Generation, Transmission & Distribution, 2019, 13(2): 145 – 156.

[273] Yavuz L, Önen A, Muyeen S M, et al. Transformation of microgrid to virtual power plant — a comprehensive review[J]. IET Generation, Transmission & Distribution, 2019, 13(11): 1994 – 2005.

[274] Nikonowicz Ł, Milewski J. Virtual power plants-general review: Structure, application and optimization[J]. Journal of power technologies, 2012, 92(3): 135.

[275] Pal P, Parvathy A K, Devabalaji K R. A broad review on optimal operation of virtual power plant[C]. Chennai: 2019 2nd International Conference on Power and Embedded Drive Control (ICPEDC), 2019.

[276] Liu C Y, Yang R J, Yu X H, et al. Virtual power plants for a sustainable urban future[J]. Sustainable Cities and Society, 2021, 65: 102640.

[277] Urcan D C, Bică D. Simulation concept of a virtual power plant based on real-time data acquisition[C]. Bucharest: 2019 54th International Universities Power Engineering Conference (UPEC), 2019.

[278] Nosratabadi S M, Hooshmand R A, Gholipour E. A comprehensive review on microgrid and virtual power plant concepts employed for distributed energy resources scheduling in power systems [J]. Renewable and Sustainable Energy Reviews, 2017, 67: 341 – 363.

[279] Tan Z F, Zhong H W, Xia Q, et al. Estimating the robust P – Q capability of a technical virtual power plant under uncertainties[J]. IEEE Transactions on Power Systems, 2020, 35(6): 4285 – 4296.

[280] Shabanzadeh M, Sheikh-El-Eslami M K, Haghifam M R. A medium-term coalition-forming model of heterogeneous DERs for a commercial virtual power plant [J]. Applied Energy, 2016, 169: 663 – 681.

[281] Peik-Herfeh M, Seifi H, Sheikh-El-Eslami M K. Decision making of a virtual power plant under uncertainties for bidding in a day-ahead market using point estimate method [J]. International Journal of Electrical Power & Energy Systems, 2013, 44(1): 88 – 98.

[282] Luo F J, Dong Z Y, Meng K, et al. Short-term operational planning framework for virtual power plants with high renewable penetrations [J]. IET Renewable Power Generation, 2016, 10(5): 623 – 633.

[283] Ullah Z, Mokryani G, Campean F, et al. Comprehensive review of VPPs planning, operation and scheduling considering the uncertainties related to renewable energy sources[J]. IET Energy Systems Integration, 2019, 1(3): 147 – 157.

[284] Pandžić H, Kuzle I, Capuder T. Virtual power plant mid-term dispatch optimization [J]. Applied Energy, 2013, 101: 134 – 141.

[285] Palizban O, Kauhaniemi K, Guerrero J M. Microgrids in active network management-

Part Ⅰ: Hierarchical control, energy storage, virtual power plants, and market participation[J]. Renewable and Sustainable Energy Reviews, 2014, 36: 428－439.

[286] Palizban O, Kauhaniemi K, Guerrero J M. Microgrids in active network management — part Ⅱ: System operation, power quality and protection[J]. Renewable and Sustainable Energy Reviews, 2014, 36: 440－451.

[287] Yang X Y, Zhang Y F. A comprehensive review on electric vehicles integrated in virtual power plants[J]. Sustainable Energy Technologies and Assessments, 2021, 48: 101678.

[288] Brooks A. Integration of electric drive vehicles with the power grid-a new application for vehicle batteries[C]. Long Beach: Seventeenth Annual Battery Conference on Applications and Advances. Proceedings of Conference (Cat. No.02TH8576), 2002.

[289] Binding C, Gantenbein D, Jansen B, et al. Electric vehicle fleet integration in the danish EDISON project — A virtual power plant on the island of Bornholm[C]. Minneapolis: IEEE PES General Meeting, 2010.

[290] Wang M S, Mu Y F, Jia H J, et al. Active power regulation for large-scale wind farms through an efficient power plant model of electric vehicles[J]. Applied Energy, 2017, 185: 1673－1683.

[291] Sadeghian H, Wang Z F. Combined heat and power unit commitment with smart parking lots of plug-in electric vehicles[C]. Morgantown: 2017 North American Power Symposium (NAPS), 2017.